高等院校系列教材

儿童发展心理学

第2版

主　编　王惠萍　孙宏伟

副主编　邹　敏　张美峰　赵世福　王　玲

编委会　（按姓氏笔画排序）

王　玲（潍坊医学院）　王惠萍（鲁东大学）

孙宏伟（潍坊医学院）　杨永宁（鲁东大学）

邹　敏（潍坊医学院）　张美峰（鲁东大学）

赵世福（潍坊医学院）　姜红娟（海南医学院）

黄美玲（曲阜师范大学）

科 学 出 版 社

北　京

内 容 简 介

本书由三个部分构成，第一部分从宏观角度介绍了儿童心理发展的基本问题，包括儿童心理发展的研究对象、研究任务、研究方法、基本理论、生物学基础等，有助于读者从整体方面把握心理发展的基本观点；第二部分从发展角度设置了不同年龄阶段的教学内容，包括婴儿、幼儿、童年期、青少年期等阶段儿童的心理发展特点，有助于读者从横纵两方面理解各种心理活动的相互联系与影响；第三部分从对比角度呈现了特殊儿童的心理发展以及儿童心理障碍的诊断与治疗，有助于读者从正反两方面了解儿童异常心理的表现、诊断、成因与矫治。本书在每一章的儿童心理发展特点之后，增加了主体知识、要点小结、关键术语、资源链接、复习思考、练习测验等模块，突出了教材的基础性与应用性。

本书适合高等院校心理学、教育学、学前教育、小学教育、学校教育等专业本科生使用。

图书在版编目（CIP）数据

儿童发展心理学 / 王惠萍，孙宏伟主编. —2 版. —北京：科学出版社，2018.1

ISBN 978-7-03-055433-8

Ⅰ. ①儿… Ⅱ. ①王… ②孙… Ⅲ. ①儿童心理学-高等学校-教材 Ⅳ. ①B844.1

中国版本图书馆 CIP 数据核字（2017）第 279217 号

责任编辑：张天佐 胡治国 / 责任校对：郭瑞芝

责任印制：赵 博 / 封面设计：陈 敬

科学出版社 出版

北京东黄城根北街 16 号

邮政编码：100717

http://www.sciencep.com

北京厚诚则铭印刷科技有限公司印刷

科学出版社发行 各地新华书店经销

*

2010 年 4 月第 一 版 开本：787×1092 1/16

2018 年 1 月第 二 版 印张：20 1/4

2025 年 1 月第十六次印刷 字数：480 000

定价：79.80 元

（如有印装质量问题，我社负责调换）

第2版　前　　言

《儿童发展心理学》第1版于2010年4月正式出版，转眼已匆匆数年。几年来，这一学科发展的新视角与新成果层出不穷。在心理健康服务的咨询工作中，儿童心理发展与教育的问题占咨询总量的比重日益攀升，而今，儿童的发展理念与训练已然在亲子教育与学校教育中广受青睐。

为了适应社会的需求、顺应学科的发展、满足学生的需要，我们对《儿童发展心理学》这本教材进行了修订，此次修订主要做了以下工作。

（1）补漏纠错。教材编写是一项"遗憾"的艺术，因为它总会有可以进一步补充、改进与优化的空间。比如，在儿童咨询实践中发现，亲子教养方式对儿童个性的成长至关重要，因而在具体内容上补充了亲子关系的类型及其影响。

（2）调整结构。一是在不同年龄阶段儿童的发展布局上，以生理发育为前提，秉承认知与言语、心理社会性两大心理发展模块的架构，结构明确，体系统一，有助于更好地把握儿童心理发展的整体脉络；二是在各章内容的具体编排上，按照本章提要、主体知识、要点小结、关键术语、资源链接、复习思考、练习测验这一模式展开，体现出学练与学思相结合的特点。

（3）填充新识。吸收新的研究成果，以新知取代旧识。比如，对于儿童常见心理障碍的诊断，依据最新的美国《精神障碍诊断和统计手册》第5版（DSM-V）的标准，并引入具体实例对相应问题进行了形象化的描述与说明。

总体来看，修订后的《儿童发展心理学》除了传承第1版的纵-横-纵体系外，还体现出以下特点。

（1）思想性与实用性的结合。这本教材结合多年来儿童发展心理学的教学改革与研究成果，坚持普遍正确的观点，重视知识内容的思想性，同时，强调实践性与操作性，每章均采用信息栏的方式拓展了知识的应用性，并结合研究生入学统一考试的学习要求，突出重要的概念与理论，具有较强的针对性。

（2）认知性与社会化的结合。生理发育是心理发展的前提条件，尤其是青少年期之前的阶段发展，本教材把握这一原则，在心理发展范围内以认知与言语、心理社会性发展为模块，旨在凸显不同年龄阶段儿童心理发展的独特性。

（3）正常化与异常性的结合。本教材以不同年龄阶段儿童的正常成长与发展为主线，辅以儿童常见心理障碍的诊断与矫治，从正反两个方面既展示了儿童正常的心理发展特点，又呈现了儿童偏离正常的表现、诊断、成因与矫治，有助于将儿童心理的发展、预防与矫治有机结合起来。

本教材共分为九章，编写人员是：第一章、第二章，王惠萍（鲁东大学，教授，博士生导师）；第三章，孙宏伟（潍坊医学院，教授，博士生导师）、赵世福（潍坊医学院，讲师）；第四章、第五章，张美峰（鲁东大学，讲师）、邹敏（潍坊医学院，副教授）；第六章，邹敏、王玲（潍坊医学院，讲师）；第七章，杨永宁（鲁东大学，讲师）、黄美玲（曲阜师范大学，讲师）；第八章，孙宏伟、姜红娟（海南医学院，副教授）；第九章，姜红娟。全书由孙宏伟、王惠萍总体策划、修改、审校、定稿。

本教材在编写过程中参考并引用了国内外大量的文献与资料，在此谨向原作者表示真诚的感谢。最后感谢科学出版社为本教材的出版提出的宝贵意见与所做的大量工作。

由于编者水平有限，不当之处在所难免，敬请各位专家、同仁与广大读者批评指正。

王惠萍　孙宏伟

2017 年 8 月

第1版 前 言

1998 年，我首次为烟台师范学院心理学专业的学生开设了儿童发展心理学课。之后，对课程内容和体系几经修改和提炼，这门课程终于在十年后的 2008 年被评为省级精品课程。而今，烟台师范学院已经更名为鲁东大学，教育系也发展成为教育科学学院。算起来，我与儿童发展心理学这门课结缘整整 12 年了。

随着儿童发展心理学（或发展心理学）的学科发展，新的研究成果层出不穷。2007 年，随着研究生考试制度的改革，心理学专业成为研究生入学实行全国统一考试的专业之一。为了适应时代发展的要求，结合多年来对儿童发展心理学的教学改革和研究成果，我们编写了《儿童发展心理学》这本教材，并使教材力求体现以下特点。

（1）教材内容采用纵-横-纵的体系。纵，即先介绍儿童发展心理学的基本理论问题，主要论述儿童发展心理学的研究对象和方法、儿童心理发展的影响因素和动力、儿童心理发展的流派等。横，即介绍儿童心理发展的年龄特征与教育，主要论述不同发展阶段儿童（婴儿期、幼儿期、童年期、青少年期）的心理发展规律与教育。纵，即最后介绍特殊儿童的心理发展问题，主要论述超常儿童和弱智儿童的心理发展与教育、儿童心理发展的障碍与矫治。纵-横-纵的课程体系，能够较好地反映儿童心理学的学科内容和发展趋势，便于学生系统全面地掌握。

（2）吸收新的研究成果，凸显学科发展的时代特点。随着时代的发展和家庭结构的变化，儿童的心理特点又表现出一些时代特点。对此，十几年来，儿童发展心理学有针对性地进行了研究，并在理论和应用方面都取得了巨大的进展，像儿童社会性发展与社会化的研究、儿童认知方面的研究、儿童心理理论的研究、儿童认知发展与社会性发展相结合的研究、儿童心理发展的理论探讨和实际应用相结合的研究、儿童发展心理学研究方法的新特点及其趋势等，都体现了该学科 21 世纪的发展特点。作为教育工作者，必须了解儿童的这些发展特点和新问题，才能科学地理解儿童，并为儿童提供有效的教育和指导，因此在教材编写中，我们力求尽可能多地介绍这些具有时代特点的最新研究成果。

（3）资料翔实，可操作性强。过去的儿童发展心理学教材重视对概念、原理的阐述和对一般意义的儿童心理现象进行描述，对教育活动中儿童心理现象进行解释、诊断和控制的操作性知识介绍不多，要求学生运用儿童心理学原理解决教育活动中的实践问题的技能训练不够。进入了新的世纪，儿童发展心理学的研究越来越强调其应用性、实践性和操作性。为此，我们参考了大量的研究资料，教材中信息栏的内容拓展了研究资料和知识的应用性；全书设计了九个专题研究，这些专题都是结合儿童发展心理学的重点问题或年龄特征进行选题，运用科学的研究方法，进行的专门研究。这部分内容的操作性很强，一方面可以提高学生的研究意识，研究专题的内容与儿童心理发展紧密结合，学生看起来生动、形象，研究的意识也就油然而生。另一方面可以让学生了解研究的全过程和研究的结论，有利于培养他们的研究能力。

（4）紧密结合心理学专业研究生入学全国统一考试的要求，突出理论研究成果。使用本书的大学生，大多是心理学、应用心理学、教育学、小学教育等专业的本科学生，他们当中的很多人需要参加心理学专业的研究生入学统一考试。因此，我们认真探讨研究生入学统一考试对课程教学的要求，分析近几年来心理学专业研究生入学统一考试的命题特点和变化趋势，在编写教材时突出基本概念、基本理论、不同年龄阶段儿童的心理特征等内容，以便加强教材的理论性，使教材的内容更加符合学生考研的需要。

此外，鉴于部分院校该课程教学课时有限，我们将内容进行了精简，以使教学内容更为集中，重点更为突出，更有利于教与学。

本书共分九章，各章的执笔人如下：第一章、第二章王惠萍（鲁东大学，教授，硕士生导师）；第三章孙宏伟（潍坊医学院，教授，博士，硕士生导师）；第四章、第五章张美峰（鲁东大学，讲师，硕士）；第六章赵洁（济宁学院，副教授）、张美峰；第七章杨永宁（鲁东大学，讲师，硕士）；第八章徐虹（枣庄学院，教授）、张美峰；第九章张巧明（鲁东大学，讲师，硕士）。全书由王惠萍、孙宏伟总体策划，并最终负责修改、定稿。

在编写过程中，我们参考了许多国内外的同类教材和相关文献，力求博采众家之长，这些我们也尽可能地进行了注释或列入了参考文献；科学出版社对本书的出版做了大量的工作，提出了许多宝贵的意见，在此表示衷心的感谢。

由于作者的理论水平所限，本书只是反映了我们现阶段对于儿童发展心理学的理解，不当之处肯定很多，谨请专家、同仁和读者不吝赐教，以使它进一步完善。

王惠萍

2010 年 1 月 1 日

目　　录

信息栏目录

第一章 绪 论

【本章主要内容】

每个人都经历过懵懂无知的婴儿期，天真烂漫的童年期，个性凸显的青春期，因此，每个人都具有一些朴素的儿童心理学的知识。但是，要科学地了解和教育儿童，作为教师、父母、心理学工作者和儿童社会工作者仅靠这些经验提供的朴素的儿童心理学知识是远远不够的，我们必须要掌握科学的儿童心理学的理论和方法。而儿童发展心理学就是客观地、系统地研究儿童心理发展中所出现的各种心理特点和规律的科学。本章主要介绍儿童发展心理学的研究对象、研究内容、研究方法，并简要回顾儿童发展心理学的发展历史。

第一节 儿童发展心理学的研究对象

一、心 理 发 展

苏联心理学家列昂节夫（Leontiev，Aleksei Nikolaevich，1903～1979）指出，心理学家主要从三个方面研究心理发展，即人类意识的前史或者动物心理的发展、人的意识的历史发展及心理在人的个体发生中的发展。因此，我们可以从种系心理的发展、人类心理的发展与个体心理的发展三个层次分析心理发展。

（一）种系心理的发展

种系心理的发展是指从动物到人类的演化过程中心理发生、发展的历史。科学研究证明，心理现象是物质世界长期发展的产物，从动物心理的发生到人的特有心理现象（意识）的形成经过了一个漫长的演化过程。心理现象是大脑反映外部客观世界的能力。虽然心理现象主要为人类所特有，但它是在动物长期进化的基础上产生的，因此，动物也具有一些简单的心理现象。一般认为，形成明确稳定的条件反射是动物心理发生的主要标志。由于具备了简单的心理现象，动物不仅能应答外部环境的刺激，还能发动、控制和调节自身的行为以适应环境变化的要求。动物的心理发展可划分为四个基本阶段。

第一阶段是刺激反应阶段。这一阶段的动物主要指单细胞动物（如变形虫、草履虫）和最初的多细胞动物（如腔肠动物水螅）。这些动物具有一种散漫的、无意向的、无中枢的网状神经系统，能产生刺激感应性反应，即能在一定范围内按照环境中的变化要素及自身的生存需要来调整自己的动作。

第二阶段是感觉阶段。这个阶段的动物主要指具有梯形神经系统的环节动物和节状神经系统的节肢动物。这些动物能对信号刺激物的个别属性形成稳定的反应，如环节动物蚯蚓能对光的刺激形成条件反射，节肢动物蚂蚁能辨别刺激物的某种化学气味进而觅食等。虽然这些动物的心理有所发展，但因其神经系统只达到初级的中枢化，所以它们的心理反应水平还是很低的。

第三阶段是知觉阶段。动物进化为脊椎动物，其神经系统有了很大的发展。各类脊椎动物的神经系统都是空心管状。管的后端是脊髓，管的前端的膨大部分称为脑泡，在进化过程中，逐渐由三个脑泡变为五个脑泡，即前脑、间脑、中脑、后脑和末脑。低等脊椎动物，从鱼类开始，由鱼进化到两栖类，再到爬行类，到鸟类，其神经系统，特别是脑的变化较大。如爬行类动物大脑皮质的出现，使它们产生了较高的分析综合能力，使种系心理发展进入知觉阶段，即能对各种刺激物进行精细的分析综合，对信号刺激物的各种属性进行综合的整体的反应，它们的行为也变得更为灵活多样。

第四阶段是思维萌芽阶段。哺乳动物属于高级脊椎动物，种类繁多，在种系心理的发展中最具有代表性的哺乳动物是灵长类的类人猿。类人猿具有发达的大脑和大脑皮质，从外形看，与人脑相差不多，各种感官也接近人的构造。类人猿大脑的分析综合功能已相当发达，它们不仅有感觉、知觉和各种情绪反应，还能在感知动作水平上思考刺激物之间的各种关系，并通过顿悟、试误发现解决问题的新手段。哺乳动物的反应活动达到动物心理发展的最高水平，即进入了思维的萌芽阶段。这种初级思维或动物思维为人类思维的发展做好了生物学的准备。

（二）人类心理的发展

人类由动物进化而来，人类的祖先是高度发展的、现已灭绝的猿类。促使猿类演变到人类有三个前提条件：一是直立行走，手的发展；二是使用工具和制造工具；三是在劳动实践中逐渐产生语言，其中语言也被视为人类心理产生和发展的最直接的原因。在这些条件的作用下，猿类进化为原始人。动物的发展受生物规律的制约，人类的发展则受社会规律的支配。随着社会的发展，原始人进一步发展为远古时代的人、古代社会的人、中世纪的人、近代社会的人，直到现代社会的人。

在人类的进化过程中，心理的发展也从动物心理演化为人类的心理，即产生了意识。意识的出现是心理发展的质变，意识是人脑这一高度组织起来的特殊物质的产物，是人脑借助于语言，对客观现实的自觉、能动的反映，它使人类和动物之间产生了一道不可逾越的鸿沟。正是因为有了意识，人类不仅能自觉地认识世界，而且能够能动地改变世界。同时，从最初的人类到现代人类所经历的漫长历史岁月中，人类认识世界和改造世界的能力也在不断提高，这种提高明显地物化在人类使用过的劳动工具中，如远古北京人使用的石器、现代人高度发展的科技文明。

（三）个体心理的发展

现代毕生发展心理学往往把产前期作为个体发展的起点，因此个体心理发展一般指个体从产前期到出生再到成熟直至衰老的生命全程的心理发展。人的一生包括两种不同的变化趋向：一种是“向上”的变化，这种变化表现为“从无到有”和“从简到繁”两个方面。从无到有是指心理的发生，如随着身体的发育，胎儿出现了肤觉、听觉和视觉，即出现了最简单的感觉形式的心理现象，以及个体出生后，各种新的动作功能和心理功能的出现等。从简到繁是指心理功能的不断完善，如儿童从能说出单词句到能说出双词句或简单句，从学会行走到学会跳跃、奔跑，从直觉行动思维到具体形象思维再到抽象逻辑思维的发展变化等。从无到有和从简到繁不是简单的心理与行为数量上的增加或减少，而是包含着量变和质变的过程。另一种是“向下”的变化，如成年人随着年龄的增长某些认识功能出现老化或衰退。

个体的心理发展既是个体生理发展成熟的过程，又是一个社会化的过程。所谓社会化，就是个体在一定的文化社会环境中生活，逐渐接受社会所期望的观点、信仰、价值观和行为标准，逐渐适应社会的生活而成为社会成员的过程。这个过程也是个体从生物个体逐渐发展成为社会个体的过程。通过社会化的过程，个体学习在特定的生活中进行正常活动所需的品质、价值观、信念及社会所赞许的行为方式。这些社会化过程有些在青少年阶段就可完成，有些则要贯穿于个体的一生。

二、儿童发展心理学与发展心理学的关系

广义的发展心理学包括动物心理学、民族心理学和个体发展心理学。动物心理学研究的是动物种系演进过程中心理的发展过程。民族心理学研究的是处于不同历史发展阶段的各民族的心理规律，通过它可以了解人类心理的历史发展过程和轮廓。个体发展心理学即狭义的发展心理学，它所研究的是个体从受精卵到出生直至衰老的生命全程中，各个年龄阶段心理的发生、发展的特点和规律。

个体的心身在生命进程中的变化与年龄有密切的关系，同时表现出发展的连续性和发展的阶段性，形成心身发展的年龄特征。从横向来看，发展心理学所研究的年龄特征主要包括两个部分：一是人的认识过程发展的年龄特征，包括感觉、知觉、记忆、想象、言语、思维等，其中思维的年龄特征是最重要的；二是人的社会性发展的年龄特征，包括动机、兴趣、情感、自我意识、能力、性格等。从纵向看，发展心理学研究婴儿、幼儿、少年、青年、中年、老年等的身心发展特征与规律。

结合个体横向和纵向的发展特点，现在的发展心理学已逐步分化出许多以各个年龄阶段为研究对象的分支学科，包括婴儿心理学、幼儿心理学、青年心理学、成年心理学、中年心理学和老年心理学等。

儿童发展心理学是发展心理学的一个最重要的分支学科，它主要研究个体在儿童时期心理发生与发展的规律。这里所说的儿童是一个科学概念，是指从出生到进入成熟之前的整个阶段，即从出生到17、18岁的个体。

信息栏 1-1 发展心理学的界说

发展心理学研究个体从受精卵开始到出生、到成熟、直到衰老的生命全程（life-span）中心理发生、发展的特点和规律，简言之，研究毕生心理发展的特点和规律。人的心身在生命进程中表现出量和质两方面的变化，且与年龄有密切的联系，既表现出发展的连续性，又表现出发展的阶段性，形成年龄特征。发展心理学正是研究各种心理活动的年龄特征。具体来说，研究心理发展的年龄特征范围，应当包括两个主要部分和四个有关方面。

两个主要部分：一是个体认识过程（智力活动）发展的年龄特征，包括感觉、知觉、记忆、思维、想象等，思维的年龄特征研究是其中最主要的一环；二是社会性发展的年龄特征，包括兴趣、动机、情感、价值观、自我意识、能力、性格等，人格的年龄特征研究是其中最主要的一环。

为了研究生命全程或个体毕生心理发展年龄特征的这两个主要部分，还必须结合研究如下四个方面的问题：一是心理发展的社会生活条件和教育条件；二是生理因素的发展；三是动作（act）和活动（activity）的发展；四是言语的发展。

资料来源：林崇德. 1995. 发展心理学. 北京：人民教育出版社，4

第二节 儿童发展心理学的研究内容

一、儿童发展的基本内容

（一）认知的发展

传统心理学一般把心理活动分为知、情、意三个范畴，因此，研究儿童的心理发展就是研究儿童的认知、情绪和意志的发展。认知是指人对客观世界的认识活动，包括感觉、知觉、注意、想象、记忆、言语、思维等，认知的发展就是指这些认识活动的发展。

研究者根据认知的对象或研究领域，通常把儿童的认知发展分为两个方面：一是对自然现象的认知发展，如对数、时间、空间、类别、守恒等概念的认知，通过这些认知活动，儿童获得各种物理经验和逻辑数理经验；二是社会认知的发展，即对人和人类事物的知觉、思维和推理。社会认知主要研究以下内容：一是关于人的概念和推理，如认识自己、他人的心理过程和个性特点等；二是对各种社会人际关系的概念和推理，以及制约这些关系的社会习俗、道德准则的认知发展；三是儿童获得符合社会常规或人们期望的行为模式的社会知识的发展。通过社会认知，儿童获得各种社会经验，提高对社会生活的适应能力。

（二）情绪和意志的发展

情绪是心理活动的一个重要方面，是指伴随着认知和意识过程产生的对外界事物的态度，是个体对客观事物和主体需求之间关系的反应。情绪是以个体的愿望和需要为中介的一种心理活动。情绪包含情绪体验、情绪行为、情绪唤醒等复杂的成分。儿童有着丰富的情绪反应，有时喜气洋洋，有时闷闷不乐，有时愤怒、暴躁。儿童各种各样的情绪是怎样发生、发展的？早期情绪对后来个体的发展有何影响？如何克服消极情绪？这些都是儿童发展心理学要研究的内容。

意志是人自觉地确定目的，并支配行动，克服困难，实现目的的心理过程，即人的思维过程见之于行动的心理过程。意志是人区别于动物的自觉能动性的体现。但意志活动不是儿童生来就有的，它是随着言语和随意运动的掌握而形成的。因此，意志的发生与发展，独立、自制等意志品质的形成等都是儿童发展心理学研究的重要内容。

（三）个性的发展

人的心理可以区分为心理过程与个性心理两个方面。心理过程是指心理的动态表现，即知、情、意等，个性心理是指心理的静态或较稳定的状态，主要指个性。个性是指一个人的整个精神面貌，即具有一定倾向性的心理特征的总和。个性结构是多层次、多侧面的，是由复杂的心理特征的独特结合构成的整体，包括能力、气质、性格、动机、信念等。儿童的个性有一个逐步形成和发展的过程。因为先天基础的差异，新生儿的行为表现就有差别，以后在不同环境的影响下，儿童的心理活动越来越带有个人的特点，从而形成每个人彼此不同的个性。儿童的个性特征又制约着他们对客观现实的认识，因此，研究儿童个性的形成和发展过程以及它对心理活动的制约作用是儿童发展心理学的另一个主要的研究内容。

（四）生理和动作的发展

儿童生理发展是指其大脑和身体在形态、结构及功能上的生长发育过程。大脑、神经系统和感官的活动是心理活动的基础，儿童的生理发展直接影响并制约着儿童心理活动的发展。另外，儿童各种动作、运动的发展是其活动发展的直接前提，也是儿童心理发展的外在表现。因此，儿童生理和动作的发展也一直是儿童发展心理学的重要研究课题。

二、儿童发展心理学的研究内容和任务

在刘金花主编的《儿童发展心理学》中，她把儿童发展心理学研究的内容概括为以下几个方面。

（一）描述儿童心理发展的普遍模式

一个生理上和心理上软弱无助的新生儿是怎样一步步生长、变化和发展起来的，这是儿童发展心理学首先要探讨的问题，也是儿童发展心理学得以创立的一个基本前提。儿童心理发展的普遍模式就是揭示儿童如身体动作、语言、认知、社会行为等是如何发展变化的，表现出怎样的普遍规律。例如，儿童出生时只会哭，到 4、5 个月时能发出类似说话的呀呀语，到 1 岁左右时能说出第一个字或词，然后又逐渐说出由两三个词组成的电报句，继而从不完整句发展到完整句，从简单句发展为复杂句。这就是儿童伴随年龄增长，口头语言发展表现出的普遍模式。

（二）揭示儿童心理发展的原因和机制

这部分内容主要回答或研究引起儿童心理变化发展的原因。例如，通过研究发现了儿童口头语言发展的普遍模式后，我们还要研究儿童是怎样获得语言的？为什么儿童能在出生后短短三四年的时间内基本掌握本民族的语言？为什么不同民族或不同国家的儿童，尽管他们的母语不同，可是语言的发展都会经历相似的阶段呢？针对这些问题，在儿童发展心理学的发展过程中，很多研究者根据收集的资料，提出了自己的理论假设，并通过进一步的观察、实验验证等构建出多种多样的儿童心理发展的理论。

（三）解释和测量个别差异

虽然每个儿童发展经历的阶段或发展变化的模式是相同的，但每个儿童心理发展的速度、发展最后达到的水平、各种心理过程和行为的特点并不相同。有的儿童外向、热情、喜爱交往，有的儿童内向、冷漠、讨厌与人接触；有的儿童攻击性很强，有的儿童乐于助人等，儿童与儿童之间存在的这些差异是怎么形成的呢？如何测量这些个别差异呢？这些也是儿童发展心理学研究的基本内容。

（四）探究不同环境对发展的影响

儿童生活在不同的环境里——家庭、邻居、学校、社区、文化团体、社会经济团体等。这些环境可以称之为儿童成长的生态圈。由此，不同的生态环境会对儿童发展产生怎样的影响，就成为儿童发展心理学研究的重要课题。如不同的家庭结构（完整家庭与不完整家庭、独生子

女家庭与多子女家庭）对儿童发展会有什么不同的影响？同样的家庭结构、不同的儿童教养方式（如权威型、专断型、纵容型）对儿童个性形成有什么影响？农村环境和城市环境对儿童发展有什么影响？了解儿童的生态环境对儿童发展的影响可以进一步揭示儿童心理发展的原因和机制，也能为如何正确指导儿童健康地发展创造条件。

（五）找到帮助和指导儿童发展的具体方法

上述四个方面的研究内容，最终目的都是为了帮助儿童顺利度过每一个发展阶段，帮助儿童解决在发展中遇到的各种问题或者暂时的障碍。儿童发展心理学的研究不仅要解决发展是什么、为什么的问题，还要解决怎么办、怎么指导发展的问题。理论的构建不仅是为了解释种种心理现象发生发展的过程和原因，还要结合社会实际用来指导儿童正常健康地发展，真正做到理论与实践相结合。

通过儿童发展心理学的研究主要实现如下目标：

第一，创建具有中国特色的儿童发展心理学。随着我国社会主义建设进入了一个新的历史时期，我国儿童发展心理学也迎来了一个崭新的空前繁荣时期。但我国儿童发展心理学的研究与国际相比还有差距，因此，我们要虚心向他人学习，善于吸取现有儿童发展心理学中一切有益的成分，并以此为基础，建设具有中国特色的儿童发展心理学。所谓“具有中国特色”包括以下三方面的含义：①在基本观点、理论体系上力图贯彻辩证唯物主义的原理，改造传统的儿童发展心理学，理论上有所创新；②在做基本理论的探讨时，最重要的是“让我国数以亿计的儿童自己说话”，即如实地搜集科学事实材料，从中分析概括出有关的规律，这要经过一个从特殊到一般的过程；③中国儿童发展心理学的研究应有明确的方向，它是为解决我国儿童心理发展中的问题、为培养社会主义建设人才服务的。

第二，秉承理论联系实际的原则，为指导教育实践提供科学依据。儿童要健康正常地发展，教育是必不可少的。要对儿童进行合适的教育，我们就必须认识儿童，了解儿童，并采取符合儿童发展实际的教育措施，这样才能事半功倍地促进儿童的发展。儿童发展心理学所研究的儿童心理发展规律，能够为我们实施有效教育提供科学依据。

三、儿童心理发展的基本理论问题

人们在对儿童发展心理进行探讨和研究的过程中，产生了一些基本的理论问题。所谓基本问题，也就是带有根本性的、在讨论心理发展时人人都会遇到的问题。这些既古老又年轻的问题，有些已有较满意的回答，有些还处于争论和探究之中。

（一）关于遗传和环境的争论

在探讨儿童心理发展影响因素的过程中，一直存在着关于遗传和环境在发展中作用的争论，即心理发展中先天与后天的关系之争。这场争论从中世纪开始一直持续到现在，大致经历了三种模式。

1. 主要效应模式 是把早期关于遗传与环境的争论模式化，将遗传与环境完全对立起来，或者是强调遗传决定发展，完全否定环境的作用（遗传决定论），或者是环境决定发展，完全否定遗传的作用（环境决定论）。从表 1-1 可以看出，遗传决定论者认为，如果一个儿童的遗传结构好，不管环境好不好，以后发展的结果都会好；如果遗传结构不好，不论环境好不好，发展的结果均不好。与此相反，环境决定论者的模式显示，如果一个儿童的环境条件和教养条件好，不管遗传结构如何，发展的结果必然好；如果环境与教养条件差，无论遗传结构如何，发展结果必然不好。这是两种截然不同的、把问题简单化的观点。

表 1-1 遗传与环境作用的“主要效应”模式

		环境				环境	
		好	不好			好	不好
遗传	好	好	好	遗传	好	好	不好
	不好	不好	不好		不好	好	不好
遗传决定论观点				环境决定论观点			

遗传决定论者片面强调遗传在儿童心理发展中的作用，认为儿童心理的发展是由先天的、不变的遗传所决定，儿童心理发展的过程就是这些先天遗传的自我发展和自我暴露的过程，与外界影响、教育无关，外界影响和教育即使对儿童发展起作用，至多只能促进或延缓先天素质的自我发展和自我暴露，不能改变它的本质。

遗传决定论以英国优生学创始人高尔顿（Francis Galton，1822～1911）为代表，他认为个体的发展及其品性早在生殖细胞的基因中就决定了，发展只是内在因素的自然展开，环境与教育仅起引发作用。他在《天才的遗传》（1896）一书中写道：“一个人的能力乃由遗传得来，其受遗传决定的程度如同机体的形态和组织之受遗传决定一样。”

在儿童发展心理学研究中，秉承遗传决定论的代表学说是霍尔的复演说。霍尔（G. Stanley. Hall，1844～1924）是美国心理学的先驱，是美国儿童心理学的创始人，也是美国教育心理学的开拓者。19 世纪后期到 20 世纪初期，生物进化论的影响很广，当时在生物学中已经发现人类的胚胎发展史是动物进化过程的复演。霍尔接受了这种进化论和复演论的思想，并将其运用到个体心理发展的学说中。他提出了应该把个体心理的发展看作是一系列或多或少复演种系进化历史的理论。霍尔认为，从种系进化史的角度看，在个体生活早期所表现出来的遗传特性比以后表现出来的遗传特性古老，因此，早期的遗传特性比后来表现出来的遗传特性更稳定、更强大。人类进化史上最早出现的活动，在个体发展中最先表现出来，比较高级的、出于意志的活动，要到年龄较大时才有。从这种意义上说：“儿童乃是成人之父”。霍尔具体地分析了儿童与青少年复演种系发展的过程，提出了复演说，认为胎儿在胎内的发展复演了动物进化的过程，而出生后个体的心理发展则复演了人类进化的过程。霍尔进一步强调，在个体心理发展的过程中，“一两的遗传胜过一吨的教育”。

霍尔的复演说在心理学界引起了很大的争议。后来的一些研究者认为，复演说的主要错误在于把个体发展史和种系发展史完全等同起来，从而引向生物决定论。但是人们也不能因此就根本否定个体心理发展史在一定程度上重复着动物和人类的心理发展史，因为个体发展史和种系发展史存在着一定的联系。

环境决定论者重视教育和环境对儿童心理发展的作用，但是他们片面地强调和机械地看待环境和教育的作用，认为儿童心理的发展完全是由环境决定的。环境决定论的代表人物是行为主义的创始人华生（J. B. Watson，1878～1958）。他的一段名言是对环境决定论的最佳写照："给我一打健康的婴儿和一个由我自己支配的特殊的环境，让我在这个环境里养育他们。我保证在他们中间任意选择一个，都被训练成我想要培养的任何一种人物：医生、律师、艺术家、大商人，甚至是乞丐、小偷，而不管他的天赋、爱好、能力、倾向性，以及他祖先的种族和职业"。

信息栏 1-2 遗传对个别差异作用的研究

心理学家在探讨遗传在个别差异形成中的作用时，主要通过以下三种途径：

1. 家谱分析研究 高尔顿曾经从英国的政治家、法官、军官、文学家、科学家和艺术家等名人中选出 977 人，调查他们的亲属中有多少人成名。结果发现，名人亲属中有 332 人也同样出名。对照组是人数相等的普通人。他们的亲属中只有 1 个名人。高尔顿认为，两个群体中的名人比率如此悬殊，证明能力是由遗传决定的。他还比较了名人的孩子和教皇的养子，发现教皇的养子的成名比率不如名人之子的成名比率高。教皇养子的环境条件同名人之子的环境条件相仿，因此，名人之子成名更多不是由于环境，而是由于遗传。

戈达德（H. Goddard，1912）研究过卡利卡克（M. Kallikak）的两个不同世系。卡利卡克是美国革命战争时期的一名战士，他和一个有较好血统的女性结婚，世系有 496 名后代；但他同一个低能的酒馆女招待有过一段不体面的性关系，世系有 480 名后代。通过访问所有的家庭成员及了解这些成员的人，发现两个世系有明显的区别。卡利卡克和酒馆女招待的结合产生了较多的智能缺陷、不道德、酗酒和犯罪的人。戈达德认为，这种区别应归结为遗传因素的影响。

2. 血统研究 这种研究需要了解某种特征在某个个体的亲属们身上出现的频率或概率，也需要了解这种特性在一般人群中的表现情况。表 1-2 是双生子和其他不同遗传关系者智力相关的比较。表 1-3 是精神分裂症患者亲属中的精神分裂症的比率。表 1-4 是同卵双生子和异卵双生子在各种特征或疾病上的一致性情况。

表 1-2 双生子和其他不同遗传关系者智力相关的比较

不同的遗传关系	出生以后的生活环境	发现的相关	预期的相关
同卵双生子	出生以后共同生活	0.86	1.00
同卵双生子	出生以后分开生活	0.72	1.00
异卵双生子	出生以后共同生活	0.62	0.50
异卵双生子	出生以后分开生活	0.57	0.50
同胞兄弟姐妹	出生以后共同生活	0.47	0.50
同胞兄弟姐妹	出生以后分开生活	0.24	0.50
亲子关系	出生以后一起生活	0.40	0.50
异父（或异母）的兄弟姐妹	出生以后一起生活	0.31	0.25
兄弟（或姐妹）一个收养，一个亲生	出生以后一起生活	0.29	0.00
兄弟（或姐妹）两个都是收养	出生以后一起生活	0.34	0.00
义父（或义母）与子女	出生以后一起生活	0.19	0.00
无血缘关系的人	在不同环境中长大	0.00	0.00

（T. J. Bouchard & Jr. M. MeGue，1981）

表 1-3 精神分裂症患者亲属中的精神分裂症的比率

和精神分裂症患者的关系		精神分裂症发生的比率（%）
兄弟姐妹		14.2
异父母兄弟姐妹		7.1
子女（父母均为精神分裂症）		68.0
子女（父母中一个为精神分裂症）		16.4
异卵双生子	同性	17.7
	异性	11.5
	合并计算	14.7
同卵双生子	分开抚养	77.6
	一起抚养	91.5
	合并计算	85.8

（F. Rallmann，1964）

表 1-4 同卵双生子和异卵双生子在各种特征或疾病上的一致性

特征或疾病	同卵双生子（%）	异卵双生子（%）
头发颜色	89.0	22.0
眼睛颜色	99.6	28.0
血压	63.0	36.0
脉搏	56.0	34.0
麻疹	95.0	87.0
畸形足	32.0	3.0
糖尿病	84.0	37.0
肺结核	74.0	28.0
癫痫（自发性）	72.0	15.0
小儿麻痹症	36.0	6.0
猩红热	64.0	47.0
佝偻病	88.0	22.0
胃癌	27.0	4.0
嗜烟	91.0	65.0
嗜酒	100.0	86.0
嗜咖啡	94.0	79.0
低能	94.0	47.0
精神分裂	80.0	13.0
躁狂抑郁症	77.0	19.0
伸舌样白痴	89.0	7.0
犯罪行为	68.0	28.0

（M.W.Strickberger，1968）

3. 染色体异常 研究发现，人的22对常染色体和一对性染色体都可能发生异常情况。最常见的染色体异常是由部分或全部的三体性来表示的。如在第21对染色体中可能有一个额外的染色体，称为唐氏综合征。在性染色体方面，某些女性有2个以上的X染色体（最多有5个X染色体），某些男性有1个以上的X或Y染色体。最常见的男性性染色体异常是XYY型。有研究表明，这种类型的男人男性特征明显，自我控制能力差，容易激惹，攻击性强，实施暴力犯罪和性犯罪者较多。此外研究也发现，染色体异常的人在认知能力方面也有严重缺陷。

2. 相互作用模式 极端的遗传决定论和极端的环境决定论逐渐失去了影响力，因为许多事实都证明，儿童心理的发展不可能没有遗传的作用，也不可能没有环境的作用，于是，既承认环境的作用又承认遗传的影响的相互作用论就出现了。

相互作用论是在20世纪中叶由皮亚杰（J. Piaget，1896～1985）首先倡导的。皮亚杰假设个体天生有一些基本的心理图式，在个体与外部环境相互作用时，通过同化与顺应的机制，不断改变和发展原有的心理图式，最后达到较高层次的结构化，使儿童对环境的适应能力也越来越强。由表1-5可见，相互作用论认为，儿童的发展是环境与遗传两者相互作用的结果。好的遗传和好的环境结合产生良好的发展结果；不良的遗传与贫乏的环境相互作用产生不好的发展结果；良好的遗传与贫乏的环境相结合，或者有欠缺的遗传与良好的环境相结合，产生中等效果的发展。

表1-5 遗传与环境关系的“相互作用”模式

		环境	
		好	不好
遗传	好	好	中等
	不好	中等	不好

虽然皮亚杰的相互作用论，打破了遗传决定论和环境决定论长期简单化的机械争论的局面，并得到了普遍的认可，但是相互作用论仍属于一种静态观，即把遗传与环境这两种对个体发生影响的因素看作静止的、固定的和不变的。该模式认为这两种因素在儿童发展过程中，一经测定就不能更改，不能在相互作用的过程中发生变化。

3.交互作用模式 交互作用模式由萨莫夫（Arnold Sameroff，1983）和山德勒（Michael Chandler，1975）提出。在20世纪的七八十年代，许多研究者特别是心理生物学家和习性学家认为，遗传结构和环境经验在个体发展的过程中是相互影响的，主张个体一旦进入发展过程，个体的遗传特性就被环境影响和个体经历所构造，个体的环境经验也由遗传特性所构造。环境因素影响着基因特性起作用的方式、程度和途径，遗传特性影响着环境因素起作用的因素、方式和程度。由表1-6可见，遗传和环境之间的相互影响不仅贯穿在儿童时期，也体现在个体的生命全程中。

表 1-6 遗传与环境关系的"交互作用"模式

遗传	H_1	╳	H_2	╳	H_3	╳	H_4	……	H_N
环境	E_1		E_2		E_3		E_4	……	E_N
时间	————→				…………		————→		

H 是 heredity 的首字母，代表遗传；E 是 environment 的首字母，代表环境

交互作用模式的提出是遗传与环境几十年争论的一大发展，它促成了后成论的成立。所谓后成论是指新的发展并不存在于原初的受精卵之中，预存因素是通过与环境因素的交互作用在发展过程中出现和起作用的。交互作用后成论的观点一经提出，就在儿童发展心理学的研究中被广泛采用。这种观点认为，在个体发展的任何一点上，任何发展的结果均有赖于具体经历的性质与个体的天赋结构。儿童生来具有一种可起作用的行为倾向，这种先天倾向在起作用时受儿童生活的具体环境的限定，两者的交互作用影响发展的过程。

信息栏 1-3 环境对个别差异作用的研究

环境是指围绕人类的外部世界，是个体赖以生存和发展的社会条件和物质条件的综合体。环境可以有不同的分类。根据环境中事物的性质，可以将环境分为自然环境和社会环境。自然环境由自然界中的各种事物组成，包括生物和非生物两大部分，是人类生存和发展的物质基础。社会环境由人们所在的社会经济基础和上层建筑组成，包括社会的经济发展水平、生产关系以及政治、宗教、文化、教育、法律、艺术、哲学等。按照环境对人的心理和行为的作用，可以将环境分为物理环境和行为环境（Koffka，1935）。物理环境就是现实环境，行为环境就是人意识到的环境。心理学的研究表明，环境对人心理的影响以人对环境的意识为转移。

人的心理同环境之间有着密切的、规律性的联系。对于环境与心理和行为的关系，许多人做过精辟的描述。马克思说："有一种唯物主义学说，认为人是环境和教育的产物，因而认为改变了的人是另一种环境和改变了的教育的产物——这种学说忘记了：环境正是由人来改变的，而教育者本人一定是受教育的。"格式塔心理学家勒温（K. Lewin）指出，个体行为决定于心理同环境之间的相互作用，并提出了著名的人类行为的公式：B=f（P，E），即个体行为是人格和环境的函数，环境是行为的重要决定力量。当代著名心理学家西蒙（H. A. Simon，1969）也指出，环境是有机体的生活空间，环境和有机体的感觉器官、要求和活动相互依存。

正因为环境对于个体非常重要，所以，心理学家也非常重视环境在个别差异形成中的作用。他们主要从如下几个方面来探讨环境对个别差异形成的作用：

1. 胎儿时期的环境影响 婴儿在出生前，环境就开始通过母亲来影响胎儿。许多研究证明，母亲的年龄、营养、疾病、情绪、药物及烟酒等因素都会对胎儿的发育产生作用。例如，怀孕期间母亲营养好的婴儿，在3～4岁时的智商明显好于对照组。出生以后婴儿啼哭的频率与母亲怀孕期间的情绪焦虑有明显的关联。

2. 早期被剥夺的儿童的研究 许多关于孤儿院孤儿的研究表明，儿童早期抚养中的社会交往因素对儿童的智力和情感发展有重要作用。一些被孤儿院收养的孤儿，虽然他们的物质生活条件不一定差，但由于缺乏人们的抚爱、交际，心理和情绪都表现出异常。有的孤儿

表现出社交冷淡，缺乏依恋的动机和能力，社交识别能力也很差，熟悉的人如同陌生人；有的则相反，表现出一种"情感饥饿"状态，十分贪求别人去关注他、抚爱他。这些孤儿的智力发展迟缓，语言能力和抽象思维能力均较差。

早期被剥夺的孩子有无补偿的可能？国内外在这方面进行过一些研究。总的看来，孤儿被领养后，由于得到母爱和社会交往，他们在智力上都表现出明显的改进。但研究也表明，孤儿留院的时间越长（即被领养时的年龄越大），智商的改进就越小，说明"母爱"被剥夺的时间越长，心理受损害更深，以后的发展就越困难。

3. 家庭变量的研究

（1）家庭的社会经济地位。一项研究对一批 8 个月的婴儿进行婴儿智能量表测量，然后将评定为低分的婴儿按家庭经济水平分为两组，4 岁时再测量他们的智力。结果表明，生活在经济水平低的家庭中的儿童仍然为低分，而生活在经济水平高的家庭的儿童的智商高于平均水平，而且前者在 4 岁时的低智商（IQ 在 70 以下）的概率 7 倍于后者。因为这两组儿童原来都是低智商，所以，他们智商差异的扩大可以归因于家庭经济水平的差异。

（2）家长的职业。家长职业对儿童智力的发展也有重要影响。表 1-7 是根据父亲职业的分类，儿童在韦克斯勒智力量表上所得智商的平均数。从中可见，智商最高的是专业技术人员的子女（IQ 为 110），最低的是农庄工人的子女（IQ 为 94），相差约 15 个分点。但这种分数只是表明不同职业父母的子女 IQ 高低的事实，很难得出这种差异就是由于环境因素引起，因为他们的遗传因素也不一样。它只能作为环境影响的初步调查资料。

表 1-7　父亲不同职业的儿童在韦克斯勒智力量表上的分数

父亲的职业类型	平均智商		
	言语 IQ	操作 IQ	全量表 IQ
专业与半专业工作人员	110.9	107.8	110.3
业主、经理和公职人员	105.9	105.3	106.2
办事员、售货员和类似人员	105.2	104.3	101.3
手艺工人、工头和类似工人	100.8	101.6	101.3
技工和类似工人	98.9	99.5	99.1
家庭佣人、防护人员和其他服务工人	97.6	96.9	97.0
农民和农场经理	96.8	98.6	97.4
农业工人、工头和工人	94.6	94.9	94.2

（3）母亲给孩子的刺激数量和质量。杭齐克等人报道说，儿童在 2 岁前的家庭情感气氛（母子之间、父子之间）与 18 岁时孩子的智商（特别是言语智商）有着显著的正相关。小时候家庭的情感得分为正的，长大后的 IQ 分数就高，否则就低。这些儿童到中年时，他们的操作智商与他们 2 岁时母亲的性格——生动活泼、精力旺盛有关联。因为一个精力旺盛的母亲会更多地与孩子交往，对孩子的活动经常做出反应。

（二）发展的连续性和阶段性

儿童心理发展的过程是连续的还是分阶段的？或者说是渐进发展的还是跳跃发展的？对这个问题存在着两种对立的观点。

第一种观点称为连续论。此观点只强调发展上的量变，认为儿童心理发展过程是连续的、渐进的，不分阶段的；认为儿童和成人都以相同的方式对周围世界的刺激做出反应，不成熟和较为成熟的个体之间的差异主要表现在行为数量和复杂程度的不同。这种观点一般强调发展是由外部环境决定的，是一个向上的、连续的渐进过程，其变化表现为对已有的相同技能的增加或补充，发展曲线表现为向上的平滑曲线。如行为主义学派认为，儿童言语能力的习得是模仿和行为强化的结果，表现为日益成熟的个体能掌握越来越多的词汇和更为复杂的语法结构。

第二种观点称为阶段论。此观点只强调发展上的质变，认为儿童心理发展过程是不连续的、分阶段进行的。持此观点的研究者认为，不成熟的个体与成熟个体相比，认识事物、组织经验的方式是不同的，心理发展的各个方面分别具有不同的特点。也就是说，个体心理的发展从一定时期发展到另一新时期在功能发展水平上存在质的差异，表现为心理特征多方面复合模式的差异，从而显示出发展上质的飞跃和发展的阶段性。这种观点一般强调发展是由内部成熟或遗传引起的，认为发展就像一级级向上的台阶，每一个台阶（或阶段）对应于功能上的更成熟的重新组织起来的行为方式，较高级的阶段是在较低级阶段的基础上发展来的，且各阶段中间不能超越，更不能逆转。如皮亚杰的发生认识论，弗洛伊德、艾里克森的精神分析理论都认为发展是有阶段的，是由量变到质变的过程。

这两种观点之争，就如同是在争论“人类发展是以橡子长成橡树的方式，还是如毛毛虫变为蝴蝶的方式来实现”，两种理论都只是片面地强调了发展的一方面特征。其实大量的研究表明，心理活动和世界上其他事物的发展一样，当某些代表新质要素的量积累到一定程度时，新质就代替旧质占据优势地位，即量变引起了质变，于是心理发展出现了连续中的中断，新的阶段开始形成。例如，皮亚杰依据阶段论，提出了认知发展的单向模式，将儿童认知的发展划分为感知运动阶段、前运算思维阶段、具体运算思维阶段和形式运算思维阶段，认为每一个儿童都毫无例外地要经过这几个阶段。但我们在研究中发现，即使是处于前运算思维阶段的儿童，仍然保留着感知运动阶段的动作思维特征，同时也会有一些具体运算思维阶段抽象的概括和逆向的思考。由此可以看出，儿童心理发展是多层次、多水平的，而非单一的、孤立的。所以，现在的发展心理学家中已很少有人强烈支持这两种片面、极端的观点，而是认为儿童发展在任何时刻都是量变、质变的统一体，既有阶段性，又表现出连续性，是两者的统一。

（三）儿童的主动性与被动性

成长中的儿童是主动发展还是被动发展的？或者说儿童心理发展的动力是内在的还是外在的？对这个问题也存在着两种对立的观点。

第一种观点是发展的功能理论。这种观点认为，儿童生来就能积极地探索周围的世界，主动与他人交往，他们是精力充沛的小小思想家，或积极探索的小小科学家。该观点也承认个体的发展需要环境的支持，但从环境中获得的生活经验不是发展的基本原因，而是促进发展快慢的因素。所以，持此观点的研究者认为发展的原动力来源于有机体的内部，他们对儿童的认识是积极乐观的。皮亚杰的发生认识论就是该理论的一个代表。皮亚杰认为，儿童认知发展的根本动力在于儿童自身，儿童不是只能被动地等待环境的刺激，而是主动地寻求刺激，因此，在很大程度上，是儿童自己决定自己的发展方向和水平。儿童智力发展具有内在主动性的一个重要表现是儿童的好奇心，他们永远要去寻找新的事物，这就构成了儿童发展的内在动力。

第二种观点是发展的机械理论。该观点认为，儿童的行为变化是由外部环境刺激引起的，环境塑造儿童的行为，儿童就像一个被动的反应器，什么样的外部刺激决定形成什么样的行为能力。因此，此观点提出，发展完全可以被环境的力量或人为的力量所控制，发展的结果能够直接预测。由此可见，该观点认为发展的动力来自外部环境，儿童是被动发展的，对儿童的认识持消极态度。以华生为代表的行为主义者就持此观点。

虽然这两种观点还处于争论之中，但目前趋向共识的观点是，儿童心理的发展动力就是儿童的内部矛盾，即外部环境和教育上的要求与儿童心理发展现状不一致所形成的矛盾。

（四）儿童心理发展的“关键期”问题

“关键期”这一概念是从植物学、生理学和形态学中移植过来的，主要指一个系统在迅速形成阶段，对外界刺激特别敏感的时期。研究发现在生理发育方面，胚胎期是人类胎儿生长发育的关键期。这是因为胚胎期是小生命所有的身体结构组织和内部器官开始形成的时期，由于迅速的成长和发育，他们对外界抵抗力十分微弱，小生命在这一时期很容易受到胎内环境的影响。据研究，许多先天性发育缺陷都是在这个时期内形成的。

在心理发展方面，对关键期问题的探讨，最早起源于动物心理学家劳伦兹（K. Lorenz，1937）对动物印刻行为的研究。劳伦兹发现小鸡、小鹅、大雁等鸟类动物在刚从蛋壳中孵化出来时，让它们接触其他种类的鸟或会活动的事物（如人、飘动的气球等），他们就会把这些事物当作自己的母亲紧紧跟随，却对自己同类的“母亲”无任何依恋。劳伦兹还认为，这种现象只发生在极短暂的特定时刻，鸟类的印刻学习一般是在孵出后 4 天有作用，一旦错过了这个时机就无法再学会，因此，关键期又称为“最佳学习期”，即在这个特定的时期有机体最容易学会某种行为反应。除了印刻现象，鸟语的学习、狗将剩余食物埋在土中的能力等，也存在关键期现象。

那么人类的心理发展是否也存在关键期呢？印度“狼孩”的例子也许能证明这一点。1920 年，美国牧师辛格在印度的一个狼窝里发现了两个同狼崽一起生活的小女孩。一个大约 8 岁，另一个只有 2 岁。牧师给大的取名卡玛拉，给小的取名阿玛拉。阿玛拉很快死去，卡玛拉又生活了 10 年。在此期间，辛格对卡玛拉做了详细的观察。卡玛拉用四肢行走，以手和膝盖着地休息。她舔食流质的东西，只吃放在地板上的肉，害怕与人接触。每天晚上，她像狼一样引颈长嚎。她在黑暗中视力很好，害怕强光、火和水。她拒绝洗澡，白天蹲在角落里睡觉。她撕掉身上的衣服，撕烂盖在身上的毛毯。总之，她身上显示出来的是狼性而非人性。她不会讲话。虽经辛格的辛勤教育，但是由于耽误了发展的关键时期，语言发展仍是缓慢的。卡玛拉用 2 年左右的时间学会站立，用了 6 年学会行走，在 4 年内学会了 6 个单词，7 年内学会了 45 个单词。到 17 岁时，她的智力只相当于 4 岁儿童的水平。

斯拉金（W. Sluckin）在对各种文献做了综合分析后，提出人类心理也有关键期，如攻击行为、音乐学习、人际关系的建立等，经早期学习更为有效。其他研究也发现，儿童语言学习以及听觉、视觉发展等也有关键期。但人类所有心理发展或者行为获得有哪些关键期，如何进行关键期教育等，这些问题还有待于进一步的研究和探讨。

信息栏 1-4　关键期的标准

并非发展的任何时期都可以称作"关键期"。确定是否存在某个关键期应有依据标准。美国心理学家乃什曾提出过关键期的四个标准，另一位心理学家克劳姆伯又增加了一个标准。

1. 开端　任何一个关键期都必须有一个可辨认的开端，即时间上的起点。然而，关键期的开端并不像人们想象的那样表现为突然的、引人注目的变化。有机体对关键刺激的敏感性是逐渐增强的。随着这种增强，有机体会出现敏感期的高峰，在此高峰期关键刺激是有效的。这个高峰期可持续数小时、数天、数周或数年。

2. 终结　即敏感高峰期的结束。同开端一样，终结也是逐渐的，但却不像开端那样缓慢。

3. 内部因素　即有机体的可塑性。这是有机体关键期的具体机制。有机体对刺激的敏感性和发展可塑性的基础是机体内部的神经生物学变化。斯考特指出，有机体发生重大神经生物学变化的时期和有机体行为快速发展的时期是并行的，而且后者似乎是由前者决定的。在关键期内，有机体正处于发展中的一种很特殊的生理状态。因此，关键期的实质是机体在解剖上和功能上出现某个生物行为系统到这个系统成熟之间的一段时间。这种生物行为系统在其不成熟的状态中易受到环境或好或坏的影响。如果该系统逐渐巩固而趋于成熟，那么，这种影响就可以是持久的。

4. 外部因素　即关键刺激。这是关键期的又一要素。在一个具体的关键期里，有机体对某种刺激最敏感，这种刺激此时对有机体的影响比其他任何时候都大，那么它就可以称之为"关键刺激"。但要确切说明每一关键期的关键刺激的性质以及发生作用的方式也并非易事。在某些情况下，人们对具体的关键期的关键刺激的认识是清楚的，但在有些情况下，人们对关键刺激的认识并不清楚，有的还存在争论。

5. 关键系统　即关键刺激所影响的生物行为模式，也就是关键刺激在关键期内所影响的"靶"。例如，人们认为婴儿期的刺激作用将影响成年后的智力、应激反应、情绪性活动和探究行为；早期语言刺激的剥夺将影响儿童的语言发展。

第三节　儿童发展心理学的研究方法

一、儿童发展心理学的研究原则

作为一项科学研究，儿童发展心理学的研究也必须遵循一定的研究原则，采取科学的态度和方法，并以科学的方法论为指导，才能保证研究的科学性，客观地揭示儿童心理发展的本质和规律。

（一）客观性原则

客观性是任何科学研究都必须遵循的一项基本原则。所谓客观性就是按事物的本来面目去认识事物，任何结论都要以充分的事实材料为依据，即实事求是。因为个体在儿童期心理变化迅速且存在个体差异，所以我们在研究中必须尽可能广泛细致地搜集资料，并对收集来的每一个数据、每一份资料如实记录，客观分析，从中做出科学抽象的概括。研究者绝对不能为了得到自己想要的结果对数据随意取舍、附加任何主观臆测，或设法使之符合自己随机的假想。对研究结果的评价也要客观，对自己和别人的研究应持同等的评价原则。总之，在研究的全过程中，只有坚持客观性原则，研究者才能有把握地说所进行的研究是可重复的，所得到的研究结果是可靠的。

（二）教育性原则

因为儿童处于迅速成长的时期，也是正在接受教育的时期，所以一切儿童心理的研究都必须符合教育的要求，不允许进行任何损害儿童身心健康的研究，不允许向儿童呈现与教育目的相矛盾的图片、问题或作业等。对儿童心理进行研究时，所使用的方法和手段一定要仔细甄选，最好能引起儿童的兴趣，使儿童主动参与，但时间不宜过长。

除此两条最重要的研究原则外，其他科学研究中应遵循的系统性原则、矛盾性原则、理论与实践相结合的原则，也是儿童发展心理学研究中需要遵循的原则。

二、儿童发展心理学研究的设计类型

心理学上常用的研究方法，如观察法、实验法和测验法等，同时也是儿童发展心理学研究的基本方法。由于这些方法在普通心理学、心理学研究方法和实验心理学等学科中都有专门论述，因此本节不做赘述，这里仅就儿童发展心理学中常见的几种研究设计类型进行介绍。

（一）横断研究、纵向研究和聚合交叉研究

儿童心理研究属于发展研究。所谓发展研究就是从心理活动的过程研究它们的发展变化、影响发展的各种因素及其相互关系。既然儿童心理研究注重心理在时间上的发展变化，那么，在儿童年龄发展的不同时间上取得有关资料就是至关重要的。依据选取的研究时间，可以把儿童心理发展研究分为横断研究、纵向研究和聚合交叉研究三种设计类型。

1. 横断研究设计　横断研究是指在同一时间里，对不同年龄的儿童进行观察、实验和测量，探究其心理发展的规律和特点。例如，在“旋转任务中3～5岁儿童空间物体位置编码的研究”中，研究者就采用了横断研究，在同一时间测量了3岁、4岁、5岁三组儿童在对空间物体位置进行编码时，能否有效采用心理旋转策略或根据物体“位置关系”来判断物体方位，研究结果显示，随着年龄增长，心理旋转的能力不断提高，但该年龄段的儿童还不能自动利用位置关系对物体位置进行编码。

横断研究的优点在于：第一，可以同时研究较大的样本，并能够在短时间内收集到不同年龄的研究对象的资料，成本低，费用少，省时省力；第二，由于研究时间短，因而研究结果受社会变迁的影响较小。因此，目前大多数的儿童心理研究采用横断研究设计。

横断研究也存在着明显的缺点。第一，横断研究获得的不是同一个体或群体的心理发展的连续资料，而是以平均数来代表不同年龄群体的心理发展水平，这样的研究结果事实上只能代表一个实际上不存在的理想的个体发展。因此，横断研究的结果只能说明随年龄而变化的一般心理发展趋势，而不能说明发展的个别差异，更难以说明影响儿童心理发展的各种有关事件间的因果联系。第二，由于横断研究的被试来自不同的族群，因此，可能会将时代变迁的结果与年龄变化的结果混同起来，从而无法确定真正的原因。这会导致在某一具体历史时期所做的研究结果不能简单地推论到其他时期。例如，利用横断研究得出数据表明，60岁后智力大幅度下

降。那么，这种下降究竟是由于年龄发展本身引起的呢？还是由于老年组被试的受教育程度不及当前的年轻被试引起的呢？可见，由于时代变迁，被试经历的环境不同，难以把今日的年轻人看成昔日的老年人，不能用今日老年人的状况去推断年轻人的未来。如果根据年龄差异的资料去回答一个包含着随时间而发生变化的问题，就会得出错误结论，一些研究者称之为“横断谬误”。此外，如果一个国家和地区的社会变革速度越快，这种“横断谬误”的严重程度就越高。

2. 纵向研究设计 纵向研究设计又称追踪研究，是指对同一个或同一群个体，在较长的时间内进行定期的观察、实验或测量，探究心理发展规律的研究。纵向研究的时间可长可短，短可几周，长可几年，甚至几十年。例如，美国的特曼（Terman L.M）从 1921 年开始对 1528 名超常儿童进行纵向研究，直到 20 世纪 80 年代末仍未间断，积累了这些被试从童年（当时被试平均 11 岁）、少年、青年到成年和老年的毕生发展资料。又如，在研究幼儿早期阅读水平发展时，研究者追踪了半年时间内幼儿阅读技能的发展和变化，结果显示儿童的早期阅读水平随着年龄增加而提高。

纵向研究的优点是：第一，被试是同质的，研究结果更为可靠；第二，通过对同一组被试的长期追踪研究，可以获得心理发展连续性和阶段性的资料，因而能够系统地、详尽地考察发展从量变到质变的飞跃，探明前一阶段发展与后一阶段发展的关系；第三，纵向研究可以对儿童各个方面做细致的、整体的考察，以揭露心理不同方面的关系，以及各种因素对发展的影响，从而深入了解发展的机制和原因。这是横断研究所无法替代的。

纵向研究设计的缺点在于：被试一般较少，可能缺乏代表性；研究时间过长，被试易流失；对相同被试重复测试，易产生学习效应或导致被试的厌烦心理，从而影响数据的准确性；同样难以排除“时代变迁”的因素，在长期追踪的过程中，时代变迁和家庭环境的变化势必会影响研究结果；太长的纵向研究在人力、物力和时间上花费较高。

3. 聚合交叉设计 为了避免横断研究设计和纵向研究设计的弊端，保持两类研究设计的长处，可将两者结合起来，形成聚合交叉设计，即在横断的基础上再进行追踪，然后按年龄和观测年份交叉归类，这样在同一年龄组中包括不同年代成长的个体，可以消除一部分“时代变迁”的干扰，也可能在较短的时间内（如 5～10 年）收集较大范围（30～40 年）的资料。聚合交叉研究既可以在较短时间内考察各年龄阶段儿童心理发展的总体状况和特点，又可以从纵向发展的角度研究儿童心理能力随年龄增长而发生的变化和发展，同时还可以探讨社会历史因素对儿童心理发展的影响。例如，如果要研究 3～12 岁儿童的认知发展，我们可以采用改进了的皮亚杰认知作业任务作为测查工具，首先选取 3 岁、6 岁、9 岁三个年龄组的儿童进行横断研究，然后对每个组追踪 4 年，到研究完成时样本分别达到 6 岁、9 岁和 12 岁（表 1-8）。这样在研究中 3～12 岁均已取样，同时研究时间又由原来的 10 年减为 4 年，既达到了研究的目的，同时又节省了大量的研究时间。

表 1-8 聚合交叉研究设计的一种方案

资料收集年份		2000	2001	2002	2003
被试年龄（岁）	横	3	4	5	6
	断	6	7	8	9
	研	9	10	11	12
	究 ↓	纵向研究 →			

（二）双生子研究和跨文化研究

除了上述三种基本研究设计类型外，还有两种特殊的常用于儿童心理研究中的设计，即双生子研究和跨文化研究。

1. 双生子研究　双生子研究就是通过比较同卵双生子之间和异卵双生子之间在心理发展特征上的相似程度，来了解遗传和环境因素对心理发展特征的影响程度。自从 1874 年高尔顿在人类遗传学研究中首次应用双生子研究后，这种研究已被广泛用于医学遗传、行为遗传以及人类的心理发育等研究领域。

双生子的研究被许多心理学家认为是研究人格遗传因素的最好方法，并提出了双生子研究的原理：双生子包括同卵双生和异卵双生两种类型，前者由一个受精卵分裂而来，所带基因基本相同，后者由两个卵细胞接受不同的精子受精发育而成，在遗传特点上无异于两次妊娠，基因的相似程度与同胞兄弟姐妹一样，一般说来他们之间拥有大约 50%的共同基因。同卵双生子既然具有相同的基因形态，那么他们之间的任何差异都可以归于环境因素。而异卵双生子的基因虽然不同，但在环境上有许多相似性，如母亲年龄等，因此也提供了环境控制的可能性。系统研究这两种双生子，就可以看出不同环境对相同基因的影响，或者是相同环境下不同基因的表现。双生子研究的研究假设是：由于同卵双生子具有相同的基因，因此他们之间的任何差异一定是环境造成的；由于异卵双生子在遗传上不同，他们有许多相同的环境条件，故可提供一些有关环境控制的测量；同时研究同卵双生子与异卵双生子，就可能评估相同基因类型下不同环境的作用，以及在相同或类似环境下不同基因类型的作用。

格塞尔（Arnold Gesell，1880～1961）的“双胞胎爬梯实验”是典型的双生子研究。格塞尔是美国著名的儿童心理学家，他的儿童心理发展观称为“成熟优势论”。该理论提出支配儿童心理发展的因素有两个：遗传因素（成熟）和环境因素（学习）。为了证明遗传因素和环境因素究竟谁是发展中的主要力量，格塞尔设计了双生子爬梯实验。实验选择的被试是一对同卵双生子，两名儿童具有相同的遗传基因。然后把双生子中的一个放在自然条件下，而对另一个给予特殊训练，看其结果如何。具体做法是：先对这对双生子进行观察，测定他们行为发展的基线水平，然后在他们 48 周大时，对双生子 1 进行爬楼梯训练，每天 10 分钟，连续 6 周，双生子 2 不进行任何训练。到第 52 周，对两个孩子进行测验，结果发现接受训练的双生子 1 在行为方面有所增长，它能熟练地爬上 5 级楼梯，而不接受训练的双生子 2 爬楼梯的能力没有增长。然后继续训练双生子 1，并在双生子 2 达到能够学习爬梯的成熟水平时，也对其进行爬梯训练，结果发现经过少量的训练，双生子 2 就达到了与双生子 1 相同的爬梯熟练水平，即通过他人帮助，就可以爬到楼梯顶端。由此，格塞尔得出结论：在儿童生理上未达到准备状态（即成熟）时就无从产生学习，学习只是对成熟起一种促进作用；而一旦在生理上有了完成这种动作的准备，训练就能起到事半功倍的效果。因此，格塞尔的成熟优势论认为遗传因素是引导和影响儿童发展的主要力量。

又如，我国研究者用双生子研究来测查儿童青少年体成分的影响因素。体成分指的是身体脂肪组织和非脂肪组织的含量在体重中所占的百分比。研究中测量了 603 对同性别双生子的体成分，其中同卵双生子 431 对，异卵双生子 172 对，研究结果发现遗传因素对儿童青少年体成分发育起主要控制作用。

不过双生子研究也有其不足之处。双生子研究的假设是：同卵双生子的成长环境的相似度一样，但研究表明，这个假设不完全正确。儿童的特点会影响环境对他们的反应方式，儿童自身也会选择环境的影响，这就使得同卵双生子在环境影响上的相似程度要大于异卵双生子的环境影响相似度。因此，同卵双生子在某种发展特征上的相似程度高于异卵双生子，其中部分原因应该归结于同卵双生子的环境相似度更高，因此在解释双生子研究的结果时应该持有谨慎的态度。

2. 跨文化研究 所谓跨文化研究是指通过对不同社会文化背景下儿童心理发展的某个方面进行比较研究，以期探讨儿童心理发展的共同规律和不同的社会生活条件对儿童心理发展的影响。随着世界各国儿童心理研究者之间交流的日益增多，研究者越来越重视不同社会文化背景对儿童心理发展的影响，因而近年来跨文化研究成为儿童心理发展研究的新趋势。跨文化研究很容易被认为是国家与国家之间的国际性比较，其实，地域文化比较也是跨文化研究的内容之一，如藏汉儿童关于游戏规则的认识的研究。跨文化研究的最大好处是能扩大研究变量的范围，对变量做出更全面的考虑，有利于分清变量并确定环境对心理发展的影响，如研究者对大学生性别刻板印象的内隐与外显性别效应进行了中国和日本之间的跨文化研究，结果发现，在两种不同的文化背景下，均存在显著的外显性别刻板印象（如男刚女柔）和内隐性别刻板印象（如男优女劣）效应。跨文化研究还有利于完善儿童心理发展的理论，扩大适用范围。儿童言语发生发展的一些规律及其理论，就需要通过不同民族不同语种的跨文化研究，如婴儿期出现的双词句阶段的研究结果曾在6个国家的6个语种中得到反复验证。总之，跨文化研究为儿童心理发展研究提供了一种有效的研究方法，并取得了大量有价值的研究成果。

信息栏1-5 文献资料的检索

文献是指用文字、图形、符号、声频、视频等技术手段记录人类知识的一种载体，或理解为固化在一定物质载体上的知识。文献也可以理解为古今一切社会史料的总称。现在通常理解为图书、期刊等各种出版物的总和。文献是记录、积累、传播和继承知识的最有效手段，是人类社会活动中获取情报的最基本、最主要的来源，也是交流传播情报的最基本手段。任何儿童心理学的科学研究都需要进行文献检索。文献检索是从文献中迅速准确地查找出所需资料的一种方法和程序。

（一）文献的种类

1. 一次文献 包括专著、论文、调查报告、档案材料等以作者本人的实践为依据而创造的原始文献。

2. 二次文献 是对原始文献加工整理，是指系统化、条理化的检索性文献，一般包括题录、书目、索引、提要和文摘等。

3. 三次文献 是在利用二次文献的基础上对某一范围的一次文献进行广泛深入的分析研究之后综合浓缩而成的参考性文献，包括动态综述、专题评述、进展报告、数据手册、年度百科大全以及专题研究报告等。

（二）文献检索的基本方法

1. 顺查法 以课题研究发生的时间为起点，按事件发展的时序，由远及近地查找有关资料。此方法适用课题项目复杂、涉及范围广泛、需要系统的资料，如博士、硕士论文。顺查法优点是可以全面系统地占有资料，缺点是费时、费力。

2. 逆查法　以目前研究的时间为起点，按照由近及远的顺序查找有关资料。该方法多用于对新资料的收集和新课题的研究。优点是省时省力；缺点是缺乏全面性和系统性。

3. 引文查找法　以现有的与研究课题有关的资料为依据，以其中的引文和附录为线索，来查找所需要的资料，是一种滚雪球式的方法。该方法优点是可以比较集中地查找到所需要的资料，不断扩大查找范围。缺点是查找的范围有一定的局限性，资料的新意可能不足。

4. 综合查找法　综合地运用各种方法，全面、准确、迅速地查找有关资料。运用多种方式：一是由近及远，先收集与课题有关的近期资料，再收集历史资料；二是由大及小，先把查找资料范围划得宽一点，在查找的过程中再逐渐缩小范围，找到主要资料；三是由易到难，先找比较集中、容易收集到的资料，再找分散难找的资料。

（三）文献检索的方式

文献资料的检索主要分为人工检索和计算机检索，人工检索指个人通过阅读期刊目录、档案管理目录等形式，对拥有的资料进行检索，包括对图书馆藏书的查询，对大学和相关机构资料室的检索，通过学术会议检索文献等。随着计算机技术的进步和计算机的普及，国内外组建了许多大型计算机文献检索系统。通过计算机对文献进行检索成为一种快速而有效的检索方式。

当前著名的心理学计算机文献检索系统举例：

美国心理学会网站　www.apa.org

EBSCO 学术检索　www.ebsco.com

Proquest 学术检索　www.proquest.com

儿童发展杂志　www.srcd.org

Blackwell-science　www.blackwell-synergy.com

Elsevier Science　www.sciencedirect.com

Springerlink　www.springerlink.com

中国知网　www.cnki.net

万方数据　www.wanfangdata.com.cn

超星数字图书馆　www.ssreader.com

中国科技期刊数据库　http：//cqvip.com.

另外，研究者可以利用国内外一些大型的互联网搜索引擎进行搜索。

第四节　儿童发展心理学的历史回顾

一、近代西方儿童心理学产生的历史原因

（一）社会发展和新的儿童观的产生

近代西方社会的发展及新的儿童观的产生是推动儿童心理学产生的第一个原因。不同的社会制度，会产生不同的社会意识形态，也必然会产生不同的儿童观。在西方封建社会

时期，儿童接受的是封建专制的教育，儿童被看作“小大人”，没有独立的社会地位，因此，也就没有必要和可能来研究儿童。随着近代西方社会的发展，特别是文艺复兴时期，新兴资产阶级从政治上、经济上甚至意识形态上进行了反封建和反教会的斗争，一些进步的思想家开始提出尊重儿童、发展儿童天性的口号，这些新兴的儿童观为近代儿童心理学的产生奠定了社会思想基础。其中比较有代表性的人物是洛克（J. Locke，1632～1704）和卢梭（J. J. Rousseau，1712～1778），他们的著作中包含了许多有价值的儿童发展观，这些观点代表了当时时代发展的要求，也是对中世纪忽视儿童的传统观念的挑战，同时对以后的众多发展心理学家产生了重大而深远的影响。

洛克是17世纪英国著名经验主义哲学家，他提出的“白板说”充分体现了他的儿童观。洛克是坚定的环境决定论者，他提出能力是天赋的，知识是习得的。他假定儿童的心灵如同一块白板，上面原本没有任何标记，后来，通过经验在上面印上了印痕，形成了观念和知识。因此，儿童行为表现得好或者差、聪明或者愚笨都是环境教育的结果。由此，他非常重视家庭教育在儿童成长中的作用，认为父母只要仔细设计好对儿女的教育，以身作则，树立良好的榜样，并对儿童的良好行为表现及时给予鼓励和奖励，就能使儿童向父母期望的方向发展。通过家庭教育，儿童逐渐获得和形成成熟的行为举止和价值观，成为一个有教养的绅士。洛克的儿童观是行为主义学派环境决定论的鼻祖。

卢梭是18世纪法国著名的哲学家、教育家。卢梭在捷克教育家夸美纽斯（Johann Amos Comenius，1592～1670）的“教育要适应自然”的思想基础上，提出的自然展开说代表了他的儿童观。自然展开说认为，学习不是经验的获得，而是潜能的展开。也就是说，儿童发展的动力不是来自外部，而是来自有机体本身，其发展过程是由自然力量决定的。他把儿童称为“高贵的野蛮人”。自然赋予儿童道德感和独特的不同于成人的思维方式，他们生来就能明辨是非。自然为儿童安排了一个健康有序的生长过程，即按照婴儿期、童年期、童年后期和青少年期四个阶段依次发展，因此儿童具有与成人不同的特点，他们的发展是受自身内部力量推动的。作为成人应尊重和接纳儿童每一个发展时期的独特需要，而不要进行人为的教育训练去干扰这一健康的发展过程。卢梭提出，“出自造物主之手的东西，都是好的；而一到了人的手里，就全变坏了”。这就是因为教育违反了人的天性，把好端端的人变成了形形色色、畸形异状的怪物。卢梭认为，教育的最终目的应是培养“自然人”，即身心和谐而健康发展的人。要想实现培养“自然人”的目的，必须实施自然主义教育，让儿童在生活和活动中自然地进行学习，让儿童无拘无束地纵情于他们自己的自然冲动、本能和情感之中。卢梭认为：“这种教育，我们或者受之于自然，或者受之于人，或者受之于物。我们的才能和器官的内在的发展，是自然的教育；别人教我们如何利用这种发展，是人的教育；我们对影响我们的事物获得良好的经验，是事物的教育。”在这三种教育中，自然的教育是人所不能控制的，必须使物的教育和人的教育配合自然的教育，以自然的教育为主轴，使人的教育和物的教育围绕它而旋转。因此，所谓自然主义教育，就是以发展儿童的“内在自然”或“原始倾向”为中心的教育，人的教育和物的教育都应以追求儿童的“内在自然”为目的。

既然人的教育和物的教育应与儿童“内在自然”的发展相一致，因此教育必须依照儿童内在自然的发展顺序，以儿童的内在自然为依据，通过恰当的教育，使儿童的身心得以自由的发展，使其自然本性逐渐地得以展开。卢梭反对那种把儿童看作缩小的成人，甚至把儿童看成学问家、道德家和宗教家，以便把成人的知识、品德早早地加之于儿童的错误倾向。为此，他特别呼吁应“把儿童当儿童看待”。不过，应该说明的是，自然展开说实际上偏重于对儿童的成长和发展规律进行研究，而不重视对外界环境和教育的研究。

（二）近代自然科学的发展

促使儿童发展心理学成为独立学科的强大动力来自于近代自然科学的进步。近代自然科学的三大发现：细胞、能量转化和进化论，推翻了形而上学的科学观，提出了辩证的自然观，促使科学从发展变化上来研究事物的本质和规律。自然科学对近代儿童发展心理学产生直接影响的是达尔文的进化论。

达尔文是 19 世纪英国生物学家，他的进化论不仅阐述了从猿到人的进化理论，而且还探讨了人与动物在心理发展上的连续性和差异性；不仅从种系演化的途径研究人类心理的发生与发展，而且也从个体变化的途径研究了人的个体心理的发生与发展。这些思想和观点是达尔文对儿童发展心理学做出的直接贡献。

此外，达尔文对婴儿的行为也进行过仔细的观察和记录，因此，他也被认为是科学地研究儿童的先驱。达尔文在 1876 年发表了名为《一个婴儿的传略》的文章，这是他根据长期观察和研究自己孩子的心理发展记录写成的，可以说是最早的儿童心理发展的观察报道之一，它为儿童心理学的诞生打下了基础。后来霍尔提出的“复演说”和皮亚杰提出的“发生认识论”都深受达尔文的影响。

（三）近代教育发展的影响

西方近代教育领域一直强调要了解儿童、尊重儿童，在教育理论中出现了一种“教育心理学化”的主张，即强调教育应以心理学的规律作为依据。瑞士教育学家裴斯泰洛齐（J. H. Pestalozzi，1746～1827）首先提出“教育心理学化”的主张，要求教育要以心理学，特别是儿童心理学作为教育的依据，认为教育的目的在于促进人的天赋力量和能力全面和谐的发展，他指出：“我……寻求人类心智发展必须服从的规律。我认为这些规律如同物质的大自然规律一样，并且确信初等教育的心理学方法可以在这些规律中寻求可靠的思路。”

德国教育家、哲学家赫尔巴特（J. F. Herbart，1776～1841）是教育史上明确提出将心理学作为教育学理论基础的第一人。他以心理学和伦理学的观点为基础建立了心理学化的教育学体系。他把教学看作是教育的主要手段，要求通过教学发展学生多方面的兴趣，即学生理智的自动精神，灌输内在自由、完善、善意、法权和正义五种道德观念。赫尔巴特还根据心理活动的规律，把教学过程分为明了、联想、系统和方法四个阶段，把教学过程与掌握知识的环节、心理活动状态、兴趣阶段及教学方法等构成相互配合的关系。

综上所述，这些教育家的“教育要心理学化的思想”，不仅对儿童心理学的建立提出了要求，也为儿童心理学的建立提供了一定的实践基础和理论观点。

二、科学儿童心理学的诞生

儿童心理学产生于 19 世纪后半期，德国生理学家和实验心理学家普莱尔（W. T. Preyer，1842～1897）是儿童心理学的创始人。普莱尔生于英国的曼彻斯特，曾在巴黎大学学习生理学和哲学，1865 年获生理学哲学博士。博士毕业后，在德国波恩大学教授动物化学和动物构造学，后来又去学习医学，并获医学博士学位。自1866年起，普莱尔在美国耶鲁大学任教。1888～1893年，他又到柏林大学教授生理学和心理学。

普莱尔最先研究的是颜色视觉和听觉，后来又研究催眠，并发表了很多研究成果。在研究催眠的同时，普莱尔想要了解心理功能的起因，于是他转向研究儿童心理发展的问题。他对自己的孩子从出生到3岁每天进行系统观察，有时也进行一些实验性的观察，最后把这些观察记录整理成了一部有名的著作《儿童心理》，并于1882年出版，此书被公认是第一部科学的、系统的儿童心理学著作，因此，该书也成为近代儿童心理学诞生的标志。

《儿童心理》是一部完整的儿童心理学著作，它包括三部分：儿童感知的发展、儿童意志（或动作）的发展、儿童理智（或言语）的发展。在书中，普莱尔肯定了儿童心理研究的可能性，并系统地研究了儿童心理发展；他比较详细地阐述了遗传、环境与教育在儿童心理发展上的作用，并旗帜鲜明地反对当时盛行的“白板说”；他运用系统观察和儿童传记的方法开展了比较研究，对比了儿童与动物的异同点，对比了儿童智力与成人，特别是有缺陷的成人智力的异同点，为比较心理学乃至发展心理学做出了不可磨灭的贡献。

普莱尔的《儿童心理》之所以成为近代儿童心理学诞生的标志，主要是由该书问世的时间、研究内容和目的、研究方法和手段及其影响力这四个方面共同决定的。《儿童心理》是最早一部完全以儿童心理发展为研究主题的著作，目的在于揭示儿童心理发展的特点和规律。在研究过程中，不仅使用了观察法和儿童传记法，还做了一些科学的心理实验。因此，此书一出版，就受到国际心理学界的高度重视和同行学者的青睐，先后被译成十几种文字，向全世界推广，从此儿童心理学随之发展起来。

三、西方儿童心理学的发展

西方儿童心理学发展到现在已有一百多年的历史，总结其产生、形成、演变和发展的历史，可以划分为四个阶段：

第一阶段：19世纪后期之前，这个阶段是西方儿童心理学的准备时期。在近代社会和教育发展的推动下，在众多儿童心理发展研究的基础上，科学的儿童心理学终于在19世纪后期诞生了。

第二阶段：从1882年至第一次世界大战，这个阶段是西方儿童心理学的形成时期。这一时期在欧洲和美国涌现出许多心理学家，他们开始用观察和实验的方法来研究儿童的心理发展。普莱尔是其中最杰出的一位，继普莱尔之后，还有美国的霍尔、鲍德温（Baldwin，1861～1934）、杜威（Dewey，1859～1952）、卡特尔（Cattell，1860～1944）、法国的比纳（A.Binet，1871～1938）、德国的施太伦（Stern，1887～1938）等，他们的研究为儿童心理学的形成和发展做出了重要贡献。

第三阶段：第一次世界大战和第二次世界大战期间，这是西方儿童心理学的分化和发展时期。由于心理学的快速发展，儿童心理学的研究著作在数量和质量上都有了飞跃的发展，出现了各种儿童发展理论流派，如精神分析学派、行为主义学派、格式塔学派等。一些著名的儿童心理学家也相继出现，如瑞士的皮亚杰、美国的格塞尔等。

第四阶段：第二次世界大战以后，这是西方儿童心理学的演变和发展时期。这种变化和发展主要表现为以下四个方面：一是理论观点的演变。有些理论观点影响逐渐减小，如霍尔的复演说、格式塔学派等；有些理论则改变原来的内容，出现新的发展，如比纳、西蒙的测量学说；有的学派在革新后仍然占据理论主流，如新精神分析、新行为主义等。二是研究方法上的变化。随着时代发展，研究方法和手段也不断现代化，研究者用这些研究方法和手段发现了大量关于儿童心理发展的特点和规律，丰富了儿童心理学的理论和内容。三是试图把认知发展和社会行为联系起来。早先的研究把这两者作为两个孤立的对象进行研究，但事实证明儿童对社会情境的思考、对道德问题的思考都会影响儿童的社会行为，因此，研究者开始在研究中把两者联系起来考虑。四是将儿童心理学知识应用于社会实践。早先的研究者已比较重视将理论研究与社会需要联系起来，如比纳的智力测验，主要用于对缺陷儿童的筛选工作，保证他们得到合适的教育；华生提出的行为主义观点，也是强调用来指导儿童的教育。

社会发展到 20 世纪后期，各方面都发生了很多变化，如家庭的大小、结构和功能，很多女性不再专职在家养育孩子，而是积极参与工作，离婚率迅速增长，青少年问题行为增多，虐待儿童现象蔓延。这一切都向儿童心理学研究者提出了新的挑战。在社会需要面前，一些研究者在工作中本着理论联系实际的原则，重视解决现实问题，如婴幼儿早期教育、亲子关系、青少年犯罪研究等。

四、从儿童发展到个体毕生发展的研究

从儿童心理学到发展心理学有一个演变过程。儿童心理学诞生初期，研究对象仅局限于婴幼儿的发展，一直到 20 世纪上半叶，大多数研究者还认为心理发展截止于青少年期，他们主张婴幼儿、青少年阶段是向上发展的迅速变化时期，而青春期之后，成年人发展已稳定，老年人则处于衰退期，这都不是发展。后来的一些研究对这种发展观提出了挑战，如卡特尔提出的晶态智力和液态智力理论。研究者多认为，个体发展是生长和衰退的对立统一，儿童心理发展仅是个体毕生发展的一个重要组成部分。在这些新的发展观的推动下，发展心理学逐渐建立和发展起来。

（一）霍尔将儿童心理学研究的年龄范围扩大到青春期

1904 年，霍尔出版了《青少年心理学》，此书的问世决定了儿童心理学的研究年龄范围从普莱尔的婴幼儿阶段扩展到青春期。在霍尔之前，儿童心理学只关注婴幼儿的心理发展，对青少年的研究几乎没有，而霍尔既研究婴幼儿的心理发展，也研究青少年的心理发展。此外霍尔也是最早研究老年心理的心理学家，他在 1922 年出版了《衰老：人的后半生》一书，但是他没有明确提出毕生发展的心理学观点。

（二）精神分析学派对个体生命全程的发展率先进行了研究

精神分析学派的心理学家荣格（C. G . Jung，1875～1961）最早对成年人心理展开研究，这些研究开始于 20 世纪 20 年代，理论形成于 20 世纪 30 年代。荣格的发展观主要涉及三个方面：一是根据人格发展路线不同，提出前半生和后半生分期的观点。他认为 25 岁到 40 岁是个分界的年限，一般而言，人格发展在前半生更倾向于外部世界，在后半生更倾向于自己的内心世界。二是重视“中年危机”。荣格认为，个体到了 40 岁左右，就进入了“中年危机期”，其标志是精神开始转变，即由原来的掌握外部世界转向关注自己的内心。这时，个人曾经感到永

远不变的目标和雄心壮志已经失去其意义，个体开始感到压抑、呆滞和紧迫感。三是论述了老年心理，特别是临终心理。荣格认为个体进入老年期时，就开始思索生命的性质以及死后生命是否是自己生命的延续等问题。

新精神分析学派的代表艾里克森在荣格的理论基础上，将研究的年龄阶段扩展到青春期直至老年期（详见第二章）。

（三）发展心理学的产生及其研究

美国心理学家何林渥斯（H. Z. Hollingwerth）在1930年出版了《发展心理学概论》一书，这是世界上第一部发展心理学著作，书中提出要用毕生发展的观点研究人的心理发展。1935年，美国心理学家古德伊洛夫出版的《发展心理学》在科学性和系统性方面超过了何林渥斯的《发展心理学概论》，在欧美影响极为广泛。该书同样强调毕生发展的观点，认为要了解人的心理，必须全面研究影响产生心理的各种条件和因素，把心理看作是持续不断的发展变化过程。

从1957年开始，美国《心理学年鉴》用“发展心理学”（developmental psychology）做章名，取代了惯用的“儿童心理学”（child psychology）。在随后的研究中，人们对个体的毕生发展，特别是成人心理做了大量的研究，如对成人记忆、思维发展、智力发展趋势、自我概念等的研究。这些毕生发展心理学家对发展的理解主要包括以下几个方面：

1. 发展是毕生的过程 发展是指个体随着年龄的增长，在相应环境的作用下，心理活动不断得到改造，日趋完善、复杂化的过程，是一种体现在个体内部的连续而又稳定的变化。发展的每一阶段都有自己特定的发展课题，都具有按发展的时间表依次出现的、有其独特意义的行为模式。对个体而言，生命中的每一个发展阶段都很重要。

2. 发展具有多维性和多向性 人的心理发展是生物、社会环境及个人因素等多种力量综合作用的结果，因此发展必然是多维度、多方面的。这主要表现为：第一，在发展的所有阶段，既有生长，也有衰退。例如，一个原本有绘画天分的儿童，在成长中却把主要精力用于语文、数学等学科的学习，结果他的认知能力可能获得改善，但绘画的潜能同时失去了发展的机会。第二，人的发展是多方面的，个体毕生发展的不同时期可能会改变其发展的方向。如一个计算机专业的学生，走上工作岗位后因工作的需要当上了管理人员，在以后的发展中，他可能就由原来编制程序的专家转变成人事管理的能手，发展出不同的能力。

3. 发展的高度可塑性 可塑性指心理活动的可改变性，至于改变的性质、程度和范围则依各种条件而定。儿童特别是婴幼儿，由于神经系统尚处于成长发育过程中，很容易受到外界环境的影响，因此具有很强的可塑性。随着年龄的增长，这种可塑性逐渐降低，但仍是可塑的，例如，国内外心理学家关于认知功能老化的研究表明，通过特别的训练，老年人记忆功能可以得到有效改善，甚至可以获得各种心理能力。

4. 个体的心理发展受其生活经历的影响 个体的心理发展时刻受生活环境的影响，各种环境事件以不同方式影响着个体的发展，从而构成了不同个体独特的生活发展道路。个体的发展是年龄阶段、历史阶段和非规范事件等多种因素共同作用的结果。①年龄阶段：这方面主要体现为年龄特征。年龄特征是指个体在一定社会和教育条件下在心理发展的各个年龄阶段所形成的一般的、典型的和本质的心理特征。在不同的年龄阶段，与之相关的事件就会发生，表现出不同的年龄特征。如2～4岁儿童处于第一反抗期，表现为随着动作和语言能力的发展，活动空间得以拓展，导致自我意识与自主能力的增强，对于大人的要求与命令出现反抗，“我不要”、“偏不”成了常用语。又如儿童在6岁之前思维处于自我中心主义阶段，表现为儿童总是从自己的角度出发来看待世界，还不能变换角度或意识到他人有不同的视角。②社会历史事件，既包括历史时代的变迁也包括科学技术的进步给个体发展带来的影响。这些重大社会事件改变着人们的生活方式和社会价值观，所以造成了不同年代出生的人之间有“代沟”，同一时代出生的人在行为方式上有更大的相似性。③非规范事件，指带有偶然性，只对少数人发生影响，发生时间也无法预测的事件，如偶然看到一份招聘广告，便去应聘，从此使自己的生活翻开了新的一页。非规范事件的存在增加了毕生发展的多维性和流动性，它们与年龄和历史事件即规范事件以多种方式结合，构成了每个个体独特的心理发展史。

5. 个体心理发展的阶段　个体心理发展既是连续的，又是阶段性的，但要想把个体的全部心理发展过程划分为不同阶段还是十分困难的。研究者们由于研究的领域不同，收集和拥有材料的不同，因此，他们提出了多种多样的心理年龄阶段的划分标准。①以生理发展为依据进行划分，如柏曼（L. Berman）以内分泌腺的发育优势为划分标准，把年龄阶段分为胸腺时期（幼年）、松果腺时期（童年）、性腺时期（青年）；②以心理性欲发展为依据，如弗洛伊德（Freud）以心理性欲为标准，划分为口唇期、肛门期、性器期、潜伏期和生殖期；③以认知结构的变化为依据，如皮亚杰根据儿童认知结构的变化，划分为感知运动阶段、前运算阶段、具体运算阶段和形式运算阶段；④艾里康宁和达维多夫以活动特点为划分儿童年龄阶段的标准，此外还有人根据学制、种系发展史等对年龄阶段进行了划分。到目前为止，如何真正按照儿童心理发展本身的客观规律划分发展阶段的问题还没有完全得到解决。参照国内外各家学派的观点，依据毕生发展观，我国一般把个体心理发展划分为以下八个阶段，本书所讲的儿童心理发展包括前五个阶段。

（1）产前期：从母亲受孕到个体出生前的时期。

（2）婴儿期：从出生至3岁。

（3）幼儿期：3～6岁。

（4）童年期：6岁至11、12岁。

（5）青少年：11、12岁至17、18岁。

（6）成年早期：17、18岁至40岁左右。

（7）成年中期或中年期：40岁左右至60岁左右。

（8）成年晚期或老年期：60岁以上。

五、我国儿童发展心理学的发展历程

在西方心理学传入中国之前，我国早就有了心理学、儿童发展心理学的思想。根据正式文字记载，在2500年以前，我国就已经开始有丰富的儿童心理学思想了。例如在对人性的看法上，有孟子的“性善论”、荀子的“性恶论”、韩愈的性与情的“三品说”（韩愈在《原性》一文中提出，人性是先天的，可分为上中下三品。上品的人“善焉”，中品的人“可导而上下也”，而下品的人则是“恶焉”。）；在处理先天与后天的关系上，孔子始终强调环境、教育因素对个体的发展的影响；关于毕生发展年龄特征的思想，最著名的当属孔子的思想，他在《论语·为政》中说：“吾十有五而志于学，三十而立，四十而不惑，五十而知天命，六十而耳顺，七十而从心所欲，不逾矩”。孔子关于生命全程的发展观，初步阐述了人类心理发展的趋势，其影响和意义是深远的。在以后漫长的封建社会中，也不断有人对儿童发展心理进行思考，这些思考影响着人们对儿童成长和发展的看法，从而成为抚养和教育年轻一代的朴素理论。如宋代思想家朱熹（1130～1200）在其教育专著《小学》一书中，以“胎孕之教”为首论。他写道：“古者妇人妊子，寝不侧，做不边，立不跸，不食邪味，割不正不食，席不正不坐。目不视邪色，耳不听淫声。夜则令瞽诵诗，道正事。如此则生子形容端正，才过人矣。”明代教育家和哲学家王守仁（1427～1528）在其《训蒙大意示教读刘伯颂等》文章中指出，“大抵童子之情，乐嬉游而惮拘检，如草木之始萌芽，舒畅之则条达，摧挠之则衰痿”，即强调游戏是幼儿阶段（童子）的主要活动方式，对儿童早期发展有着重要的意义，并进一步指出顺应幼儿这个特点的教学，必然促进儿童心理积极地发展。虽然我们有如此多的关于儿童发展的卓越见解，但由于我国近代科学没有繁荣发展，因此，这些见解都没有发展成为科学的儿童心理学理论。

科学的儿童心理学是在 20 世纪 20 年代传入我国的。最早讲授和研究儿童心理学的是儿童心理学家陈鹤琴。他用儿童传记法每天观察记录自己儿子的身心发展情况，如身体、运动、模仿、游戏和语言发展等，并将研究成果集结成书，于 1925 年出版了《儿童心理之研究》一书。此书是我国较早的儿童心理学教科书。在他之后，孙国华在对婴儿进行研究后撰写了专著《初生儿的行为研究》（1930）；浙江大学的黄翼在 20 世纪 30～40 年代对儿童的语言、绘画、性格评定等方面进行了研究，并重复皮亚杰的一些实验，著有《儿童心理学》一书（1942）；20 世纪 30 年代，肖孝嵘著有《实验儿童心理学》、《儿童心理学》等书；陆志韦和吴天敏修订了比奈-西蒙量表。这些研究者大多留学于欧美，因此在新中国成立前，我国儿童心理学的发展深受欧美儿童心理学的影响。总之，在 20 世纪上半叶，我国的儿童心理学家主要的工作是学习和传播西方儿童心理学，虽然也进行了一些自己的研究，但为数很少。

新中国成立后，20 世纪 50 年代初、中期，我国心理学强调学习苏联，儿童心理学的教学和研究也都照搬苏联。这一时期的积极成果是确立了以辩证唯物主义为指导思想，并坚持理论联系实际特别是教育实际的路线。可是，在学习苏联并对西方心理学进行学术批判的同时，对心理测验和心理卫生进行全盘否定是错误的，同时对建设以中国儿童的材料为基础的儿童心理学和培养高水平的科学队伍重视不够。

20 世纪 50 年代后期到 60 年代中期，是新中国成立以来我国儿童心理学的第一个繁荣期，其标志是数以百计的儿童心理学研究论文提交到历届心理学学术年会上。由于实践需要，我国的儿童心理学家开始关注社会中的现实问题，特别是教育问题，和教育工作者一起进行了较多的关于教育改革的研究，也开展了一些实验研究。从研究范围看，包括幼儿的数概念、类概念、左右概念等概念的形成，以及方位知觉、时间知觉、图画认知能力、道德品质等的形成研究；从研究的年龄阶段看，有儿童早期、学龄期、青少年期的研究，其中以幼儿期和学龄期儿童的心理研究为主体；从研究的理论性课题看，如遗传、教育在儿童心理发展中的作用、儿童心理发展动力、教育与发展的关系、年龄特征的稳定性与可变性等；从研究成果上看，我国心理学家在总结科研成果的基础上，结合我国实际编写了《儿童心理学》（朱智贤，1962）、《教育心理学》（潘菽，1964），这是新中国成立以来我国心理学家自己编写的第一批教科书，对推动我国儿童心理学的教学起了积极的作用。但在 1966～1976 年的十年动乱期间，由于政治上的干扰，我国的儿童心理学研究处于停滞甚至后退的状态。

1976 年，十年动乱结束后，特别是 1978 年之后直至现在，我国儿童心理学又迎来一个空前繁荣的时期。我国儿童心理学研究者在积极吸取国外发展心理学研究精华的基础上，结合我国儿童教育和发展的实际情况进行具体研究，儿童心理学的机构也逐渐增多，研究队伍逐渐壮大，在发展心理学的基础研究和应用研究方面取得了令人瞩目的成就。其主要表现是儿童心理学研究的范围得到了很大的扩展，涉及的内容主要有早期教育与发展的问题、婴幼儿动作与言语发展的研究、超常与低常儿童的心理发展研究、道德的发展研究、幼儿数概念的发展研究以及皮亚杰的实验验证性研究等，涉及儿童心理发展理论和儿童心理测量等的研究越来越多。近十几年来，我国儿童心理学更加重视儿童社会性发展的研究，并结合社会需要注重应用性研究。目前，我国儿童心理学基本跟上了国际儿童心理学发展的步伐，并出现了与国际儿童心理学并驾齐驱向前发展的趋势。

信息栏 1-6　有代表性的儿童发展心理学

近 30 年来，我国出版的儿童发展心理学、发展心理学方面的教材主要有：

朱智贤. 1980. 儿童心理学. 北京：人民教育出版社

丁祖荫. 1984. 儿童心理学. 济南：山东教育出版社

王振宇. 1987. 儿童心理学. 南京：江苏教育出版社

林崇德. 1995. 发展心理学. 北京：人民教育出版社

杨丽珠. 1996. 儿童发展心理学教程. 沈阳：辽宁人民出版社

刘金花. 1997. 儿童发展心理学. 上海：华东师范大学出版社

林崇德. 2002. 发展心理学. 杭州：浙江教育出版社

张文新. 2002. 青少年发展心理学. 济南：山东人民出版社

雷雳，张雷. 2003. 青少年心理发展. 北京：北京大学出版社

方富熹，方格. 2005. 儿童发展心理学. 北京：人民教育出版社

桑标. 2008. 应用发展心理学—当代发展心理学丛书. 杭州：浙江教育出版社

林崇德. 2009. 发展心理学. 2 版. 北京：人民教育出版社

雷雳. 2009. 发展心理学. 北京：中国人民大学出版社

苏彦捷. 2012. 发展心理学. 北京：高等教育出版社

【要点小结】

（1）广义的发展心理学包括动物心理学、民族心理学和个体发展心理学。动物心理学研究的是动物种系演进过程中心理的发展过程。民族心理学研究的是处于不同历史发展阶段的各民族的心理规律。个体发展心理学即狭义的发展心理学，它所研究的是个体从受精卵到出生直至衰老的生命全程中各个年龄阶段上心理的发生、发展的特点和规律。

（2）动物的心理发展包括刺激反应阶段、感觉阶段、知觉阶段、思维萌芽阶段。

（3）个体发展心理学有五大研究任务：描述儿童心理发展的普遍模式、揭示心理发展的原因和机制、测量和解释个体差异、探究不同环境对发展的影响、找到帮助和指导儿童发展的具体方法。

（4）发展心理学对个体发展的研究，主要包括三个领域：身体发展、认知发展、心理社会性发展。

（5）儿童心理发展的基本理论问题：遗传与环境、连续性与阶段性、主动性与被动性、发展“关键期”问题。

（6）发展心理学的研究设计类型：横断研究、纵向研究、聚合交叉研究；两种常用于儿童心理研究中的特殊设计：双生子研究和跨文化研究。

（7）普莱尔所著的《儿童心理》一书的出版标志着科学儿童心理学的诞生。

（8）霍尔的《青少年心理学》将儿童心理学的研究年龄范围从婴幼儿阶段扩展到青春期。此外，霍尔也是最早研究老年心理的心理学家。

（9）何林渥斯的《发展心理学概论》一书被认为是第一部生命全程发展心理学著作。1957年美国《心理学年鉴》用“发展心理学”代替“儿童心理学”作为章的名称，确立了发展心理学的地位。

【关键术语】

遗传与环境问题（nature/nurture issue）

连续性与阶段性问题（continuity/stages issue）

主动性与被动性问题（active/passive theme）

跨文化比较（cross-cultural comparison）

横断设计（cross-sectional design）

纵向设计（longitudinal design）

发展阶段（developmental stage）

发展心理学（developmental psychology）

【资源链接】

林崇德. 2009. 发展心理学. 2版. 北京：人民教育出版社

雷雳. 2009. 发展心理学. 北京：中国人民大学出版社

苏彦捷. 2012. 发展心理学. 北京：高等教育出版社

[美]David R.Shaffer，Katherine Kipp. 2016. 发展心理学. 9版. 邹泓，译. 北京：中国轻工业出版社

【复习思考】

1. 举例说明发展心理学研究的四个基本问题。
2. 简述心理发展过程的连续性与阶段性问题。
3. 简述横断研究与纵向研究各自的优缺点。

【练习测验】

1.（单选）艾里康宁和达维多夫划分儿童年龄阶段的标准是（ ）。

A. 生理发育 B. 智力发展 C. 个性特征 D. 活动特点

2.（单选）霍尔提出的解释儿童心理发展的理论是（ ）。

A. 白板说 B. 复演说 C. 进化说 D. 成熟优势说

3.（单选）下列研究设计类型中，既能描述因变量的年龄差异，又能描述年龄变化，还能对年龄、群组、测量时间等效应进行分离的是（ ）。

A. 横断研究 B. 纵向研究 C. 聚合交叉研究 D. 双生子研究

4.（单选）格赛尔认为学习与“生理准备状态”有关，在没有达到准确状态时，学习不会发生；一旦准备好了，学习就会有效。支持该观点的依据来自（ ）。

A. 选择性繁殖实验 B. 双生子爬梯实验 C. 视觉悬崖实验 D. 恒河猴依恋实验

5.（单选）横断、纵向和聚合交叉设计常用于发展研究，其中聚合交叉研究尤其适合于（ ）。

A. 研究某一年龄组在长时间内的变化

B. 测量某一年龄组内的集中趋势和个别差异

C. 分析在多个任务上年龄组与任务间的交互作用

D. 在不同年龄组重复验证纵向发展变化，增强研究推断

6.（单选）下列关于心理学家对发展心理学贡献的表述，不正确的是（ ）。

A. 荣格最先开展对个体毕生发展的研究

B. 霍尔将儿童心理学研究范围扩大到青春期

C. 普莱尔出版《儿童心理学》，创立了科学的儿童心理学

D. 皮亚杰以活动特点为标准将心理发展划分为四个阶段

7.（多选）导致纵向研究使用较少的原因有（　　）。

A. 样本因时间延续而丢失

B. 阶段性资料不易保存

C. 研究人员变动频繁

D. 反复测查影响数据的可靠性

8.（多选）下列选项中，可以为关键期的存在提供证据的有（　　）。

A. 恒河猴的社会性发展

B. 人类语言的习得

C. 动物的视觉剥夺

D. 鸟类的印刻

9.（综合）沙伊在西雅图随机选择了 500 名被试者，对其进行了一系列认知能力测试。第一次测试时，被试年龄范围是 20～70 岁。年龄相差 5 年的为一组，每 7 年对这些被试进行一次测试，请回答：该研究采用了何种设计？

第二章　儿童发展心理学理论

【本章主要内容】

在儿童发展心理学的发展过程中，形成了多种多样的心理发展观。按照理论形成的时间顺序，本章讲述了精神分析学派的心理发展观、行为主义学派的心理发展观、日内瓦学派的心理发展观和社会文化-历史发展学派的心理发展观。我们应该用历史发展的观点对待这些理论。尽管现在看来它们有种种的不足或历史的局限性，但它们对促进儿童发展心理学的学科发展做出了历史性的贡献。了解这些理论观点，将有助于人们认识现代儿童心理发展的研究现状和发展趋势。

第一节　精神分析学派的心理发展观

精神分析（psychoanalysis）是20世纪上半叶西方现代心理学的主要流派之一，其创始人是奥地利的精神病医生和心理学家弗洛伊德（Sigmund Freud，1856～1939）。在精神分析理论的心理发展观中，最具有代表性的是弗洛伊德和艾里克森的观点。

一、弗洛伊德的发展心理学理论

弗洛伊德1856年生于摩拉维亚的夫来堡（现在是捷克的普莱波），他4岁时随全家迁居到维也纳，他的一生几乎都是在那里度过的。弗洛伊德读书时就是一个出类拔萃的学生，17岁考入维也纳大学医学院，1881年获医学博士学位。后开业行医，担任临床神经专科医生，终生从事精神病的临床治疗工作。在探寻精神病病源方面，弗洛伊德抛弃了当时占主流的生理病因说，逐步走向了心理病因说，创立了心理分析学说（Psychoanalysis，又译精神分析），提出精神病起源于心理内部动机的冲突。弗洛伊德思考敏锐、分析精细、推断循回递进、构思步步趋入，在探讨问题中，往往引述文学、历史、医学、哲学、宗教等方面的材料，揭示出人们心灵的底层。其主要著作有：《梦的解析》（1900年）、《性学三论》（1905年）、《心理分析导论》（1910年）和《文明及其缺陷》（1929年）。

弗洛伊德根据自己对病态人格的研究，提出了人格及其发展的理论，此理论的核心思想是存在于潜意识中的性本能是个体心理发展的基本动力，也是决定个体和社会发展的永恒力量。弗洛伊德的精神分析理论内容丰富，如本能、无意识动机、人格成分、早期经验、心理发展阶段、心理防御机制等。弗洛伊德的心理发展观主要体现在他的人格理论和心理发展阶段理论中。

（一）弗洛伊德的人格理论

弗洛伊德在他的早期著作中提出，人的心理活动或精神活动主要包括意识和潜意识两个部分。后来，弗洛伊德进一步修订了这种意识与潜意识的“二分法”，提出了由本我、自我和超我三个层次组成的人格结构理论。

“本我”类似于弗洛伊德早期理论中的“潜意识”概念。本我位于人格结构的最底层，是由先天的本能、欲望所组成的能量系统，包括各种生理需要。本我具有很强的原始冲动力量，弗洛伊德称其为力必多。本我是无意识、非理性、非社会化和混乱无序的，它遵循快乐原则。

“自我”是从本我中逐渐分化出来的，位于人格结构的中间层。其作用主要是调节本我与超我之间的矛盾，它一方面调节着本我，一方面又受制于超我。它遵循现实原则，以合理的方式来满足本我的要求。

“超我”位于人格结构的最高层次，是道德化了的自我，由社会规范、伦理道德、价值观念内化而来，其形成是社会化的结果。超我遵循道德原则，它具有三个作用：一是抑制本我的冲动，二是对自我进行监控，三是追求完善的境界。

人格的三种结构成分是逐步形成的。本我是人格的初始面，生来就有，它寻求各种生物冲动的即时满足，新生儿几乎完全处于本我状态，如新生儿咂嘴、吸吮，表现出寻求食物的冲动，当需要得不到满足时就大声哭闹，直到需要得到满足为止。个体为了满足自己的需要并维持一种适宜的紧张水平，就必须和现实世界发生交互作用。为了促进这种交互作用，自我就从本我中发展出来，充当了本我和现实世界的仲裁者。自我出现在婴儿的早期，保证本我的愿望能根据现实的要求得到满足，如几个月大的婴儿逐渐学会了需要的延迟满足，当看见母亲解开衣襟准备喂他时，就停止了啼哭，而 1 岁左右的儿童就会用语言向大人索取食物或自己打开抽屉寻找食物。超我是从自我中产生并从自我中分化出来的，它通过儿童的自居作用，将父母对儿童的约束、禁律、习惯等内化而成。超我一旦形成，儿童就能自己控制自己的行为，自己决定对行为的奖惩了。超我在儿童 3～6 岁时就出现了，例如，儿童想通过揍一个正在一起玩的小伙伴进而夺取他的玩具以满足自己的愿望时，超我就会发出警告：不能这样做，爸妈说这样做是不对的。

在人格结构中，本我、自我和超我三者相互交织在一起，构成人格的整体。它们各自代表了人格的某一方面，本我是生物本能我，自我是心理社会我，超我是道德理想我。它们各自追求不同的目标，本我追求快乐，自我追求现实，超我追求完美。当三者处于协调状态时，人格表现出一种健康状况；当三者互不相让，相互敌对时，个体就会产生心理疾病。

（二）弗洛伊德的心理发展阶段理论

弗洛伊德认为人的发展就是性心理的发展，他把性本能看作构成生命本能的最重要的成分，人从出生到衰老的一切行为都是性的表现。值得注意的是，弗洛伊德所说的性是指凡能引起身体快感的活动，如吸吮、排泄等简单的身体动作，不仅仅是指人类的生殖活动。弗洛伊德把性本能的心理能量称为力必多，力必多集中在身体的某些器官或部位，刺激这些区域就可以引起快感，这些区域就称为性感区。在个体发展的过程中，力必多是不断流动的，它集中的身体部位就相应发生变化，性感区也随之发生转移。性感区位置的变化决定着心理发展的阶段性。弗洛伊德据此把儿童的心理发展过程分为五个阶段：口唇期、肛门期、性器期、潜伏期和生殖期。弗洛伊德认为如果在发展的每一个阶段，家长能适度地满足儿童的性需要，儿童的心理就能得到健康的发展，长大成人后就具有成熟的性行为，能关注家庭生活并悉心地哺育下一代，但如果儿童的基本性需要没有得到满足，儿童的心理就不能顺利地发展，会停滞在某一发展阶段，发生固着，或在个体受到挫折后从高级的发展阶段倒退到某一较低的阶段，产生退行，这就可能导致心理疾患，成为各种神经症、精神病产生的根源。

1. 口唇期（出生～1 岁） 儿童发展的第一个性感区是口腔，这个时期儿童主要通过吸吮、咀嚼、吞咽、咬等口腔的刺激活动获得性的满足，口腔一带是获得快感的中心。因此，这个时期儿童特别喜欢吃自己的手指头，此外，只要能放在嘴巴里，不管什么东西，儿童都喜欢用嘴吸吮或者咬一咬、尝一尝。如果这个时期性的满足不适当，太多或者太少，都会影响儿童心理的健康发展，甚至会产生口部类型的人格。如果口欲的满足太多，如吸吮、哺食或哭叫过多，就可能发展成一种依赖或纠缠的人格。如果口欲的满足太少，如婴儿在饿了时经常不能及时吃到奶或者过早地断奶，就可能形成一种紧张与不信任的人格，甚至会产生发展的停滞。在性感区应该转移到其他领域时，其力必多仍然固着在口唇区，那么这个孩子在成长中仍会追求口唇刺激，以弥补他在口唇期得不到的满足，例如，有些已经入学的儿童喜欢咬铅笔头、吃手指头、贪吃等，以及某些成人有烟瘾或对财物的贪婪等，都跟口唇期的固着有关。因此，弗洛伊德强调儿童早期经验对个体的人格发展有着长远的影响，成人积极的和消极的人格特点都可以从这个发展阶段偶然产生的事件中找到原因。

2. 肛门期（1～3 岁） 这个时期儿童的肛门一带成为快感的中心，儿童从肛门肌肉活动（如排便和控制排便）的刺激中得到快感。随意排便是儿童满足其性本能的手段，而父母从儿童 1 岁时就开始培养他们有意控制排便的习惯。这使得儿童首次遇到了生物冲动与社会要求之间的矛盾冲突，强烈的冲突可能导致出现肛门期人格。如果父母对孩子过早或过于严厉地进行大小便训练，成年时可能形成肛门便秘型的人格特征，如洁癖、固执、小气、过分注意条理和小节等。如果父母对儿童的排便习惯不提出要求，成年时就会形成肛门排泄型的人格特征，如邋遢、浪费、无条理、放肆等。因此，弗洛伊德特别要求父母注意，对儿童排便习惯的训练不宜过早、过严，亦不宜放任。

3. 性器期（3～5 岁） 这一阶段力必多转移到了生殖器部位，性器官成了这一时期儿童获得性满足的主要来源，表现为喜欢抚摸生殖器和显露生殖器及性欲幻想。这个时期男孩和女孩在行为上开始出现性别之分，并对双亲中的异性产生性的依恋关系，即男孩把母亲、女孩把父亲当作性爱对象，而对于自己同性别的一方则怀有敌意，视其为性爱的对手，这也就是弗洛伊德所说的男孩的“恋母情结”和女孩的“恋父情结”。但儿童在产生这种情结的同时又认识到自己同性别的对手太强大了，于是产生了恐惧感，害怕来自双亲同性一方的惩罚，为了避免惩罚，儿童就转而认同双亲同性的一方，以此来博得双亲同性对自己的爱，即男孩认同父亲，女孩认同母亲，分别模仿其行为，接受其价值观。儿童在克服情结的同时，产生了超我，主要表现为自我理想和良知。自我理想主要是指儿童要求自己成为像父母那样具有社会特性的人；良知是指儿童发展了社会道德概念，认同了父母的价值标准。因此，这一阶段是儿童人格发展的最重要时期，因为此时所建立的本我、自我和超我三者的关系决定着个体人格发展的基本方向。弗洛伊德也强调在这个阶段很容易发生停滞，导致后来出现如攻击、性偏离等行为问题，因此，顺利解决性器期的冲突对人格的健康发展是极为重要的。

4. 潜伏期（5～12 岁） 这个阶段的性冲动进入了暂时停止活动的时期，在儿童身体中几乎找不到一个力必多集中的性感区，这种情况一直持续到青春期。这个时期最大的特点是儿童对性缺乏兴趣，他们的注意力主要集中在同伴、朋友和对外界的认识上，把精力投放到社会允许的各种活动中，并获得各种行为规范和社会价值观，促进超我的发展。这时男女儿童性别界限清楚，通常分开做游戏，甚至互不往来。同时在这一时期，儿童在前三个时期形成的感觉、情结及各种记忆都逐渐被遗忘，被压抑的性感觉也几乎一扫而光，因此，潜伏期是一个相当平静的时期。

5. 生殖期（12 岁至成年） 到了青春期，力必多重新在身体中活跃起来，并集中在身体的生殖器官上。这一阶段的性冲动主要表现为对异性的追求。弗洛伊德认为如果个体在 5 岁之前性心理的发展是健康的、正常的，这一时期个体就具有成人成熟的性心理功能，就会自然而然地寻找异性配偶，娶妻嫁夫，生儿育女，在生殖的性生活中得到满足。

信息栏 2-1　潜意识与恐水症

安娜·奥是一位 21 岁的青年女性，夏天持续高温，使她感到十分口渴，可是当她的嘴唇碰到玻璃杯时，立即推开了杯子，就像患了“恐水症”一样，只好尽量吃些水果来解渴。这种症状一直持续了 6 周，对她进行催眠，当她进入催眠状态后，就让她随便地说出与病情有关的事。这时，她自由自在地讲个不停，述说自己对英国女佣人的各种不满。突然她想起来了，有一天当她进入房间时，发现那个令人讨厌的女佣的小狗，也在玻璃杯里喝水，她立即产生了强烈的厌恶，不过担心失礼，当时克制着什么也没说。现在，处于催眠状态下，安娜回忆起这段经历，在喋喋不休地全部讲出来的时候，她表现得极为愤怒，随即她说想喝水，给她水喝，她便安安静静地大口喝起来。当杯子离开她的嘴唇后，她就从催眠状态中醒过来，以后就能随便喝水了。

精神分析学家认为这些症状是由于情感能量在现实生活中得不到充分释放而引起的，在催眠状态下，通过宣泄，这些症状就消失了。

资料来源：申荷永. 2004. 心理分析：理解与体验. 生活·读书·新知三联书店

（三）对弗洛伊德心理发展观的评价

弗洛伊德的精神分析理论自问世以来，就在心理学界和社会各界引起了巨大的反响，出现了大量褒贬悬殊的评价。这里我们仅就弗洛伊德的心理发展观提出几点看法。

（1）弗洛伊德的人格发展理论特别强调人格形成与儿童早期经验有关、与父母对儿童的教养态度有关。这一人格发展理论的提出对推动心理学界重视并积极开展儿童早期经验、早期教育和儿童期心理卫生问题的研究有极大的影响。

（2）弗洛伊德把人格结构划分成本我、自我和超我三个部分，它们之间的矛盾和斗争在某种意义上反映了人格发展中的本能、现实环境和社会道德要求之间的矛盾和斗争。通过对这些斗争的描述，使人们开始看到了动机、情绪在心理发展中的作用，并把人格发展的过程看作是动态变化的过程。这对开创心理动力学，对改变传统心理学中重理念轻意欲、重意识轻无意识的倾向是一重大的贡献。

（3）弗洛伊德是性本能决定论者，他把人格发展的基本动力归之于性本能，认为性本能的满足与否直接影响人格的发展。这使得他的理论具有太强的生物学色彩，例如，他把宗教和道德解释为是人类普遍的神经症，提出俄狄浦斯情结（恋母情结）是人格发展的根源。这种观点抹杀了人与动物的区别，抹杀了人的社会性本质，抹杀了社会文化环境对人的心理发展的重要作用。

（4）弗洛伊德提出的发展理论，其依据主要来自于他的个人诊断经验和自我分析，缺乏科学的实验依据，很难重复验证。例如，“恋母情结”的观点已被交叉文化的研究结果否定了它的普遍意义。人类学家马里洛斯基（Malinowski，B）在屈比安德岛上进行了调查，结果发现，那里的男孩不存在恋母情结。因为这个岛上的孩子主要是由舅舅管束的，文化中最严重的乱伦禁忌不在父母和子女之间，而在兄弟姐妹之间。他们压抑和渴望的东西与弗洛伊德所说的并不一致。

二、艾里克森的心理社会发展阶段理论

由于弗洛伊德的情欲说受到各种批评，在20世纪四五十年代，一种新的所谓精神分析学派开始出现，代替并系统修正了弗洛伊德的思想，形成了新精神分析理论。他们不同意弗洛伊德的本能主义情欲说，认为现代人的一切心理上的变态，都是人的本性需要和社会要求不相适应以致失调的结果，只要有了良好的社会、教育措施和预防治疗，这些变态的心理现象就可以防止和消除。艾里克森就是新精神分析学派阵营里在发展心理学上有特殊贡献的代表之一。

艾里克森（E.H.Erikson，1902～1994）是美国现代最有成就的精神分析理论家之一。艾里克森1902年生于德国，1927年到维也纳，师从于弗洛伊德的女儿安娜·弗洛伊德（Anna Freud，1895～1982），接受儿童精神分析训练，学习了弗洛伊德理论和新精神分析学派海因兹·哈特曼（H.Hartmann，1894～1970）与哈里·斯塔克·沙利文（Hany Stack Sullivan，1892～1949）的自我心理学理论。艾里克森的理论就是在此基础上逐渐形成的。1933年，艾里克森在希特勒的专权下，被迫离开欧洲，定居美国。1950年艾里克森出版了代表作《儿童期与社会》，他在书中系统地叙述了人格发展的阶段理论。

（一）艾里克森新精神分析理论的主要观点

20世纪30年代的美国，资本主义社会经济的大萧条使整个社会呈现出一种病态的激烈动荡。艾里克森面对当时的现实，深感弗洛伊德的精神分析学说已不足以应付当时的社会需求，于是他沿着安娜·弗洛伊德强调自我的适应性功能的路线，创立了新精神分析理论，其理论的主要观点包括以下四个方面。

1. 强调自我在人格结构中的作用　与弗洛伊德不同，艾里克森认为自我在人格发展中的作用不亚于本我。他认为本我代表人的先天盲目的冲动，只能使人变成动物，而自我是个人过去经验和现在经验的综合，它能克服本我，控制性欲的方向。但自我不仅扮演本我冲动与超我要求之间调解者的角色，自我本身也在发展，而且在发展的每一个阶段，自我必须发展其特定的能力，从而使个体成长为一个积极的能对社会做出贡献的社会成员。

2. 强调在人的心理发展过程中自我与社会环境的相互作用　艾里克森认为在个体人格形成过程中，既受到生物学因素影响，也受到心理社会因素影响，它们是统一体，但自我的发展更多是受社会文化因素的影响。艾里克森以自我的渐成为依据，把人格发展分为八个阶段，并认为在个体人格发展的每一阶段，随着个体的成熟和能力的增长，社会对个体的自我都提出新的适应性要求，这一要求反映到个体内部就构成了人格发展每一阶段的独特的心理冲突，即情绪危机。这一危机以何种方式解决取决于自我在矛盾冲突的两极中所处的位置，如果矛盾的积极一方占上风，则自我健康发展；反之，如果消极的一方占上风，则产生适应性困难或正常人格的偏离。

3. 人的本性最初既不好也不坏　艾里克森认为，人的本性最初既不好也不坏，但有向任何方向发展的可能性。个体人格的发展既是连续的也是分阶段的，每个阶段都包含两个对立的受文化制约的特定发展任务。个人在发展任务的斗争和解决过程中，按次序向下一个阶段发展。

如果个体能顺利解决某个阶段的冲突，个体就完成了这个阶段的任务，从而向积极的品质发展，这有助于自我力量的增强，有助于个人适应环境，并能顺利转向下一个阶段，逐渐形成健康、成熟的人格。否则就会产生消极品质，导致心理危机，出现情绪障碍，削弱自我力量，阻止个人适应环境以至于不能顺利完成下一阶段的发展任务，出现病态或不健全的人格。因此，艾里克森强调每一个发展阶段都是关键期，不管在限定的时期内个体能否完善地发展自我能力，他都要过渡到下一个阶段，健康人格的发展取决于个体能否成功地解决每一个阶段的情绪危机，形成良好的自我。艾里克森还强调如果某一阶段的发展任务没有解决好，到后面的阶段还可以通过适当的途径（如教育）得到补偿。

4. 自我同一性渐成的发展阶段理论　艾里克森把个体从出生到临终的一生称为生命周期，在这个周期中始终贯穿自我同一性的形成。所谓自我同一性是指个体对自己的本质、信仰和一生中的重要方面前后一致及较完善的意识，即个人的内部状态与外部环境的整合和协调一致。自我同一性是对“我是谁”这一问题的内隐和外显的回答，是个体在寻求自我的发展中，对自我的确认和对有关自我发展的一些问题，如理想、职业、价值观、人生观等的思考和选择。相应的自我同一性的确立就意味着对自身有充分的了解，能够将自我的过去、现在和将来整合成一个有机的整体，根据社会的限定和需求确立自己的理想与价值观念，并对未来的发展做出自己的思考，即自我同一性需要一个人的过去、现在和将来的复杂混合，也需要自我与社会的整合。自我同一性的形成在个体成长中遵循着渐成的原则，即任何生长的东西都有一个基本方案，各个部分从这个方案中发生，每一部分在某一时间各具有其特殊优势，直到所有部分都发生，进而形成一个有功能的整体。艾里克森根据这一原则将自我同一性渐成划分为八个阶段，这就是他的心理社会发展阶段理论。

（二）心理社会发展阶段理论

艾里克森详细分析了个体一生的人格发展过程。

第一阶段为婴儿期（出生～2 岁）：信任对不信任。婴儿在本阶段的主要任务是满足生理上的需要，发展信任感，克服不信任感，体验着希望的实现。婴儿从生理需要的满足中，体验着身体的康宁，感到了安全，于是对周围环境产生一种基本信任感；反之，婴儿便对周围环境产生不信任感，即怀疑感。

第二阶段为儿童早期（2～4 岁）：自主感对羞愧感。这个阶段儿童主要是获得自主感，克服羞怯和疑虑，体验着意志的实现。随着生理的成熟，儿童在这个时期有了控制自己行为的愿望和能力，希望自主行动，学会照顾自己。要使儿童获得自主感，家长就要给予儿童一定的自由，允许儿童去做力所能及的事情。反之，如果父母这时对儿童的行为限制过多、批评过多、惩罚过多，就会使儿童对自己的能力产生怀疑，从而产生一种羞愧感。因此，在这一时期父母除了允许和鼓励儿童去做一些力所能及的事情外，还要对儿童的行为给予一定的控制，这样才能使儿童既学会独立地生活又能服从一定的规定与要求，为未来的秩序和法制生活做好准备。

第三阶段为学前期或游戏期（4～7 岁）：主动感对内疚感。本阶段儿童的主要发展任务是获得主动感，克服内疚感，体验着目的的实现。这一时期的儿童精力旺盛，经常尝试着做一些超出自己能力的事，他们的目标或行为常和父母的要求发生冲突，令儿童感到内疚。因此，在这一时期，如果父母能积极支持和引导儿童所做的游戏和智力活动，儿童就会发展出更多的主动性；如果父母经常嘲笑或批评儿童的活动，儿童就会对自己的活动产生内疚感。游戏在这个阶段起着重要的作用，即执行着自我的功能，在解决各种矛盾中体现出自我治疗和自我教育的作用。艾里克森认为，个人未来在社会中所能取得的工作上、经济上的成就，都与儿童在本阶段主动性发展的程度有关。

第四阶段为学龄期（7～12 岁）：勤奋感对自卑感。本阶段的发展任务是获得勤奋感，克服自卑感，体验着能力的实现。这一时期正值小学教育阶段，是自我发展最关键的时期。儿童在求学过程中，必须学会适应学校的生活，遵守学校的规章制度，在学习和各项活动中达到一定的标准。儿童只有勤奋学习，努力进取，才能学会他应当掌握的知识和社会技能，体验到成功感。如果儿童在学习和交往中屡遭失败，就会产生自卑感。儿童在学校当中所经历的成功和失败的体验，对其人格成长具有重要影响。如果儿童体验到的成功多于失败，他就会养成勤奋进取的性格，会勇敢地面对学习和生活中的挑战。如果儿童体验到的是失败多于成功，甚至都是失败没有成功，他就会形成自卑的性格，对新的学习任务产生畏惧感，可能会回避现实，对今后人格的发展产生不利影响。

第五阶段为青年期（12～18 岁）：自我同一对角色混乱。这一阶段的发展任务是建立同一感，防止同一感混乱，体验着忠实的实现。自我同一性的发展贯穿生命全程，只是在青年期，儿童由于内部状况的剧变，如身体迅速发展、思维能力的变化，加之即将面临的种种社会义务和选择，如职业选择、交友、承担社会责任等，就会对原来已经形成的自我同一感发生怀疑，即产生同一感危机。这时儿童迫切地要求了解自我，要求形成一个真正的而不是附属于别人的独立的自我。在对自我的探索过程中，如果能将自己在各方面将要承担的角色同一起来，就会顺利地度过青春期，否则就会感到迷惘、痛苦，产生角色混乱。

艾里克森对这一阶段提出了“合法延缓期”的概念，他认为这时的青年承继儿童期之后，自觉没有能力持久地承担义务，感到要做出的决断未免太多太快。因此，他们在做出最后决断以前要进入一种“暂停”的时期，千方百计地延缓承担的义务，以避免同一性提前完结的内心需要。虽然对同一性寻求的拖延可能是痛苦的，但它最后是能导致个人整合的一种更高级的形式和真正的社会创新。

如果说以上五个时期是针对弗洛伊德的五个阶段提出的，那么以下三个阶段就是艾里克森的独创。正是这三个阶段，使得他的发展理论更加完善。

第六阶段是成年早期（18～25 岁）：亲密感对孤独感，其发展任务是获得亲密感，避免孤独感，体验着爱情的实现。这一阶段的个体如果能建立家庭，与配偶形成亲密的情感联系；能立足社会，与志同道合的人建立亲密的朋友关系；能与他人相互理解，那么他就能获得亲密感，反之，如果处理不好周围的人际关系，就会产生孤独感。

第七阶段是成年中期（约至 50 岁）：繁殖感对停滞感。这个阶段的个体如果能热心承担社会责任，关心家庭，养育后代，工作上富有成果，那么就会获得一种繁殖感；如果不愿或无力承担这些责任就会产生一种一事无成、无所作为的感觉。

第八阶段为成年晚期即老年期（直至死亡）：完善感对绝望感。这个阶段的主要任务是获得自我健康感，避免失望和厌倦感，体验着智慧的实现。这时人生进入了最后阶段，如果个体感到自己的一生是成功的和有价值的，对社会做出了应有的贡献，就会获得一种自我健康感，觉得自己没有白活，度过了丰富多彩的一生；相反，如果个体感到自己年华虚度，就不免恐惧死亡，觉得人生短促，产生一种绝望感。

艾里克森认为这八个阶段中的每一个发展阶段都是由一对矛盾构成，它们是一个连续体的两极，健康地解决每一个危机或冲突并不意味着必须得到完全正面的结果，丝毫没有负面的体验。两者应当有一个恰当的比率。如在第一阶段，不仅要让儿童学会信任，也要适当地给予不信任感的体验，这样才能学会保护自己。又如在第四阶段，对小学生来说，体验成功、发展勤奋进取的性格固然重要，但是过分强调能力，儿童就会觉得失败是难以接受的，没有抗挫折的能力，可能会变成工作狂。同时也要注意，并不是只有在前一阶段的危机得到解决以后，个体才能进入下一发展阶段。生理的成熟及社会的期望要求个体必须面对新的发展任务，在艾里克森看来，只要人活得足够长，就要经历所有的发展阶段，顺利度过前一阶段会提高后一阶段成功的机会。

（三）艾里克森与弗洛伊德心理发展观的比较

艾里克森的心理社会发展阶段理论与弗洛伊德的发展心理学理论主要有以下几点不同：第一，艾里克森认为发展是内在本能与外部文化和社会要求相互作用的结果，而非性本能的产物，因此他称自己的理论为心理社会阶段论。第二，艾里克森认为儿童是主动的探索者，能够适应环境并希望控制环境，并不是被动地受环境的影响。只有了解现实世界，才能成功地适应，进而发展出健康的人格。第三，艾里克森认为人格的发展并非止于青春期，而是终其一生的。他将人的一生分为八个阶段，每个阶段都有其独特的发展任务，亦面临相应的发展危机，只有将危机化解，才能顺利地进入下一个阶段，发展健康的人格，否则将产生适应困难。第四，艾里克森认为发展健康的人格特征才是人类发展应追求的目标，因此他的理论是基于健康人格特征的，并不像弗洛伊德重视的是人格异常者的治疗和成长。

第二节　行为主义学派的心理发展观

行为主义是西方 20 世纪上半叶盛极一时的现代心理学理论。行为主义学派的创始人是美国的心理学家华生（J.B.Watson，1878～1958）。行为主义的核心观点是否认人的意识的存在，只承认人的行为。行为主义学派心理发展观的代表性人物是华生、斯金纳和班杜拉。

一、华生的心理发展观

华生生于美国，曾经在功能主义心理学的大本营芝加哥大学研究院师从于教育哲学家唐纳尔生（H.Donadson）和生物学家洛布（Jacques Loeb，1859～1924），并于 1903 年获得芝加哥大学第一个心理学博士学位。1908 年，华生应聘为约翰·霍普斯金大学的教授，在这里他开始了一生中最为重要的事业，即酝酿形成行为主义心理学理论。1913 年华生在《心理学评论》上发表了一篇题为《行为主义者所看到的心理学》的论文，举起了既反对功能主义又反对构造主义的行为主义大旗，成为行为主义学派的领袖。一年后，他接触到巴甫洛夫的著作，并把巴甫洛夫提出的条件反射作为行为主义学说的基石。1916 年，华生开始研究儿童心理，并于 1928 年出版了《儿童的心理护理》，在这本书里，他坚持了自己的行为主义立场，强调环境对儿童心理发展的绝对影响。1957 年，美国心理学会授予华生荣誉奖状，高度赞扬他的工作成就和深远影响。

华生认为要把心理学改造成为客观的真正的科学，就必须研究可以直接观察到的事件，即人和动物的行为。华生进一步提出，行为的基本要素是刺激与反应，因此，心理学应探测刺激与反应两者之间的因果关系，进而对行为做出某种预测，而不是像精神分析学派那样研究看不见的内部的精神活动，即人的意识。华生的发展心理学理论主要体现在他的环境决定论中，具体包括以下三个方面。

1. 否认遗传的作用 华生明确指出：“在心理学中再不需要本能的概念了。”否认遗传在个体心理发展中的作用是华生环境决定论的要点之一，具体观点包括以下三个方面。

第一，华生认为行为的反应是由刺激所引起的，刺激来自于客观而不是来自遗传，因此行为不可能取决于遗传。

第二，华生承认人在生理结构上的差异来自遗传，但他认为生理结构上的遗传并不能代表功能上的遗传，因此，由遗传而来的构造，其未来的功能如何，要决定于所处的环境。

第三，华生的心理学以控制行为作为研究目的，而遗传是不能控制的。因此遗传的作用越小，控制行为的可能性则越大。

2. 片面夸大环境和教育的作用 华生从刺激-反应的公式出发，认为环境和教育是行为发展的唯一条件，具体说来有以下三个方面。

第一，华生认为个体在构造上的差异及幼年时期训练上的差异足以说明后来行为上的差异。即儿童出生时在构造上是有所不同的，但仅仅表现为一些最简单的反应；而较复杂的行为的形成完全来自环境，尤其是早期训练。早期训练的不同使人们的行为更加不同。

第二，华生提出了教育万能论。华生从行为主义的控制行为的目的出发，提出教育可以改变一切人。无论什么人，只要具备相应的条件、环境，就可以按照一定的目的把人培养成所要求的人。

第三，华生的学习理论指出学习的实质在于形成条件反射。条件反射形成的决定条件是外部刺激，外部刺激是可以控制的，所以不管多么复杂的行为，都可以通过控制外部刺激而形成。华生的学习观点为其教育万能论提供了支持。

3. 强调儿童的情绪是后天习得的 华生对儿童心理发展的研究主要集中在儿童情绪发展的课题上。华生重点研究了儿童的三种非习得的情绪反应——怕、怒、爱。华生指出，新生儿只有这三种非习得的情绪反应，后来由于环境的作用，通过条件反射，促使怕、怒、爱的情绪不断发展，产生多种以此为基础的情绪反应。儿童到了 3 岁左右，他的全部情绪系统基本建立起来，并决定了儿童将来成为一个快活健康而品质优良的人，或是一个神经病患者，或是一个睚眦必报、作威作福的桀骜者，或是一个畏首畏尾的懦夫。在情绪发展过程中，华生特别强调家庭环境和教育的作用，认为父母是儿童情绪的缔造者与种植者。

华生还首次应用条件反射法研究了儿童恐惧情绪的发生与发展。华生以一名 11 个月大的婴儿阿尔伯特（Albert）为被试者。实验开始时，小阿尔伯特对巨大声响表现出本能的恐惧反应，而对于兔子、白鼠、狗和积木等事物并不害怕。在实验过程中，研究者反复向阿尔伯特同时呈现白鼠和巨大声响。在白鼠与声音配对呈现 7 次后，即使不呈现声音刺激，阿尔伯特也对白鼠表现出极度的恐惧。

随后研究者发现，小阿尔伯特对白鼠的恐惧泛化到了许多相似事物上：他开始对狗、白色皮毛大衣、棉花、华生头上的白发以及圣诞老人面具等毛茸茸的东西都感到恐惧。实验还发现，以条件反射程序习得的恐惧具有跨情境的稳定性，即小阿尔伯特对上述事物的恐惧在实验室环境以外也能被观察到；此外，在停止实验 31 天后，阿尔伯特的恐惧仍未消退，这说明了习得情绪的持久性。由此华生得出结论，儿童的情绪是后天习得的。

信息栏 2-2　华生的儿童恐惧形成实验

华生试图在实验室里证明他的行为主义理论，他找来一个刚刚出生 11 个月名叫阿尔伯特（Albert）的婴儿作为实验的被试者。他的第一个实验是想使阿尔伯特对大白鼠产生恐惧反应。实验一开始他发现阿尔伯特听到大的声音和失去支持时，便产生恐惧反应，还发现不管是什么东西，只要距离他在 12 英寸之内，阿尔伯特就想法得到它，得到之后便摆弄它。这个孩子对巨大声响的反应同其他孩子的反应是一样的。华生找来一根直径 1 英寸、长 3 英尺（1 英尺=0.3048 米）的钢棍，当用锤子敲击这根钢棍时，孩子就会产生明显的恐惧反应。在做完上述预备实验之后，华生便开始正式做实验。他先让阿尔伯特玩弄一只大白鼠，孩子玩得很高兴，几周之内毫无惧怕的迹象。有一天正当阿尔伯特伸手去触摸那只大白鼠时，华生用锤子猛敲那只钢棍，发出很强的噪声，使阿尔伯特产生了很不愉快的感觉。华生是这样描述当时孩子的表现的：他被吓得猛然跳起来，然后跌倒，一头扎到床上的褥子里，可是孩子并没有哭叫。以后华生便重复地这样做，每当孩子伸手触摸大白鼠时，华生便敲击钢棍，孩子便猛然跳起然后跌倒，继而哭泣。这种做法显然给阿尔伯特留下了很深的印象。一周之后华生又让阿尔伯特玩弄大白鼠，这时孩子对动物不怎么感兴趣，看起来有点胆怯。华生对当时的情况是这样描述的：当把动物突然呈现在孩子的面前时，阿尔伯特并没有走上前去接近它。当实验者逐渐把大白鼠移近阿尔伯特时，孩子便试探性地伸出左手。当动物用鼻子嗅他的左手时，他立刻把左手缩了回去。后来他伸手去摸大白鼠的头，但还没有碰到动物时，便又把手缩了回来。在进行本实验之前，阿尔伯特是不怕大白鼠的，而这种实验重复多次之后，他不但惧怕大白鼠，而且害怕兔子，害怕用海豹皮作的衣服外套以及棉花等。

资料来源：张厚粲. 2003. 行为主义心理学. 杭州：浙江教育出版社，67～68

华生心理发展观的主要贡献体现在以下四个方面。第一，华生的理论非常简洁，并且可以通过实验证明。第二，华生的理论为儿童教育提供了丰富的信息，奠定了良好的理论基础。他提出的关于儿童教育的思想提倡因地制宜、因时制宜地实施教育措施，反对统一的教育标准，倡导教育中培养儿童的各种习惯。这些观点对于教育都有积极的意义。

但华生的理论也存在着局限性，主要体现在以下四个方面。第一，他夸大了环境和教育的作用，完全否认遗传的影响，将儿童的个体差异完全归因于他们所处的生长环境，这是不全面的。第二，在华生的教育理论中，完全将儿童放在被动的位置上加以教育，否定了儿童的主动性、能动性和创造性。第三，在研究方法上，华生使用了很多实验室实验的结果来证明他的理论，而儿童在生活中所受到的各种复杂影响是很难通过实验来模拟的。第四，华生的理论很少关注儿童的认知发展。认知发展心理学家认为，儿童对于环境的反应和所受到的影响很大程度上依赖于他们的认知发展水平。对于同一件事，处于不同认知发展水平的儿童所受到的影响是不同的，而华生完全忽略了这一点。

二、斯金纳的发展心理理论

斯金纳（Burrhus Frederick Skinner，1904～1990）是美国著名的心理学家，新行为主义的代表人物。斯金纳 1904 年生于美国宾夕法尼亚州东北部的一个车站小镇。他从小喜爱发明创造，富有冒险精神。1922 年斯金纳进入汉密尔顿学院主修英国文学并开始从事写作，在此期间他阅读了一些心理学书籍，从而对心理学产生兴趣。1926 年斯金纳从汉密尔顿学院毕业，转入哈佛大学心理系，1931 年获哲学博士学位。1931～1945 年，他在明尼苏达大学执教，其后 3 年任印第安纳大学心理系主任。1948 年他回到哈佛大学，在那里进行了行为及其控制的研究。

与华生相比，斯金纳更强调操作性条件反射在儿童心理发展中的作用。操作性条件反射是斯金纳依据动物实验发展起来的一种学习模式，其形成模式是：如果一种反应——不管有没有引起这种反应的刺激——之后伴随一种强化物，那么，在类似环境里发生这种反应的概率就会增加，而且，强化物与实施强化的环境一起，都是一种刺激，我们可以以此来控制反应。

斯金纳关于儿童心理发展的理论主要体现在他的强化理论中。斯金纳根据操作条件反射形成的原理，特别强调积极强化对儿童行为形成和塑造的重要作用。

第一，斯金纳提出强化作用是塑造行为的基础。斯金纳把人的行为分为应答性行为和操作性行为。应答性行为指由特定的刺激所引起的，是不随意的反射性行为。操作性行为指在没有任何可观察的外部刺激的情况下的有机体行为，是有机体自发做出的随意行为。斯金纳认为，人的大部分行为是操作性的，行为的习得都与强化有关，只要我们了解强化效应并操纵好强化技术，就能控制行为反应，就能随意塑造出一个教育者所期望的儿童。儿童的偶然行为只要得到强化，这个行为在将来出现的概率就会大大增加，强化次数与行为出现的概率成正比。所以，行为是由伴随它的强化刺激物所控制的。

第二，强化在儿童行为发展中起着防止消退的作用。行为不强化就会消退。斯金纳认为，儿童之所以要做某事，就是想得到成人的注意。成人一旦注意到儿童的某一行为，如对他们行为加以表扬或批评，都是对这一行为的强化。所以成人对于儿童的不良行为，如愤怒、无理取闹，可以不予理睬，采取"冷处理"，这样儿童的这些不良行为得不到强化就会消退。而且在儿童眼中，是否得到外部刺激的强化，是他衡量自己的行为是否妥当的唯一标准，练习的多少不会影响到行为出现的次数，练习在儿童行为形成中之所以重要是因为它提供了重复强化的机会，只练习而不强化是无法巩固和发展起一种行为的。

第三，斯金纳还将强化分为正强化和负强化。正强化是指由于一种刺激的加入增加了一个操作反应发生的概率的作用。例如，教师的表扬，使学生乐于学习。负强化是指由于一个刺激的排除而增加了某一操作反应发生的概率的作用。例如，当乘客系紧安全带后，车里的警示器就不会发出叫声，警示器声音的停止增加了人们下一次坐车系安全带的行为。因此，无论是正强化还是负强化其结果都增强了某一操作反应出现的概率。

需要注意的是负强化不同于惩罚。负强化是为了增强行为、激励行为，而惩罚是为了消除行为，两者的目的不同。斯金纳不提倡惩罚，因为惩罚只能暂时压抑反应，而不能最终使行为消退。他提倡在儿童心理发展过程中发挥强化的积极作用。

第四，斯金纳还强调适当使用强化程序。斯金纳把强化程序分为连续强化和间歇强化，不同的强化类型导致不同的反应速度。连续强化，又称即时强化，是指每一次正确反应后都给予一次强化。间歇强化，又称延缓强化，可分为四类：①固定间隔强化，即每隔一定的时间出现一次强化，个体在强化后会出现反应停顿，然后反应速度增加，在下次强化到来之前反应率达到高峰，个体学会根据强化的时间进行反应，如定时检查学生作业。②变化间隔强化，指强化出现的时间无规律可循，如不定期的卫生检查。在这种强化程式中，个体不知何时会出现强化，但总有一种就要出现的预想，所以反应速度比较稳定，不会出现停顿。③固定比率强化，指个体每做出一定次数的反应就给予强化，如每反应30次就出现强化。这种强化条件下，个体做出的反应多，得到的强化就多，个体能够自己控制强化，因此，个体的反应速度快。④变化比率强化，指强化由反应次数决定，但每次强化所要求的反应次数不一样。个体虽然知道自己做出的反应越多，得到的强化就越多，但个体不知道强化的标准，因此不能完全控制强化。在这种强化程式下，个体的反应速度也很快。

我们可以根据控制学习过程的实际要求来选择强化类型和决定何时、怎样给予强化，即将上述强化方式结合起来使用。因此，建立某一操作反应的最佳训练组合是：最初使用连续强化，然后是固定间隔、比率的强化，最后是变化间隔、比率的强化。

斯金纳除了提出强化理论之外，还重视将理论应用于实践。他设计的育婴箱、提出的行为矫正技术和程序教学中都充分运用了强化理论。

三、班杜拉的发展心理理论

班杜拉（Albert Bandura，1925～）是美国当代著名的心理学家，现任斯坦福大学心理学系教授。他是新行为主义的主要代表人物之一、社会学习理论的创始人。班杜拉生于加拿大北部的阿尔伯特省，1949 年毕业于加拿大的英属哥伦比亚大学。同年，进入美国爱荷华大学攻读硕士学位，于 1951 年和 1952 年分别获得心理学硕士和哲学博士学位。1953 年至今，班杜拉一直在斯坦福大学任教。在任教期间，他受希尔斯（R.R.Sears）关于社会学习和认同学习的家庭影响因素研究的启发，开始研究攻击性行为的社会学习过程，探索攻击性行为的家庭因素，并修正和发展了米勒（N.Miller）和多拉德（J.Dollard）的社会学习、模仿的理论，提出了观察学习的社会学习理论，并于1977年将其20多年的研究进行总结，形成并发表了其代表作《社会学习理论》。

班杜拉的发展观也主要体现在他的社会学习理论中。该理论的核心思想是儿童通过观察他们生活中重要人物的行为而习得社会行为，这些观察以心理表象或其他符号表征的形式储存在大脑中，来帮助他们模仿行为。班杜拉的发展心理理论的具体内容有如下两个方面。

（一）观察学习

儿童的行为有时可爱，有时又让人烦，那么儿童究竟是怎样习得这些行为的呢？班杜拉认为儿童的行为主要指通过观察学习习得。所谓观察学习，是指学习者通过观察他人（榜样）所表现的行为及其后果而进行的学习，它不同于华生和斯金纳所说的刺激反应学习。刺激反应学习是学习者通过自己的实际行动，同时直接接受反馈（强化），即通过学习者的直接反应给予直接强化而完成的学习。而观察学习的学习者则可以不必直接地做出反应，也不需亲自体验强化，而只是通过观察他人在一定环境中的行为，并观察他人接受一定的强化就能完成学习。据此，班杜拉提出在学习过程中除了直接强化外，还有两种强化，即替代性强化和自我强化。

1. 替代性强化 替代性强化指观察者因看到榜样受强化而受到的强化。儿童不仅通过自身的观察模仿进行学习，而且观察别人模仿的后果。如果这种后果得到社会的承认，儿童就倾向于向别人学习，模仿这种行为；反之，如果这种后果受到社会的责备，儿童就不去模仿这种行为。例如，当教师表扬一个学生的助人行为时，班上的其他学生也将花一定时间互帮互助。

2. 自我强化 自我强化依赖于社会传递的结果。社会向个体传递某一行为标准，当个体的行为表现符合甚至超过这一标准时，他就对自己的行为进行自我奖励。例如，补习了一年语言的学生为自己设立了一个成绩标准，于是他们将根据对他成绩的评价而对自己行为进行自我奖赏或自我批评。

班杜拉认为儿童的言语发展、社会行为的习得、道德和价值观的形成等都是通过观察学习，在各种强化的作用下习得的。班杜拉把观察学习分为以下四个过程。

（1）注意过程：在此过程中，学习者主要是注意和知觉榜样情景的各个方面。榜样和观察者的某些特征决定了观察学习的程度：观察者比较容易观察那些与他们自身相似的或者被认为是优秀的、热门的和有力的榜样。依赖性强的、自我概念低的或高焦虑的观察者更容易产生模仿行为。强化的可能性或外在的期望影响个体决定观察谁、观察什么。

（2）保持过程：学习者在这个阶段要记住他们从榜样那里观察到的行为。所观察的行为在记忆中以符号的形式表征，个体使用两种表征系统——表象和言语。个体储存他们所看到的感觉表象，并且使用言语编码记住这些信息。

（3）复制过程：学习者复制从榜样情景中所观察到的行为。要想将符号表征转换成适当的行为，个体必须：①选择和组织反应要素；②在信息反馈的基础上精炼自己的反应，即自我观察和矫正反馈。自我效能感是影响复制过程的一个重要因素。所谓自我效能感，是指个体对自己能够成功地进行某一行为或任务的主观判断。如果学习者不相信自己能完成某项任务，他们就不能继续执行这项任务。

（4）动机过程：班杜拉把新反应的习得和对新反应的操作区别开来，认为人们能够观察模式而获得新知识，但人们可能对这模式进行操作，也可能不去操作这种反应，这要取决于由强化引起的动机作用。

（二）社会学习的研究

班杜拉以社会学习理论为指导，将社会问题研究与心理学研究方法相结合，开展了一系列社会行为的研究。其中最有影响的是关于攻击性行为和亲社会行为的研究。

1. 攻击性行为　关于攻击性行为，有人认为是出于人的攻击本能（如弗洛伊德、劳伦兹），也有人认为是因为受到了挫折才发生的（如多拉德）。班杜拉则明确指出，人类并不是生来就带着一个行为库的，人的一切行为方式都是后天学习的结果。攻击性行为也是社会学习的结果。班杜拉对攻击性行为的形成进行了一系列实验研究。

实验一：让儿童观看电影里一个女性成年人对一个充气人的攻击性行为，然后让他们再现。结果是所有儿童都能较准确地再现出榜样的攻击行为。

实验二：把4～6岁的儿童分成两组。两组儿童在电影中都看到一个成年男子演示四种不同的攻击性行为，但在影片快结束时，甲组儿童看到这个成人榜样受到奖励；乙组儿童看到的则是这个成人榜样受到惩罚。接下来，让儿童进入一间游戏室，里面放有一个同样的充气人及成人榜样使用过的其他物件。结果发现，甲组儿童比乙组儿童表现出更多的攻击性行为。随后，研究者再组织两组儿童看电影，看完后儿童回到游戏室，研究者以糖果作为奖励，要求儿童尽可能回想榜样行为，并付诸行动。结果显示两组儿童的行为表现无任何差异。

在这两个实验的基础上，班杜拉提出攻击性行为是观察学习的结果，并认为人们可以只通过观察他人行为而习得新行为。榜样行为所得到的不同结果只影响模仿表现，对学习几乎没有影响。班杜拉认为，在现实生活中，儿童攻击性行为的观察学习主要有三个来源：家庭成员、社区文化和大众传媒。目前，越来越多的研究证实了大众传媒对儿童攻击性行为的影响，这值得注意。

此外，个人的直接经验对攻击性行为的产生也具有重要作用。儿童在日常生活中出现的攻击性行为，如果得到了强化，其发生的频率就会大大提高。一个长期受同伴欺凌的儿童，在忍无可忍时做出反抗而又获得成功，那么，他的攻击性行为也会加强。由此，班杜拉认为，“攻击性的行为方式主要是通过观察而习得的，并在实际操作结果的强化基础上进一步得到改进。”

2. 亲社会行为 班杜拉认为，可以通过适当的方式促进儿童产生和发展亲社会行为。例如，儿童观看了某种亲社会行为的录像后，相对于对照组的儿童，表现出更多的亲社会行为。因此，班杜拉认为训练或强制命令对于发展儿童的亲社会行为都没作用，只有让儿童在观察中去学习才会有好的效果。

3. 性别角色的获得 班杜拉认为，儿童在很小的时候就开始模仿两性行为，但成人往往是根据儿童的性别对某些行为加以赞扬，而对另一些行为加以制止。儿童也观察到不同性别的其他人的行为方式及所接受的强化情况，慢慢地他们就发展起一套符合社会标准的性别化行为。

班杜拉的社会学习理论从人的社会性角度研究学习问题，强调观察学习，认为人的行为变化，既不是由个人的内在因素决定的，也不是由外在的环境因素单独决定的，而是由两者相互作用的结果所决定的。班杜拉认为人通过其行为创造环境条件并产生经验（个人的内在因素），被创造的环境条件和作为个人内在因素的经验又反过来影响以后的行为。无疑，班杜拉的社会学习理论在相当程度上反映了人类学习的特点，揭示了人类学习的过程，具有一定的理论和实际价值。但是班杜拉的社会学习理论基本上是行为主义的，他虽然也重视认知因素，但并没有对认知因素作充分的探讨，更缺乏必要的实验依据。班杜拉偏重的是人的行为研究，在行为研究中没有给认知因素以应有的地位，而只是一般化地对认知机理作些简单的论述，因而他的社会学习理论具有明显的不足之处，表现出一定的局限性。

第三节 日内瓦学派的心理发展观

日内瓦学派是当代儿童心理学中的主要派别，又称皮亚杰学派，其创始人是瑞士心理学家皮亚杰。该学派的主要工作是通过对儿童科学概念以及心理运算起源的实验分析，探索智力形成和认知机制的发生发展规律。

皮亚杰（Jean Piaget，1896～1980），瑞士人，一生出版著作 40 余部，发表论文 200 多篇，是当代最著名的儿童心理学家、发生认识论专家。皮亚杰偏重于儿童认知、智力或思维发展的研究。他把生物学、数理逻辑、心理学、哲学、科学史等学科的研究结果综合起来，并吸收各派心理学的特点，综合成比较完整的体系，建立了自己的建构主义的儿童心理学，称为发生认识论或者皮亚杰学派。我国著名心理学家朱智贤曾说过，皮亚杰及其学派的出现使儿童心理学走向了新的发展阶段。

一、皮亚杰学派的研究方法

“临床法（clinical method）”也称临床访谈法，是皮亚杰学派首创的应用于儿童心理研究的一种方法，主要指研究者通过对儿童心理进行观察、与儿童谈话、让儿童操作实物三个方面，来了解、分析和综合儿童心理发展规律的一种方法。

（一）临床法的主要特点

1. 丰富多彩的小实验　临床法中的“操作实物”实际上是一种实验法。研究者采用了丰富多彩、各式各样的物理和化学小实验，当面做给被试看或要求被试自己动手、实际操作、揭示原理，以此来研究儿童的思维或智力的水平。如“守恒实验”、“三山实验”等都是一些既简单又巧妙，富有刺探性的经典测验项目，世界上各国心理学家对皮亚杰的这些小实验进行了多次的重复验证研究。

2. 合理灵活的谈话　在应用临床法时，事先要确定一个谈话的主题，依据这一主题，研究者先口头提出问题，然后根据儿童的回答进一步提出探查的问题，以了解儿童未能表达清楚的心理活动，或进一步确认引导他们说出这些答案背后的观点是什么，以及这些观点是如何产生和发展变化的，或探查他们能进一步达到什么样的心理发展水平。研究者还可以让被试对自己的答案做出解释等，如此进行下去，直到研究者对儿童的回答感到满意为止。由此可见，应用临床法时，主试对要探查的目标问题是清楚的，但如何提问却是灵活的，因此，这是一种非结构性的访谈。

皮亚杰在研究中所使用的谈话方法主要有三种：①纯语言的。例如，询问儿童物体是否有重量，若有，为什么？②半语言半实际的。例如，给儿童列举出河流、机器等的运动，询问儿童运动是怎么一回事。③通过实验操作，然后询问儿童每一个现象的原理。

3. 自然性质的观察　皮亚杰提出要了解儿童的智力或思维机制，必须从结构整体的理论出发，从整体去研究儿童，因此，他特别强调实验的自然性质。皮亚杰喜欢在家庭、学校或游戏场所等自然活动的情况下观察研究儿童，他重视研究者敏锐的观察能力。皮亚杰的临床法抛弃了传统实验的刻板的客观主义，他认为自然性质的观察更有利于获得客观的研究成果。所以，皮亚杰的研究方法曾被西方一些心理学教材当作进行自然主义观察的典范。

4. 新颖严密的分析工具　皮亚杰认为，与其他自然科学相比，心理学的概念之所以显得含混不清，其中一个重要的缘由就是缺乏严密的分析工具。因此在运用临床法研究儿童思维的同时，皮亚杰把数理逻辑引进到心理学的研究工作中来，用数理逻辑作为分析儿童思维或智力水平的工具。这是皮亚杰的一个创新，也是他的儿童心理学的一个特色。

临床法的应用是对传统测验法和观察法的一个革新，反映了思维发展心理研究达到了一个新水平。但临床法也存在着主观性太强，使人难以重复，被试太少，缺乏统计处理，临床交谈不够标准化等缺点。

（二）临床法的具体应用

1. 客体永久性实验　皮亚杰认为婴儿最初是分不清自我和客体的，儿童不了解客体可以独立于自我而客观地存在，只认为自己看得见的东西才是存在的，而看不见时也就不存在了。但当儿童1周岁左右时，皮亚杰经过实验证明儿童会建立起客体永久性（object permanence），即当客体在儿童眼前消失时，儿童依然认为它是存在的。

儿童获得客体永久性观念是儿童认知发展的第一阶段，即感知动作阶段（0～2岁）的最大成就，皮亚杰把这一成就称之为“哥白尼式的革命”。这时儿童开始把自己仅看作是由无限众多客体组成的世界中的一个客体。这一巨大成就主要表现为三个方面：①形成了稳定性客体的认知结构，当某一个客体在视野某处消失，他们仍能在该处寻找。②儿童对空间-时间的组织能力提高，形成空间“位移群”的基本结构。这时，儿童对客体的定位可以按“位移”的线路追踪出来。皮亚杰指出“这个群的心理学的等价语义就是包含着回到原初位置或者围绕一种障碍进行迂回等行为的可能性”。位移不仅反映了空间的特性，同时也体现了时间序列的特点，因为位移总是遵循一定顺序发生的。③表现出因果性认识的萌芽。皮亚杰认为稳定性客体及其位移的体系又是同因果性结构不能分离的。儿童最初的因果性认识产生于自己的动作与动作结果的分化，以后扩展到客体之间的运动关系。当儿童能运用一系列协调的动作实现其一个目的，如用手拉动面前的毯子，拿到放在毯子上的玩具的时候，这就意味着因果性的认识已经产生了。所以，儿童获得客作永久性观念对儿童以后的认知发展具有极其重要的意义，是后来儿童认知活动发展的基础。

在客体永久性实验中，研究者先给婴儿呈现一个玩具，如小象玩具，当婴儿正对这个玩具感兴趣时，用纸板或帷幕把玩具挡住。如果婴儿还没有建立客体永久性，那么当研究者把玩具挡住时，儿童就不再关心这个玩具了，如图 2-1。年龄稍大的儿童则不同，当处于类似的实验情景时，儿童能够爬过遮挡用的帷幕，寻找他所感兴趣的玩具，如图 2-2，这表明婴儿已经建立了客体永久性。

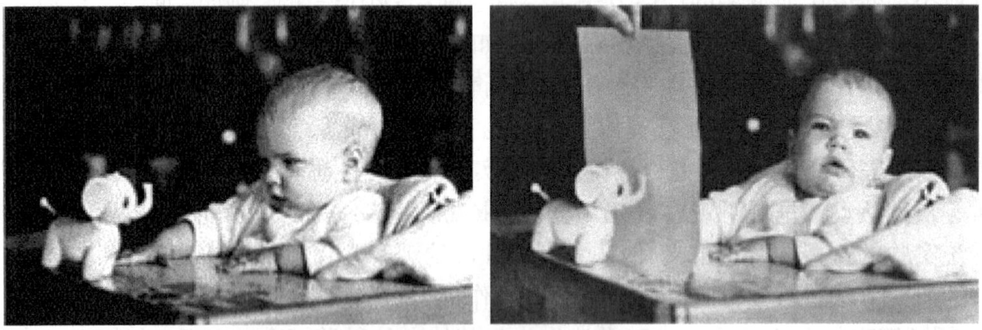

图 2-1　客体永久性实验情景 Ⅰ

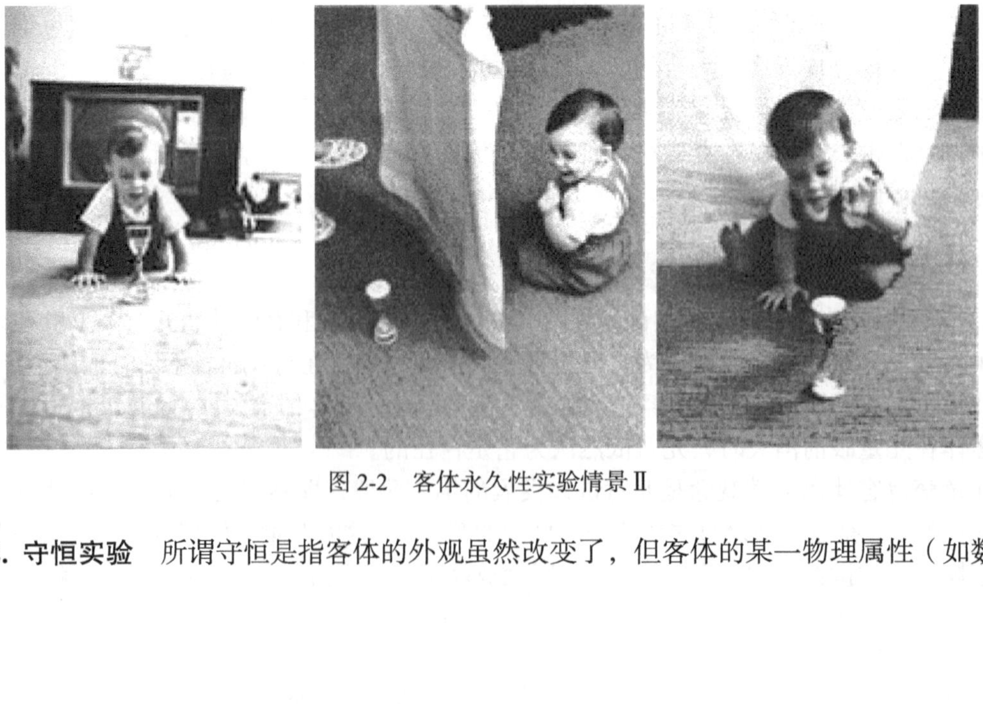

图 2-2　客体永久性实验情景 Ⅱ

2. 守恒实验　所谓守恒是指客体的外观虽然改变了，但客体的某一物理属性（如数量、质量、长度、重量、面积、容积或体积等）仍然保持不变。皮亚杰提出儿童的守恒概念出现于认知发展的第三阶段，即具体运算阶段（6、7 岁到 11、12 岁）。例如，两支等长的铅笔无论如何放置，它们的长度始终是相等的。儿童是通过可逆推理、两维互补和恒等性推理等思维形式获得守恒概念的。追踪研究的结果表明，儿童获得不同守恒形式的年龄是不一样的，最早掌握的是数量守恒（6、7 岁），接着是物质守恒和长度守恒（7、8 岁），面积守恒和重量守恒（9、10 岁），最后是体积守恒（12 岁），如图 2-3 所示。

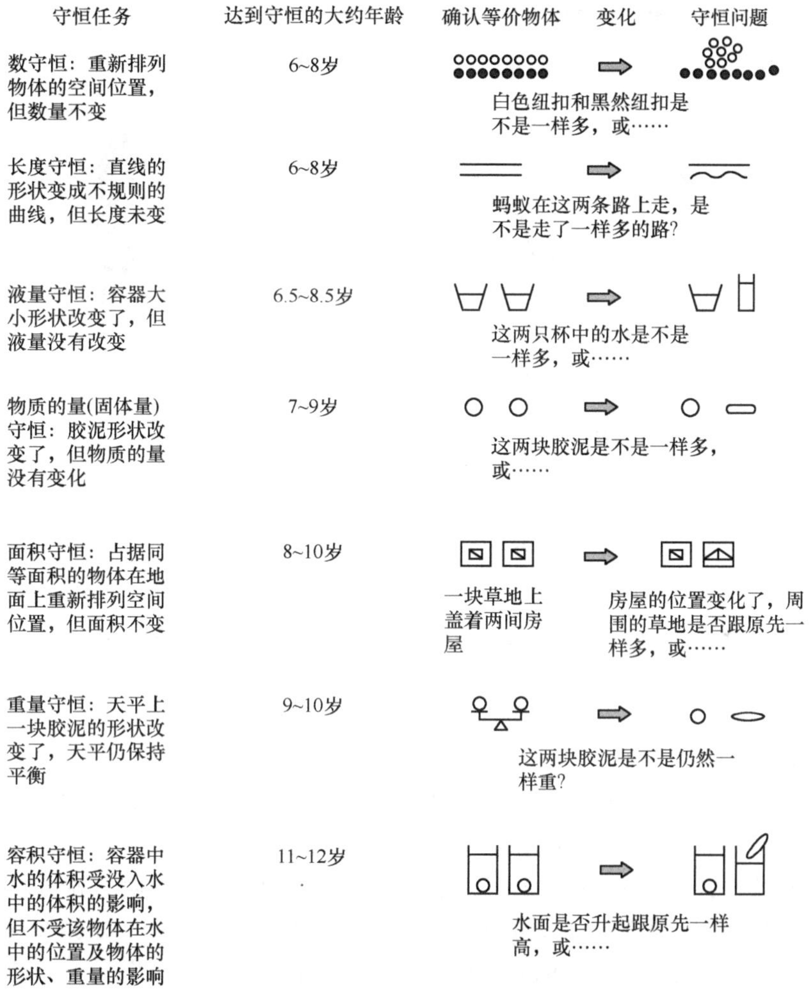

图 2-3 皮亚杰的守恒任务

3. 三山实验 皮亚杰通过实验研究提出，幼儿思维的主要特点是自我中心。所谓自我中心思维是指幼儿倾向于从自己的立场与观点去认识事物，而不能从客观的、他人的立场和观点去认识事物。皮亚杰设计了“三山实验”来证明幼儿思维的自我中心倾向性。

在三山实验中，把大小不同的三座山的模型放在桌子中央，四周各放一把椅子。这三座山以不同的颜色来区别，一座山山顶上有间房屋，另一座上的山顶上有一个红色的十字架，第三座山上覆盖着白雪，如图 2-4 所示。然后带着幼儿围绕着三座山的模型散步，使幼儿可以从不同的角度观察这三座山的模型。散步之后，让幼儿坐在其中的一把椅子上，并将一个布娃娃分别放在其他的椅子上，从不同位置观看这三座山的模型，如图 2-5 所示。然后问幼儿：“娃娃看到了什么？”结果发现幼儿不能给出正确回答。在第二个实验中，不直接问幼儿，而是向幼儿出示从不同角度拍摄的“三座山”的照片，让幼儿从中挑出符合当前娃娃观察到的三山模型的照片。结果发现，8 岁以下的儿童一般都不能完成这一任务，儿童总是根据自己的视角位置来选择照片，换言之，他看到什么也认为别人看到什么。

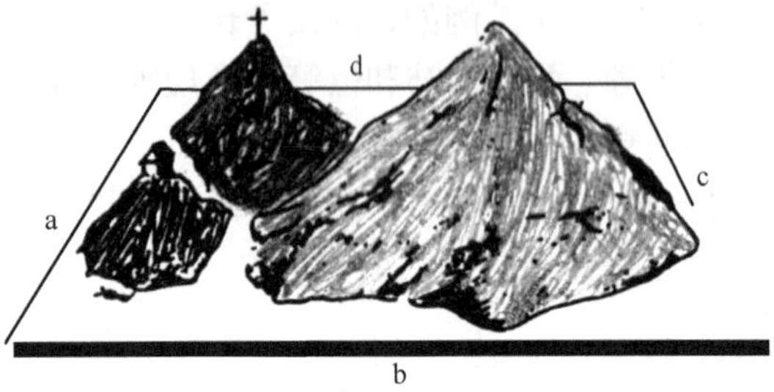

图 2-4　三山实验模型

图 2-5　皮亚杰的“三山实验”场景

二、皮亚杰的儿童发展观

皮亚杰认为儿童心理既不是起源于先天的成熟，也不是起源于后天的经验，而是起源于主体的动作。这种动作的本质是主体对客体的适应，而儿童心理发展的真正原因就是主体通过动作对客体的适应，即儿童心理发展实质上就是低一级水平的图式不断完善达到高一级水平的图式，从而使心理结构不断变化、创新，形成不同水平的发展阶段的过程。

所谓图式就是指动作结构和运算结构，后者是前者的内化，它们是人类认识事物的基础。图式主要指动作中能重复和概括的东西，如“用棍棒去推动一个玩具”这类动作，经过重复执行这一动作，儿童就会概括出一个“以某物推动某物”的格局，儿童随后就可以把它运用于其他客体上。人最初的图式来源于先天的遗传，表现为一些简单的反射，如抓握反射、吸吮反射等，因此也称为“遗传性图式”。以后在适应环境的过程中，原有的图式不断地得到改变，进而丰富起来，也就是说低级的动作图式，通过适应逐步建构出新的图式。如婴儿在吃奶时看到妈妈的形象，听到妈妈的声音，接触妈妈怀抱的姿势等，于是感觉图式逐渐变化为表象图式，在以后的成长过程中，由于多种图式的协同活动和不断内化，逐渐建构出运算图式等。

皮亚杰认为儿童心理发展的真正原因就是主体通过动作对客体的适应。至于适应，皮亚杰是从生物学的角度提出，适应的本质在于取得机体与环境的平衡，达到平衡的具体途径是同化和顺应。同化是指主体将其所遇到的外部信息直接纳入到现有的图式或认知结构中去的过程。皮亚杰认为，在这个过程中，虽然主体对自身的认知结构并未进行任何调整和改善，但也不能将这个过程看成是一个完全被动的过程。因为在这个过程中，主体对外界信息所做的不仅仅是感觉登记，还需要对这些信息进行调整和转化，以使其与当前的认知结构相匹配，以便于接纳。

这个过程是知识在头脑中的一个量变过程，因为它没有改变认知结构本身。而顺应是指主体通过调整自己的图式或认知结构，以使其与外界信息相适应的过程。顺应过程对主体认知结构的发展具有重要意义，通过这个过程，主体的认知结构会不断地得到修正。在这个过程中，知识在头脑中是一个质变的过程，因为新知识的增加使认知结构本身发生了变化。皮亚杰同时指出，同化和顺应并不是彼此分离的两个独立的过程，两者是相互联系、相互依存的。在同一个认知活动中常常包含着两个过程，只是在某些活动中同化占支配地位，而在另一些活动中顺应占支配地位。

个体通过同化和顺应这两种形式来达到机体与环境的平衡。平衡就是个体保持认知结构处于一种稳定状态的内在倾向性。这种倾向性是潜藏在个体发展背后的一种动力因素。当某种作用于儿童的信息不能与其现有的认知结构相匹配时，就会引起一种不平衡的状态，其内部感受是一种不协调、不满足感，儿童会努力地去克服这种消极感受，以恢复旧的平衡或建立新的平衡。这种不断的平衡-不平衡-平衡的过程就是适应的过程，也是儿童心理发展的本质和原因。

三、皮亚杰的认知发展阶段理论

作为发生认识论的重要组成部分，皮亚杰依据自己多年的实验研究结果提出了认知发展的阶段理论，这一理论揭示了人类智力发展的一般规律。皮亚杰的阶段论是一种单向的发展模式，即儿童的认知发展表现为四个连续的阶段，每一个阶段是前一个阶段的延伸，是在新的水平上对前一个阶段的改组，并以不断增长的程度超越前一个阶段，表现出与前一阶段不同的质的特点；在认识成长的过程中，所有儿童都毫不例外地按照固定的顺序通过每一阶段，他们不能跳跃过某一阶段，也不会反方向发展；发展中的个体差异表现为儿童通过每一阶段的速率有所不同，发展水平有所不同，每一阶段达到的年龄也是相对的。

皮亚杰以儿童的认知特点为标准将儿童心理发展分为以下四个阶段。

1. 感知运动阶段（出生～2、3岁）**——儿童思维的萌芽**　在这一阶段中，儿童的认知活动只限于感知运动，主要是通过探索感知觉与运动之间的关系来获得动作经验，并在这些活动中形成一些低级的动作图式，以此来适应外部环境和进一步探索外界环境。其中，手的抓取和嘴的吸吮是儿童探索周围世界的主要手段。这个阶段的认知发展主要体现为：从反射行为向信号功能过渡；从对事物的被动反应发展到主动的探索；从认识自己的身体到探索外界事物；逐渐获得客体永久性，即当某一客体从儿童视野中消失时，儿童知道该客体还是存在的。但感知运动的智力还没有运算性质，因为儿童的活动还没有内化，还不能在头脑中表征外界的环境。

2. 前运算思维阶段（2、3岁～7、8岁）**——表象或形象思维**　运算是指内部化的智力或操作。儿童在感知运动阶段获得的感觉运动行为模式，在这个阶段已经内化为表象或形象模式，具有了符号功能，特别是由于语言的出现和发展，促使儿童日益频繁地用表象符号来代替外界事物，重现外部活动，这就产生了表象或形象思维。这一阶段儿童的思维具有如下特点：①具体形象性：儿童是凭借表象来进行思维的，依靠这种思维，他们可以进行各种象征性活动或游戏，延缓性模仿以及绘画活动等。②不可逆性：本阶段儿童的思维具有只能前推、不能后退的不可逆性，这一方面表现为儿童思维的自我中心性，也就是只能从自我的角度去解释世界，不能协调自己和别人的想法；另一方面表现为儿童尚未获得物体守恒的概念，守恒是指物体事物不论其形态如何变化，其物质量是恒定不变的；第三方面表现为泛灵论，儿童还不能很好地把自己与外部世界区分开来，认为外界的一切事物都是有生命的。③刻板性：指儿童把注意力集中在问题的某一方面时，就不能同时把注意力转移到另一方面。

3. 具体运算思维阶段（7、8 岁～11、12 岁）**——初步的逻辑思维** 这一阶段儿童的认知结构已发生了重组和改善，思维有一定的弹性，思维可以逆转，儿童已经获得了长度、体积、重量和面积等的守恒，能凭借具体事物或从具体事物中获得的表象进行逻辑思维和群集运算。但这一阶段之所以称具体运算阶段一是因为儿童的思维仍然需要具体事物的支持，儿童还不能进行抽象思维。有些问题在具体事物帮助下可以顺利解决，但在纯粹口头叙述的情况下，儿童就会感到困难；二是因为这个阶段儿童进行的运算还是零散的，不能组成一个完整的系统。此外，本阶段的儿童也能理解原则和规则，但在实际生活中只能刻板地遵守规则，不敢改变。

4. 形式运算思维阶段（11、12 岁～14、15 岁）**——抽象逻辑思维** 这一阶段儿童的思维经过不断同化、顺应、平衡，在具体运算结构的基础上逐步出现新的运算结构，即和成人思维接近的、达到成熟的形式运算思维。所谓形式运算或命题运算是指儿童的思维已经超越了对具体的可感知的事物的依赖，在头脑中将形式从内容中解脱出来，可以离开具体事物，根据假设来进行逻辑推演的思维。本阶段儿童的思维是以命题形式进行的，并能发现命题之间的关系；能够根据逻辑推理、归纳或演绎的方式来解决问题；能理解符号的意义，能做一定的概括，其思维发展水平已接近成人的水平。本阶段儿童不再刻板地恪守规则，并且常常由于规则与事实的不符而违反规则或违抗家长或教师。因此，在这一阶段，教师和家长对儿童不宜采用过多的命令和强制性教育，而应鼓励和指导他们自己做决定，同时对他们考虑不全面的地方提出建议和改进。

皮亚杰认为，在经过上述这四个连续发展的阶段后，儿童的思维就基本达到成熟水平了。

四、道德认知发展阶段理论

道德是儿童社会化发展的核心内容。从心理学的角度来看，道德可分为道德认知、道德情感和道德行为三个方面。其中道德认知是指儿童对是非、善恶行为准则和社会道德规范的认识。皮亚杰是第一个系统地追踪研究儿童道德认知的心理学家。他在 1932 年出版了《儿童道德的判断》，这标志着儿童心理学研究儿童道德发展的开始。皮亚杰采用临床法主要从三个方面研究儿童道德的发生发展规律：①儿童对游戏规则的理解和使用；②儿童对撒谎和说真话的认识；③儿童对公正的认识。

（一）对偶故事法

对偶故事法是皮亚杰研究道德判断时采用的一种方法，即利用故事讲述的方法向被试提出有关道德方面的问题。利用这种问题测定儿童道德判断的依据是物品的损坏结果还是主人公的行为动机。由于皮亚杰每次都是以成对的故事测试儿童，因此，此方法被称为对偶故事法。

（1）一个叫约翰的小男孩，有一天，他妈妈外出了，他想帮妈妈洗碗，于是他走进厨房。但在厨房门后有一把椅子，椅子上有一个放着 15 个杯子的托盘。约翰并不知道门后有这些东西。他推门进去，门撞倒了托盘，结果 15 个杯子都撞碎了。

（2）有一个叫亨利的小男孩，一天，他母亲外出了，他想从碗橱里拿出一些果酱吃。他爬到一把椅子上，并伸手去拿。由于放果酱的地方太高，他的手臂够不着。在试图取果酱时，他碰倒了一个杯子，结果杯子掉下来打碎了。

故事讲完后，皮亚杰常对儿童提一些问题，例如："你听懂了刚才的故事吗？""第一个故事里的男孩约翰做了些什么？""他为什么打碎杯子？""这两个男孩子哪个更淘气？""你若是妈妈，更应该惩罚谁呢？"等。通过被试的反应，皮亚杰发现，儿童的道德判断是从早期的注重行为结果的评价向注重行为的动机发展，其道德认知水平从"他律"向"自律"发展。

信息栏 2-3 对偶故事举例

A. 有一个小男孩叫朱利安。他的父亲出去了，朱利安觉得玩他父亲的墨水瓶很有意思。开始时他拿着钢笔玩。后来，他在桌布上弄上了一小块墨水渍。

B. 一次，一个叫奥古斯塔斯的小男孩发现他父亲的墨水瓶空了。在他父亲外出的那一天，他想把墨水瓶灌满以帮助他父亲，这样，在父亲回家的时候，就会发现墨水瓶灌满了。但在打开墨水瓶时，奥古斯塔斯在桌布上弄上了一大块墨水渍。

皮亚杰对每一对故事都提出了两个问题：①这两个孩子的过失是否相同？②这两个孩子中，哪一个更坏一些，更应该受到惩罚？为什么？结果发现，处在他律期的儿童一般认为B中的儿童过失更大，更应该受到惩罚，因为他泼出了更多的墨水，而不考虑两个孩子的动机。

资料来源：张春兴. 1998. 教育心理学. 杭州：浙江教育出版社

（二）皮亚杰的"他律和自律论"

皮亚杰根据研究提出，儿童的道德认知发展是从他律道德向自律道德转化的过程，具体发展过程分为以下四个阶段。

1. 前道德判断阶段（出生～3岁） 皮亚杰认为这一年龄阶段的儿童正处于前运算思维时期，他们对问题的考虑还是自我中心的，所以他们还不能顾及道德规则，或者按照自己的想象去对待规则。他们的行为易冲动、感性化、直接受行为的结果所支配，而且他们的道德认知不守恒。例如，同样的行为规则，若是出自父母就愿意遵守，若是出自同伴就不遵守。他们并不能真正理解规则的含义，分不清公正、义务和服从，因此，这个年龄阶段的儿童的行为既不是道德的，也不是非道德的，即还不具有道德特性。

2. 他律道德阶段或道德实在论阶段（3～7岁） 这是水平较低的道德思维阶段，具有以下几个特点：

第一，单方面地尊重权威，有一种遵守成人标准和服从成人规则的义务感。其基本表现是：一是绝对遵从父母、权威者或年龄较大的人。儿童认为服从权威就是"好"，不听话就是"坏"；二是对规则本身的尊重和顺从，即把人们规定的规则，看作是固定的、不可变更的。

第二，儿童在判断一个行为的好坏时，根据的是行为的后果而不是行为的主观动机。例如，认为打碎杯子数量多的行为比打碎杯子数量少的行为更坏，而不考虑打碎杯子是有意的还是无意的。

第三，儿童在评定是非时总是持极端态度，非好即坏。道德实在论的儿童在评定行为是非时，总是抱着极端的态度，或者完全正确，或者完全错误，还认为别人也这样看，不能把自己置于别人的地位看问题。

第四，赞成严厉的惩罚，并认为受惩罚的行为本身就说明是坏的，还把道德法则与自然规律相混淆，认为不端的行为会受到自然力量的惩罚。例如，对一个 7 岁的孩子说，有个小男孩到商店偷了糖逃走了，过马路时被汽车撞倒，问孩子“汽车为什么会撞倒男孩子”，回答是因为他偷了糖。在道德实在论的儿童看来，惩罚就是一种报应，目的是使过失者的遭遇跟他所犯的过失相一致，而不是把惩罚看作是改变儿童行为的一种手段。

3. 自律道德阶段（7～12 岁）　皮亚杰认为儿童在 7～12 岁进入道德主观论阶段，这个阶段的道德具有以下四个特点：

第一，儿童认为规则是可以通过集体的协商而调整和改变的。儿童已认识到规则是由人们根据相互之间的协作而制订的，因而如果必要的话，它是可以依照人们的愿望加以改变的。规则不再被当作存在于自身之外的强加的东西。

第二，儿童在判断行为时，不只是考虑行为的后果，还考虑行为的动机。研究表明，大多数 12 岁的儿童认为，那些由积极动机支配但损失较大的儿童，比起怀有不良动机而只造成较小损失的儿童要好些。由于考虑到行为的动机，因而他们在惩罚时能注意照顾弱者或年幼者。

第三，儿童开始根据自己的道德标准来要求自己和评判他人，并能把自己置于他人的位置，设身处地地进行评判，判断不再绝对化，能看到可能存在的几种观点。

第四，儿童提出的惩罚与所犯的错误更加贴切，而且把错误看作是对过失者的一种教训。

达到自律道德阶段的儿童，在游戏时不再受年长者的约束，能与同年龄儿童平等地参加游戏，彼此明白自己的立场与对方的立场，共同制订规则，遵守规则，独立举行游戏比赛。

皮亚杰认为儿童道德发展的这些阶段的顺序是固定不变的，儿童的道德认知是从他律道德向自律道德转化的过程。他律道德阶段的儿童是根据外在的道德法则进行判断，他们只注意行动的外部结果，不考虑行为的动机，他们的是非标准取决于是否服从权威的命令或规定，这是一种受自身之外的价值标准所支配的道德判断。后期儿童的道德判断已能从客观动机出发，用平等或不平等、公道或不公道等新的标准来判断是非，这是一种为儿童自身已具有的主观的价值所支配的道德判断，属于自律水平的道德。皮亚杰认为只有达到了这个水平，儿童才算有了真正的道德。

4. 公正阶段（11～12 岁以后）　在这个阶段，儿童的道德观念开始倾向于公正。皮亚杰认为，当儿童使用可逆的道德观念从利他主义角度去考虑事情时，就产生了公正的观念。公正观念不是一种判断是或非的单纯的规则关系，而是一种出于关心与同情的真正的道德关系。也就是说，儿童不再刻板地按固定的规则去判断，而是在依据规则判断时也会考虑到一些具体情况，从关心和同情出发去判断。皮亚杰认为公正观念是一种高级的平等关系，这种道德观念能够从内部影响和决定儿童的道德判断。

信息栏 2-4　皮亚杰道德认知理论

皮亚杰是第一位系统考察儿童道德规范形成与道德认知发展的心理学家。他在《儿童的道德发展》一书中，详细记录了儿童对弹子游戏规则的态度变化。学前儿童对规则极少关注或缺乏意识。在弹子游戏中常常满足于从弹子本身的多种操作戏法中获得乐趣，极少考虑要在一种统一的规则下获胜。两名 3 岁儿童玩弹子游戏，很可能会使用各自喜欢的不同的游戏规则。但到 5 岁左右，儿童开始对规则有了较多的注意和尊重。在儿童看来规则代表着权威和神圣，是不可怀疑、固定不变的。儿童常常把老师、父母和某个令人敬重的长辈的话作为行动标准。1894 年美国斯坦福大学的巴恩斯用问卷法研究儿童惩罚观念的发展。研究表明：

成人对儿童的惩罚，儿童总认为是对的。任何对规则的违背必将受到惩罚。皮亚杰称这一时期的道德为“他律道德”阶段。在9～12岁，儿童开始认识到社会规则不是固定不变的，是一种可以改变的社会契约。对权威的遵从既非必要，也不总是正确的。违反规则并非总是错误的，不一定非要受惩罚。儿童判断他人行为时开始考虑到动机与情感的问题，试图寻求一种更为公正、平等的公理。这一时期的道德，皮亚杰称之为“自律道德”。这种由他律道德向自律道德的转化，反映了儿童对社会规范的学习与内化过程，必须借助于一定的权威、偶像作为中介媒体，进而逐步摆脱这种权威，形成道德自我，即完成由外在的行为要求转变为内在的行为需要，从而建立主体自身的社会行为调节机制。

资料来源：冯忠良，伍新春. 2004. 教育心理学. 北京：人民教育出版社，475～476

五、影响儿童认知发展的因素

皮亚杰不仅研究了儿童思维在各个年龄阶段上的发生与发展，从认识的起源一直研究到科学思维的产生，而且还深刻阐明了支配心理发展的因素，主要包括四个基本因素。

1. 成熟　主要是个体神经系统和内分泌系统的成熟。成熟主要在于揭示心理发展的新的可能性，从而成为新的行为模式出现的必要条件，但不是充分条件。成熟只是给机体的发展提供了可能性，为了实现机体发展的目标，必须通过练习和习得经验。例如，大约4个半月的婴儿能准确地抓握物体，这是因为这一年龄阶段的儿童的大脑结构或神经通路成熟到了视觉和动觉能协调活动的程度，但如果我们没有及时给儿童提供抓握物体的机会以增强成熟，那么儿童学会准确抓握物体的时间就会推迟。

2. 练习和习得经验　这一因素主要是指个体对物体施加动作过程中的练习和习得经验。它包括两类不同的经验：第一类是物理经验，指儿童作用于物体，获得物体的种种特性，如体积大小、物体重量、冰会融化、玻璃会碎等。这些特性是物体本身原来具有的。第二类是逻辑数理经验，指个体作用于物体，从而理解动作间的协调结果，如具体运算阶段儿童获得了逻辑思维能力，能从经验中发现一组物体的总和与这组物体中各个成分的空间排列的位置无关，与计数的先后次序也无关。这种经验来源于主体作用于客体的动作以及动作间的相互协调结果，而不是来源于物体本身。

3. 社会经验　社会经验是指社会环境中人与人之间的相互作用和社会文化的传递，如幼儿园和学校中的教学活动、儿童在家庭中的亲子交往、书籍、报刊、电视机等都是社会传递的途径。儿童通过种种社会传递不仅接受人类社会的各种科学文化知识，而且也接受社会期望的观点、信仰和价值观，使儿童社会化得以实现。社会环境因素对发展的影响是显而易见的，因为发展的阶段可以随着儿童所受的文化教育与社会环境的差别而加速或推迟。皮亚杰特别强调儿童在获得社会经验时的主动性，他指出“即使在主体似乎非常被动的社会传递如学校教育的情况下，如果缺少儿童主动的同化作用，这种社会化作用仍将无效，而儿童主动的同化作用则是以儿童是否具有适当的运算结构作为前提的。”

4. 平衡　虽然上述三个因素都很重要，但皮亚杰认为儿童心理发展中最重要、决定性的因素是平衡过程。平衡具有调和成熟、练习和习得经验以及社会经验三方面的作用。正是通过这种动态的平衡，实现了儿童思维结构或心理结构的不断变化和发展。

六、对皮亚杰认知发展理论的评价

皮亚杰关于儿童认知发展的理论在全世界的儿童发展心理学界有着非常广泛的影响。第一，皮亚杰认为儿童生来就是客观世界的积极探索者、主动学习者、“小小科学家”，这些观点已被现代发展心理学家所广泛接受。第二，皮亚杰以毕生精力考察了儿童从出生到青少年时期认知发展的规律和特点，深化了人们对不同年龄儿童认知发展的认识，也激发了人们对儿童认知发展的深入研究。第三，皮亚杰的理论启示我们在教育中要尊重儿童，发挥儿童学习的主观能动性和首创性，调动儿童的内因去汲取知识，而不是片面地夸大环境的作用去塑造和灌输。第四，皮亚杰关于儿童认知发展的阶段理论使广大教育工作者认识到，儿童对知识的接受是一个逐步建构的过程，因此，我们在教育中应该按照儿童发展阶段的特点来进行课程设计，以期教学能有效地促进儿童的认知发展。

尽管皮亚杰的理论是现代儿童心理学宝库中的一项重要财富，但是由于种种历史和社会原因，皮亚杰的理论也有一定的局限性。首先，皮亚杰的理论主要是从生物适应的观点来解释儿童的心理发展，偏重于先天和遗传的影响，而不够重视社会生活，特别是文化、教育在儿童认识和智力发展中的作用。其次，皮亚杰主张形式运算思维是认知发展的最高阶段，这种观点过于绝对，忽视了成人阶段思维进一步成熟的现实。最后，越来越多的研究表明，皮亚杰低估了婴幼儿的认知能力。

第四节　社会文化-历史学派的心理发展观

社会文化-历史学派的主要代表人物是维果茨基。维果茨基（Lev Vygotsky，1896～1934）是苏联建国时期卓越的心理学家，他主要研究儿童心理和教育心理，着重探讨人类心理的社会起源、思维与言语、教学与发展的关系等问题。

维果茨基 1896 年出生于白俄罗斯东北方的奥沙小镇，1917 年他毕业于莫斯科大学法律系和波尼亚夫斯基大学历史-哲学系，1924 年，应邀到莫斯科心理研究所工作。当时的苏联正处于苏维埃政权创建的初期。十月革命后，新的社会制度要求心理学也要创立新的体系。但当时唯心主义在心理学领域仍然十分活跃，许多学派把人的意识、生活实践和社会存在分割开来，抽象研究人的意识。一场新旧心理学的斗争不可避免地展开了。唯物主义心理学家维果茨基等首当其冲，提出要重视马克思主义对心理学的重大意义，主张必须从辩证唯物主义和历史唯物主义出发来研究关于意识这一反映现实的最高形式。他们将马克思主义的活动理论引进心理学，提出活动和意识统一的理论原则。

维果茨基的心理学思想形成于 20 世纪二三十年代，称之为“社会文化-历史发展理论”，与当时流行的行为主义发展观和格式塔学派的发展观相抗衡。维果茨基提出，人的高级心理功能是社会历史的产物，受社会规律的制约，他特别强调人类社会文化对人的心理发展的重要作用，以及社会交互作用对认知发展的重要性。维果茨基的观点受到一批年轻的心理学家的拥护，如列昂节夫、鲁利亚等，他们与维果茨基一起研究人的高级心理功能的社会历史发生问题，创立了“社会文化-历史学派”，又称“维列鲁”学派，后来这一学派成为苏联当代影响最大的心理学流派。尽管维果茨基英年早逝，但他在发展心理学领域的先驱式研究，深深地影响了苏联的学校教育，并得到全世界的认同。下面我们将以维果茨基的思想为主线介绍该学派的主要观点。

一、心理发展的实质

维果茨基将心理功能分为两种：低级心理功能和高级心理功能。所谓低级心理功能，是指依靠生物进化而获得的心理功能，是指个体早期以直接的方式与外界相互作用时表现出来的特征，如感觉、知觉、机械记忆、不随意记忆、形象思维、情绪、冲动性意志等心理过程都属于低级心理功能。高级心理功能是社会历史发展的结果，其实质在于以“心理工具”，即以人类社会特有的语言和符号为中介，受社会历史发展规律的制约，如思维、有意注意、逻辑记忆和高级情感等心理过程则属于高级心理功能。可见，低级心理功能是动物和人类所共有的，而高级心理功能则是人类所特有的。因此，人的心理与动物心理相比较，其差异不仅反映在数量方面，更重要的是本质的不同，即人类形成了意识系统。

根据恩格斯关于劳动在人类适应自然和在生产过程中借助于工具改造自然的作用的思想，维果茨基还进一步用“工具理论”和“中介结构理论”论述了高级心理功能的社会起源和发展过程。维果茨基认为，人类有两种生产工具：一种是物质工具，如石刀、石斧乃至现代机器等。借助物质工具，人类可以进行物质生产并脱离动物世界；另一种是精神工具，如语言、符号等。运用精神工具，人类进行精神生产和心理操作，从而使人类的心理功能发生了由低级上升到高级的质变。精神工具的发展是由低级（如原始的结绳记事）向高级发展的，与之相应的是心理功能也逐渐复杂化。物质工具指向外部，引起客体的变化；精神工具指向内部，影响人的心理结构和行为。精神工具随物质工具的使用而产生和发展，精神工具的运用又进一步促进物质工具的发展。

维果茨基在其“中介结构理论”中提出，一切低级心理功能在结构上都是直接的，例如，动物的识记仅仅是在 A 和 B 之间建立直接的联结 A-B。而高级心理功能的结构则不然，它中间多了一个以精神工具为中介的环节，此时的识记结构应为 A-X-B。正是这种精神工具 X 的中介作用，才使得心理功能实现了由低级向高级的转化。维果茨基的“工具理论”和“中介结构理论”是他关于两种心理功能划分的进一步说明，它们共同构成了维果茨基的“文化-历史发展理论”。

在上述理论的基础上，维果茨基认为心理发展的实质就是个体的心理自出生到成年，在环境和教育的影响下，在低级心理功能的基础上，逐渐向高级心理功能转化的过程。儿童心理功能从低级发展到高级主要有四个方面的表现：①随意功能的不断发展。随意功能是指心理活动的主动性、有意性，是由主体按照预定的目的而自觉引发的。儿童心理活动的随意性越强，心理水平越高。②抽象-概括功能的提高。心理活动的抽象概括功能是指各种心理功能由于思维特别是抽象逻辑思维的参与而趋向高级化。在儿童的心理发展中，由于词和语言的发展，心理活动更具概括性和间接性，最后形成高级的意识系统。③心理结构的形成。儿童发展过程中，各种心理功能间的关系不断重建，形成新的系统，并最终形成间接的、以符号或词为中介的心理结构。儿童的心理结构越复杂、间接、减缩，心理水平越高。④心理活动的个性化。儿童意识的发展不仅是个别功能由某一年龄向另一年龄过渡时的增长，也是其个性的增长和发展。个性形成是高级心理功能发展的重要标志。

维果茨基还进一步阐述了从低级心理功能向高级心理功能转化的原因：第一，从根本上看，这种转化起源于社会文化历史的发展，它受制于社会发展的规律；第二，就个体发展而言，在儿童与成人的交往中，他们逐渐掌握了高级心理功能的工具——语言、符号这个中介环节，从而使低级心理功能得以概括化、简约化、抽象化并形成具有新质的心理功能；第三，高级心理活动机能是不断内化的结果。由此可见，维果茨基关于发展的理论渗透和体现着发展的质变思想。

二、内化学说

维果茨基用“内化说”来解释人类高级心理功能的形成，即“一切高级心理机能都是内化了的社会关系”。他认为人类的高级心理功能起源于外部活动，然后才内化为个人内部的心理功能。由此，维果茨基清楚地阐明了人类心理活动的社会制约性。如言语的发展：言语最初是作为儿童与周围人之间进行交往的手段而产生的，只是到了后来，言语才转化为内部言语，成为内在的心理功能，即成为儿童自身思维的基本方式。又如人类特有的意志活动也是在人们相互作用的关系中产生的：最初儿童的行为受外部的调节，即听从成人的吩咐或遵守游戏规则，后来才使自己的行为服从于自我提出的目标，克服困难，计划行动，使目标得到实现，也就是转化为内部的意志调节，而实现这种由内向外转化的必要条件就是社会交往。所以，一切高级心理功能既不是生物学上形成的，也不是在纯粹种系发展的历史中形成的，而是以社会为模本的复制品，即一切高级心理功能乃是内化了的社会关系。依据这一观点，正是儿童主体与社会环境的相互作用（社会交往）决定着儿童的心理发展，而儿童活动的质量、社会交往的质量也就决定着儿童成长的质量。

后来，加里培林（Гальперин，П.Я）在维果茨基等人内化理论的基础上，深入地研究了智力形成的内化过程，提出了“智力活动按阶段形成”的理论，认为智力活动的形成由以下五个阶段组成：①活动定向阶段，即要求儿童在头脑中形成关于活动和活动结果的表象；②掌握物质化活动阶段，即运用各种实物、图片、模型等来完成活动；③出声言语活动阶段，即开始脱离实物，只靠出声的言语对头脑中的表象进行操作；④只靠内部言语参与而在脑子里完成操作的阶段，即利用不出声的言语进行智力操作，言语动作转向智力方面，如心算；⑤智力活动过程的简约化阶段。此时，智力活动过程以内部言语的形式进行，智力过程得到了简约化，可以用高速度进行，这标志着智力的形成。

三、教学与发展的关系

教学与发展的关系问题，特别是教学与智力发展的关系是维果茨基儿童心理学理论及教育心理学理论的重要组成部分。在教学与发展的关系上，维果茨基提出的主要观点是：

1.“最近发展区”思想　“最近发展区”是维果茨基提出一个的非常重要的概念。他认为，对儿童的教学至少要明确儿童心理发展的两种水平。第一种水平是儿童现有的发展水平，是指儿童在独立的活动中所达到的解决问题的水平。第二种水平是指在有指导的情况下，借助成人的帮助所达到的解决问题的水平。这两者之间的差距，即儿童的现有水平与经过他人帮助可以达到的较高水平之间的差距，就称为最近发展区。最近发展区的思想注重儿童发展的可能性，并向传统教育学中的“量力性”或“可接受性”等教学原则及“成熟决定论”等提出了挑战。维果茨基指出面向儿童发展的昨天的教学是没有积极作用的，它不会引起发展过程而只是充当发展的尾巴。所以，教学应该面向儿童未来的发展可能。

2. 教学应当走在发展前面 根据最近发展区的思想，维果茨基提出了教学与发展之间的关系，即“教学应走在发展前面”。这个结论有两层含义：第一，教学在发展中起主导作用，它决定着儿童的发展，决定着发展的内容、水平、速度以及智力活动的特点；第二，教学创造着最近发展区，即儿童的第一发展水平与第二发展水平之间的动力状态是由教学决定的，这一理论体现了教学的主观能动性。教学一方面应适应学生的现有水平，但更重要的是发挥教学对发展的主导作用。

3. 学习的最佳期限 维果茨基认为发挥教学最大作用的途径就是抓住“学习的最佳期限”。对于儿童而言，若脱离学习的最佳期限，过早或过迟的学习均不利于儿童智力的发展。教学需以成熟为前提，但更重要的是应使教学建立在正在开始但尚未形成的心理功能之上，走在心理功能形成之前。对一切教学和教养过程而言，最重要的恰恰是那些处于形成阶段，但还未到教学时机的过程，只有在此时施以适当的教育，才能最大程度地发挥教育的作用，促进儿童的心理发展。

总之，维果茨基开创了以唯物主义为指导思想的心理学理论体系，他较为全面地阐述了教育与发展的辩证关系，即教育不等于发展，但不受限于发展，在一定范围内教育可以促进发展。该理论重视社会历史背景对儿童发展的作用，对语言、高级思维发展、最近发展区进行了阐述，强调了与成人、同伴的相互作用在儿童学习发展中的重要作用等，这些已经为越来越多的研究者和教育人员所接受和重视。但该学派对自然成熟论的批判过激，也忽视了在心理形成中生物因素的研究。

【要点小结】

（1）弗洛伊德提出了由本我、自我和超我三个层次组成的人格结构理论。本我是指最原始的、与生俱来的潜意识的结构部分，它遵循快乐和即时满足原则。自我是指意识的结构部分，是来自本我、经外部世界影响而形成的知觉系统，它遵循现实原则，是本我与超我之间的过滤器。超我指人格中最道德的部分，代表良心和自我理想，遵循至善原则，指导自我，限制本我。

（2）弗洛伊德的心理发展阶段理论按照性感区的不同，将个体的人格成长划分为五个阶段：口唇期、肛门期、性器期、潜伏期和生殖期。口唇期是从出生到 1 岁，这个阶段对婴儿口腔的刺激，是性满足的主要来源。肛门期是 1～3 岁，性敏感区是肛门。性器期是 3～5 岁，生殖器成为性敏感区，该阶段的性满足涉及对异性父母的性幻想以及玩弄和展示生殖器。恋父情结和恋母情结出现在这一阶段。前三个阶段是人格发展的重要阶段，为成人后的人格模式奠定了基础。潜伏期是 5～12 岁，这一阶段儿童力必多受到压抑，没有明显表现。生殖期是从 12 岁至成年，这一阶段个体的性器官开始发育成熟，力必多压抑逐渐解除，生殖器成为主导的性敏感区，其他性敏感区成为辅助的性敏感区。

（3）艾里克森把人的发展看作一个进化的过程。在发展过程中，以个人的自我为主导，按自我成熟的时间表，将内心生活和社会任务结合起来，形成一个既分阶段又有连续性的心理社会发展过程。他将人一生的人格发展分成八个阶段，并提出人格发展的每个阶段都由一对冲突或两极对立所组成，并形成一种危机。危机的积极解决，会增强自我的力量，使人格得到健全的发展，有利于个人对环境的适应；危机的消极解决，会削弱自我的力量，使人格不健全，阻碍个人对环境的适应。

（4）行为主义学派的创始人华生的发展心理学理论主要体现在他的环境决定论中。他否认遗传的作用，片面夸大环境和教育的作用，强调儿童的心理发展包括情绪都是后天习得的。

（5）新行为主义的代表人物斯金纳强调操作性条件反射在儿童心理发展中的作用。他提出强化作用是塑造儿童行为的基础，且将强化分为正强化和负强化，还强调在儿童的成长中要适当使用不同的强化程序。

（6）班杜拉的社会学习理论认为儿童的行为主要是通过观察学习获得的。观察学习分为注意过程、保持过程、复制过程和动机过程。班杜拉还提出在儿童学习过程中，除了直接强化外，替代性强化和自我强化也很重要。

（7）皮亚杰学派主要使用临床法进行研究，如客体永久性实验、守恒实验和三山实验等。

（8）皮亚杰认为儿童的心理起源于主体的动作。儿童心理发展的实质就是低一级水平的图式通过同化和顺应不断完善达到高一级水平的图式，从而使心理结构不断变化、创新，形成不同水平的发展阶段的过程。

（9）皮亚杰将儿童认知发展分为四个阶段：感知运动阶段（出生～2、3 岁）、前运算阶段（2、3 岁～7、8 岁）、具体运算阶段（7、8 岁～11、12 岁）和形式运算阶段（11、12 岁～14、15 岁）。

（10）皮亚杰通过对偶故事法研究儿童道德认知的发展，并将儿童道德认知发展分为四个阶段：前道德判断阶段、他律道德判断阶段、自律道德判断阶段和公正阶段。

（11）皮亚杰提出影响儿童认知发展的四个基本因素是：成熟、练习和习得经验、社会经验、平衡。

（12）维果茨基认为心理发展的实质就是个体的心理自出生到成年，在环境和教育的影响下，在低级心理功能的基础上，逐渐向高级心理功能转化的过程。他的内化说指出“一切高级心理功能都是内化了的社会关系”，强调人的高级心理功能是社会历史的产物，受社会规律的制约，他特别强调人类社会文化对人的心理发展的重要作用，以及社会交互作用对认知发展的重要性。

（13）在教学与发展的关系上，维果茨基提出的主要观点是：“最近发展区”思想；教学应当走在发展前面；学习的最佳期限。

【关键术语】

口唇期（oral stage） 肛门期（anal stage）
性器期（phallic stage） 恋母情结（Oedipus complex）
自我同一性（ego identity） 强化（reinforcement）
替代性强化（vicarious reinforcement） 观察学习（learning from observation）
客体永久性（object permanence） 守恒（conservation）
自我中心（egocentrism） 图式（schema，scheme）
同化（assimilation） 顺应（accommodation）
适应（adaptation） 内化说（theory of interiorization）
最近发展区（zone of proximal development） 平衡（equilibrium）

【资源链接】

车文博. 2004. 弗洛伊德——精神分析导论. 长春：长春出版社
车文博. 2004. 弗洛伊德——自我与本我. 长春：长春出版社
李其维. 1999. 破解“智慧胚胎学”之谜——皮亚杰发生认识论. 武汉：湖北教育出版社
程利国. 1999. 皮亚杰心理学思想方法论研究. 福州：福建教育出版社
叶浩生. 2009. 心理学史. 上海：华东师范大学出版社

【复习思考】

1. 论述弗洛伊德的人格结构理论。
2. 结合儿童发展状况，分析弗洛伊德的心理发展阶段理论。
3. 结合自己的成长经历，论述艾里克森的心理社会发展阶段理论。

4. 分析行为主义学派的主要心理发展观。

5. 你赞同“教育万能论”吗？为什么？

6. 举例说明，如何在儿童成长中有效使用正强化、负强化和替代性强化？

7. 皮亚杰学派的临床访谈法主要有哪些特点？有哪些具体应用？

8. 举例说明幼儿思维带有自我中心的特点。

9. 结合实例分析儿童道德认知发展阶段理论。

10. 维果茨基认为教学与发展之间有哪些关系？

11. 论述维果茨基的心理发展观？并比较其与皮亚杰心理发展观的异同。

【练习测验】

1.（单选）根据艾里克森的理论，儿童逐渐从异性同伴中找到替代自己异性父母的对象，使恋父或恋母情结得到解决的原因是（　　）。

A .个体成熟　　B. 在游戏中获得自我教育

C. 父母和其他成人的教育　　D. 大众媒体的影响

2.（单选）根据弗洛伊德的发展理论，“恋母情结”出现的阶段是（　　）。

A. 口唇期　　B. 肛门期　　C. 潜伏期　　D. 性器期

3.（单选）根据皮亚杰的认知发展理论，前运算阶段思维的主要特点是（　　）。

A. 可逆性　　B. 守恒性　　C. 形象性　　D. 互反性

4.（单选）艾里克森认为，青少年期人格发展的主要任务是获得（　　）。

A. 自主感　　B. 亲密感　　C. 勤奋感　　D. 同一感

5.（单选）提出“最近发展区”思想的心理学家是（　　）。

A. 达维多夫　　B. 维果茨基　　C. 列昂节夫　　D. 鲁利亚

6.（单选）按照艾里克森的发展理论，以建立自我同一性作为主要发展任务的年龄阶段是（　　）。

A. 6～12 岁　　B. 12～18 岁　　C. 18～25 岁　　D. 25～50 岁

7.（单选）皮亚杰认为，儿童的认知发展水平决定特定时期的游戏方式，假装游戏占主导地位的阶段是（　　）。

A. 感知运动阶段　　B. 形式运算阶段　　C. 具体运算阶段　　D. 前运算阶段

8.（单选）儿童认为规则不是绝对的，可以怀疑，可以改变，在某些情况下甚至可以违反。按照皮亚杰的理论，其道德判断所处的发展阶段是（　　）。

A. 前道德阶段　　B. 他律阶段　　C. 自律阶段　　D. 道德实在论阶段

9.（单选）认为心理发展只有量的连续累积，不存在阶段性的理论是（　　）。

A. 心理社会发展理论　　B. 发生认识论　　C. 心理性欲发展理论　　D. 社会学习理论

10.（单选）某儿童认为周围世界绕着他转，月亮跟着他走，他只知道自己有一个哥哥、但不知道自己就是哥哥的弟弟。该儿童心理发展所处的阶段是（　　）。

A. 具体运算阶段　　B. 前运算阶段　　C. 后运算阶段　　D. 形式运算阶段

11.（单选）依据皮亚杰的认知发展理论，处于前运算阶段儿童的典型游戏类型是（　　）。

A. 象征性游戏　　B. 练习性游戏　　C. 结构游戏　　D. 规则游戏

12.（单选）与皮亚杰的认识发展理论相比，维果茨基的认知发展理论更强调（　　）。

A. 社会起因　　B. 个体起因　　C. 婴儿期的发展　　D. 青少年期的发展

13.（单选）根据艾里克森的理论，老年期的发展任务是获得（　　）。

A. 繁殖感　B. 亲密感　C. 完善感　D. 认同感

14.（单选）当玩具在眼前消失，儿童认为它仍然存在，这个描述对应的概念是（　　）。

A. 客体永久性　B. 守恒　C. 运算　D. 知觉的恒常性

15.（单选）下列关于皮亚杰认知发展理论中“图式”的表述，错误的是（　　）。

A. 图式是知识的一种表征方式　B. 图式是概括化的动作模式

C. 图式是动作的结构或组织　D. 图式是具有可逆性的一种操作

16.（单选）认为儿童的侵犯行为是通过替代强化而获得的理论是（　　）。

A. 生态系统理论　B. 社会学习理论　C. 知觉学习理论　D. 条件反射学说

17.（单选）斯金纳训练鸽子学习走“8”字形线路所采用的主要技术是（　　）。

A. 连续接近技术　B. 给予线索技术　C. 消退技术　D. 负强化技术

18.（多选）根据维果茨基的观点，高级心理功能的特点有（　　）。

A. 依靠生物进化获得　B. 以符号为中介

C. 反应水平是概括和抽象的　D. 受社会文化历史规律的制约

19.（多选）根据维果茨基的观点，心理功能由低级向高级发展的标志有（　　）。

A. 心理活动的随意功能　B. 心理活动的个性化

C. 形成符号为中介的心理结构　D. 心理活动的抽象-概括功能

20.（多选）下列观点属于维果茨基心理发展理论的有（　　）。

A. 两种工具观　B. 发生认识论　C. 最近发展区学说　D. 智力发展内化说

21.（综合）试述弗洛伊德和艾里克森的心理发展，并比较其异同。

22.（综合）试述皮亚杰的认知发展理论及其对教学工作的启示。

第三章　心理发展的生物学基础与产前期发展

【本章主要内容】

心理的发展到底是先天遗传的结果，还是环境因素使然？这是历史上的遗传-环境之争。研究发现，心理发展伊始就同时受到遗传和环境两大因素的影响，这两种因素相互依赖、相互渗透，影响个体发展的终生。无论是动物还是植物，遗传是保持生物性状的最普遍现象，所谓“种瓜得瓜，种豆得豆”，而子宫是影响个体成长的最早环境，又称为胎内环境。这一章我们重点介绍儿童发展的生物学基础，即遗传的物质基础、遗传传递的机制和模式等，然后分析遗传因素和环境因素对胎儿发育过程的影响。

第一节　生命的开始与遗传基因

一、遗传的物质基础

每个人的发展都是从受精卵开始的，单个受精卵细胞通过有丝分裂，不断地复制自身，经过大约266天的时间，发育成为一个拥有大约2000亿个细胞的胎儿，胎儿出生后，继续生长、发育和发展。个体在生长和发育的过程中既具有一些共同属性和类似的发育阶段，同时又表现出自己的独特性。那么，决定人与人之间既相似又相异的遗传物质是什么呢？科学研究发现，每一个细胞的细胞核内的染色体是遗传的物质载体，染色体上的一个个有遗传功能的节段被称为基因，它含有参加指导个人发展的遗传密码，载负着一代代传递下去的遗传信息。个体的发展就是基因型变化为表现型的过程。

（一）染色体是遗传的物质载体

细胞是组成人类机体的最小结构单位。每一个细胞的中央部位有一个细胞核，细胞核内由核蛋白组成、能用碱性染料染色、有结构的线状体，称为染色体，是遗传物质基因的载体。染色体在人体细胞中是成双成对存在的，如图3-1所示。人体细胞含有染色体46条，即23对，其中22对称为常染色体，第23对是决定性别的性染色体，女性是XX，男性是XY。一对染色体的两条染色单体，其大小、形状和功能相同（男性中的XY例外），称为同源染色体，其中一条来自母方，一条来自父方。染色体的功能是储存和传递遗传信息（图3-2）。

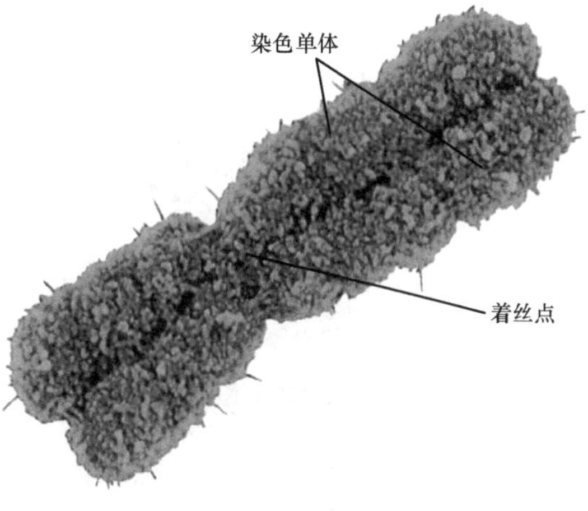

图3-1　染色体结构示意图

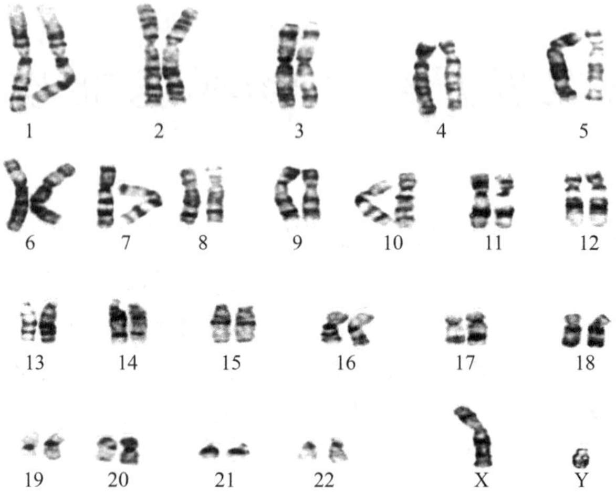

图 3-2　男性的 23 对染色体示意图

染色体主要是由脱氧核糖核酸（DNA）和蛋白质这两类化学物质组成。一个 DNA 分子由两条长链以一定的距离并排相互盘旋着，形成两条相互扭曲在一起的双螺旋，像一个盘旋上升的梯子。梯子的两边由磷酸和脱氧核糖连接而成，梯子的阶梯由每一边和脱氧核糖相连的碱基通过氢键配对相连而成。每一个碱基一边和脱氧核糖相连，另一边通过氢键和相对位置的碱基相连。在形成稳定螺旋结构的碱基对中共有 4 种不同碱基。根据它们英文名称的首字母分别称之为 A（ADENINE 腺嘌呤）、T（THYMINE 胸腺嘧啶）、G（GUANINE 鸟嘌呤）、C（CYTOSINE 胞嘧啶）。碱基的配对有一定的规律，其中 A 与 T 配对，G 与 C 配对，于是出现四种组合：C-G、G-C、A-T、T-A，这是碱基互补原理。一个磷酸、一个脱氧核糖和一个碱基分子构成了一个核苷酸，因此梯子的每一级也就是一对核苷酸。因此，DNA 分子实际上是由两个核苷酸长链所组成，每一个核苷酸长链由许多核苷酸构成，两个长链由许多氢键固定起来，如图 3-3 所示。

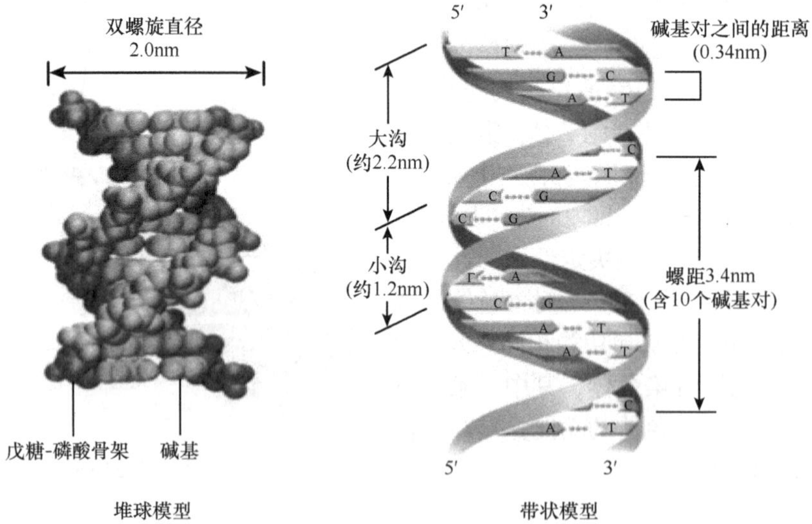

图 3-3　DNA 双螺旋结构图

（二）基因是遗传信息的基本单位

在 DNA 的分子链上核苷酸碱基的排列次序代表了基因的遗传信息，称之为遗传密码。所谓基因就是 DNA 分子中一段能表现生理功能的序列，一个基因就代表一个遗传信息，它是遗传信息的基本单位。据中、美、日、德、法、英六国科学家和美国赛莱拉公司于 2001 年 2 月 12 日联合公布的人类基因组图谱及初步分析的结果，人类基本组是由 31.647 亿个碱基对组成的，共有 3 万～3.5 万个基因。基因的功能是发出制造细胞质中各种各样的蛋白质的指令，这些指令指导细胞质中的氨基酸合成蛋白质。不同类型的基因决定了组织结构的发展和控制细胞的新陈代谢过程。当一个基因出现缺陷时，就会明显地导致儿童出现发展的偏离。

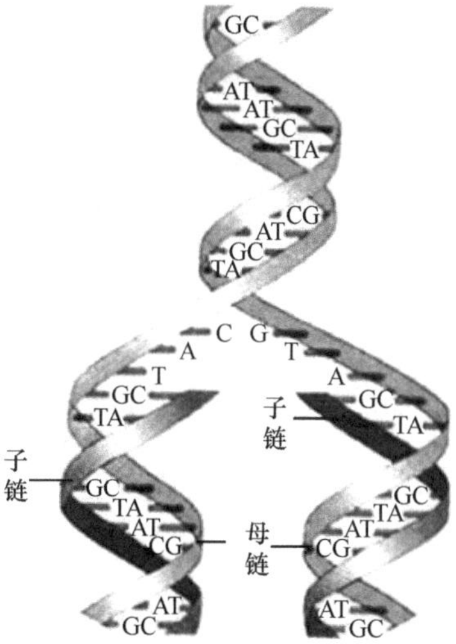

图 3-4　DNA 复制的示意图

当今遗传学家认为赋予每个基因特性的正是这些梯级两边碱基的排列顺序，遗传密码就是由这些化学梯级两边按一定顺序排列的碱基组成。因为碱基的前后排列顺序不受任何限制，所以，四个碱基具有无穷无尽的排列方式，而不同的排列顺序则代表了不同的遗传信息，因此，DNA 分子蕴藏着极其丰富的遗传信息。正是碱基这种排列的无限多样性决定了 DNA 的无限多样性，从而决定了个体遗传的多样性。

DNA 在生成方式上的特点是自我复制，即由一个 DNA 分子变成两个 DNA 分子。复制的过程如图 3-4 所示。

首先，双螺旋链子分开，各条链作为一个母链，也就是作为样板，然后利用这个样板，根据碱基配对的原则复制出各自的子链，跟母链并列盘旋，成为稳定的双螺旋结构，这样就形成了两个与原来结构完全相同的新的 DNA 分子，各自保留着相同的遗传信息。DNA 复制是准确的，这是遗传的物质基础，由此，我们的祖辈便能把他们的 DNA 复制一份传给后代，保持种的延续。也正是因为 DNA 分子的自我复制功能，人体的所有细胞才能载有与受精卵同样的遗传密码。

二、遗传的机制

（一）减数分裂

人体细胞可以分为体细胞和性细胞（又称为配子，或精子和卵子的总称）两类。体细胞含有 23 对染色体，而性细胞只含有 23 个染色体。这种只含有原来细胞染色体一半的性细胞，就是通过减数分裂形成的。

减数分裂是指有性生殖的个体在形成生殖细胞过程中发生的一种特殊分裂方式，是在生殖细胞成熟过程中发生的，它的特点是 DNA 复制一次，而细胞连续分裂两次，形成单倍体的精子和卵子，通过受精作用又恢复二倍体。减数分裂过程中同源染色体间发生交换，使配子的遗传多样化，增加了后代的适应性，因此减数分裂不仅是保证物种染色体数目稳定的机制，同时也是物种适应环境变化不断进化的机制。减数分裂过程见图 3-5。

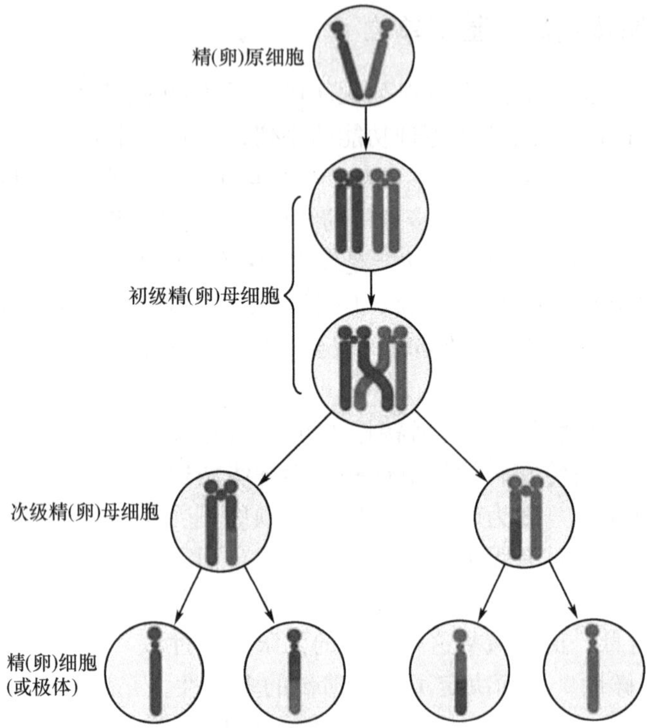

图 3-5　减数分裂图解

图 3-5 以精子的形成过程为例来说明减数分裂的过程。在第一次细胞分裂时，初级精原细胞的同源染色体中的每条染色体先进行复制，一条复制成两根结构相同的姐妹染色单体，由一着丝点连着（二合体），同源染色体交叉并进行某些节段的交换；四根染色体连在一起，有两个着丝点，称四合体；四合体排列在赤道板上，同源染色体分开，分向两极，形成两个次级精母细胞，细胞里每条染色体的单体是姐妹染色单体（二合体），这是第一分裂。进入第二次细胞分裂，二合体又排列在赤道板上，这是着丝点分裂，于是姐妹染色单体彼此分开，形成 2 个精母细胞，而 2 个初级精母细胞则形成 4 个精细胞。每个精细胞只得到 23 条染色体，对于原来精母细胞中的 46 条染色体来说，染色体的数目减少了一半，这就是减数分裂。详细过程如图 3-6 所示。

（二）受精作用

精子和卵子都是通过减数分裂形成的，产生过程见图 3-7。从图 3-7 可以看出，男性的一个性细胞通过减数分裂的成熟过程产生 4 个有活力的精细胞，而女性只产生 1 个有活力的卵细胞，女性其他营养不足的细胞（极体）很快就解体了。由于每个精子和卵子只包含父母原始细胞的一半染色体，并且性细胞在成熟分裂过程中，染色体排列成对时它们可以交换许多相对应的遗传物质，以致一个染色体的基因被另一个染色体的基因所置换，这样，机遇决定每一对的某些成员和另一对的某些成员结合在一块最终形成同一的配子。这些事件保证没有两个配子是相同的。

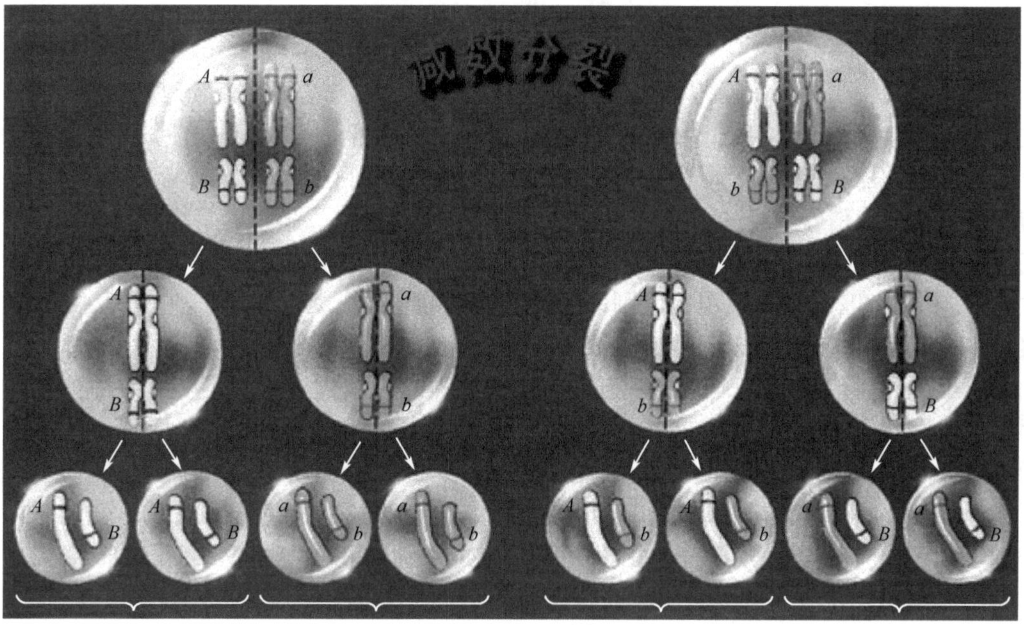

图 3-6　减数分裂具体图解

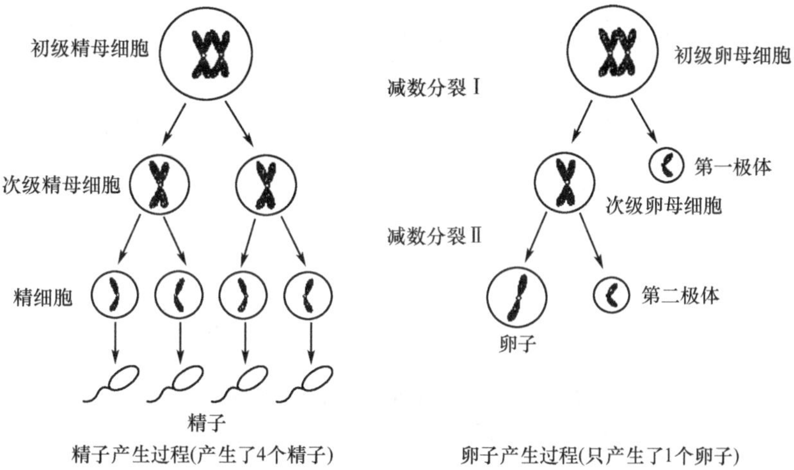

图 3-7　男性和女性生殖细胞的产生

经过减数分裂形成的配子，即精子和卵子，通过受精作用结合形成合子（受精卵），染色体又恢复到原来的数目。由此可见，减数分裂与受精作用是两个相反的过程，通过这两个不同的过程，形成并保持了一个物种所特有的染色体的数目和内容。受精卵里的 23 对染色体所载的 DNA 决定了一个人的遗传基因，而父母各为受精卵提供了染色体和基因的一半。精子和卵子结合生成受精卵时，可能结合的次数是巨大的。一个生殖细胞在成熟过程中，通过减数分裂可能产生 2^{23} 种染色体分配不同的配子。一对父母经过受精作用则可能产生 60 万亿以上种染色体分配不同的受精卵。再加上减数分裂时染色体之间的交换现象以及其他环境等因素的影响，一般来说，世界上除同卵双生子外，不可能产生两个遗传上完全相同的人。

（三）有丝分裂和细胞增殖

受精卵形成后立即开始细胞分裂，从受精卵发展到新生儿，一般要经过 44 次细胞分裂，产生 2^{44} 个细胞。婴儿出生后，大约再经过四代细胞分裂，便可达到成人的细胞数，这就是所说的细胞增殖过程。细胞增殖是生物体的重要生命特征，细胞以分裂的方式进行增殖。多细胞生物可以由一个受精卵，经过细胞的分裂和分化，最终发育成一个新的多细胞个体。同时，多细胞生物也可以以细胞分裂的方式产生新的细胞，用来补充体内衰老和死亡的细胞。在细胞增殖过程中，通过细胞分裂，可以将复制的遗传物质平均地分配到两个子细胞中去。可见，细胞增殖是生物体生长、发育、繁殖和遗传的基础。

通过细胞的不断增殖，又经过细胞生物化学过程的不断进行，人类个体的种种性质各不相同的细胞分化了出来，形成许多器官构造，出现许多性状。人类的这个增殖过程是通过细胞的有丝分裂进行的。有丝分裂，又称为间接分裂，1880 年 E. Strasburger 在植物中发现，而后 Fleming（1882）首次在动物中发现，其特点是有纺锤体染色体出现，子染色体被平均分配到子细胞，这种分裂方式普遍见于高等动植物（动物和高等植物），是真核细胞分裂产生体细胞的过程。在有丝分裂过程中，每次细胞分裂都伴有染色体的复制。以人的体细胞为例（图 3-8），有丝分裂进行时，首先是染色体自我复制，复制后的染色体相互分离，46 条染色体朝细胞一个极移动，另外 46 条染色体朝另一个极移动，然后细胞一分为二，成了两个相同的子细胞，有丝分裂所产生的两个子细胞与其亲代拥有相同数目的染色体。此外，染色体内 DNA 的结构都是相同的。正是这样，受精卵的遗传基因通过不断地有丝分裂，传递给人体的全部细胞。由此可见，有丝分裂的重要意义就是将亲代细胞的染色体经过复制（实质为DNA的复制）以后，精确地平均分配到两个子细胞中去。由于染色体上有遗传物质DNA，因而在生物的亲代和子代之间保持了遗传性状的稳定性。因此，细胞的有丝分裂对于生物的遗传具有重要意义。

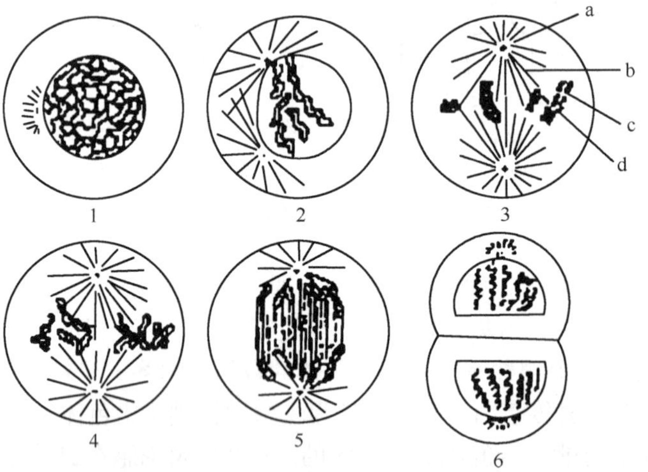

图 3-8　有丝分裂图解

1. 分裂以前的细胞；2. 前期：染色体出现，中心体分开，核膜将要破裂；3. 中期：染色体在赤道板上（a. 中心体；b. 纺锤丝；c. 染色体；d. 着丝点）；4. 后期：染色体分两半向两极移动；5.末期：染色体到达极部；6.末期：染色体逐渐消失，细胞核出现，细胞分为两部分

三、遗传模式

遗传模式是指来自父本和母本的基因相互作用的方式。由于相互作用的方式不同，因此，来自同一亲本的子女有些特征与父母相同，有些则不同。子女与亲生父母之间既相似又不同，这主要是由不同的遗传模式决定的。

（一）显性和隐性基因

研究发现，人类个体所表现出的各种性状，如高或矮，黑发或棕发，正常视力或近视，都是由成对的基因决定的。这些成对的基因在同源染色体上位置相同、控制相对性状的发育，且一个来自母本，一个来自父本，因此称为等位基因。这两个等位基因在决定它们所控制的性状表现时，作用是不平等的，其中一个基因力量较强，另一个基因力量较弱。在决定子代的性状表现时，力量较强的，并在性状上表现出来的基因称为显性基因，力量较弱而没有表现出来的基因称为隐性基因。如果来自双亲的基因是相同的，其子代就是同型接合体（纯合子），并将表现出遗传的特征；如果基因是不同的，子代就是异型接合体（杂合子），基因间的关系将决定子代出现的特征。在异型接合体中，由于显性隐性基因同时存在，因此，其隐性基因的性状得不到表现，但它并没有就此消失，而是在子二代中得到表现。隐性遗传和显性遗传的具体模式见图3-9。

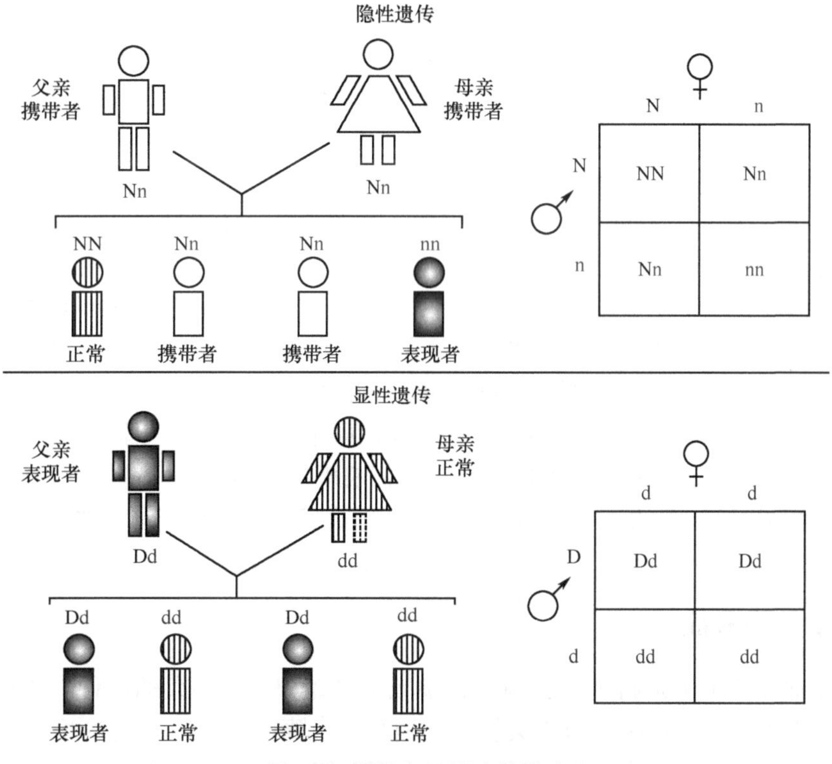

图3-9 隐性和显性遗传模式

图中的隐性遗传是指父母双方都带有一个正常基因（N）和一个有缺陷的而且是隐性的基因（n）。他们虽然是携带者，但是他们都不受缺陷基因的影响。他们的后代中有的是完全正常的（NN），有的是携带者（Nn），有的是缺陷基因表现者（nn）。其中正常者和表现者是纯合子，携带者是杂合子。

图中的显性遗传是指父母中的一方携带一个缺陷的显性基因（D），当这个表现者和他的非携带者且非表现者配偶结合后，他们产生的后代要么是表现者要么是非表现者，其中不会有携带者出现。表现者是杂合子，正常者是纯合子。这种显性—隐性遗传规律是由奥地利著名生物学家孟德尔（G. J. Mendel）于 19 世纪在豌豆实验中首次进行阐述的。

（二）多基因遗传

以上我们是以单基因遗传的模式来分析显性和隐性遗传模式的，其实在人的遗传过程中单基因遗传是很少的，我们的许多性状，如身高、体重、视力、肤色等都是由许多基因的共同作用决定的。多基因遗传使某种性状趋向于连续地发生变化。例如，在智力方面，多数个体并非处于极其聪明或极其愚笨的两个极端，而是处于这两个极端之间的整个范围内。多基因遗传的意义在于，由多基因决定的性状特别容易受环境的影响，许多基因的效力不在出生时显示，而是随着时间的推移逐渐表现出来。由于科学发展水平所限，现在还不能提供一个详细而准确的解释。

四、遗传疾病

遗传疾病一般是由基因突变或染色体异常造成的。基因突变是指由于 DNA 碱基对的置换、增添或缺失而引起的基因结构的变化。基因突变是生物变异的主要原因，也是生物进化的主要因素。因此，基因突变既可能产生新物种也可能引发病变，我们主要分析基因突变后带来的遗传疾病。基因突变发生后按照各种遗传方式传递给后代，现有研究表明，按照常染色体显性遗传方式传递的疾病有软骨发育不全症（一种矮小症）、杭廷舞蹈症（一种神经系统渐渐退化的病症）、青光眼的某些症状、多趾畸形等。按照常染色体隐性遗传方式造成的疾病有镰状细胞性贫血、家族黑朦性白痴（一种中枢神经系统的败坏症）和苯丙酮尿症。除了常染色体发生异常引起病变外，还有性染色体异常引起的疾病。如发生在女性的特纳综合征，患病女性只有 45 条染色体，即第 23 号性染色体只有一条 X 染色体，少了另一根 X 染色体。患此病者颈部增厚，身材矮小，缺乏卵巢组织，副性特征未能发展，智力发展迟缓。发生在男性的克兰费尔特综合征，此病患者有一条附加的 X 染色体，即第 23 号性染色体的结构是 XXY，而不是正常男性的 XY 结构。这些患者不能生育，他们表现出很多女性的特征，如乳房发育长大，臀部像女性一样圆而宽，睾丸小，智力发育迟缓。综合已有的研究资料，本章主要介绍下面几种常见的遗传疾病。

（一）苯丙酮尿症

苯丙酮尿症（PKU）是新生儿疾病筛查领域中最成功、最经典的病种。该病在不同国家与地区的发病率不同。据国际筛查学会统计，白种人发病率较高，北爱尔兰人为 1/4404，联邦德国人为 1/6971，美国人为 1/10 059。日本发病率较低，为 1/73 000。我国 1983 年的发病率为 1/16 500，北方的发病率明显高于南方。

该病是由于体内先天性苯丙氨酸羟化酶缺陷所引起的苯丙氨酸（PA）代谢障碍。PA 是人体所必需的氨基酸之一，经食物摄取后，部分被机体蛋白合成所利用，部分经肝脏苯丙氨酸羟化酶的作用转变成酪氨酸，随后进一步转化为多巴胺、去甲肾上腺素、肾上腺素、黑色素等重要生理活动物质。PKU 患儿肝脏苯丙氨酸羟化酶的水平仅为正常人的 1%或更低，因此 PA 不能转化为酪氨酸而在体内异常蓄积，这会影响酪氨酸、多巴胺、去甲肾上腺素、肾上腺素、黑色素等化学物质的生成，从而导致神经系统正常活动受损。此外，血液中的 PA 会经旁路代谢，最终产物（如苯乙酸等）蓄积在血液、脑脊液和各种组织中，并从尿液、汗液中排出体外。

该病的临床表现主要是损害神经系统。未经治疗的患儿在生后数月就会出现不同程度的智力发育落后，近半数患儿并发癫痫，其中 1/3 的患儿出现痉挛症。大多数患儿有烦躁、易激惹、抑郁、多动、孤独症倾向等精神行为异常，最终将导致中度或重度智力低下。由于黑色素缺乏，患儿表现为黄色头发，皮肤和虹膜的颜色变浅。PA 经旁路代谢转化为苯丙酮酸、苯乙酸随尿排出，使尿液出现令人极不愉快的鼠尿味。此外，患儿易并发湿疹、呕吐、腹泻等。本病在新生儿期和婴儿早期多无任何异常症状，随生长发育而逐渐出现症状，且个体差异较大，临床上很易漏诊或误诊。现在只要采集出生后满三天的新生儿的足跟血，制成滤纸干血片，进行血 PA 测定，即可对该病做出明确诊断。如果新生儿患有该病，那么他的血 PA 多在 20mg/dl 以上。

低苯丙氨酸饮食疗法是 PKU 目前主要的治疗方法。由于天然蛋白质中均含有 4%～6%的 PA，因此必须控制天然蛋白质的摄入，而以低或无苯丙氨酸奶粉的形式补充蛋白质，同时，配以天然食品补充机体所需的最小量的 PA 和其他营养素，保证足够的热量。PA 是人体所必需的氨基酸，治疗中，既要限制 PA 的摄入量，防止 PA 及其代谢物的异常蓄积，又要满足机体需要，保证患儿的正常发育，为此，需定量监测血 PA 浓度、血色素、白蛋白及体格、智力发育情况，必要时进行血氨基酸分析，测定酪氨酸水平、支链氨基酸与芳香氨基酸的比值，以保证疗效。

目前，我国已有几种低或无苯丙氨酸制剂可提供给患儿食用。关于 PKU 患儿的治疗时间，过去曾认为到 4～6 岁即可，但近 30 年的实践证明，如果过早停止治疗，很多患儿会出现智力倒退，成人患者也可能出现各种神经异常，尤其是女性患者如果妊娠期血 PA 过高，则会导致胎儿脑损害。因此，目前国际上主张治疗时间至少到 12 岁，最好终生治疗。

（二）唐氏综合征

唐氏综合征最早称蒙古征（Mongolism），现在一般称为 21-三体综合征，国内又称为先天愚型，是最常见的严重常染色体先天缺陷病之一。1866 年，英国医生唐·约翰·朗顿（John Langdon Down）首次公开发表了这一病症。

患者面容特殊（图 3-10），两外眼角上翘，鼻梁扁平，舌头常往外伸出，肌无力，蹼指或蹼足，身材矮小，肌肉紧张度低下，体力低下，颈椎脆弱。头部长度较常人短，面部起伏较小，鼻子、眼睛之间的部分较低，眼角上挑，深双眼皮。耳朵上方朝内侧弯曲，耳朵整体看上去呈圆形而且位置较低。舌头比较大，脖子粗壮。手比较宽，手指较短，拇指和食指之间间隔较远，小指缺少一个关节，向内弯曲。手掌的横向纹路只有一条，指纹为弓状。脚趾第一趾与第二趾之间间隔也比较大。患者绝大多数为严重智能障碍并伴有多种脏器的异常，如先天性心脏病、白血病、消化道畸形等。本病发生几乎波及世界各

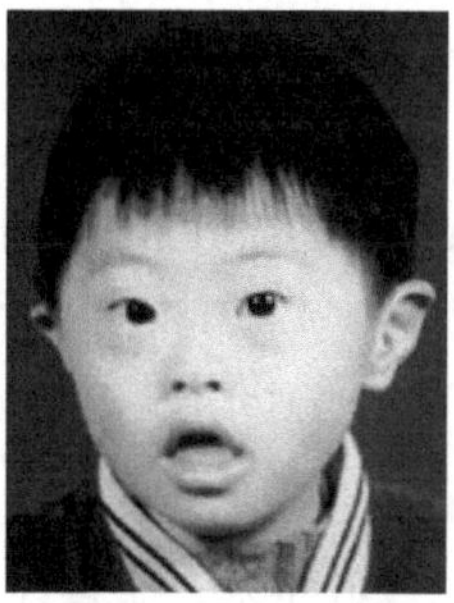
图 3-10 唐氏综合征患儿

地，基本没有人种差异。据统计，染色体异常在新生儿中的发生率为（5～6）/1000，唐氏综合征约为 1/750，绝大多数患者属随机发生，但随母亲年龄的增长其发生率随之升高，一般母亲年龄 35 岁以上，该患儿的发病率可高达 1/350，原因是随着产妇年龄的增加，卵子形成过程中会引起染色体不分离现象的增加。以上特征并非全部出现在患者身上，根据个人差异，也有在身体特征上不明显的例子。

1959 年，法国遗传学家杰罗姆·勒琼（Jerome LeJeune）发现该病是由于第 21 号染色体上的偏差引起的，这也是人类首次发现的染色体缺陷造成的疾病。这种偏差具体是指第 21 号染色体的易位或没有分离。所谓易位是指 21 号染色体的一部分附加到另外的染色体上，一般是附加到第 13、14、15 或 22 号染色体上，这样，23 对染色体都会出现，但是它们的正确排列被破坏了。更常见的致病原因是染色体没有分离，即第 21 对染色体在成熟的减数分裂时不能正常地分裂，以致新生个体继承了 3 根染色体，而不是正常时的 2 根染色体，所以这种病也被称为 21-三体综合征。当一个在第 21 号染色体上含有两根染色体的精子（或卵子）跟异性的正常卵子（或精子）结合为受精卵之后，细胞内第 21 号染色体就有三根，个体就会出现此病症。

因为目前还没有治疗唐氏综合征的有效方法,因此,对此病症主要以预防和产前检查为主。以往这类疾病的产前诊断只能通过羊膜穿刺做羊水或绒毛检查,而这些方法因耗时长,费用高,操作麻烦，故只能局限于部分高危孕妇。1988 年血清标记筛查方法的产生从根本上改变了上述疾病在产前预防上的被动局面。孕妇只需在怀孕第 14～16 周期间通过抽血化验血清，就可诊断出胎儿是否患有唐氏综合征。鉴于优生的需要，现在所有孕妇都可自愿进行唐氏综合征的产前筛查。如果发现有异常，此时胎儿还不是很大，人工流产是比较安全的。

信息栏 3-1　幸福感的遗传性

一个令人惊奇的发现：一个人自我感觉良好的基线水平，即个体毕生所体验的幸福感的平均水平具有明显的遗传性。为了考察幸福感的遗传因素，研究者采用了遗传学的经典方法：他们考察了同卵双生子和异卵双生子所具有的相似行为模式，这里指主观感觉良好行为模式。双生子的幸福感水平用问卷测量。问卷要求被试对一些问题做出反应，如“与周围人相比，总的说来你感到幸福或满足吗？”研究者从 20～30 岁的同卵双生子和异卵双生子中得到两套数据，然后进行双生子对间的比较和时间跨度比较分析。他们计算一对 30 多岁的双生子幸福感与其 20 多岁兄弟或姐妹间差异的程度。研究发现，异卵双生子间的幸福感实际上没有什么相关，但是对于同卵双生子，20～30 岁 80%的相关可以用双生子对间的分析加以解释。研究表明，同卵双生子对间的这种幸福感模式，可以较好地解释幸福感基线是否具有较强的遗传因素，每个人体验快乐感与毕生经历中的均数，就是幸福感基线水平。

资料来源：Kendler K S & Diehl S R.1993.The genetics of Schizophrenia：A current, genetic-spidemiologic perspective. Schizophrenia Bulletin,（19）：261～285

五、优 生 问 题

近年来，随着计划生育的实施，优生优育已经深入人心。所谓优生就是要保证每一个生下来的孩子都是健康的、正常的，优生是优育的重要前提和保证。每一对年轻的夫妇，要想能生下一个健康的婴儿，在怀孕之前和怀孕期间，应该从以下方面着手。

（1）孕前要进行健康检查。孕前检查是指夫妇双方计划怀孕前进行的一次身体全面检查，以做到明明白白怀孕，安安全全优生。孕前的咨询和检查是优孕的关键，应在计划受孕前4～6个月进行。通过检查有效控制和预防先天性疾病和胎儿畸形，降低出生缺陷率，以保障婴儿健康。

（2）不要接触各种有害的因素。由于怀孕后的最初几个星期是胎儿生长发育的关键期，胎儿对环境中的各种有害因素是高度敏感的，所以，准备怀孕的夫妇，要尽量避免烟、酒、药物、辐射、化学物质、食物污染的影响。不要接触不安全的宠物，以防染上传染病。

（3）要弄清楚自己和对方的家族中有没有人得过遗传病和智力落后症等，如果有的话，一定要在怀孕前进行遗传咨询。所谓遗传咨询是由咨询医师和咨询对象（遗传病患者本人或其家属）就某种遗传病在家庭中的发生情况、再发风险、诊断和防治上所面临的问题，进行一系列的交谈和讨论，使患者或其家属对该遗传病有全面的了解，选择最适当的决策。

信息栏 3-2　如何进行胎教？

对孩子的教育应从胎儿期开始。在漫长的十月怀胎中，父母应该早些和自己的孩子建立某种联系，音乐正是建立最初联系的独特的“频道”。

在各种艺术中，音乐具有独特的力量。它是各种不同语言间的桥梁，也易为胎儿、婴儿感受。曾经有一位妇女，她非常喜欢别人送给她的一张音乐唱片，在怀孕期几乎每天都要听，但孩子分娩后就再也没有听过。当她的孩子7岁时，偶然听到了这张唱片，他欣喜若狂，跑到母亲面前大喊大叫，他说非常喜欢这段音乐；直到长大后，他仍非常喜欢这张唱片。据说，音乐家布鲁诺·瓦尔顿和安东·鲁宾坦在母腹中时就接受了良好的音乐熏陶，种下了爱好音乐的种子。孕妇多听一些优美的音乐，的确有助于胎儿的身心发育。有人做过一个小实验，给孕妇播放音乐，2分钟后母亲的心跳加快，胎儿的心跳也加快。如果在母亲腹部的子宫区放一共鸣器，为胎儿播放音乐，五秒钟后，胎儿的心跳也加快。这说明，胎儿在母腹中对声音是有反应的。研究表明，对外界的噪声，胎儿还会用胎动来表示厌恶和不满，因此，孕妇应避免出入声音嘈杂的场所，听音乐、看电影也应减少音量，以免给胎儿带来不良刺激，影响出生以后的性格的培养。

对于如何进行胎教，目前尚未有一套成熟的办法。汇集国内外的资料，一般应做好以下几点：

（1）注意孕前的卫生保健，培植健康的精子和卵子。

（2）已婚妇女发现月经过期，应尽早明确是否怀孕，如怀孕应做好产前诊断，发现异常即应终止妊娠，以淘汰劣者。

（3）应重视妊娠期的一般性卫生保健。保证有充分、合理的营养。生活舒适有规律，劳逸结合适度。应避免感染，防止噪声，勿滥用药品，应禁烟酒。

（4）孕妇应经常保持乐观稳定的情绪，控制自己的情感，使自己始终处于健康的心理状态，使胎儿有一个良好的生理、心理环境。

（5）自怀孕5个月开始，孕妇应经常听明朗轻快的音乐。由于胎儿听到的第一种节奏是母亲的心跳声，所以，如果音乐的节律超过了人的正常心率（70～80 次/分），便易产生紧张惧怕的心理反应，如低于正常心率便会产生悬而不安的心理状态。只有和人的正常心律一致，才会使人感到轻松愉快。

（6）怀孕6个月左右，可以给胎儿取乳名，父母经常呼唤，并且常与之说话，以便使之“铭记”脑内。这样经常沟通信息，形成母子结合，出生后呼唤，婴儿可有安全感。

（7）自怀孕6个月左右起，即可在孕妇腹部摸到胎儿的肢体。父母可轻轻抚摸之，与之“玩耍锻炼”，但应注意不可过度用力或过度活动，以免脐带缠绕，发生意外。

“十月怀胎，一朝分娩”。在平安地度过了漫长的妊娠期之后，孕妇将生下一个聪明、漂亮的婴儿。在婴儿呱呱落地的啼哭声中，一个新的生命开始了。

第二节　产前期的发展

儿童的先天素质在产前期逐渐形成，其中遗传因素对儿童先天素质起着重要的影响，但并非是唯一的影响因素。一般认为，儿童的先天素质是遗传基因和产前期的环境因素之间复杂的交互作用的结果。

一、产前期个体的发展

当男性的至少一个精子（精细胞）找到并穿透一个卵子（卵细胞）的瞬间称为受孕，成功受孕就意味着形成了一个合子（受精卵），自此一个新的生命就开始了，继承自父母的基因也基本确定了。然后，这个单细胞的合子就不断地进行自我分裂和复制，以惊人的速度不断成长。从受精卵到新生儿的诞生，其间大约需要38周（约266天），这个时期称为产前期。产前期经历了以下三个阶段（表3-1）。

（一）胚种期（受精至2周）

受精后约2周的时间称为胚种期。这个时期的发育主要表现在两个方面：一是单细胞的受精卵迅速地分裂并伴随着有机体的不断复杂化。受精卵形成后36小时之内就开始第一次分裂，到76小时大约分裂为60个细胞，形成一个小球，称为胚种。胚种一边继续不断地分裂，一边沿着输卵管向子宫方向移动。在受孕约4天的时候，到达子宫，这时胚种已有上百个细胞，并且其中充满了液体。在以后的几天中，细胞的分化和组织变化更加明显，在胚种边缘上的一些较大细胞形成胚胎圆盘，这是一层厚厚的细胞群，它将会发展为胚胎和胎儿；其余的细胞将形成胎盘、脐带和羊膜囊等。二是着床。胚种在子宫腔中自由飘浮1～2天，然后开始慢慢地把自己像种子一样地埋在子宫壁上，这个过程称为着床，大约需要1周时间。从此，小生命就有了一个赖以生长发育的安全、温暖和舒适的家。这个时期结束时胚种发展为胚胎。

（二）胚胎期（3～8周）

怀孕后的3～8周为胚胎期，又称细胞和组织分化期。这个时期细胞发展迅速，小生命所有的身体结构组织和内部器官开始形成，因此，这个时期小生命很容易受到胎内环境的影响，是整个产前发展期的“关键期”。

在着床全部结束时，胚胎圆盘开始分为不同的细胞层：内胚层、中胚层和外胚层。人体的各个器官就是在这三个胚层的基础上分化而形成的。内胚层后来发展为消化系统、肝、胰腺、唾液腺和呼吸系统；中胚层后来发展为真皮、肌肉、肌腱、循环系统和排泄系统；外胚层后来发展为表皮、指甲、牙齿、头发、感官及神经系统。在所有器官中，神经系统发育最快。

胚胎的剩余部分发展为胎盘、脐带和羊膜囊。羊膜囊最先形成，里面充满了液体，即羊水。胚胎开始飘浮在羊水中。同时，胎盘和脐带也开始形成。脐带将胎盘和胚胎连在一起。胎盘通过脐带将来自母亲的氧气和营养物质供给胚胎，胚胎也可以通过脐带把它血管中的废物送还给母亲。胎盘还能抵御内部的感染、抵御外部有毒化学物质和药物的渗透。

到第 8 周结束时，胚胎的长度为 2.5cm 左右，重约 4g，与受精卵相比增加了 2 万倍，在人的整个生命历程中胚胎期是发育最快的时期。这时的胚胎也变得有点人样了，它的眼睛、耳朵和鼻子开始出现在适当的位置上；它的腭开始变成嘴和唇；它的细小胳膊上有肘、手、粗短的四指和拇指；它的腿上有踝关节和脚趾；心脏在跳动；神经系统显示出最初的反应。骨细胞开始在身体的某些部位出现，并形成软骨，使得已经分化了的结构开始骨化。骨化是胚胎发展到一个新的阶段——胎儿阶段的重要标志。

（三）胎儿期（第 9 周～出生）

怀孕后的第 9 周至胎儿出生的这段时间称为胎儿期，这是个生长和完成的时期，所有的组织器官生成并进一步分化，所有的系统开始具有整体功能，胎儿的个头在迅速地增大。

在此阶段，胎儿身体各部分渐次发育，肌肉迅速增长，中枢神经发展极快。4 个月末，母亲可以感觉到胎动。5 个月的胎儿已出现吸吮、吞咽现象，并开始长指甲和毛发。6 个月，眼睛已发展，眼睑能启闭。一般情况下，7 个月的胎儿如果早产，已能存活，因此常把第 28 周看作“生存的年龄”。这也表明 7 个月时，呼吸、神经等系统已发展到可以维持个体生命的程度。8～9 个月期间，胎儿皮下脂肪积聚，胎体丰满，妊娠期满便顺利出生。胎儿主要的发展变化见表 3-1。

表 3-1　从受孕到出生的主要发展变化

胚种期	胚胎期	胎儿期
受精至第 2 周	第 3～8 周	第 9 周至出生
胚种期是最早也是最短的阶段，以系统化的细胞分裂和受精卵着床于子宫壁为特征。受精后 3 天，胚泡就含有 32 个细胞，再过一天数目再翻倍。1 周之内，胚泡就增长至 100～150 个细胞。细胞变得专门化，其中一些形成包围胚泡的保护层	受精卵此时被称为胚胎。胚胎发育成三层，它们最终会形成不同的身体结构。这三层包括：外胚层（皮肤、感觉器官、脑、脊髓）、内胚层（消化系统、肝脏、呼吸系统）、中胚层（肌肉、血液、循环系统）。在 8 周时，胚胎有 2.5cm 长	胎儿期正式始于主要器官开始进行分化。胎儿生长迅速，长度增加了 20 倍。在 4 个月时，胎儿平均重 110g；7 个月时，重 1400g；出生时，平均体重则为 3500g

在产前期发展中，胎儿大脑的发育非常重要。产前期，脑发展很快，胚胎发育到第 4 周即出现神经管，它膨大的头端将发育成脑，细小的尾端则发育为脊髓。第 5 周起，头端开始分化，以后发育为各种功能不同的脑结构。第 7 周出现纹状体；第 10 周，纹状体分化出尾状核和豆状核。到 5 个月时，大脑半球形成，但表面还很光滑；6 个月时，大脑半球表面的主要沟、回均已形成，大脑的枕、颞、顶、额四叶已能分辨。总的说来，在胎儿期中，神经系统的低级部

位首先发展，大脑半球虽也发展很快，但功能却远未成熟。胎儿期脑的发展为儿童出生后的心理发展提供了生理基础。

怀孕的每一天对胎儿的发展都是至关重要的，但相比而言，妊娠的前 3 个月是最关键的。这个时期所有的细胞和组织都是按照严格的步骤和精确的规律进行繁殖、分化、迁移和消长，并有条不紊地形成各个器官的原基，因此对每个环节和步骤的干扰，都会引起各种各样畸形的发生，严重的甚至会发生死胎、流产，所以这段时期环境中的致畸因子作用最大，母亲要特别注意保护好自己。

二、产前期的环境影响

产前期的个体在母亲的子宫内生长发育，完全依靠母体生存，通过血液系统与母亲进行物质交换。因此，胎儿除了受先天遗传因素的影响外，还会受到母亲的健康、营养、工作、药物、情绪等因素的影响。虽然胎内环境与出生后的生活环境相比是相对安全和恒定的，但仍有许多有害因素会影响到小生命的健康成长。概括地说，影响胎儿发育的主要因素有以下几个方面。

（一）致畸剂

近年来，出现的新学科——畸胎学专门研究各种由遗传和孕期影响或由于出生过程影响而造成的有缺陷的儿童。研究中提出了产前期致畸剂的概念。致畸剂是指在产前期对胎儿造成伤害的任何环境因素。这些环境因素都是通过母亲的机体对胎儿发生作用的，如母亲吸烟、吸毒、用药不当等。发育中的胚胎受到致畸作用后，是否发生畸形和发生什么样的畸形，不仅决定于致畸因子的性质和胚胎的遗传特性，而且决定于胚胎受到致畸因子作用时所处的发育阶段。胚胎发育是一个连续的过程，但也有着一定的阶段性，处于不同发育阶段的胚胎对致畸作用的敏感程度也不同。受到致畸作用最易发生畸形的发育阶段称为致畸敏感期。

胚种期的胚胎受到致畸作用后容易发生损害，但较少发生畸形。因为，此时的胚胎细胞的分化程度极低，如果致畸作用强，胚胎即死亡；如果致畸作用弱，少数细胞受损死亡，多数细胞可以代偿调整。胚胎期的胚胎细胞增生、分化活跃，胚体形态发生复杂变化，最易受到致畸因子的干扰而发生器官形态结构畸形。所以，胚胎期是最易发生畸形的致畸敏感期（或称关键期）。由于胚胎各器官的分化发生时间不同，其致畸敏感期也不同，详见图 3-11。胎儿期时胎儿生长发育快，各器官进行组织分化和功能分化，受致畸作用后也会发生畸形，但多属组织结构和功能缺陷，一般不出现器官形态畸形。所以，胎儿期不属致畸敏感期。因此，怀孕后的前 3 个月，孕妇一定要处处小心，尽量防止致畸剂的影响。当然，从优生的角度来说，最好是在整个的产前期都要严格防止致畸剂的影响。

1. 疾病　20 世纪 40 年代之前，人们普遍认为胎盘是一个非常安全的屏障，它可以阻止任何有毒物质侵入胎儿，但是，新的研究表明，这种观点是不正确的。实验证明，许多疾病可以透过胎盘屏障，对胎儿造成损害，而且有些疾病对母亲本人并无太大影响，但对胎儿却会造成严重的损害。这是因为胎儿发育尚未成熟，它们体内还没有产生足够的抗体来抵御外来病菌。因此母亲在怀孕期间一定要特别小心谨慎，并采取适当预防疾病的措施，如孕前查体，为了预防各种传染病，孕前打各种预防针等，尽可能地为胎儿提供一个安全的生长环境。

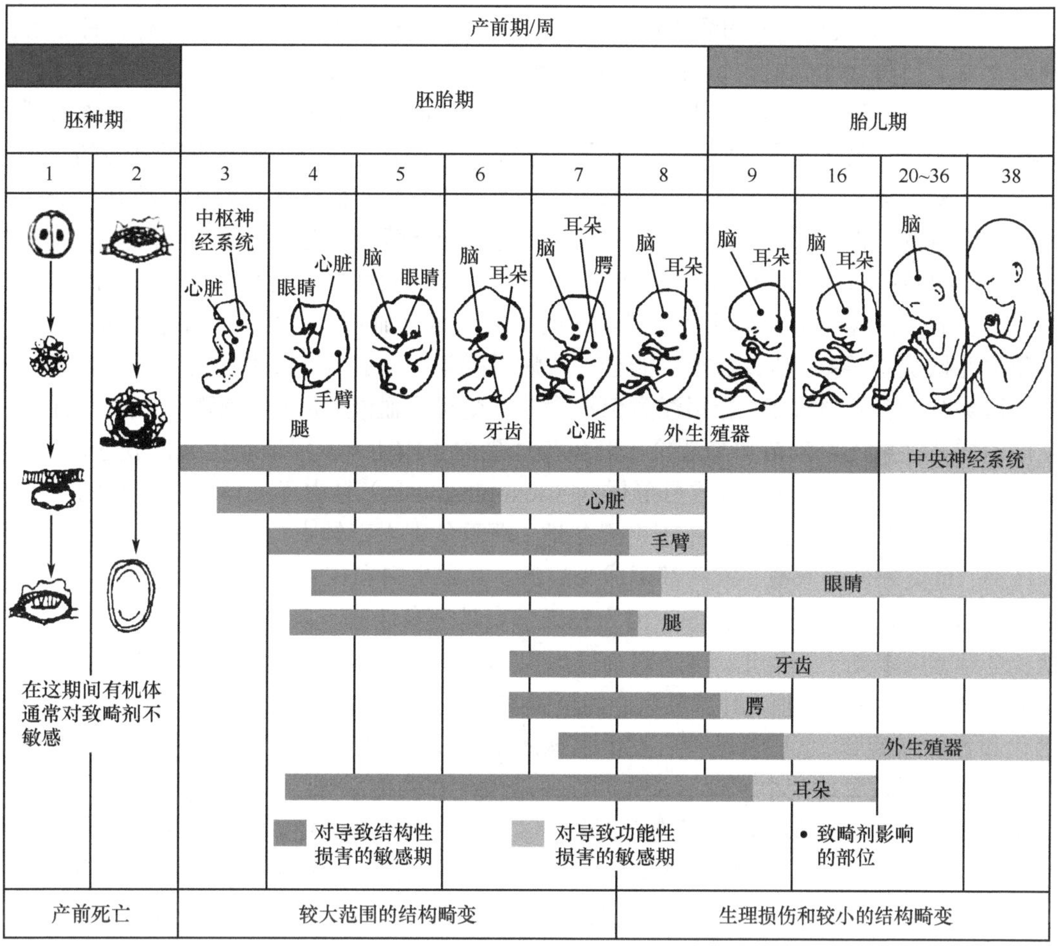

图 3-11　人类胚胎主要器官的致畸敏感期

现有研究表明，由病毒引起的传染病，如艾滋病、肝炎、风疹（德国麻疹）、水痘、流行性腮腺炎、外生殖器疱疹、天花；由细菌引起的传染病，如梅毒、淋病、结核病、霍乱，以及由寄生虫引起的弓形体病、疟疾等都是危害胎儿的致畸剂。此外，孕妇糖尿病、慢性高血压、流行性感冒等，也会对胎儿产生损害。下面介绍几种主要的常见疾病。

（1）风疹：风疹是由风疹病毒引起的急性发疹性传染病，又称德国麻疹或第三病。该病的主要表现是低热，轻度上呼吸道炎症，皮疹及耳后、枕后、颈部淋巴结肿大和压痛，此病到现在为止还没有特效治疗方法，患者一般能自愈。虽然本病多见于 1～5 岁儿童，但因孕妇抵抗力差，风疹病毒传染性强，也可感染。风疹对母亲没有长久损害，但会严重损伤胎儿。如果孕妇在怀孕的前 2 个月患了风疹，很有可能引起胎儿失明、耳聋、心脏缺陷，并会损害胎儿的中枢神经系统；如果在怀孕中期患病，影响会稍小些，但仍可能产生视、听和言语等方面的损伤。

因此，孕妇，尤其是妊娠 3 个月以内者，应避免与风疹病人接触，已接触者，可注射 γ 球蛋白，以获得被动免疫。育龄妇女特别是血清中无风疹抗体者，应注射风疹疫苗，注射后常可获得良好的预防效果。但怀孕期间禁用风疹减毒活疫苗，因为该疫苗能使胎儿感染风疹病毒。

（2）肝炎：肝炎是常见的病毒性传染病，如果母亲患有肝炎，对胎儿会有多种影响。妊娠期妇女由于新陈代谢旺盛，每日所需的热量比平时增加 20%，对铁、钙、蛋白质及各种维生素等营养素需求量也增加。若因肝炎引起食欲不振、厌油，加之妊娠呕吐，可使体内所需的营养物摄入不足，尤其是蛋白质缺乏，更易加重肝脏的损伤。另外，胎儿在子宫内的呼吸、排泄都靠母体来完成，势必加重母亲的心脏、肝脏及肾脏负担。在正常孕妇中，部分孕妇肝功能也可有轻度改变。故妊娠早期患肝炎，应注意休息，加强营养，选用对胎儿及肝脏无损害的药物治疗，定期做产前检查。妊娠中期、晚期患肝炎，属高危妊娠，应及时入院，在医院监护下分娩，防止胎儿感染病毒。胎儿在经过产道时，被大量母血包围，而母血中有大量肝炎病毒，这时新生儿抵抗力很差，因此，很可能会导致病毒感染。为了阻断肝炎的这种垂直传播，现在医院在肝炎孕妇分娩过程中，会很注意保护婴儿不受母亲血液和阴道分泌物的污染，并在分娩后立即给婴儿注射乙肝疫苗和高效价乙肝免疫球蛋白（HBIG），保证新生儿的安全。

（3）弓形体病：弓形虫病或弓形体病（toxoplasmosis）是由弓形体原虫所致的一种人畜共患的寄生虫性传染病，广泛分布于世界各地，严重危害人畜健康。研究表明，所有的哺乳动物、鸟类、鱼类和各种家畜、家禽都可成为病源，其中生肉和家养猫是最主要的病源。先天性感染弓形体病远较后天性感染严重，因为先天感染是全身性的，主要症状为：①全身感染中毒症状：全身感染多见于新生儿，这是因为弓形虫迅速在各脏器繁殖，直接破坏被寄生的细胞所致，主要表现为贫血、黄疸、肝脾肿大，甚至迅速死亡。②中枢神经系统：主要表现为脑积水、脑钙化和各种脑畸形。③眼部病变：发生眼球病变者较为多见，首先发生在视网膜，偶尔整个眼球被侵犯，以致眼球变小，畸形及失明。一般发生在两侧眼球。

孕妇如果感染了弓形体病且没有及时治疗，胎儿一般不能幸免。如果妊娠早期胎儿感染此病，可导致流产或畸形，中、后期感染可致早产或死产，或使分娩后的婴儿出现此病的临床表现。如果将近分娩时发生弓形虫感染，婴儿生产时可以健康，但数周后就会出现临床症状。因此，孕妇一定要避免接触各种生肉及猫等动物的排泄物。

（4）糖尿病：在胰岛素没有研制出来之前，怀孕对糖尿病女性是一件很危险的事情，不仅会危及孕妇自身的健康，如可能出现孕高症或产后出血等，也会给胎儿造成损害。自胰岛素问世之后，对糖尿病的治疗取得了突破性的进展，新生儿的死亡率已明显下降，但是胎儿的畸形和新生儿的各种并发症仍相当高。正常妊娠胎儿先天性畸形的发生率仅为 1%，然而，糖尿病患者其胎儿的发生率高达 4%～13%。常见的畸形有：无脑儿、脑积水、脊柱裂、大血管错位、肛门和直肠闭锁等，其中心血管及神经系统畸形对胎儿的影响最为严重，是新生儿死亡的主要原因。另外，孕妇患糖尿病后，高血糖经过胎盘进入胎儿体内，最终使胎儿患上高胰岛素血症，造成胎儿巨大（出生体重在 4000g 以上），胎儿宫内慢性缺氧、酸中毒、胎儿窘迫和胎死宫内等并发症。

因此，患有糖尿病的妇女首先要进行各种检查，确定是否可以计划受孕。其次，妊娠以后，孕妇要进行血糖自我监测，严格将血糖控制在正常范围内，同时要定期到医院做产前检查，密切观察胎儿的生长发育情况。如果发现孕妇病情加重或胎儿异常，应酌情考虑终止妊娠。

2. 药物　人类发明的化学药物，既给人类带来了极大的益处，但也给人类造成了意想不到的伤害，若对化学药物盲目依赖或滥服药物，就会造成许多不应有的悲剧。其中最典型的案例之一就是著名的反应停事件。20 世纪 60 年代初，在西德、美国、荷兰和日本等国出现了 12 000 多名畸形婴儿。这些畸形婴儿没有臂和腿，手和脚直接连在身体上，很像海豹的肢体，故称为

“海豹肢畸形儿”或“海豹胎”。经调查发现，这是由于这些婴儿的母亲在妊娠的前3个月使用了一种药物—反应停所致。这种药物可以减轻孕妇的恶心、呕吐及无名状的难受，还可以镇痛、平定神经、提高睡眠质量等，因此，一投放市场就遍及整个西方世界，很多孕妇在怀孕早期服用了它。虽在投放市场前，该药在动物实验中没有发现异常，但在人类使用时却发现该药可选择性地作用于人类胚胎，对胚胎的毒性明显大于母体。此药如在妊娠第3～8周服用，其后代畸形发生率可高达100%；妊娠其他时期服用，对胎儿的致畸作用也可高达50%～80%。

实际上孕妇服用的任何药物都会进入到母亲的血液并输送到胚胎或胎儿的血液系统中，对胚胎或胎儿产生影响，虽然这种影响的大小与药物本身的特点、使用的剂量、次数和时间有关，但孕妇一旦用药不当，就会严重影响胚胎或胎儿的正常生长。除上述反应停外，我们已知对胎儿有害的药物有：①四环素：母亲在妊娠期服用四环素会引起未成熟的婴儿骨骼发育迟滞，如果在妊娠后期服用，则会使婴儿的牙齿变黄。②链霉素：此药在妊娠期易通过胎盘进入胎儿循环，损伤胎儿听神经和内耳迷路位置感受器，致婴儿耳聋或眩晕，甚至造成终生耳聋。③性激素类药物，如口服避孕药会使婴儿患心脏发育缺陷或其他心血管问题的概率增加；防止流产药物中的孕激素有使胎儿男性化的倾向，对女性胎儿影响明显。④其他药物：另外发现，过量的维生素A、维生素K、维生素C、维生素D、维生素B_6、阿司匹林、麻醉剂等的服用都会对胎儿产生不利影响。因此，孕妇除非在不得已的情况下才可以用药，并在用药时谨遵医嘱。

3. 吸烟 吸烟很容易伤害胎儿。研究表明，吸烟的危害主要是由于尼古丁和一氧化碳会使胎盘生长不正常，从而阻碍了胎盘给胎儿正常供氧和营养。当进入胎儿血液的氧气数量减少时，胎儿的心搏就比正常胎儿快得多，从而减慢胎儿的新陈代谢和正常发育。一般认为，母亲在怀孕的最后3个月严重吸烟，对胎儿的影响最大。因为这个时候大脑发育迅速，一氧化碳造成的供氧减少以及尼古丁造成的血管缩小，使胎儿正在成长的大脑得不到充足的氧气，造成部分脑细胞的坏死，形成智力缺陷。同时，这时也是胎儿获得体重的关键时期，缺氧及营养不足，就会造成胎儿体重低下。所以，一些严重吸烟孕妇会生下低体重儿，甚至出现某些生理缺陷，如唇裂。另外，还有研究发现，吸烟孕妇所生的孩子还会出现情绪不稳、多动、学习不良等问题。

总之，为了生下一个健康的婴儿，母亲一定要戒烟。另外，为了防止母亲成为一个被动吸烟者，父亲及母亲周围常接触的人都应戒烟，母亲也应尽量使自己避开有吸烟者的环境。

4. 乙醇 乙醇也像烟草中的尼古丁一样，是一种常见的致畸剂。乙醇很容易溶于脂肪，孕妇在妊娠期饮酒后，乙醇会迅速进入母体血液，并经子宫和胎盘进入胚胎或胎儿。胚胎或胎儿缺少分解乙醇的物质，因此，在饮酒几个小时后，母体血液中乙醇经过肝脏中分解乙醇的物质的作用，浓度迅速降低，而胚胎或胎儿血液中的乙醇浓度依然很高。这时乙醇会抑制胎盘和母体之间的物质交换，特别是抑制氨基酸的转运、输送，而氨基酸是蛋白质合成的原材料，所以，氨基酸在胎儿体内的缺乏会导致胎儿的蛋白质合成下降，从而影响胎儿的生长发育。

孕妇酗酒会严重影响胎儿的生长，而且孩子容易患上“胎儿酒精综合征”。胎儿酒精综合征是一种严重影响儿童心理发展、导致生理缺陷的病症。其典型表现是：患儿体重低，中枢神经系统发育障碍，面部很怪，目间距宽，眼睑短窄，鼻梁短，鼻孔朝天，上口唇向里收缩，小头畸形，前额突起，扇风耳，还可能出现心脏及四肢的畸形。即使是孕妇喝酒较少，也有可能出现上述症状。此外，乙醇还可能造成男性精子的畸形。因此，为了下一代的健康，准备怀孩子的夫妇最好滴酒不沾，孕妇在整个孕期都不要喝酒。

信息栏 3-3 孕期“社交性饮酒”有不良作用吗?

酗酒对未出生儿童的影响已经得到确实,但还有一些人认为即便是偶尔社交性的饮酒也可能是有害的。一项在美国进行的大规模调查——“西雅图关于乙醇和孕期纵向展望的研究”,提出了一些可信的证据来澄清这个问题。

为了了解怀孕前期及怀孕期间对乙醇的一般消费情况,对500名处于怀孕中期的妇女进行访谈。虽然80%的被访者承认怀孕期间喝了一些酒,但还发现有不到1%的被访者存在严重的酗酒问题。问题中还包括对香烟、咖啡因及药物的使用。对婴儿出生后的前两天进行评定,随后在8个月、18个月、4岁、7岁、14岁这几个年龄段进行评定。在每个连续的点上,都通过对儿童进行相应年龄的神经和心理测验来进行评定。

即使在那些具有代表性的消费少量乙醇的大多数母亲身上,一开始也发现了胎儿期饮用乙醇的不良作用。接触过乙醇的新生儿更有可能表现出呼吸方面的问题,并且有些心律紊乱,在刚出生的2天内他们表现出更多的迟钝、吸吮力弱以及中枢神经功能障碍的迹象。在随后的幼儿期,运动和智力发展都有轻微迟缓,从4岁开始表现明显,那些在胎儿期每天接触多于1盎司乙醇(大约2杯)的儿童的智力测验分数比那些胎儿期未接触乙醇的儿童低一些。相差大约7个IQ分数,虽然不大,但却是持续的。例如,不足的程度与其母亲饮用的乙醇量有直接联系。7岁时,大量的学习问题逐渐显现出来,主要表现在阅读和算术上的较低成绩,这尤其与“酗酒”相联系,如在怀孕早期的任意时候饮用多于5杯酒。这些各种各样的认知问题可能反映出儿童在注意力维持上的差异,乙醇影响反应信号,即一个问题已经很快显现在新生儿身上,新生儿对光和声音的反应时间以及他们寻找碰触乳头都需要较长时间。因此这些各种学龄期后遗症很可能源于根本上的中枢神经系统的机体缺陷。

那些在胎儿期接触到相对少剂量乙醇的儿童到了青春期,也容易出现许多问题。其中一些问题与迟钝或无效信息加工有关,并很显然表现在学习成绩上;其他问题可能与间接影响有关,如较低的自我意识和反社会行为。当然,不是所有在胎儿期间接触过乙醇的个体都表现出缺陷,然而,这个研究清楚地表明,这种接触,即使是社会认可范围内的饮酒,也会使儿童从一出生就处于正常适应功能不足的风险中。

资料来源:Schaffer H R.2004.Child psychology.Oxford:Blackwell Publishing

5. 辐射 辐射会引起基因突变、染色体被破坏等问题。日本广岛核爆炸事件后出生的婴儿,是核辐射对人类胎儿灾难性损伤的最好见证。据不完全统计,那些距离广岛核爆炸中心较近的孕妇,特别是在怀孕的前20周,她们几乎没有生下一个正常的孩子。即使是离核爆炸中心较远的孕妇,她们的孩子发生心脏缺陷、先天性髋关节脱位、畸形眼和各种心理缺陷的概率也比正常者高许多倍。

X射线,即使是治疗剂量的,也会损伤胎儿。怀孕早期的母亲,尤其是在怀孕后6周之内,X射线的辐射对胎儿影响最为严重,因为这时正是主要器官发育的关键时刻。如果孕妇受了X射线照射,就会使孩子产生小头畸形、智力缺陷、腭裂、失明、唐氏综合征、生殖器畸形等。

6. 溶血症

(1)新生儿Rh溶血症:我们平常所说的A、B、AB和O型血属于ABO血型系统,此外还有一种血型系统叫作Rh血型系统,我国大多数人为Rh阳性血型,即具有Rh抗原,是红细胞表面的一种遗传性蛋白质，少部分人（大约 0.3%）为 Rh 阴性，即没有 Rh 抗原。Rh 阴性血型的人本身不会有任何健康问题，但是如果一个妇女是 Rh 阴性血型，就有分娩 Rh 溶血病婴儿的风险。

Rh 血型不合引起的新生儿溶血症在我国的发病率较低。一个 Rh 阴性血型的母亲和 Rh 阳性血型的父亲的后代，就有可能遗传父亲的 Rh 阳性血型，并在出生时发生危险，特别是在分娩过程中，胎儿的一些 Rh 阳性的红细胞可能进入母亲血液里，而这些具有 Rh 抗原的胎儿红细胞对母亲机体来说，是外来物，母亲身体试图通过产生抗 Rh 的抗体来排斥这些外来物，这种启动的母亲免疫反应称为致敏，如图 3-12 所示。

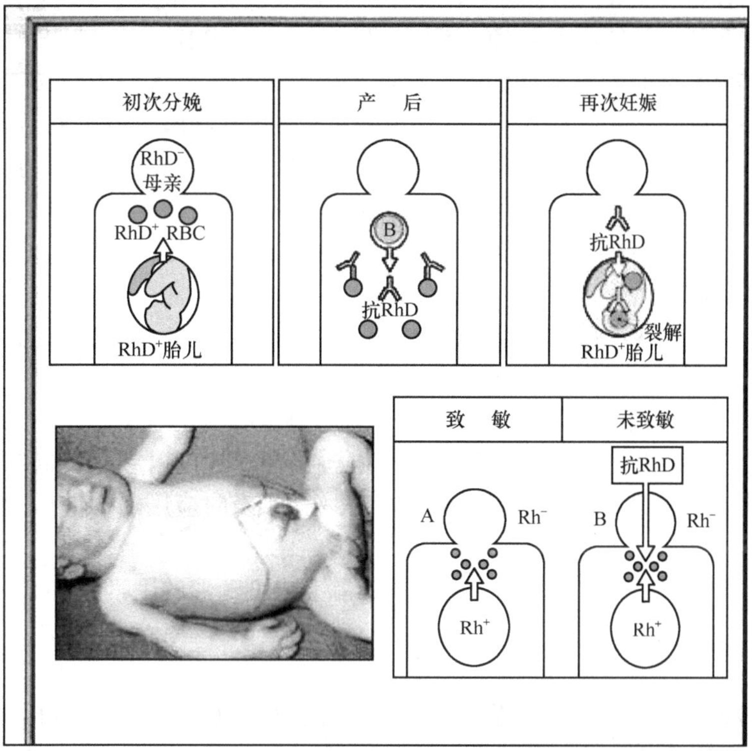

图 3-12　新生儿 Rh 溶血症图解

母亲如果第一次怀孕且没有输血史时，对 Rh 阳性血型的胎儿危害很小，这是因为通常在母亲产生致敏前，或者至少在母亲产生适量的 Rh 抗体前，孩子已经出生。然而，一旦致敏发生后，母亲一生都会不断产生 Rh 抗体作为其血液的一部分。在以后的每次怀孕中，母亲的 Rh 抗体就能通过胎盘到达胎儿，所以以后每次怀孕，孩子患严重 Rh 溶血病的风险就越来越大。如果胎儿是 Rh 阳性血型，母亲的 Rh 抗体就会破坏胎儿的红细胞，导致婴儿发生 Rh 溶血病。如果不予以治疗，大多情况严重患病的胎儿就会发生死亡。Rh 溶血病也可导致新生儿黄疸（皮肤、眼睛变黄）、贫血、大脑损伤、心力衰竭甚至死亡，但不会影响母亲健康。

为了及时预防和治疗 Rh 溶血，每一位孕妇都应及时进行 Rh 血型化验。对于 Rh 阴性的妇女，每生一个 Rh 阳性的婴儿，随后就给她注射预防药物，使其不产生抗体，这可以减少以后再怀孩子所冒的风险。对于已患较严重 Rh 溶血的新生儿，可通过换血、光疗、药物等综合治疗。

（2）新生儿 ABO 溶血病：母子 ABO 血型不合引起的新生儿溶血病，称为“新生儿 ABO 溶血病”。90%以上病婴母亲的血型为 O 型，婴儿为 A 型或 B 型。这种母子 ABO 血型不合在所有的妊娠中并不少见，约占 20%。但发生新生儿溶血病的则很少，仅约 1/150，而且症状大多很轻，常常被忽视。其中只有约 1/5 婴儿可能发生黄疸，其症状比 Rh 溶血病轻得多。

夫妻双方 ABO 血型不合是产生新生儿 ABO 溶血病的先决条件。最常见的血型不合是妻子是 O 型血而丈夫是 A 型或 B 型或 AB 型血，他们的孩子如果遗传父亲的血型（即 A 型或 B 型），此时就发生母婴 ABO 血型不合。我们知道，人类 ABO 血型分为 A 型、B 型、O 型和 AB 型四种。红细胞上有 A 抗原者为 A 型血，红细胞上有 B 抗原者为 B 型，红细胞上既有 A 抗原又有 B 抗原者为 AB 型，红细胞上既没有 A 抗原又没有 B 抗原者为 O 型血。由于 O 型血母亲的红细胞上没有 A 抗原和 B 抗原，所以当她怀上 A 型或 B 型血的胎儿时，母体会受到来自胎儿红细胞上的 A 抗原或 B 抗原的刺激而产生相应的 IgG 抗 A 或 IgG 抗 B 的特异性抗体。这种抗体可以通过胎盘屏障进入胎儿体内并与胎儿血液中红细胞上的 A 抗原或 B 抗原发生对应的特异性结合，导致胎儿红细胞破坏（即溶血）。同理，当妻子血型为 A 型，而丈夫血型为 B 型或 AB 型；妻子血型为 B 型而丈夫血型为 A 型或 AB 型者，他们也属于 ABO 血型不合，妻子怀孕时也可产生母婴血型不合导致新生儿 ABO 溶血病。夫妻双方 ABO 血型相同者不会产生新生儿 ABO 溶血病。

一旦发生新生儿 ABO 溶血病，就会造成流产、早产、死胎、新生儿贫血、黄疸、小儿智力障碍，甚至出生残疾儿。

新生儿 ABO 溶血病重在预防。怀孕前夫妻双方到医院检查血型后，妻子即可知道自已的血型是否与丈夫的血型相合。如血型不合时，妻子在怀孕 16 周以后必须定期到保健院做孕期检查，一旦发现有出现新生儿 ABO 溶血病的症状，必须及时应用药物进行治疗，防止胎儿发生新生儿 ABO 溶血病。

除上述致畸剂外，毒品和环境污染也是导致胎儿出现畸形的因素。

（二）母亲的自身条件

1. 母亲的体重 母亲的体重对胎儿的影响表现在两个方面：第一，母亲过于肥胖会影响胎儿的发育。母亲体重若超过正常体重 25%，就属于过度肥胖。过于肥胖的母亲易患高血压，而且本身孕妇在怀孕期间血压就会逐步升高，因此，这些肥胖母亲很可能到妊娠后期无法承受胎儿，只能提前人工取出。第二，母亲如果过瘦也对胎儿不利。一般而言，母亲体重若低于标准体重 25%，就是过瘦。过瘦的母亲自身就缺乏营养，再加上孕期营养需求的增加，她们可能会出现缺铁引起的贫血、缺钙造成的肌肉痉挛及缺碘引发的甲状腺肿大。这些疾病会导致胎儿及出生后的婴儿出现贫血、缺钙、佝偻病、智力低下、体格矮小等问题。

2. 母亲的营养 孕妇的营养状况与胎儿发育有着十分密切的关系。胎儿在产前期生长非常迅速，这迅速的生长发育全部依赖于母亲提供的营养。研究发现，如果整个孕期孕妇营养充足，妊娠和分娩都会比较顺利，生出的孩子也更为健康；反之，如果孕期营养不良，就很可能会出现早产儿或者低体重的婴儿，甚至会出现死胎等，如第二次世界大战战区出生的婴儿，他们比正常婴儿小，同时有很多死胎。

孕妇营养不良会严重损害胎儿的中枢神经系统和身体各种器官组织的生长。在产前期，人类脑细胞的数量是直线增长的。脑细胞的分裂过程贯穿整个产前期，且分裂增殖是一次性完成的，到出生时脑细胞的分裂已近尾声。初生婴儿的大脑细胞数目已接近成人的85%～90%，但体积小，脑细胞结构简单，彼此之间的联结尚处于接线阶段。对分娩时或分娩后不久就死去的营养不良的小生命做尸检研究，发现他们的脑细胞数量较少，脑重低于正常平均脑重的36%，脑的结构也发生异常。产前期的营养不良也会损害胎儿身体各种器官如肝、胰脏、血液循环系统等的生长，这些先天不足的孩子，出生后由于免疫功能较差，得病的概率增加，且情绪常不稳定，难以抚养。因此，孕妇要有合理平衡的饮食，保证充足的营养以满足小生命发育的需求。

信息栏 3-4　营养的关键期（妊娠中期）

妊娠中期（怀孕后4～6个月）是营养的关键期。此时，胎儿发育较快，已可分清男女，脸部已有个人特征，体重由4个月时的120g增加到700g左右。5个月时，耳、鼻、口的形状已显露，手、脚、趾、指甲开始长出。6个月时，头发、眉毛、睫毛开始生长。此时，与妊娠前期比较，孕妇的营养需要十分迫切。为了使胎儿的脑组织、肌肉、骨骼、内脏和血液等正常发育，需要提供给孕妇足够的营养，尤其是热量和蛋白质。科学研究表明，妊娠时营养良好的孕妇所产的婴儿在出生时大多健康状况良好。

妊娠时期母体的营养状况，直接影响到胎儿的脑的发育。生理学家威尼克认为，在妊娠前期如果营养缺乏，就会引起胎儿脑细胞的数目严重不足；而在妊娠中期如果缺乏营养，就会造成脑细胞的体积小于正常，出现小头和智力低下。研究表明，营养不良的母亲的胎盘的DNA的含量远远低于平均数，而胎盘是胎儿营养的来源，DNA又是脑细胞发育的重要营养物质。因此，妊娠时期如果营养不良势必造成胎儿脑发育不良，给婴儿出生后的智力发展造成难以挽回的损害。

妊娠中期的营养不良还是导致自然流产、早产、死胎和出生低体重婴儿的重要原因。研究表明，如果孕妇每日摄入的蛋白质低于55g，那么，出生健康婴儿的可能性仅为35.7%，自然流产率达8.11%；如果孕妇每日摄入的蛋白质达到85g时，那么出生健康婴儿的可能性为72.9%，自然流产率为零，而且早产、死胎率也随之降低。此外，如果孕妇的饮食中铁、钙、镁、碘等物质缺乏，也会影响到胎儿的发育和胎儿出生后的身体健康，使婴儿极易发生疾病，如佝偻病、贫血等。

因此，妊娠中期应加强对孕妇的营养保健指导。如果孕妇出现长期食欲不佳，热量、蛋白质等摄入量明显不足，或有缺钙性抽搐、营养不良性贫血、胎儿宫内发育缓慢等情况时，应给予及时的纠正和治疗。同时对孕妇的饮食应调配得当，食品多样化，并要荤素、粗细配搭，还应注意补充含蛋白质、热量、矿物质和维生素的食品。具体说，孕妇每天的主食应为8～10两，肉2两，鸡蛋1～2个，喝些牛奶、豆浆等，要多吃些蔬菜和水果。应避免孕妇偏食或吃过多的脂肪和糖，因为孕妇过胖对胎儿亦不利。孕妇过胖，易造成胎儿过重，容易出现难产。

按照我国营养素供给标准的规定，成年女子妊娠时每日的供应量标准可参阅表3-2。

表 3-2　我国成年女子妊娠时期的营养供给量

营养	成年女子	妊娠中期	妊娠晚期
热量（kcal）	2200	（2200+300）2500	（2200+300）2500
蛋白质（g）	65	（65+15）80	（65+25）90

续表

营养	成年女子	妊娠中期	妊娠晚期
钙（mg）	600	（600+200）800	（600+900）1500
铁（mg）	15	（15+3）18	（15+3）18
维生素 A（IU）	3300	3300	3300
维生素 B_1（mg）	1.1	（1.1+0.7）1.8	（1.1+0.7）1.8
维生素 B_2（mg）	1.1	（1.1+0.7）1.8	（1.1+0.7）1.8
烟酸（mg）	11	（11+7）18	（11+7）18
维生素 C（mg）	60	（60+20）80	（60+20）80
维生素 D（IU）	400	400	400

妊娠中期除注意孕妇的营养外，仍要注意不良环境刺激的影响。因为这时虽然胎儿四肢和外形已定，五脏已俱全，但胎儿中枢神经系统、泌尿生殖系统在整个妊娠期中都在发展，其他部分的微细结构仍在继续发育。此时如果受到环境不良刺激的影响，会发生胎儿机体组织的微细结构和功能的异常。这种异常在刚出生时一般不易发现，随儿童年龄的增长才逐步表现出来，如聋哑、痴傻或内脏功能异常等。

最后，由于妊娠中期胎儿长大，羊水增多，胎儿的活动也相应频繁，因而是进行产前诊断的好时期。如做母血甲种胎儿球蛋白测定、B 型超声波检查、羊水穿刺胎儿细胞核型分析和各种生化检查，以判断胎儿发育是否正常。如果此期发现胎儿异常，仍可以在围产期前予以处理，以减少伤残患儿的出生。孕妇还应做好产前定期检查，一般要求在末次月经后的第 12 周做初次检查，28 周以前每 4 周检查一次，28 周以后每 2 周检查一次，36 周以后每周检查一次。

3. 母亲的年龄 一般认为，女性在 23～30 岁之间是生育的最佳年龄段。因为这段育龄的女性身体已发育成熟，骨盆也发育成熟，体能处于一生中最佳时期，正处在生育旺盛期，对妊娠、分娩期间的心理变化和精神刺激均能很好地调节与适应，且婚姻牢固并有一定的经济基础，从各方面已具备了做母亲的条件，能胜任哺育与教育下一代的任务。

过早怀孕、生育对母婴都不利。从生理上讲，女性的骨骼完全钙化一般要到 23～24 岁。如果自身骨骼尚未完全钙化就怀孕，不仅母亲自己需要大量的钙，还要分出一部分钙来供给胎儿生长发育，势必造成缺钙。缺钙既影响母亲的身体健康，亦有碍胎儿的正常发育。此外，过早生育，妇女生殖器官和骨盆往往未完全发育成熟，会增加难产的概率。而且，过早承担教养子女的责任，还会影响工作、学习和家庭生活。反过来，女性过晚怀孕、生育同样对母婴健康不利。所谓推迟生育年龄也是应该有限度的，最好不超过 30 岁，尤其不要超过 35 岁。临床上将 35 岁生第一胎的产妇称为高龄初产妇。35 岁以上的妇女，卵巢功能开始衰退，卵子易发生畸变，胎儿发生先天性畸形（如唐氏综合征）或痴呆的发病率明显增加。此外，妇女在 35 岁以后，因生理方面的衰退，妊娠期并发症和难产率亦相应增高。

4. 母亲的情绪状态 母亲怀孕期间在受到自然及社会的各种刺激后会相应出现不同的情绪反应。但不少母亲没有想到，自己的情绪将对腹中的宝宝带来影响。临床观察发现，妊娠早期由于突然意外引起孕妇情绪长期过度不安，会导致胎儿兔唇、腭裂等畸形。妊娠后期孕妇若精神状态不好，如恐惧、忧郁或情绪波动很大，母体会出现血液循环不畅、缺氧等一系列变化，使胎动次数增加或减少。若孕妇长期情绪压抑或激动，不仅使胎儿发育受到影响，而且娩出后的婴儿会出现躁动不安，好哭闹，睡眠不好，消化功能紊乱，适应能力差等问题。孕妇若受到严重精神打击，还可导致子宫出血、早产、胎盘早剥等。这些都说明孕妇在消极情绪状态下，体内的化学物质变化会直接干扰胎儿的正常发育，造成不良的后果。

因此，母亲在怀孕期间要保持乐观、开朗的情绪，即使遇到不愉快的事情也要及时找人倾诉或做自我调整，这也是胎教的重要环节之一。

总之，怀孕期间保护母亲的身心健康，避免各种致畸剂的影响，为胎儿提供正常发育的条件和环境是非常重要的。

信息栏 3-5 母爱的作用

母爱在婴幼儿成长发育中的作用是众所周知的。但母爱对胎儿生长发育的作用却鲜为人知，许多人甚至感到难以理解。事实上，这并不奇怪。我们前面讲到，妊娠中晚期的儿童，神经系统和感觉器官已有了很好的发展，可以对各种刺激做出反应。因此，6～7 个月的胎儿是可以"辨别"母亲对自己的态度和情感的。有人曾用微型集声器从母腹中测到：子宫的活动"规律"与母体的心律是吻合的。如果孕妇以积极的高尚的心理状态欢迎胎儿的诞生，那么胎儿在子宫里接受的便是动听的"音乐"；反之，胎儿接受的便是难听的"噪声"。这一现象在生理学上也得到了证实。1925 年，美国著名的生理学家卡农博士在一项研究中证实，如果对母体注射儿茶酚胺就会引起胎儿的恐惧与不安，而母亲心情不安和对胎儿感到厌恶时也分泌这种物质。正是因为母亲的厌恶导致了母体内的一系列生理、生化变化，于是与母体相连的胎儿的生理、心理环境也受到破坏，具有初步感受力的胎儿便领会了母亲的态度。

众多的研究表明，孕妇出现的妊娠期的呕吐与母亲不愿分娩的态度和烦躁不安的心情有关，母亲的这种态度会使血压升高，胎儿躁动。胎儿的这种躁动是胎儿对来自母体的不适刺激的反应。研究表明，孕妇对胎儿的这种态度还会被胎儿"记忆"下来，并在其出生后的生活中留下痕迹。美国的托马斯·伯尼曾分析过一个典型的案例：一个名叫克里斯蒂娜的女孩出生后拒绝吃母亲的乳汁而对别人的乳汁不拒绝。后经专家多方的研究才发现：她不愿与母亲"交流"，因为当初母亲不愿生她而想要堕胎。由此可见，胎儿具有奇异的"潜在能力"，他们不仅能够感受到母亲的爱或厌恶，也能够对母亲的情感态度做出反应，还能对母亲的态度产生某种"记忆"。

国内外的大量研究表明，热爱胎儿的母亲所生的孩子与厌弃胎儿的母亲所生的孩子相比，无论是在出生前还是在出生后，无论是在身体上还是在精神上，前者都比后者健康。而且，厌弃胎儿的母亲生下的孩子早产、流产和低体重儿的概率也比较高，婴儿精神异常的概率也高。这样的孩子长大后，往往情绪不稳，患肠胃病者较多。此外，当孕妇处于口头表示不愿意怀孕内心中又想生孩子的矛盾心理状态时，胎儿由于接受不同的情感信息而产生精神上的混乱，这些胎儿在出生后大多感觉迟钝，体弱乏力。

所以，对于胎儿来说，母爱是无与伦比的。母爱是母亲对胎儿的悉心热爱，它可以为胎儿的生长发育提供一种良好的心理环境，可以调动母亲的一切本能来保护胎儿。它可以使胎儿在舒畅的状态中健康成长，像一堵墙保护着胎儿的心理环境不受其他不良因素的影响。所以，那些希望生个聪明可爱的孩子的未来母亲们，在注意营养的同时莫忘记给胎儿以圣洁的母爱。

【要点小结】

（1）细胞是组成人类机体的最小结构单位。细胞核中的染色体是遗传的物质载体。

（2）基因是遗传信息的基本单位。

（3）通过减数分裂产生只含有 23 条染色体的性细胞：卵细胞和精细胞。卵细胞和精细胞通过受精作用产生受精卵。受精卵形成后立即开始有丝分裂，实现细胞增殖。细胞增殖是生物体生长、发育、繁殖和遗传的基础。

（4）遗传疾病一般是由基因突变或染色体异常造成的，如苯丙酮尿症、唐氏综合征等。

（5）从受精卵的形成到新生儿的诞生，其间大约需要 38 周，约 266 天，这个时期称为产前期。产前期包括胚种期（受精至 2 周）、胚胎期（3～8 周）和胎儿期（第 9 周至出生）。

（6）胚种期的发育主要表现在两个方面：一是单细胞的受精卵迅速地分裂并伴随着有机体的不断复杂化；二是着床。

（7）胚胎期的细胞发展迅速，所有的身体结构组织和内部器官开始形成，因此，胚胎期很容易受到胎内环境的影响，是产前期的“关键期”。

（8）胎儿期是生长和完成的时期，在这个时期所有的组织器官生成并进一步分化，所有的系统开始具有整体功能，胎儿的个头在迅速地增大。

（9）致畸剂是指在产前期对胎儿造成伤害的任何环境因素，如疾病、药物、吸烟、酗酒、辐射、溶血症等。

（10）母亲的体重、营养、年龄与情绪状态等都会影响胎儿的正常生长发育。

【关键术语】

基因（gene）
染色体（chromosome）
减数分裂（meiosis）
受精作用（fertilization）
有丝分裂（mitosis）
细胞增殖（cell proliferation）
苯丙酮尿症（phenylketonuria）
唐氏综合征（Down's syndrome）
胎儿酒精综合征（fetal alcohol syndrome）
遗传疾病（genetic disease）
胚种期（perminal period）
胚胎期（embryonic period）
胎儿期（fetal period）

【资源链接】

黛安娜·帕帕拉. 2013. 发展心理学—从生命早期到青春期. 10 版. 李西营，译.北京：人民邮电出版社

罗伯特·费尔德曼. 2007. 发展心理学—人的毕生发展. 4 版. 苏彦捷，译. 北京：世界图书出版公司

白云静. 2005. 行为遗传学：从宏观到微观的生命研究. 心理科学进展，13（3）：305～313

David R.Shaffer.2005.发展心理学—儿童与青少年发展. 6 版. 邹泓，译. 北京：中国轻工业出版社

Laura.E.Berk.2014.伯克毕生发展心理学：从 0 岁到青少年. 4 版. 陈会昌，译. 北京：中国人民大学出版社

【复习思考】

1. 简述人类的遗传机制。
2. 通过学习心理发展的生物学基础，你如何看待遗传决定论？
3. 简述产前期的发展阶段。
4. 简述影响胎儿发展的主要因素。

5. 试述胎教的心理学依据。

【练习测验】

1.（单选）胎儿在发育过程中，细胞和组织分化非常迅速，并对环境极为敏感的时期是（　　）。

A. 第 1～2 周　　B. 第 3～8 周　　C. 第 9～15 周　　D. 第 21～30 周

2.（单选）个体生命在子宫内的发展按先后顺序可分为三个阶段，分别是（　　）。

A. 胚种期、胚胎期、胎儿期　　B. 胚胎期、胚种期、胎儿期

C. 胚种期、胚泡期、胎儿期　　D. 胚泡期、胚种期、胎儿期

3.（单选）妇女年龄超过 35 岁，受孕会使胎儿畸形率增高，特别是（　　）的发病率。

A. 苯丙酮尿症　　B. 唐氏综合征　　C. 杭廷舞蹈症　　D. 性染色体畸变

4.（单选）遗传物质的最小单位是（　　）。

A. 基因　　B. 合子　　C. 染色体　　D. DNA

5. 胎儿的指甲、牙齿和头发是由胚胎的（　　）发展而来的。

A. 中胚层　　B. 外胚层　　C. 表皮层　　D. 内胚层

6.（多选）下列选项中，影响胎儿正常生长发育的因素有（　　）。

A. 孕妇的营养状况　　B. 孕妇的情绪状态　　C. 孕妇的年龄大小　　D. 孕妇的文化程度

第四章 婴儿的心理发展

【本章主要内容】

婴儿期是指个体从出生到 3 岁的时期。这个时期不仅是儿童生理发育最迅速的时期，也是个体心理发展最迅速的时期。新生儿阶段，个体完成了从胎内寄居生活向胎外独立生活的转变。然后，在婴儿期，作为人类的三大本质特点—直立行走、双手动作、言语均已出现并获得初步的发展。婴儿身心发展的一般特点是：第一，从躺卧状态、完全没有随意动作到学会了独立行走，手的动作也有了很快的发展；第二，言语能力获得了很大的发展，从完全不会说话发展到能够掌握一些简单的词和句，并能与他人进行简单的言语交流；第三，出现了最初的游戏活动；第四，各种心理活动带有明显的直觉行动性。第五，婴儿对成人最初的情感联系即依恋逐渐建立并快速发展。由此可见，婴儿的发展变化是巨大的。

第一节 新生儿的心理发展

在婴儿期有一个特殊的子阶段，即新生儿阶段。这个阶段是个体从胎内生活转向胎外生活的过渡阶段，也是儿童心理的发生期。由于新生儿有很多独特的心理发展特点，因此，我们将其作为一个独立阶段进行介绍。

一、分 娩 过 程

分娩是指胎儿、胎盘等从孕妇身上分离并且排出的过程。正常的自然分娩过程可分为三个阶段：

第一阶段：宫口扩张期（宫缩期）。这个阶段持续的时间最长，初产妇需 12～16 小时，经产妇需 6～8 小时。在此阶段，子宫的扩张和收缩能够促使子宫颈扩张，使子宫颈变宽变薄，形成从子宫到阴道间的畅通产道，从而为婴儿出生创造条件。子宫收缩（即宫缩）开始时是不规则的，并且强度较弱，随后逐渐变得有规律，强度越来越强，同时持续时间延长，间隔时间缩短，如间隔时间为 2～3 分钟，持续时间为 50～60 秒。这时胎儿就要娩出了。

第二阶段：胎儿娩出期。这一阶段始于有规律的宫缩，并且子宫颈扩大到大约 10cm 的时候，持续到孩子完全出生。初产妇一般需要 1～2 小时，经产妇大约需要 20～40 分钟。随着母亲子宫每一次强有力的挛缩，以及母亲腹肌有力的推压，胎儿的头部先从产道露出，然后是胎儿的肩膀慢慢地露出来，接着胎儿的整个身子很快就完全脱离了母体。胎儿娩出后，助产士要切断他的脐带，并检查婴儿的呼吸、肌肉状况、皮肤颜色及反射活动是否正常。

第三阶段：胎盘娩出期。这一阶段是指胎儿娩出到胎盘排出的过程，时间一般不超过 30 分钟。胎儿娩出后，宫缩暂时停止，但不久后又重新开始促使胎盘排出，此时产妇只需稍加腹压即可。胎盘娩出后，产妇可放松休息，助产士还需进一步检查胎盘胎膜是否完整，产妇的产道有无裂伤，并进行相应的处理。此时便完成了分娩的全过程。

二、新生儿的一般特征

新生儿是指从出生至 1 个月时的婴儿。出生使新生儿的生活环境和生存方式发生了巨大的变化，意味着寄居生活的结束，也宣告了一个独立的个体的诞生。从此，儿童必须依靠自己的生理活动来维持生命。与此同时，一个全新的生活空间展示在儿童面前，如表 4-1 所示。

表 4-1　胎儿生活和新生儿生活的比较

特征	胎儿生活	新生儿生活
环境	羊膜水	空气
温度	相对恒定	随大气而变化
刺激	最低限度	各种刺激都促使所有感官活动
营养	依靠母体的血液	依靠外来养料和消化系统的功能
氧气供应	由母亲血液通过胎盘输入	从新生儿的肺部输入肺血管
代谢排泄	通过胎盘排出	由皮肤、肾、肺和消化道排出

资料来源：黛安・E. 帕普利，萨利・W. 奥尔兹. 1981. 儿童世界（上册）. 华东师范大学外国教育研究所译. 北京：人民教育出版社

新生儿面临的主要问题是生理上能否适应新环境，以及在适应过程中，生理与环境之间的相互作用对他们心理活动的发生与发展的促进作用。总体而言，新生儿期具有以下四个特点。

第一，生理上的寄居生活转为独立生活。在产前期，个体的一切生理需求都来自于母体，属于寄居生活。出生意味着寄居生活的结束，个体从此开始独立的生理活动，在这个转变过程中，个体承受着极大的变化。胎儿在母体内生活在温度相对恒定的羊水中，通过胎盘和脐带从母亲的血液中获得氧气和营养物质，并排出废物，这时受到的外界刺激是很少的。可当个体出生后，他要生活在温度随时变化并充满各种刺激的外界现实环境中，通过自己消化食物获得营养，自己呼吸空气获得氧气，面临的刺激空前增多。

第二，个体的心理现象开始发生和发展。心理是人脑对外界客观事物的反映，是个体在与客观事物的交互作用过程中发生、发展的。个体出生后就开始与客观现实环境直接接触，这为个体心理活动的发生和发展提供了可能。

第三，新生儿既软弱无力又存在着发展的巨大可能性。新生儿时时处处都需要成人的照顾，软弱、娇嫩是新生儿的突出特点。如果离开了成人的精心呵护，他们几乎无法生存，但每一个新生儿在生理和心理上的发展潜力和发展速度却是惊人的。

第四，新生儿主要依靠无条件反射来适应环境。新生儿由遗传获得了多种不学而能的无条件反射，这保证了新生儿最基本的生命活动。但是无条件反射具有刻板、适应性低等特点，因而，它们不能满足新生儿适应复杂环境的需要，于是新生儿在无条件反射的基础上逐步形成了条件反射。

三、新生儿的生理特点

（一）生理特点

新生儿的体形很特殊，头大、身长、四肢短。头约占整个身高的 1/4（成人约为 1/8），腿

约占身高的 1/3（成人为 1/2）。以后随着年龄的增长，个体身体各部分的比例才逐渐协调起来。

足月刚出生的新生儿平均身高约为 50cm，其中男婴比女婴略高一些；平均体重 3～3.5kg，男婴比女婴略重一些。在正常喂养情况下，新生儿的体重会迅速增长。

新生儿脑细胞的体积小，神经纤维的长度和分支也不发达，神经纤维的髓鞘化尚未完成，所以他们对外界刺激较难做出准确反应。一旦身体某个部位受到刺激，就会引起新生儿全身性的反应。新生儿的脑重平均约是 390g，只相当于成人脑重的 25%～30%（成人脑重约为 1400g）。

新生儿的皮肤常呈红色，而且有些皱。随着肌肉的丰满，皱纹会慢慢消失，皮肤也逐渐变白。新生儿皮肤细嫩，很容易损伤。新生儿的骨骼非常弱软，弹性较强、硬度不足，再加上新生儿肌肉也软弱无力，因此，很难支持身体的动作，甚至支撑不住头部的重量。新生儿的内脏器官还不成熟，最初的呼吸急促且又快又浅。总的说来，新生儿的独立生存能力比较差，需要成人无微不至的照顾。

（二）对新生儿身体状况的测量

现在医院一般使用简便易行的阿普加量表（Apgar Scale）来测量新生儿的身体状况。该量表是由美国哥伦比亚大学麻醉学家阿普加于 1953 年设计的，它是一份针对新生儿健康状态的测量工具，主要用于测定新生儿从胎内到胎外生活的适应程度。该量表共包括五个项目，每个项目记分从 0～2 分，详细内容见表 4-2。

表 4-2 阿普加量表

症状	分数		
	0	1	2
心律	无	慢，每分钟 100 次以下	快，每分钟 100～140 次
呼吸活动	60 秒内没有呼吸	不规则、缓慢、浅	强、哭
反射激动性（打喷嚏、咳嗽、皱眉）	无反应	微弱的反射性反应	强有力的反射性反应
肌肉弹性	完全松弛无力	手脚动作软弱	手、脚动作强有力
肤色	躯体、手、脚发青	躯体微红，但四肢发青	全身微红

医护人员一般采用阿普加量表对新生儿测试两次：一次是在新生儿出生后 1 分钟时进行，另一次在 5 分钟后进行施测。之所以要求重复测量，是因为有些新生儿在出生时各项指标得分很低，但过了几分钟后情况会大有好转。通过量表测试，得 10 分的新生儿，表明非常健康；得 7～9 分的新生儿，表明健康状况正常；得 4～6 分的新生儿，表明健康状况较差；获 0～3 分的新生儿需要立即采取紧急的抢救措施。

四、新生儿的状态

新生儿为了适应出生后的新生活，先天具备了一整套活动状态模式。新生儿在一天中交替经历着不同水平的睡眠和清醒状态。

（一）规则睡眠状态

处于这种状态的新生儿，脸部肌肉放松，眼睛闭合，呼吸均匀，皮肤白皙。除偶然的惊跳和极轻微的嘴动外，此时的新生儿没有其他自然的活动，完全处于休息状态。此外，新生儿此时对成人温和的语声等中等强度刺激无反应，他们每天 8～9 个小时处于这种状态。

照料者尽量将室内的光线设置得暗淡一些，让宝宝在安静而舒适的环境中获得充分的休息，即使到了喂奶时间，只要没有醒，就不要硬叫醒新生儿，充分的休息有助于使新生儿的大脑放松并且不易夜里哭闹。同时，睡眠还可促进脑垂体分泌生长激素，使宝宝长得更快。

（二）不规则睡眠状态

处于这种状态的新生儿，眼睛通常是闭着的，但偶尔会短暂地睁开一下，眼皮有时颤动，并经常可以见到眼球在眼皮下快速运动。此时，新生儿的呼吸不均匀，时快时慢，手臂、腿和整个身体偶尔会出现轻微的抽动，面部时常会表现出微笑或做出怪相、皱眉等表情，有时出现吸吮动作或咀嚼运动。新生儿每天 8～9 个小时处于这种状态。

新生儿处在不规则睡眠状态时，成人不要误以为他们已经醒了，其实他们仍处于睡眠中。如果在这时换尿布、喂奶，新生儿会因睡眠不足而哭闹不止，因此，成人最好不要在此时叫醒他。

（三）昏昏欲睡状态

这种状态通常出现在入睡前或刚醒后，新生儿眼睛半闭半睁，眼皮出现闪动，眼睛闭上前眼球可能出现向上滚动；有时出现微笑、皱眉或噘起嘴唇等；目光变得呆滞，反应迟钝，对声音或图像表现茫然，常伴有惊跳。这种状态是介于睡和醒之间的过渡状态，持续时间较短。这种情况表明新生儿很累，任何外部刺激，只会让他们的大脑更加疲乏，容易引起夜里啼哭。这时应把宝宝放在一个舒适安静的地方。

（四）安静觉醒状态

处于这种状态的新生儿，眼睛睁得很大，明亮发光，很安静，很少活动。此时，新生儿表现得很机敏，喜欢看东西、看人脸、听声音，甚至还会模仿成人的表情。这种状态一般出现在新生儿吃过奶或换过尿布时。新生儿每天有 2～3 小时处于这种状态。这种状态是早期智力开发和亲子互动的最佳时间。照料者可在此时积极给予听觉与视觉刺激，和宝宝做游戏、说话，给宝宝喂东西。

（五）活动觉醒状态

新生儿往往在吃奶前或烦躁时处于这种状态。其具体表现为，新生儿活动增加，眼和脸部活动也增加，他们好像在环视周围环境，并能发出一些简短的声音。如果运动很剧烈，他们甚至出现自发的惊跳。这种状态一般由强烈的内部刺激引起（如饥饿、寒冷、疼痛等），也可由强烈的外部刺激引起（如把他放进小床或从他嘴里移走奶头等）。新生儿每天有 2～3 小时处于这种状态。照料者应及时满足宝宝的需求，并安抚他们的情绪。

（六）啼哭状态

新生儿啼哭时，四肢会用力地活动，眼睛张开或紧闭，脸有时涨得通红。很多父母都有这样的经验：每当宝宝一啼哭，我们马上就会去看看究竟发生了什么事。因此，啼哭是儿童与成人交往最早采用的方式之一，是儿童影响成人行为的强有力的手段。通过啼哭，新生儿向成人传递各种信息，要求成人及时满足他们的各种生理需要，如饿了、尿布湿了或身体不适等，啼哭对成人照顾新生儿的活动起一种导向作用。持生态学观点的发展心理学家认为，父母（包括其他成人）最怕儿童啼哭，只要儿童一哭就禁不住立即跑过去照顾他，这其实是生物学上预装在大脑中的“照顾婴儿程序”在起作用，这对儿童的生存具有重要意义。此外，还有一种没有什么原因的啼哭，一般出现在入睡前，新生儿哭一会儿就睡着了；也可能出现在刚睡醒时，他们哭一会儿后才进入安静觉醒状态。新生儿每天有 1～2 小时处于这种状态。

新生儿啼哭时，照料者要了解他们哭闹的原因，并给予适当的处理，千万不可不理不睬。有的妈妈担心这会让宝宝养成总缠人抱的不良习惯，因此，故意放任不管。这样做不仅会使宝宝缺乏安全感，而且对他人不信任、不友好的心理也会由此萌发。有时宝宝哭闹是因为身体不舒服引起的，如肠绞痛、肠套叠等，如果照料者不理睬，甚至会耽误宝宝的病情。

信息栏 4-1 学会辨别婴儿啼哭的语言

啼哭是婴儿独特的语言运动方式，又是某些疾病的信号。婴儿的哭声引起了医学家们的极大兴趣。早在 20 世纪 60 年代中期，芬兰的科学家首先使用声谱分析人类的哭声，他们研究了一种称为“猫叫综合征”的神经系统疾患，患有这种脑部病变的儿童哭声酷似猫叫。

20 世纪 70 年代，人们开始采用比较精密的仪器研究哭声。危地马拉一位儿科医生莱斯特利用电子计算机来研究有关儿童疾病的哭声。他测量并记录了营养不良及正常的婴儿哭声的声调、和音、强音，啼哭的平均时间长度，并对两者的结果进行比较，发现两者的啼哭有着很大的差异。进一步研究发现，婴儿的哭声能提供用其他常规检查方法查不出来的中枢神经系统疾患的线索。他指出特定的疾患和异常的哭声之间存在一定的联系，例如，音调变动过大，是由于中枢神经系统不能调节喉肌活动，使喉肌处于痉挛状态所引起的。这方面的研究者越来越多，对婴儿哭声的研究也越来越深入细致。例如，有一种叫作“婴儿猝死综合征”的疾患，病婴的哭声在睡眠期间骤然发出，其音调较正常婴儿低得多，具有明显的类型特征。

啼哭作为婴儿的独特语言用以表达他们的情绪和要求，父母对此应该有所了解。当胎儿刚离开母体来到人间，“呱呱”的啼哭声像是在告诉人们：“我来了”，标志着婴儿迈开了生存的第一步。正常新生儿的休息、活动有一定的规律。据统计，正常新生儿每天睡 17～20 小时，清醒而保持安静的时间为 2～3 小时，清醒而伴有活动的时间为 1～2 小时，还有大约 1 小时则是啼哭的时间。

父母要学会从婴儿特有的语言——啼哭中辨别婴儿在“说”什么：是尿布湿了，还是饥饿？是寒冷，还是疼痛？以及是否在锻炼自己，做肺部呼吸运动？等等。

下面是对婴儿哭声的几种分析：

（1）平坦而断续的哭声常表示“我饿了!”，这种哭声往往在进食时停止。

（2）不剧烈的哭声往往是由大小便刺激引起，一般换尿布后哭声也可停止。

（3）夜间啼哭。婴儿睡眠不宁，但白天正常，这可能是因为白天生活睡眠不规则，或衣服过厚、过薄等护理不当引起的。

（4）平淡而持续的哭声或烦躁而持久的哭闹，则可能是由身体某部炎症感染引起的疼痛所致。

（5）暴发性高而尖的哭声往往表示“我痛呀!”，这种疼痛常因突发的打击、针刺或灼烧而引起。

（6）阵发性剧哭往往是由各种肠道急性感染或消化不良致肠痉挛而引起。例如，急腹症就时常表现为突然嚎叫不安，伴有脸色苍白、出汗等症状。

（7）声调高尖而无回声，哭声骤起骤止，这往往是由颅内出血或脑水肿引起的所谓“脑性尖叫”。

随着科学技术的进步，相信人们会从婴儿哭声的分析研究中获得越来越多的信息，为婴儿的保健做出贡献。

资料来源：徐立. 1997. 儿童语言思维训练. 北京：中国大地出版社，19～21

新生儿睡眠-觉醒状态的出现和睡眠-觉醒周期的建立，表明新生儿的生理活动周期已经形成，神经系统已经开始工作。一般来说，新生儿出生前几天 70%～80%的时间在睡眠，每天总睡眠时间长达 16～18 小时。这对于因宝宝出生而感到身心疲惫的父母来说是一件好事。新生儿每天仅有 2～3 小时完全处于安静觉醒状态，此时他们环顾四周，多半追随运动着的人或物。然而，部分新生儿也会违背这种睡眠-觉醒节律化状态，出现睡眠周期极端不规则和过多啼哭的现象，这往往预示着他们在产前期曾经受到不良刺激的影响，如某些药物或乙醇等可以导致新生儿易激动。这种孩子易受惊扰，哭闹频繁，导致母亲无规律地频繁喂奶，新生儿随之会出现不规律的排泄行为。

一般而言，新生儿刚出生的前几天，一天喂奶 8～10 次，夜间至少喂一次。到出生 10 天至 2 周时，可建立每 2 小时喂奶一次的周期，夜间依然至少喂一次。出生 2 个月后，可以建立 4 小时喂奶一次的周期，一天 5 次，夜间可以不喂。近年来研究指出按固定时间表喂哺新生儿不要过于严格，应当在试图建立规律的同时，考虑到新生儿的需要，按需哺乳，灵活掌握喂奶时间。

五、新生儿的能力

人们以往对新生儿的能力估计过低，更多地强调新生儿软弱的一面。但现在的研究使人们意识到，新生儿已经具有不可低估的心理能力。他们不仅能看、听和区别不同类型的感觉信息，还能用不同的行为方式来反应周围的事物，表达自己的状态。这些能力可以帮助他们认识外部物理世界，构建最早的社会关系，使他们能够在一个复杂多变的外部环境中生存下来。

（一）新生儿的反射活动

新生儿出生后会持续地表现出一系列先天反射活动。反射是一种不用经过思考的对特定刺激的不随意反应。我们把这些由遗传得来的、不学而能的反射称为无条件反射。以下是新生儿的几种重要的无条件反射。

1. 吸吮反射 将手指或者奶头放到新生儿的嘴里，他们就会有节奏地吸吮起来。新生儿生下来就要吸吮母亲的乳头，获取乳汁，因此，吸吮反射有利于新生儿最初的喂养，是儿童最基本的一种生存本能，出生后 3～4 个月自行消失。

2. 觅食反射 用手指或者乳头碰触新生儿的脸颊，他们就会立即把头转向刺激源，出现寻觅动作。觅食反射能帮助新生儿找到和吃到食物，出生后 3～4 个月逐渐消失。

3. 眨眼反射 用亮光照射新生儿的眼睛或在靠近其头部的地方拍手，他们就会做出眨眼的反应，这是一种防御性的本能。眼睛是人类最重要的感觉器官之一，眨眼反射能帮助新生儿抵御对眼睛可能的伤害性刺激。眨眼反射在个体发展中是永久性的。

4. 游泳反射 让新生儿俯卧在小床上，托住他的肚子，他会抬头、伸腿，做出一系列类似游泳的姿势。如果把新生儿俯卧放在水里，他会本能地抬起头，同时做出协调的游泳动作。如果不小心将新生儿掉进水里，游泳反射能帮助他们存活下来。一般来说，游泳反射在出生 4～6 个月后消失。

5. 抓握反射，又称达尔文反射 把手指或小棍放在新生儿的手心，他的手立即紧握不放。这时如果试图抽走小棍，新生儿会握得更紧。如果新生儿双手抓握棍棒，成人甚至可以拉住棍棒把新生儿的身体带起来，让他直立。这一反射可帮助新生儿抓住母亲的身体，为他们有意抓握物体的动作做准备。这种反射在出生 4～5 个月后消失。

6. 莫罗反射，又称惊跳反射 这是一种全身动作的反射活动。当新生儿感到身体突然失去支持，或突然受到强声刺激时，他们首先会仰头、挺身、双臂伸直、手指张开，然后弯身收臂，紧贴胸前，做搂抱状。这一动作能帮助新生儿抱住自己的母亲，具有重要的生存价值。这种反射在出生 6 个月后消失。

7. 行走反射，又称迈步反射 成人扶着新生儿的两腋，把他的脚放在桌面、地板或其他平面上，他就会做出很协调的、行走似的迈步动作。这一反射能帮助婴儿以后学习有意的行走。行走反射一般会在出生 2 个月后消失。

8. 巴宾斯基反射 当触摸新生儿的脚底时，他的脚会向里弯曲，脚趾会呈扇形张开。这一反射在出生 8～12 个月时消失。以后再这样刺激儿童，脚趾就会向里弯曲。这种反射的作用尚不清楚。

9. 强直性颈部反射 新生儿仰卧时，头常常偏向一侧，同时伸出该侧的手臂和腿，另一侧的手臂和腿处于随意的屈曲状态，做出击剑者的姿势。一般认为，新生儿经常伸出的那只手可能预示着将来的习惯用手，这种反射为婴儿的有意抓握做好准备，在出生后的 4 个月左右消失。

10. 蜷缩反射 当新生儿的脚背碰到平面边缘（类似楼梯的边缘）或者受到针刺时，他会做出像小猫一样的蜷缩动作，具体表现为脚缩回，膝盖和臀部随着弯曲。这一反射能在不良触觉刺激中保护新生儿，一般在出生后 8 周左右消失。

新生儿的无条件反射活动远比我们想象的要多，除上述几种外，还有一些无条件反射，如吞咽反射、喷嚏反射等。皮亚杰非常重视新生儿的这些无条件反射活动，并称之为“遗传的动作图式”。作为最早的一批动作，这些无条件反射活动是智力发展的最原始的基础。那么这些反射活动对儿童的发展究竟具有什么意义呢？

首先，有些无条件反射对儿童的终身发展都具有明显的生物学意义，如眨眼反射、瞳孔反射、吞咽反射、喷嚏反射等，因此这些无条件反射可以终生保持。其次，有些无条件反射对婴儿早期有明显的生存价值，如觅食反射、吸吮反射、游泳反射等，这些反射在出生后一段时间逐渐消失。这些反射不仅能帮助婴儿在发展早期维持生存、防御危险、探索世界、发展早期的社会关系、形成有意动作技能，而且还是条件反射形成的自然前提，如母乳喂养的新生儿在出生后半个月左右就会出现哺乳姿势反射。条件反射的形成意味着儿童心理的发生，因此，无条件反射对促进婴儿的心理发展有重要作用。最后，有些无条件反射是具有临床诊断价值的病理反射，如巴宾斯基反射等。如果新生儿不出现这些反射，或表现得微弱，又或应该消失的时候仍然不消失，这就为医生提供了新生儿脑部可能受损伤或神经系统发育不正常的信息。

（二）新生儿的感觉能力

新生儿的感觉是一种先天预置的能力，能帮助新生儿适应出生后的环境刺激。研究表明儿童在出生后的半年时间内主要是通过感觉来认识事物的。新生儿最初的感官活动表明他们的感觉器官、感觉通道和神经中枢的成熟水平。

1. 触觉　在新生儿的各种感觉能力中，触觉是发展最好的。在产前期，胎儿发育到5～8周时就有了触觉，出生时触觉已发展得很好。新生儿的很多无条件反射如吸吮反射、觅食反射、抓握反射等都是对触觉刺激做出的反应。胎儿在母体内被包围在羊水中，因此新生儿十分喜欢襁褓，这可获得触觉刺激。相关实验结果证明，新生儿裸露地躺在床上比把他们包裹起来更易出现哭闹。新生儿很愿意与母亲等成人进行身体接触。当新生儿因饥饿甚至某些病痛啼哭时，如果成人能与新生儿的身体、面颊接触，拥抱、摇摆和抚摸他们，并伴以轻柔语声或歌声，新生儿就能很快从哭闹中安静下来，有时脸上会露出笑容。因此，适当的触觉刺激对新生儿的健康发展是非常必要的。目前许多医院对早产儿的治疗措施之一就是为他们提供触觉刺激。在一项研究中，护理人员每天给一些早产儿做几次轻柔的抚触活动，结果发现这些儿童1岁时比那些未做抚触活动的早产儿，体重增加得更多，心理和运动发展得更好。所以，新生儿偏好与成人进行身体接触，并通过这种接触来鉴别他人。

2. 听觉　胎儿在母体内的最后2～3个月时，听觉器官已经形成。研究发现，如果母亲在怀孕后期经常阅读同一故事给胎儿“听”，慢慢地只要母亲的阅读声一出现，胎动就会增强。新生儿出生后，母亲在喂奶时再次阅读同一故事，发现新生儿的吸吮速度会加快。

国外研究发现，新生儿能分辨很多种声音，与纯音相比，他们更喜欢听复杂的声音，如人说话的声音或嘈杂的声音。新生儿也能精确区分不同人说话的声音，包括一些很相似的声音，这为他们以后学说话、掌握人类语言提供了可靠的保证。新生儿一般对自己母亲的声音比较偏爱，因为他们在母体内已经熟悉了母亲的声音。

3. 视觉　新生儿的视觉在各种感觉中是发展成熟得最晚的。这是因为新生儿大脑皮质中的视觉高级神经中枢还没有完全形成，外周器官的结构也还没完全成熟。例如，负责感受光刺激并将信息传递到大脑的视网膜细胞还不成熟，调节晶状体的眼肌还比较软弱，因此新生儿的视敏度较低，还未能形成双眼辐合与聚焦，他们看不同距离的东西时都是一样的模糊不清。但新生儿还是喜欢以视线追踪移动着的物体，特别是在他们面前走动的人，只是他们的追踪是短暂的，视线很快就会移开。另外，新生儿虽然还不能分辨不同的颜色，但他们还是喜欢看颜色鲜艳的物体。

4. 味觉与嗅觉　新生儿的味觉与嗅觉反应异常灵敏，这是因为味觉与嗅觉的神经器官在进化上更为原始，对有机体的环境适应在进化中出现得更早。味觉与嗅觉在人类个体发育早期特别是新生儿阶段具有重要的生存价值。出生1～3天的新生儿对不同的味觉刺激就会表现出不同的反应。当给新生儿吃甜味食物时，他们会产生吸吮、咂嘴的接受反应，新生儿喝糖水的吸吮速度要比喝白开水时明显加快。然而当我们给新生儿提供酸味或苦味的刺激时，新生儿会出现纵鼻、皱眉、噘嘴等排斥反应。

新生儿也会表现出明显的嗅觉偏爱，如让新生儿闻香蕉或巧克力的气味，他们会露出满意、舒服的表情，而让新生儿闻臭鸡蛋等难闻气味时，他们就会立即厌恶地皱起眉头，并把头转向其他方向。这表明新生儿不仅能辨别气味，还能辨别气味的来源位置。另外，新生儿一般偏爱母亲身上散发的母乳的气味。新生儿的这种天生的、已高度发展的嗅觉分辨能力不仅能帮助他们找到食物，而且能帮助他们认出自己的母亲。

六、新生儿的护理

新生儿的日常正规护理是新生儿生长过程中一个重要的步骤，如护理不当，则可给新生儿的生长发育带来诸多不利的影响。关于新生儿的护理，通常需要注意以下几方面。

1. 保暖 为新生儿做检查及护理时，必须注意保暖，特别是在寒冷的冬季。一般而言，房间温度在 24～25℃时最有利于新生儿的健康，因为这时的身体只需通过血管舒缩的变化即可维持正常体温，不需出汗散热或加速代谢产热。

2. 预防感染 成人护理新生儿时要注意卫生，在每次护理前均应洗手，以防将手上沾污的细菌带到新生儿细嫩的皮肤上面发生感染。患有传染性疾病或带菌者都不可以直接接触新生儿，以防传染新生儿。

3. 皮肤护理 刚出生不久的新生儿，在脐带未脱落之前，尽量不要采用盆浴，可以采用干洗法为新生儿擦身。脐带脱落后，可给予盆浴，宜用无刺激性的婴儿专用香皂，浴后要用干软的毛巾将身上的水吸干。每次换尿布后一定要用温热毛巾将臀部擦干净，并吸干，有时因尿液刺激使臀部皮肤发红，可涂少许无菌植物油。寒冷季节臀部红肿明显时，还可用电吹风在红臀局部吹烤，每日 3～4 次，每次 5～10 分钟。注意电吹风不可离皮肤太近，以防烫伤。

4. 五官护理 应注意面部及外耳道口、鼻孔等处的清洁，但勿挖外耳道及鼻腔。此外，口腔黏膜细嫩，血管丰富，极易因擦伤而引起感染，故不可经常用劲擦洗口腔，更不可用针、特别是不清洁针去挑碾牙龈上的小白点——上皮小珠（俗称“马牙”或“板牙”），以防细菌由此处进入体内而引起败血症。

5. 衣服 新生儿皮肤又细又嫩，所以要给新生儿穿柔软、宽松的衣服，旧衣服可能会更好一点，但一定要洗干净。衣服不宜扎得过紧，以防损伤皮肤。

6. 哺乳 新生儿娩出后如果母体状况良好，应尽可能在产后半小时内给予母子皮肤接触并让新生儿及早吸吮，这不仅使出生后的新生儿较早地获得营养，而且也可促进母亲乳汁的分泌。

7. 给予适当的教育 成人要逐渐掌握新生儿的生活规律，了解他们的情绪状况，在新生儿安静的觉醒时间给予一定刺激，如听音乐、与新生儿交谈等，这样可使新生儿与成人建立良好的依恋关系，并对外界的环境产生兴趣。

信息栏 4-2 早产婴儿的社会交往

早产的新生儿常被描述为行为紊乱、反应不易预测、不适应日常生活变化，对一些刺激反应过度而对另一些刺激反应过低。除此之外，与正常出生的婴儿相比，早产儿在表现上缺少吸引力。所有的特征都深刻地暗示着他们的照看者以及婴儿与照看者之间社会性交往发展的类型。对这些早产婴儿来说社会交往开始变化的情形有四种主要形式（Eckerman & Oehler，1992）。

（1）社会交往较早就开始发展，结果婴儿可能还没有准备好加工这些父母所提供的事物及声音。

（2）早产儿，尤其是那些低体重儿，不仅可能发育不成熟，而且可能患有某种疾病。尤其是他们可能处于神经发展障碍的风险中，会进一步引起他们行为的不正常。

（3）对父母来说，婴儿刚出生的那段时间，可能是最重要的时期之一，父母的行为也会因此而改变。

（4）对这些早产儿来说，社会交往在截然不同的物理控制环境下开始：最初的养育被迫在育婴室内被集中照料；父母与婴儿的接触有限，他们经常受到该环境中必需的设备的威胁；而且父母可能还感觉到他们的地位不太重要，不如那些护士和医生重要。正如我们当时观察到的情形，与那些足月婴儿比较，早产婴儿的早期母婴关系有一个不同的类型，不要对此感到惊奇。由于刺激开始的异常高或低，很难形成协调，这些婴儿的注意力不易集中、维持，而且母亲尝试通过说话和碰触为婴儿提供额外的刺激，这可能导致婴儿更加易怒。在这种情况下，一些父母可能感到被拒绝而退缩，但这时其实正需要他们那种特殊的努力去训练这些婴儿。然而早产儿甚至在刚出生的几个星期内已经对一些类型的社会刺激做出反应，如说话能使他们保持清醒，而视觉上的觉醒状态被认为与社会交往相连。因此，不论他们最初如何不同，这些早产儿确有潜能成为有价值的社会合作者，并且事实上大多数早产儿在出生后的3～6个月内都追上了正常儿童的发展进度。

资料来源：Schaffer H R. 2004. Child Psychology.Oxford：Blackwell publishing，64

第二节　婴儿生理与动作的发展

一、婴儿生理的发育

（一）身体的生长发育

1. 身高与体重　婴儿期是个体一生中身体生长最快的第一个高峰期，身高和体重是儿童体格发育的两个重要指标。我国婴儿出生时平均身高约50cm，平均体重约3.27kg，男婴和女婴的平均体重分别为3.32kg和3.21kg，男女婴之间略有差异（妇幼保健与社区卫生司等编，2008）。

在婴儿出生后的6个月内，身高每月增加2.5～3cm，以后生长速度逐渐放缓。一般来说，第1年内增长25～27cm，第2年增长10～12cm，1周岁时，婴儿身高达77cm左右，2周岁时身高达89cm左右。值得注意的是，研究发现，婴儿的身高与其成年后的身高没有密切关系。

婴儿出生时的平均体重是3～3.5kg，在出生的前3个月内，每天体重平均增加25g左右，5个月时体重为出生时的2倍，1岁时为出生时的3倍，此后生长速度减慢，2岁半时体重达到出生时的4倍，为12～14kg。婴儿虽然比较胖，但他们的肌肉很不发达，因此，他们力气很小，身体的整合协调能力也较差。

已有的研究数据表明，就群体而言，在婴儿期，儿童的平均身高和体重存在略微的性别差异和地区差异，即城区的婴儿略高于或重于郊区同性别的婴儿；不论是城区或郊区，男婴的身高和体重都略高于或重于女婴。但就个体而言，儿童的体格发育存在着明显的个体差异。

2. 身体功能的发展　婴儿的骨骼肌肉系统发育较快，从出生2～3个月开始，脊柱的4个生理弯曲相继形成，骨化过程仍在继续，骨骼具有弹性大、易弯曲的特点。婴儿的大肌肉开始发展，小肌肉直到5～7岁才开始发展起来。因此，随着大肌肉力量的不断增强，婴儿逐渐能支撑起自己身体的重量，相继出现抬头、翻身、坐、爬、站、走、跑、跳等动作。但因小肌肉发展得比较缓慢，所以婴儿的动作显得笨拙，灵活性和准确性较差。

3. 躯体生长模式　儿童出生以后，随着年龄的增长，身体各部分生长的速率是不同的。总体来看，儿童从产前期开始，身体的增长遵循两条原则，即头尾原则和近远原则。

所谓头尾原则是指身体的发育是从头部延伸到身体的下半部。因此，在产前期，胎儿的头、大脑比躯干和双脚先发育，出生以后，儿童仍然是这些部位比身体的下半部先发育，所以这些部位就大得不成比例，直到身体其他部分的发育赶上来时，这种不相称的现象才完全消失。这种生长原则最明显地体现在儿童头与身体的比例上，详见图4-1。

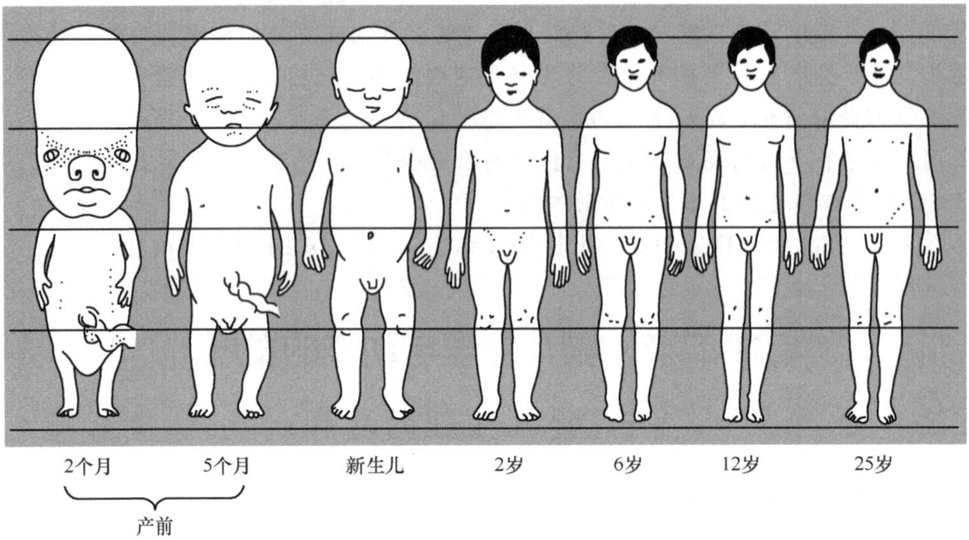

图4-1　个体在不同年龄阶段的体型变化

2个月的胎儿头部长度是整个身长的1/2，新生儿的头部长度是身长的1/4，而腿脚只占1/3。随着年龄的增长，身体的下半部生长速度加快，2岁婴儿的头部长度是身长的1/5，而腿脚已占到身长的1/2，到成人时，头部的比例进一步缩减为身长的1/7。

所谓近远原则是指身体的发育是从身体的中部开始再扩展到外围边缘部分。即胎儿期头部、胸腔和躯干最先发育，然后是上臂和大腿，再次是前臂和小腿，最后是手和脚的发育。在婴幼儿期，这一原则主要表现在四肢的生长上，表现出手臂和腿发育较快，而手和脚的发育相对较慢。

（二）神经系统结构的发育

神经系统是儿童发展的命脉。在人类进化中，神经系统的发展水平决定着动物在进化阶梯上的高低位置，在不同水平上主宰着有机体各系统的生长和功能的发挥，同时制约着生物体的心理进化水平。人类的神经系统，特别是大脑，决定着人类拥有高度发达的智慧和能力。

人类神经系统包括中枢神经系统和外周神经系统。中枢神经系统包括脑和脊髓。从脑和脊髓延伸出支配某些感觉器官和四肢运动的神经是躯体神经系统，从丘脑系统延伸出支配另一些感觉器官和内脏系统活动的神经是自主神经系统，详见表 4-3。

表 4-3 神经系统构造

<table>
<tr><td rowspan="12">神经系统</td><td rowspan="8">中枢神经系统</td><td rowspan="7">脑</td><td colspan="2">大脑</td></tr>
<tr><td rowspan="2">间脑</td><td>丘脑</td></tr>
<tr><td>下丘脑</td></tr>
<tr><td rowspan="3">脑干</td><td>中脑</td></tr>
<tr><td>桥脑</td></tr>
<tr><td>延脑</td></tr>
<tr><td colspan="2">小脑</td></tr>
<tr><td colspan="3">脊髓</td></tr>
<tr><td rowspan="4">外周神经系统</td><td colspan="2" rowspan="2">躯体神经系统</td><td>12 对脑神经</td></tr>
<tr><td>31 对脊神经</td></tr>
<tr><td colspan="2" rowspan="2">自主神经系统</td><td>交感神经</td></tr>
<tr><td>副交感神经</td></tr>
</table>

神经系统的基本单位是神经元，即神经细胞。一个神经细胞体向外延伸着的神经纤维与另一个神经细胞体的神经纤维或肌肉细胞、腺体细胞之间的接触点称之为突触。突触是神经元之间或神经元与效应器细胞之间传递信息的结构场所。神经元释放出一种化学物质，称为神经递质，神经元之间通过神经递质传递信息。一个神经元可以同上千个突触发生联系，实现着复杂的神经兴奋信息的传导。

心理现象是大脑的功能，人的大脑无论在结构上还是功能上都是世界上最复杂的物质。新生儿出生时大脑比任何其他器官都要更接近成人，在婴儿期发育特别快。

1. 脑重量继续增加 刚出生的新生儿脑重为 300～390g，是成人脑重的 20%～25%（成人约为 1400g），而此时新生儿的体重仅为成人体重的 5%。出生后儿童脑重量遵循着先快后慢的原则随年龄的增加而持续增长。第 1 年脑重的增长速度最快，以每天约 1g 的速度递增，6 个月时已达 700～800g，占成人脑重的 50%，婴儿满 1 岁时脑重达到 800～900g；婴儿满 2 岁时脑重增加到 1050～1150g，约占成人脑重的 75%；此后发育速度减缓，6～7 岁时，幼儿脑重达 1280g，是成人脑重的 90%，15 岁时达到成人水平。脑重的发展变化在一定程度上反映了儿童大脑内部结构发育的情况，但由于每个婴儿的脑重存在明显的个体差异，所以不能以脑重来衡量儿童智力的发展水平。儿童的脑重只要在正常值范围之内就属于发育正常，而头围是大脑生长和颅骨大小的主要测量指标，也可用来鉴别儿童的某些脑部疾病。

头围是指齐眉绕头部一周的长度。刚出生的新生儿头围已达 34cm，约为成人头围（55～60cm）的 60%。如果新生儿的头围小于 32cm 或 3 岁后仍小于 45cm 则视为小头畸形。研究表明，头围过小的婴儿其智力发展容易出现问题，也有人认为是智力发育低下的先兆，因为头围大小是预测婴儿在韦氏量表中得分高低的最好身体指标。婴儿头围在第 1 年增长最快，1 岁时达到 46～47cm，2 岁时达到 48～49cm，以后增长的速度逐渐减慢，10 岁时达到 52cm。

2. 皮层结构日趋复杂 婴儿出生时，神经元已超过1000亿个（成人约为1400亿个），大脑皮质的面积达到成人的42%，大多数沟回均已出现。婴儿期神经元的生长迅速，到1岁时达到高峰，其数量相当于成人水平。同时，在儿童的成长过程中，神经元发育的主要任务是形成突触联结的复杂网络系统。新生儿突触之间的联结非常稀疏，随着年龄的增长，这种联结越来越稠密，形成一种复杂的网络组织，见图4-2。婴儿正处于神经系统发育的关键期，在环境刺激的影响下，神经纤维和突触会以惊人的速度增长，这也是婴儿许多新能力产生的生理基础。研究发现，神经元的发展会出现用进废退的现象，即受到环境输入刺激的神经元能继续不断地发育出新的突触，而没有受到刺激影响的神经元会消亡。这启示我们，及时向婴儿提供合适的环境刺激对大脑的发育至关重要。

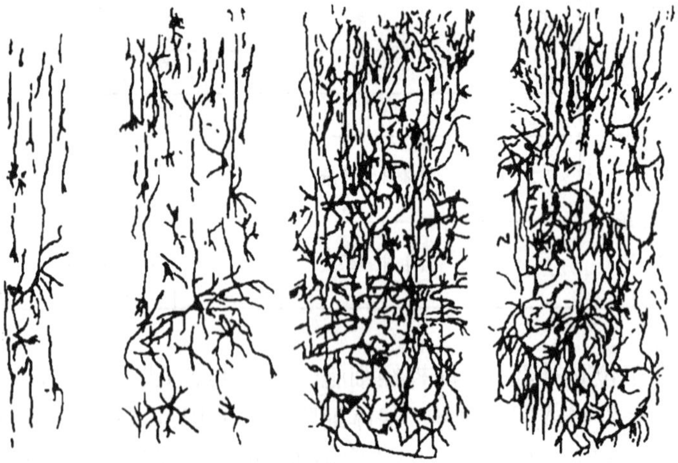

图4-2 婴儿脑皮质神经元大小和联结数目的增长

胎儿后期和婴儿早期，大量神经元和神经纤维会迅速被一层蜡质的磷脂所覆盖，称为髓鞘化。神经纤维的髓鞘化是大脑脑重增加的重要原因之一，更是大脑内部结构成熟的主要标志，它能使神经冲动沿着一定的通道迅速而准确地传导。婴儿出生时，神经元结构比较简单，神经纤维短而少，大部分神经纤维还没有髓鞘化。神经系统各部分神经纤维实现髓鞘化的时间不同。出生前完成的主要是在脊髓部位的神经纤维，如前庭-听觉通道纤维，联系视觉、听觉的丘系系统。出生后较早完成髓鞘化的是感觉神经，其次是运动神经，最后是控制情绪和组织思维的神经纤维，这也是婴儿动作发展落后于感觉发展的主要原因。大部分神经纤维的髓鞘化在儿童出生1～2年内完成，这使得2岁婴儿能够快速地吸收大量信息，尤其表现在婴儿快速学习语言的能力上。少部分的神经纤维，如网状结构、脑皮质的联合束等要到2～3岁以后甚至更晚才能完成神经纤维的髓鞘化。还有一些与高级思维活动直接相关的额叶和顶叶的神经纤维的髓鞘化大约要到7岁时才能完成。

3. 脑电波发生变化 脑电图能客观、直接地评估婴儿脑的成熟程度，反映脑功能的状态。研究发现，5个月的胎儿已经显示出脑电活动，8个月的胎儿，其脑电活动开始具有连续性和初步的节律性，形成睡眠和觉醒时的脑电图。新生儿的脑电出现了同步节律波α波，这表明新生儿在皮质神经成分方面具有了一定的成熟度。研究表明，α波是成人在正常安静状态下的主要脑电波，称为脑电活动的基本节律，α波越多表明神经细胞之间的信息传递越多，相互影响越大，因此 α 波也是大脑成熟的标志。儿童出生后 5 个月，其脑电逐渐皮质化，伴随产生皮质下的抑制，这个时期是婴儿脑电活动发展的重要阶段。以后随着年龄的增长，脑电波趋向规律，频率也升高。到 3 岁时，儿童的脑电活动渐趋成熟。

大脑皮质是最复杂的人脑结构，由大量的神经元和突触构成，占脑重量的 85%。大脑皮质是神经系统发育最晚的部分，这是因为与大脑的其他部位相比，皮层受环境刺激的影响更大，它的发育更需要环境刺激的支持。大脑皮质由许多脑叶组成，每一个脑叶上的不同区域具有不同的特定功能。通过对脑电活动的分析，认为儿童大脑各区的成熟顺序是由后向前分别进行的，其发展线路是枕叶—颞叶—顶叶—额叶。研究发现，许多中度及重度智力落后儿童的大脑皮质在发展线路的始端即枕叶就中断了，而轻度智力落后儿童大脑的发展则可能在发展线路的某个转折部分中断了。

（三）神经系统功能的发展

1. 大脑皮质兴奋与抑制功能的发展　兴奋是指神经元的活动状态，因此，兴奋过程总是和儿童某种活动的发动或加强相联系。婴儿大脑皮质的兴奋功能随年龄增长逐渐增强，主要表现为睡眠时间逐渐减少、觉醒时间不断增加。新生儿每天要睡 16～18 小时，1 岁时减少至 14 小时，7 岁时约需 11 小时。抑制是指神经元处于暂时性的减弱或停止活动状态，因此，抑制过程与儿童某种活动的停止或减弱相联系。抑制功能的发展使大脑能更细致地分析、综合外界刺激。对于婴儿的心理发展来说，皮质抑制功能是儿童认识外界事物及其调节、控制自身行为的生理前提。虽然在婴儿期，儿童随着神经系统的日益成熟与动作的不断发展，尤其是言语的形成和发展，神经系统不断得到锻炼，皮质抑制功能也比较顺利地发展起来，但是在整个婴儿期，儿童大脑皮质的兴奋和抑制过程还是极不平衡的，抑制过程弱于兴奋过程，正是这种不平衡性，导致了儿童活动的高度不稳定性和冲动性。

2. 大脑半球的单侧化　婴儿大脑的左右两半球在解剖和功能上都存在差异，如左半球属于语言优势区，主要负责言语、阅读、书写、数学运算和逻辑推理等，而右半球主要负责知觉物体的空间关系、情绪、音乐和艺术的欣赏等。大脑单侧化是指在大脑的某个半球建立特定功能的过程，如多数右利手婴儿的言语功能逐步定位于左半球的过程就是一种单侧化过程。目前，关于儿童大脑单侧化的过程是何时发生的还存在着不同的观点。有研究者认为，婴儿大脑单侧化是在婴儿出生后发生的一个渐进的过程。也有研究者认为，婴儿大脑单侧化在婴儿刚出生时就明显表现出来，从出生起，婴儿大脑左右半球就各自控制着不同的功能，以后保持恒定不变。目前比较统一的认识是，虽然婴儿出生时就存在着一定程度上的大脑单侧化倾向，但这种倾向仅仅说明了婴儿大脑两半球在功能上可能存在着某种量上的差异，随着儿童年龄的增长，大脑逐渐发育，最终出现了大脑两半球在质上的单侧化。

信息栏 4-3　大脑的损伤和大脑的可塑性

大脑的损伤可以发生在任何阶段：出生前，由于母亲身体器官方面的损伤；围产期，在生产过程中进行得不顺利；在幼年期发生的事故、疾病或给身体带来伤害的虐待。导致大脑损伤的后果往往是非常严重的，因为脑细胞无法更新，因此唯一的希望就是脑中的其他部分可以补偿被损伤部分的功能。

脑的特定部位与心理功能是否存在一一对应的关系，这个问题在很长一段时间里争论不休，至今仍然没有办法解决。可以确定的是，大脑中确实存在特定的脑功能定位，例如，语言能力主要定位于大脑左半球的脑皮质，空间思维能力主要定位于右半球的脑皮质。因此，如果大脑皮质的特定部位被损伤，这对特定脑功能将会产生怎样的影响？这个答案主要取决于儿童的年龄，年龄小的儿童比年龄大的儿童脑功能的恢复更好些，还取决于这个伤害在大脑的两侧还是一侧。

Goodman（1991）提出大脑发展有三个重要时期。

（1）出生前和婴儿早期阶段：在这一时期，大脑的可塑性是非常大的，因为大脑神经细胞的重新组织能力比较强，所以即使大脑两侧都受到损害，也可以得到很好的康复。

（2）童年期到青春期：从单侧半球的损伤中恢复的前景仍是相当乐观的，但双侧半球的损害不再适用。功能的转移从一侧半球到另一半球仍是可能的。例如，语言功能，在左半球受到损害后，仍然可以由右半球进行重新学习。

（3）成年期：此时单侧半球和双侧半球的损害将会造成永久性的缺陷，因为此时的神经细胞组织不再像早年那样具有灵活性。例如，伴随着左半球的损害，大多数成年人不再能够完全恢复语言功能，据推测是由于右脑此时已经非常专门化，因而不能够接管那些它最初未被设计的功能。然而某些程度上的功能恢复仍是可能的，如果青春期后的大脑功能并没有被完全设置，仍有可能进行某些程度上的重新组织。

因此，婴儿比成人的脑损伤更容易恢复，也更加脆弱。恢复的程度取决于复杂的三个因素的相互作用，即损伤发生的年龄、是单侧还是双侧半球都有损害以及损害的类型（特殊技能还是一般智力）。

资料来源：Schaffer H R. 2004. Child Psychology.Oxford：Blackwell Publishing，76～77

二、婴儿动作的发展

动作是儿童发展过程中的重要内容，也是儿童其他方面发展的基础。随着年龄的增长，儿童的单个动作成分按照活动的规则联结、组织在一起，形成一定的动作序列和动作模式，这对个体的适应和发展起着积极作用。从人的一生发展来看，动作的发展贯穿于整个生命的始终。人类动作的获得与学习不是简单的肌肉、骨骼和关节的连接模式的发展，而是与活动的目的、条件和任务要求相关，在与物理和社会环境的互动中，作为适应行为发展的一部分存在。因此，重要动作的获得、变化，与个体的认知、社会行为等多个方面具有密切的功能联系。研究婴儿动作的发展过程，掌握动作发展的规律，有助于丰富人类对婴儿成长过程的了解和对人类自身发展的理解。

（一）动作发展的规律

儿童动作的发展是在脑、中枢、周围神经、肌肉等的共同控制和作用下进行的，因此，儿童动作的发展和儿童身体的发展、神经系统的发展密切相关。婴儿期的动作发展水平在一定程度上体现了婴儿的心理发展水平。自 20 世纪 20 年代以来，心理学家对婴儿动作的发展进行了大量研究，取得了丰硕的成果。婴儿动作发展的规律性表现为以下五个方面。

1. 整分原则　婴儿最早对刺激做出的动作反应是整体的，然后逐渐分化。具体来说，婴儿最初的动作是全身性的、笼统的、散漫性的，以后随年龄的增长才逐渐分化为局部的、精确的、专门化的动作。

2. 首尾原则 婴儿最初发展的是上部动作，然后逐渐向下发展。具体而言就是，婴儿最早发展的动作是头部动作，其次是躯干动作，最后是下肢动作。任何一个婴儿的动作发展总是沿着抬头—翻身—坐—爬—站—行走的方向成熟的。

3. 近远原则或称从中心到外周的原则 婴儿最早获得的是头和躯干等位于躯体中线上的动作，然后是离中线稍远的双臂和腿部有规律的动作，最后才是离中线最远的、肢体末梢的手部的精细动作。

4. 由粗到细的原则 婴儿生理的发展是从大肌肉延伸到小肌肉，因此婴儿总是先学会大肌肉控制的粗大动作，然后才逐渐学会小肌肉控制的精细动作。

5. 从无意到有意的原则 儿童的动作发展服从心理发展的一般规律，从无条件反射的无意识控制动作向有高度控制的技能动作发展，从刻板模式化的动作向越来越灵活的动作发展。

（二）婴儿基本动作的发展

婴儿动作的发展包括粗大动作的发展和精细动作的发展。粗大动作是指对身体动作的控制，使婴儿能够在周围环境中活动，如坐、爬、行走等；精细动作是指较小的动作活动，如伸手够物、抓握物品等。

1. 粗大动作的发展 婴儿在粗大动作的发展过程中，首先具备的是头部和躯干部分的基本自主控制能力，随后出现爬、行走等自主位移动作的发展，最后才发展到跑、跳及其他技巧性粗大动作技能。这些自主动作不仅是婴儿神经肌肉系统发育成熟的重要标志，也是婴儿适应生存、实现自身发展所必不可少的条件。

（1）头颈部和躯干部的动作：婴儿的自主动作首先是从头部开始出现的。婴儿刚出生时，头颈部只表现出一些无条件反射动作，如觅食反射等。在后来的发展中，婴儿的神经系统、肌肉逐渐发育，大脑皮质控制的自主、有意识的头颈部动作逐渐获得。1 个半月时能俯卧举头；2 个月时能俯卧抬头 45°，还能灵活地左右转头；3 个月时婴儿能在坐和站立时自主将头稳定地竖直；以后的头部活动更加灵活、稳定。这些头部自主动作能使婴儿在逐渐获得直立姿态的复杂过程中，较全面地审视周围环境的状况，了解自己身体的位置，为身体控制的进一步发展创造了条件。

婴儿从头部向下，随后发展的是躯干部位的动作。躯干部位的主要动作就是翻身、坐和站立。婴儿在 2 个月后获得俯卧抬胸的动作，3 个月后出现了翻身（由仰卧转为俯卧）动作。婴儿先由仰卧转为侧卧，由侧卧转为仰卧，然后由仰卧转为俯卧，8 个月左右才能自由翻转身体。在获得初步的翻身动作后，婴儿发展的另一个重要动作就是独立坐。3 个月的婴儿已经能够扶坐，随着腰部控制能力的发展，5 个月的婴儿在坐立时已不需要腰部支撑物的帮助，但会表现出身体前倾，双臂外伸，两腿弯曲，脚掌相向，以增加身体上半身平衡的姿势。近 8 个月时，婴儿可以在不需要任何帮助的情况下，独立坐直。自主坐立能力的获得进一步解放了婴儿的双手，使婴儿的手眼协调能力和双手协调自主控制动作得到迅速发展。在独自坐立之后，约从 9 个月开始，婴儿表现出将自己由坐姿向上拉的动作倾向，经常试图扶着其他物体让自己站起来。1 岁时，多数婴儿能自主独自站立，这也是婴儿行走动作发展的前提。

（2）爬行动作：随着婴儿翻身动作的日益熟练及手部和腿部力量的增强，婴儿出现了最早的自主位移动作——爬行。爬行是婴幼儿动作发展的重要里程碑，是俯卧到直立状态的一个重要过程，是婴儿在俯卧状态下的自主运动形式，也是婴儿发展过程中获得的第一个自主位移动作。从婴儿爬行时其躯干与地面的距离来看，可把婴儿的爬行分为腹地爬和手膝爬两种。一般而言，婴儿刚开始学习爬行时为腹地爬，表现为婴儿的胸腹着地，用手臂弯曲的力量拖动身体前进，腿基本不发挥作用。有时因腿向前蹬的力量不够，有些婴儿的手向前推的力量大于往后拖的力量，出现向后退爬的现象。9 个月左右，随着婴儿腿的有效使用和手部力量的增强，婴儿逐步出现手膝爬，表现为腹部逐渐离开地面，腿部力量参与爬行。当婴儿的躯体抬高到一定程度，腿可以在躯干下方弯曲并更有力地蹬地爬行时，婴儿的爬行姿势变化为除去四肢外的整个身体都离开地面悬空爬行的状态。在此之后，婴儿的爬行动作逐渐发展得更为自主和成熟，成为婴儿探索环境、与环境互动的有效活动。

在婴儿的发展过程中，父母一定要重视爬行动作的训练。这是因为婴儿爬行的意义和重要性不仅仅是爬行动作本身，更重要的是爬行使婴儿获得了自由，使他们的活动有了目的性、自主性。如当婴儿想得到玩具或者到妈妈身边时，就可以通过爬行来达到自己的目的。爬行还扩大了婴儿接触和探索环境的范围，增加其与他人和环境互动的机会。当婴儿在爬行活动中通过自己的努力达到某些目的时，会使他们的运动技巧和意志品质得到发展。所以说爬行动作对婴儿来说是一项非常好的运动，对他们的身心健康起着重要的作用。具体而言，爬行对婴儿的锻炼主要表现为：第一，腹地爬行能加强婴儿的肩、髋、肘和腰部的力量。第二，手膝爬行有助于发展婴儿的肩、肘、腕关节和髋、膝、踝关节的承重能力，并为直立行走打下良好的基础。第三，爬行能使婴儿的运动协调能力增强，使直立行走的姿势和协调性更好。第四，一定量的爬行也是一种锻炼，使婴儿减掉过多的赘肉，使肌肉变得结实、动作更加灵活、体格更加健壮。第五，爬行使婴儿的活动有了目的性、自主性，增强了他们的探索欲望，因而可促进智力发展。第六，爬行能使婴儿产生深度知觉反应，即知道深浅，这使婴儿行动时具有了自我保护意识。第七，在爬行活动中，婴儿可通过自己的努力达到某些目的，有助于发展婴儿的意志品质，增强他们的自信。第八，爬行使婴儿接触和探索环境的范围扩大，增加了与人和环境互动的机会，使他们的语言和交往能力得到很好的发展。第九，爬行可以促进婴儿大脑的发育，一定程度上能使受损的大脑得到代偿。第十，爬行还可以减少儿童感觉统合失调的发生，使儿童上学时注意力易于集中，坐姿端正。

（3）行走动作：婴儿在 9 个月以后，就可以在成人的搀扶下表现出行走的动作，1 周岁后就会发展起独立行走的动作。但因独立行走动作与神经系统的成熟、躯体平衡能力的发展、肢体控制能力的发展、肢体肌肉的强壮程度、视动协调能力等因素密切相关，所以婴儿的独立行走与成人成熟的独立行走有很大差异。婴儿为维持独立行走中的身体平衡，在行走中表现出步子小而快、脚趾向外张开、全脚掌着地、手臂抬到较高位置摆动、两腿分开程度较大等特点。研究认为，儿童约在 7 岁以后，才能获得成熟的行走模式。行走动作进一步解放了儿童的双手，增大了其活动与交往的范围，这有利于儿童心理能力的发展。

婴儿粗大动作的发展顺序见表 4-4、表 4-5。

表 4-4　儿童大运动动作的发展顺序

顺序	动作项目名称	年龄（月）	顺序	动作项目名称	年龄（月）
1	俯卧举头	1.5	3	坐，头稳定	2.8
2	俯卧、头抬 45°	2.1	4	俯卧、头抬 90°	2.9

续表

顺序	动作项目名称	年龄（月）	顺序	动作项目名称	年龄（月）
5	俯卧抬胸手臂能支持	2.9	18	走，能向后退	15.7
6	拉坐、头不滞后	3.6	19	会上台阶	17.5
7	腿能支持一点重量	3.7	20	举手过肩扔球	18.2
8	翻身	4.5	21	踢球	18.6
9	不支持地坐	6.4	22	双足并跳	23.9
10	扶东西站	7.0	23	独脚站 1 秒钟	28.0
11	拉物站起	8.6	24	跳远	27.8
12	能自己坐下	8.7	25	独脚站 5 秒钟	33.3
13	扶家具可走	9.4	26	独脚站 10 秒钟	38.1
14	能站瞬息	9.9	27	独脚跳	40.2
15	独站	11.5	28	抓住蹦跳的球	46.3
16	弯腰再站起来	12.0	29	脚跟对脚尖地向前走	47.0
17	走得好	13.7	30	脚跟对脚尖地退着走	51.9

表 4-5　三岁前儿童全身动作的发展顺序

顺序	动作项目名称	年龄（月）	顺序	动作项目名称	年龄（月）
1	稍微抬头	2.1	22	独站片刻	12.4
2	头转动自如	2.6	23	独站自如	15.4
3	抬头及肩	3.7	24	独走几步	15.6
4	翻身一半	4.3	25	自蹲自如	16.5
5	扶坐竖直	4.7	26	独走自如	16.9
6	手肘支床胸离床面	4.8	27	扶物过障碍棒	19.4
7	仰卧翻身	5.5	28	能跑不稳	20.5
8	独坐前倾	5.8	29	双手扶栏上楼	23.0
9	扶腋下站	6.1	30	双手扶栏下楼	23.2
10	独坐片刻	6.6	31	扶双手脚跳稍微跳起	23.7
11	蠕动打转	7.2	32	扶一手脚跳稍微跳起	24.2
12	扶双手站	7.2	33	独自双脚跳稍微跳起	25.4
13	俯卧翻身	7.3	34	能跑	25.7
14	独坐自如	7.3	35	扶双手单足站不稳	25.8
15	给助力爬	8.1	36	一手扶栏下楼	25.8
16	从卧位坐起	9.3	37	独自过障碍棒	26.0
17	独自能爬	9.4	38	一手扶栏上楼	26.2
18	扶一手站	10.0	39	扶双手双脚跳好	26.7
19	扶两手走	10.10	40	扶一手单足站不稳	26.9
20	扶物能蹲	11.2	41	扶一手双脚跳好	29.2
21	扶一手走	11.3	42	扶双手单足站好	29.3

续表

顺序	动作项目名称	年龄（月）	顺序	动作项目名称	年龄（月）
43	独自双脚跳好	30.5	46	扶一手单足站好	32.3
44	扶双手单脚跳稍微跳起	30.6	47	独自单足站不稳	34.1
45	手臂举起有抛掷姿势的抛掷	30.9	48	扶一手单脚跳稍微跳起	34.3

2. 精细动作的发展 儿童的精细动作能力主要表现为儿童凭借手以及手指等部位的小肌肉或小肌肉群的运动，在感知觉、注意等多方面心理活动的配合下完成特定任务的能力。婴儿阶段，儿童的手日益灵活，主要表现为：第一，五指分工。4个月以前的孩子，在抓东西时，不是手指的动作，而是把整只手弯起来大把抓，大拇指与其他四指的动作处于相同方向。4个月以后，逐渐学会把大拇指和其他四指的动作区分开来，7个月时五指分工已比较灵活，这使得婴儿不仅能抓紧东西，而且能够按照物体的不同形状、大小或所在的位置，变换手的姿势来拿各种物品。大约1周岁时，婴儿的抓握技能又出现一个新的突破，他能将大拇指和食指并拢起来像一个小钳子那样去捏一些小物品。第二，双手配合。从4～5个月开始，婴儿能双手协调地操弄和探究物品，他们不仅能把一只手中的玩具递到另一只手中，还能用一只手去抚摸、摆弄另一只手中的玩具。8～11个月时，婴儿不仅能熟练抓握物品，还能双手配合解决一些简单的任务，如一只手掀开盖着玩具的布，另一只手拿起玩具。第三，重复连锁动作。婴儿在1周岁左右喜欢拿着物品做重复的动作，如把玩具扔到地上，然后要成人捡起来，交给他，他又扔下，可重复很多次。婴儿喜欢的是扔玩具这个动作。成人这时应耐心陪他玩耍，不要责备他。第四，自主够物。婴儿在3个月左右出现自主够物动作，8个月时，他们能拿到方向不断变化着的移动物体，如能抓住沿不同方向飞来飞去的玩具小飞机。以后儿童会不断锻炼自己的自主够物行为，使这些动作平稳顺畅，无需做出太多努力，以便在自主够物时注意力可分配到更广泛的事情中去。自主够物动作开拓了婴儿探求环境的全新途径，使儿童在抓握物体、摆弄物体时获得有关物体的大量信息。具体发展情况见表4-6、表4-7。

表 4-6 儿童精细动作——适应性的发展

顺序	动作项目名称	年龄（月）	顺序	动作项目名称	年龄（月）
1	跟至中线	1.0	13	将手中拿的方积木对敲	8.6
2	跟过中线	1.5	14	拇指与食指抓握	10.5
3	跟180°	2.2	15	从瓶中倒出小丸-按示范	13.7
4	抓住拨浪鼓	2.7	16	搭两屋塔	13.9
5	两手握在一起	3.2	17	自发地乱画	14.6
6	注意葡萄干	3.8	18	从瓶中倒出小丸-自发地	17.7
7	伸手够东西	5.6	19	搭四层塔	17.8
8	将方积木在手中传递	5.6	20	搭八层塔	23.5
9	坐着拿两块积木	5.8	21	模仿画直线	26.9
10	把小丸拿到了	6.3	22	模仿搭桥	28.9
11	坐着找绒球	6.4	23	会挑出较长的线段	33.9
12	拇指与它指抓握	7.9	24	模仿画“O”形	35.4

续表

顺序	动作项目名称	年龄（月）	顺序	动作项目名称	年龄（月）
25	模仿画“+”形	38.7	28	会复制“口”形	49.7
26	画人画了三处	46.2	29	画人画了六处	50.4
27	模仿画“口”形	46.4			

表 4-7 3 岁前儿童手的动作发展顺序

顺序	动作项目名称	年龄（月）	顺序	动作项目名称	年龄（月）
1	抓住不放	4.7	11	堆积木 6～10 块	23
2	能抓住面前玩具	6.1	12	用匙稍外溢	24.1
3	能用拇指食指拿	6.4	13	脱鞋袜	26.2
4	能松手	7.5	14	穿珠	27.8
5	传递（倒手）	7.6	15	折纸长方形近似	29.2
6	能拿起面前玩具	7.9	16	独自用汤匙	29.3
7	从瓶中倒出小球	10.1	17	画横线近似	29.5
8	堆积木 2～5 块	15.4	18	一手端碗	30.1
9	用匙外溢	18.6	19	折纸正方形近似	31.5
10	用双手端碗	21.6	20	画圆形近似	32.1

（三）婴儿动作发展的训练

婴儿动作发展的规律和特点为人们训练婴儿的动作发展提供了很好的理论依据和实践指导。在训练婴儿动作时，要注意以下几个方面：第一，我们应根据婴儿动作发展的规律和特点适时进行训练，并且在训练时要循序渐进地进行，由简单到复杂、由低级到高级地进行。在训练中，婴儿做不到时不要强求，要有耐心，反复多次、每天都进行训练。第二，要充分地让婴儿自主活动，孩子自己能做的事情，成人就不要代替。从 1 周岁起，成人就可以鼓励婴儿自己逐渐学着吃饭、洗手、洗脸、穿衣、脱衣、收拾玩具等。在训练中，成人要对婴儿充满爱心，尊重他、爱护他、相信他，并及时强化婴儿的良好动作，使婴儿在愉快中接受训练。第三，注意培养婴儿双手协调能力，促进左右大脑的全面发展。

第三节 婴儿认知与言语的发展

婴儿认知的发展即婴儿认知过程的发展。婴儿的认知是指婴儿认识、理解事物或现象，保存认识结果，利用有关知识经验解决实际问题的过程，具体包括感觉、知觉、记忆、思维等一组相关的心理过程。多年来，研究者都很重视婴儿认知发展的探讨，因此这一领域的研究材料和成果也最为丰富，但同时也存在着诸多的争议。

一、感知觉的发展

在婴儿的认知能力中，感知觉是最先发展且发展速度最快的一个领域。在整个婴儿期，感知觉在婴儿认知活动中一直占主导地位。在胎儿或新生儿时期，各种感觉已经发生并发展，这里主要描述新生儿之后的发展。

（一）感觉的发展

1. 视觉的发展　新生儿的视觉调节功能较差，视觉仅能集中 5 秒，注视距离为 1～5 米；3 个月的婴儿视觉已能集中 7～10 分钟，注视距离 4～7 米；6 个月的婴儿已能注视远距离的物体了。婴儿的视敏度也逐渐改善，1～2 岁的视力为 0.5～0.6；3 岁的视力可达 1.0；4～5 岁后，视力趋于稳定。此外，婴儿的颜色视觉也在稳步发展。4 个月的婴儿已能稳定地区分红绿两种光刺激。我国李忠忱（1990）以自己的女儿为被试，从 11 个月开始追踪，研究婴儿颜色视觉的发展，结果表明：11 个月的婴儿能准确分辨红、绿、蓝、黄 4 种颜色；13 个月能认识和准确指出红、绿、蓝、黄、黑、白 6 种颜色，能听懂这 6 色的名称，并在 16 个月时说出这 6 种颜色的名称；18 个月开始认识紫、棕、橙、粉红、浅绿、浅黄、灰色；24 个月能说出 15 种颜色。这个研究结果与其他研究不太一致，测出的各阶段年龄较之其他研究都有些超前。但这些结果却说明在婴儿期儿童的颜色视觉已有很好的发展。以后随着年龄的增长，儿童会表现出颜色的偏爱，如刘少英等（2004）的研究表明，在 4～6 岁的年龄段中，幼儿颜色偏好顺序依次为：红、黄、橙、蓝、紫、绿；而且男女幼儿的颜色偏好有明显差异，男孩最喜欢的颜色是蓝色，女孩最喜欢的颜色是红色。

2. 听觉的发展　婴儿的听觉也发展迅速。4～6 个月的婴儿更加主动积极地倾听周围人们说话，把注意力集中于母语有意义的语音变化上。6 个月之后的婴儿已能将言语划分为一个个较大的单元，这有利于他们理解语言。7～10 个月的婴儿更喜欢听分句与分句之间自然停顿的句子，而不喜欢听那些非自然停顿的句子（Hirsh-Pasek et al.，1987）。约 9 个月时，这种对语言切分节律的敏感扩展到一个个的词上。这时的婴儿对符合自己母语的重音规则的口语更感兴趣，因此，听得时间也更长，他们像切分词似的去知觉它（Jusczyk et al.，1993）。以后婴儿对语言的听觉敏感性和分辨能力都在不断发展，但因言语是非常复杂的，3 岁婴儿有时仅仅感知到词的声音，还不一定能辨别所有语音。直到幼儿晚期，才能毫无困难地辨明本族语言的各种语音。

国外研究者（Moog，1976）对婴儿音乐感知能力的研究发现，从 4 个月开始，婴儿开始积极地“倾听”音乐，并且伴有身体的反复运动，但运动与音乐不同步也不协调。半岁以后，婴儿在欢快的、优美的音乐声中表现出与音乐不同步但有一定节奏感的身体运动。18 个月时有 10%的婴儿已能协调身体运动与音乐节奏之间的关系。2 岁的婴儿已能静下来认真倾听音乐，并出现合着音乐节拍的“舞蹈”或身体运动。

3. 触觉的发展　触觉是婴儿认识世界的主要手段。4 个月前的婴儿主要通过口腔探索外界，1 个月的婴儿已能凭口腔辨别软硬程度不同的乳、奶头，4 个月的婴儿能同时辨别不同形状和软硬程度的奶嘴。这个阶段的婴儿只存在着无意识、原始的够物行为，即这时的婴儿只有初步的视触协调能力。5 个月时婴儿手的真正触觉活动出现，能有意识地根据视觉信息指导自己的身体运动，视触协调能力发展起来，这使婴儿对新物体的探究更加仔细和准确。7 个月时，婴儿开始积极主动地进行触觉探索。

（二）知觉的发展

1. 空间知觉　空间知觉是由视、听、触和动觉联合活动整合而成的复杂知觉，是人对客观世界物体的空间关系的认识。

（1）形状知觉：形状知觉是对物体形状或几何图形的反映，是个体对物体各部分的排列组合的反映。范茨（Fantz）专门用视觉偏爱的方法研究了婴儿对形状的辨别和偏爱。研究中他给 1～15 周的婴儿看几对模式图，每对模式图在形状和复杂性程度上都有不同：线条图和靶心图、棋盘图和正方形图、交叉十字和圆形，如图 4-3。结果发现婴儿对各对模式注视的时间有显著性差异，婴儿对靶心图和线条图对子注视时间最长；婴儿最喜欢看靶心图，对棋盘图的注视时间超过正方形。由此可见，婴儿是带着观察复杂模式超过简单模式的偏爱而出生的。还有类似的实验是给婴儿看 6 个圆盘，其中三个圆盘上分别印有人的脸、印刷材料（如报纸）、靶心图图案，另外三个圆盘上分别是红、白、黄三种颜色。结果表明，从出生几天到 6 个月的婴儿都对有图案的圆盘注视的时间更长，如图 4-4。

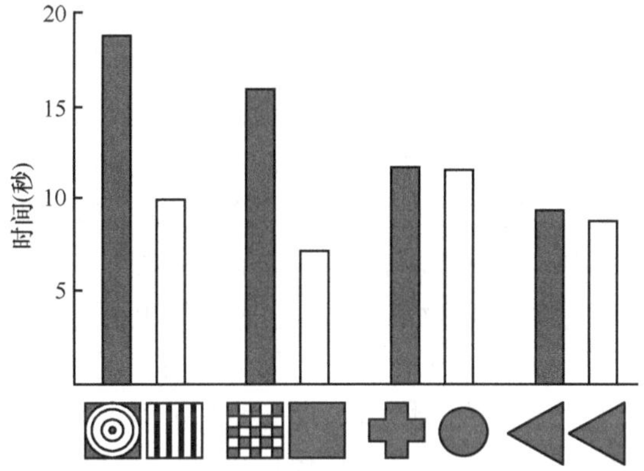

图 4-3　1 分钟测验中平均注视的时间（秒）

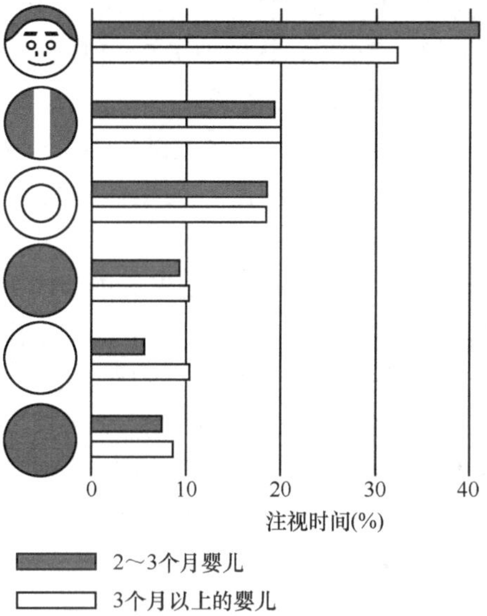

图 4-4　婴儿对模式的偏爱

还有研究表明，刚出生 2 天的婴儿就能分辨人脸和其他图形，他们注视人脸的时间比注视其他图形的时间要长；6 个月的婴儿注视人脸的时间是注视其他图形时间的 2 倍。婴儿之所以偏爱人脸主要是因为他们对人脸的轮廓线、复杂度和曲度感兴趣。这些研究都表明，相对于简单的图案，婴儿更愿意看复杂的图案；相对于直线，婴儿更愿意看曲线；相对于静止的物体，婴儿更愿意看活动的物体；相对于轮廓少的图形，婴儿更愿意看轮廓多的图形。

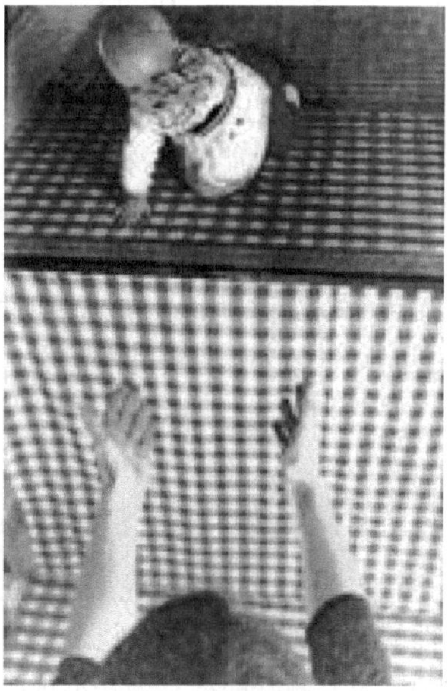

图 4-5　视崖实验

从已有的研究来看，一般认为婴儿形状知觉的发展规律是：婴儿在 3 个月时已能分辨简单形状；8～9 个月时，婴儿已经获得了形状知觉的恒常性。

（2）大小知觉：婴儿已获得物体形状和大小知觉的恒常性。鲍厄（T.G.R.Bower）在实验中使 6～12 周的婴儿建立了看见距离自己 1m 远的某一块积木就转头的条件反射，然后改变使婴儿转头的积木与婴儿之间的距离。按说距离变化了，物体在婴儿视网膜上形成的映像也会发生变化，即变大或变小，可是实验结果发现，婴儿对距离变化的反应没有变化，即同样的积木放在距离婴儿不同的位置上，婴儿的转头反应频率变化不多。由此可见，出生 6 周的婴儿已显示出大小知觉的恒常性。此后，婴儿在 2.5～3 岁时，判别平面图形大小的能力迅速发展。

（3）深度知觉：深度知觉是指个体对立体物体或两个物体前后相对距离的知觉。儿童的深度知觉是先天具有的，还是通过后天的学习获得的，这是一个有争论的问题。美国心理学家吉布森和沃克（E.L.Gibson & R.R.Walk）精心地设计了一种视崖实验来解决这个争端。实验装置的设计如图 4-5：一块大的玻璃平台，中间放有一块略高于玻璃的中央板。板的一侧玻璃上铺有一块格子形的图案布，因为它与中央板的高度相差不多，看起来似乎像个“浅滩”。在中央板的另一侧离玻璃板几尺深的地面上也铺上同样格子形的图案布，使儿童造成一种错觉，这里似乎像“悬崖”。然后把 6.5～14 个月的婴儿放在中央板上，让孩子的母亲分别在“浅滩”和“悬崖”两边招呼孩子。

实验结果表明，36 名被试中有 27 名愿意从中央板爬过“浅滩”来到母亲身边，只有 3 名“冒险者”爬过“悬崖”。大多数的婴儿见到母亲在悬崖一边招呼时，不是朝母亲那边爬，而是朝离开母亲的方向爬，还有一些婴儿哭叫起来。这个实验表明，婴儿早就有了深度知觉，但还不能由此断定深度知觉是先天的，因为它可能是在出生后的 6 个月中学会的。于是，坎坡斯和兰格（J.J.Campos & A.Langer）采用了更为灵敏的技术研究婴儿的深度知觉。他们的实验对象缩小到 2～3 个月甚至更小的婴儿，测定婴儿被放在“浅滩”和“悬崖”两边时的心率变化，结果发现这个年龄的婴儿被放在“悬崖”一边时，心跳速率就会减慢，而放在“浅滩”一边时，心率并未减慢，这很可能是由于婴儿把悬崖作为一种好奇的刺激来辨认。这表明婴儿还没有习得对落差的害怕。稍后，他们才学会躲避落差的行为。如果把 9 个月大的婴儿放在“悬崖”一边，心率不是减慢而是加快了，因为经验已使他们产生了害怕的情绪。另一种测定婴儿深度知觉的方式是视刺激逼近。向婴儿呈现一个以一定速度向其逐渐逼近的物体或影像，观察婴儿反应。结果发现 2～3 个月的婴儿有保护性闭眼反应，4～6 个月婴儿有躲避反应（White，1971 & Yonas，Bechtold，1977）。

动物的深度知觉实验表明，凡是一出生就会行走的动物，出生后不久就能看出深度而躲避“悬崖”；而出生后尚需经过一定时间才会行走的动物，则和人类的婴儿一样，要到会爬一段时间以后，才能看出深度而躲避“悬崖”。

2. 时间知觉　时间是物质存在的一种形式，它是对客观事物运动的延续性和顺序性的反映。对于婴儿来说，时间是很抽象的，没有直观的形象，很难感知它。所以婴儿掌握时间主要依靠生物钟提供的时间信息，如婴儿会用哭声提示成人吃奶的时间到了。总体而言在婴儿阶段时间知觉的发展还是很初步的。

二、注意的发展

随着年龄的增长，婴儿神经系统迅速成熟，使婴儿每天清醒的时间迅速延长，此时婴儿的注意也快速发展，主要表现在注意选择性的发展上。研究者采用感觉偏爱法研究婴儿注意选择性的发展，发现 1～3 个月婴儿的注意已明显表现出选择性，并总结出如下规律：偏好复杂的刺激物；偏好曲线；偏好不规则图形多于规则图形；偏好轮廓密度大的图形；偏好具有同一中心的刺激物多于无同心的刺激物；偏好对称的刺激物；从只注意形体外周向注意形体内部因素发展；从注意局部轮廓向有组织地注意较全面的轮廓发展。

3～6 个月的婴儿对外界事物的探索活动更加主动积极。他们的平均注意时间增长；更偏爱注意复杂并有意义的对象；看得见和可操作性的物体更能引起他们特别持久的注意；这时的注意开始受到知识和经验的支配。6～12 个月婴儿的注意对象和注意选择性在范围上扩展了很多，其选择性注意主要受当前事物（或人）在其社会认知体系中的地位以及婴儿所知的自己与它们之间的关系的支配或影响。1 岁以后的婴儿，由于言语的出现，其注意与言语符号紧密联系在一起了，他人的言语提示或指导对婴儿的注意有一定的制约和调节作用。这使得婴儿的注意时间逐渐增长，最多能集中注意 20～30 分钟；注意的对象逐渐增多，范围越来越广；注意的转移和分配能力有了较大发展；在 3 岁左右，有意注意开始出现，婴儿已能注意观察周围环境中的变化，并和认知过程联系起来。

三、记忆的发展

对婴儿记忆能力的研究最早开始于 20 世纪 50 年代末。帕波塞克（Papousek，1959）采用条件反射法，最早研究了婴儿的记忆能力，发现新生儿末期已具备特定的长时记忆能力，3 个月的婴儿对操作条件反射的记忆能保持 4 周之久。这一研究结果至今仍为人们所接受和承认。还有一些研究（Sullivan，et al.，1979；Mast，et al.，1980）也证实 3 个月的婴儿已有了初步的长时记忆能力。

具体而言，0～6 个月婴儿的记忆主要表现为再认，婴儿的再认能力随年龄增长逐渐提高。费跟（Fagan，1973）的研究发现，21～25 周的婴儿在间隔 14 天之后还能再认大多数的视觉刺激。此后，婴儿明显的再认表现是“怯生”。五六个月的婴儿，见到陌生人往往会表现出一种严肃的表情，笑得少了，甚至会哭闹起来。6 个月以后婴儿的再认和回忆能力都有了很大发展。婴儿开始用行动表现出初步的回忆能力。如有些家长发现，他们的孩子能寻找藏在已知地点的物体，甚至能找出不在眼前的已知物体，这与皮亚杰所说的儿童客体永久性的发展是一致的。此外，婴儿的回忆能力还表现在他们的延迟模仿能力上。麦考尔等（McCall，Parke，Kavanaugh，1977）对 1～3 岁的婴儿进行了模仿能力的研究，结果表明 1 岁的婴儿还不具备延迟模仿的能力，2 岁的婴儿已获得了稳定的延迟模仿能力。皮亚杰在研究中也提出儿童在 18～24 个月时会产生延迟模仿能力。延迟模仿能力的出现是婴儿记忆能力逐渐走向成熟的一个标志。

总之，婴儿期是个体记忆发展的第一个关键期和高峰期。婴儿的机械记忆能力有一定发展，并且具有相当大的潜能；婴儿的再认能力发展较早，再现能力也有很大发展；婴儿具体表征能力出现较早，并在言语产生之后获得了符号表征能力和延迟模仿能力。

四、思维的发展

思维是人类智慧活动的核心，是认识过程的理性阶段和高级反映形式。思维是在感觉、知觉、记忆等心理过程的基础上形成的，思维的发生说明了儿童已具备了人类的各种认识过程，也使儿童心理发展发生了重大质变。

按照皮亚杰的认知发展阶段理论，儿童在婴儿阶段处于感知运动阶段。皮亚杰认为儿童从出生开始就是一个非常积极的探索者，他们受内部动机的驱使，不知疲倦地探索周围的环境事物。刚出生的婴儿是通过循环反应来认识、探索世界的。最初的循环反应是偶然引起婴儿自身感觉运动的反应，婴儿对这些以自己身体为中心的动作本身感兴趣，然后重复这些动作，使这些反应活动因重复而被加强，从而形成一种新的习得图式。如婴儿在吃奶后，不经意地咂了一下嘴，咂嘴发出的声音使婴儿感到有趣，于是婴儿就一再重复这个动作，几天以后婴儿就形成了一个“咂嘴”的动作图式。随后，婴儿的循环反应转向操弄客体，对自己动作的结果感兴趣，如把玩具多次扔到地上。最后，循环反应变成有目的的探究行为，婴儿通过多次的尝试、探究，发现解决问题的新办法。皮亚杰还指出，在感知运动阶段，除了循环反应，游戏和模仿也是巩固旧图式、形成新图式的重要途径。

皮亚杰根据对自己孩子的追踪观察研究，把感知运动阶段分为六个子阶段：

子阶段 1：反射练习时期（0～1 个月）。这个时期的婴儿主要是以无条件反射为基础构建越来越复杂的图式，逐渐从被动地对刺激做出反应转变为积极寻求环境刺激。

子阶段 2：初级循环反应：最初的习得性适应（1～4 个月）。这时的婴儿对以自己身体为中心的动作本身感兴趣，并逐渐学会改变自己的行为以适应环境的要求，但他们不关心自己行为所引起的结果。最早的游戏和模仿行为在这时出现。

子阶段 3：二级循环反应：使有趣的行为结果得以持续地发生（4～8 个月）。这个阶段的婴儿偶然发现除自己身体外，还能使物体变得有趣，如挤压一只橡胶鸭子，使其发出叫声，并重复练习这种新获得的行为模式，且对动作的结果感兴趣。皮亚杰认为，婴儿对外界物体感兴趣，表明他们开始能把自己和周围环境中的可控物体分开。

子阶段 4：协调二级循环反应，并把它们应用于新的情境之中（8～12 个月）。这时的婴儿开始明显地组织头脑中已经建构起来的认知图式，将单个的二级循环反应结合起来形成新的更复杂的动作次序，使动作具有明显的目的性。这时婴儿的认知结构发生了两种明显变化：一是出现了有意的或目标定向的行为，二是婴儿获得了对客体永久性的认识。客体永久性的获得是婴儿认识能力发展的重要里程碑，这意味着婴儿已认识到物体是独立于其主观世界的，即使他感觉不到了，物体仍然是存在的，为以后时间、空间、因果等图式的产生提供了前提。

子阶段 5：三级循环反应：通过积极的试验发展解决问题的新方法（12～18 个月）。这个阶段婴儿已不再重复同样的动作，而是尝试对动作做出改变，以引起新的行为后果，出现了尝试-错误式的学习。通过这种学习，婴儿第一次开始有目的地通过动作的协调发现解决问题的新方法。因此，三级循环反应是尝试性和创造性的。

子阶段 6：心理表象：通过心理组合创造解决问题的新方法（18～24 个月）。这时婴儿能将自己的行为图式内化成心理符号或表象，并以此指导后来的行为。这意味着婴儿产生了心理表象能力，能表征不在眼前的事物或过去发生的事件。由于心理表象能力的出现，婴儿对客体永久性的认识已充分发展，并出现了延迟模仿和假装游戏。

五、言语的发展

言语发展是婴儿心理发展过程中最重要的内容之一。因为言语不仅是人类心理交流的重要工具和手段，而且言语对婴儿认知和社会性的发生发展以及以后的心理发展都具有深远且重大的意义。言语是个体借助于语言传递信息的过程；而语言是一个音、形、义结合的词汇和语法的体系，是符号表征系统，按其构成成分可分为语音、语法和语义三个方面。语言作为人类主要的交际工具，要使它有效地发挥作用，交际双方都必须掌握一系列的技能和规则，即语用技能。个体要想借助于语言进行信息的传递，即进行一定的言语活动，就必须掌握语音、语法、语义和语用技能的一些基本规则，因此，言语发展是一个极为复杂的过程。然而，所有生理发育正常的儿童都能在出生后 4～5 年内未经任何正式训练而顺利地获得听、说母语的能力，其发展速度是其他复杂的心理过程和心理特征无法比拟的。因此，自 20 世纪 50 年代至今，心理学家对儿童言语发展进行了大量研究，取得了丰硕的成果。现在除了在某些基本理论问题上还存在激烈争论外，有关婴儿期言语发生发展的问题，基本取得了比较一致的认识。

（一）言语获得理论

关于儿童言语是如何获得的，一直是摆在各国心理学家面前的一个难题，不同学者从不同角度对这个问题给予了不同的解释，因此，出现了多种关于言语获得的观点和理论。这些观点和理论大致可分为强调环境和学习的环境决定论、强调先天因素的遗传决定论和强调环境与主体相互作用的相互作用论三大类。

1. 环境决定论　环境决定论否定人的生物遗传素质在儿童发展中所起的作用，确信在儿童发展过程中，其后天的生活经历和环境影响在起决定作用。环境决定论关注儿童成长的环境，强调后天教养内容和教育方法以及这些环境因素在儿童成长与发展中的重要影响作用。环境决定论主要包括以下两种观点。

（1）模仿说：传统的模仿说是由阿尔波特首先提出的，该观点认为儿童言语是对成人言语的临摹，儿童的言语只是成人言语的简单翻版。这种观点在 20 世纪 20 年代到 50 年代之间一直很流行，但是后来的许多事实证明，儿童不能模仿那些与自己语法水平相差太大的句型，而且儿童还能创造性地生成一些新句子。虽然这些事实在一定程度上否定了传统模仿说的正确性，但人们并没有完全否定模仿在言语获得中的作用。因此，怀特赫斯特提出了“选择性模仿”的新概念，主张：第一，言语学习不必是一对一的完全模仿，成人言语活动与婴儿的言语学习之间主要是功能上相似，婴儿有选择和创造的余地。第二，选择性模仿是在自然环境中发生的言语获得方式，而并非在训练和强化中进行。因此，成人与婴儿双方的言语行为之间既不是即时模仿的，形式上也非一一对应的关系。婴儿在言语学习中是有创造性和选择性的。

我国心理学者许政援（1979，1992）采用个案追踪记录法，通过在一段时间内记录婴儿的话语及成人对婴儿的“谈话”，对婴儿言语获得进行了系统的研究，研究结果支持选择性模仿理论。首先，婴儿言语获得主要来源于模仿，而语法规则只能在与人交往、与环境相互作用中获得，不是先天生成的。其次，机械的模仿理论是片面的。婴儿不是教什么就学什么。以婴儿的发音能力和经验水平来说，婴儿并不能对教给他的语词做全部模仿。婴儿言语是通过对他人言语进行选择、概括而成的。

（2）强化说：巴甫洛夫的经典条件反射学说和斯金纳的操作条件反射学说都认为儿童言语的获得就是条件反射的建立，强化在这一过程中起着非常重要的作用。斯金纳尤其重视直接强化在婴儿言语形成和发展中的作用，他把婴儿的言语获得看成是刺激—反应—强化的过程，在这个过程中，婴儿对一个刺激做出正确反应时，就会得到成人的直接强化，如口头赞许或者物质上的满足，这增加了婴儿在类似情境中做出正确反应的可能性。因此，婴儿的言语行为和其他行为一样都是一系列刺激和反应的连锁活动，都是通过联想的原则，经过选择性强化而获得的，是复杂的条件反射系统的形成。

强化理论对语言学界和心理学界都曾产生过很大的影响，但该理论的观点一方面不是根据对婴儿的实际观察得来的，而是从较低级的动物实验中得出的类比；另一方面该理论过分强调婴儿无目的的反应和狭隘的强化作用，忽视了婴儿自身在言语获得中的作用。

2. 遗传决定论　遗传决定论认为个体的心理发展由先天的遗传基因所决定，个体心理的发展过程只不过是这些内在的遗传因素自我展开的过程，环境的作用仅在于引发、促进或延缓这种过程的实现。遗传决定论主要有以下两种观点。

（1）先天语言能力说：乔姆斯基在其著作《句法结构》一书中，对斯金纳的强化论进行了深刻的批判，并提出了先天语言能力说。该理论认为决定婴儿获得言语的主要因素不是经验和学习，而是先天遗传的语言能力，即普遍的语法结构。具体观点是：第一，婴儿的语言是利用规则去理解和创造的，而不是通过模仿和强化得来的。第二，语法是生成的。婴儿先天就具有一种普遍语法，言语获得过程就是由普遍语法向个别语法转化的过程，这一转化是由先天的"语言获得装置（LAD）"实现的。语言获得装置是人类所特有的一种遗传机制，是正常婴儿心理装置的一部分，也是言语获得的内因结构。外界输入给婴儿的原始语言材料，通过 LAD 进行复杂加工构成语法规则，转换成婴儿的内在语法系统。第三，语言都有其深层结构（如句子的意义）和表层结构（如句子的语音、语法），婴儿感知的是语言的表层结构，通过 LAD 的加工操作，转化为深层结构，产生对语言的理解。另外，词的材料经过 LAD 的加工，可生成无数的句子，所以掌握了基本语言形式的婴儿能创造性地运用语言，说出他从未听见过的句子。

乔姆斯基向人们提供了一个研究言语获得的全新观点，为人们认识言语获得的复杂性和内在机制开辟了新的视角。但是乔姆斯基的理论只是一种假设，迄今为止，LAD 还未被神经生物学所揭示。而且，完全否定言语获得过程的社会环境的作用显然是片面的。然而，语言作为人类在进化历程的漫长岁月中获得的这种使人高于万物的能力，存在着它独特的内在脑机制是完全可能的。

（2）自然成熟说：勒纳伯格（E.H.Lenneberg）以生物学和神经生理学为理论基础提出了自然成熟说，这一观点认为，生物的遗传素质是人类获得言语的决定因素。人类大脑具有其他动物所没有的专管语言的区域，所以语言是人类所独有的。语言是人类大脑功能成熟的产物，当大脑功能的成熟达到一种语言的准备状态时，只要受到适当外在条件的激活，就能使潜在的语言结构状态转变成现实的语言结构，语言能力就能显露。因为大脑功能的成熟有一定的关键期，所以儿童语言的获得也有关键期，约从 2 岁开始到青春期（11、12 岁）为止。过了关键期，即使给予训练，也难以获得语言。

自然成熟说的某些观点，如提出大脑中存在语言中枢，语言获得有关键期等，得到一些相关学科研究的证实，有一定的科学性。但是这种理论完全否定环境和语言交流在语言发展中的重要作用，将先天禀赋和自然成熟的作用提高到不适当的程度是有缺陷的。

3. 相互作用论　儿童言语获得相互作用论的代表人物是皮亚杰，他提出了认知发展理论。该理论的主要观点是：第一，主张从认识结构的发展来说明言语的发展，认为儿童的言语能力仅仅是大脑一般认识能力的一个方面，而认识结构的形成和发展是主体和客体相互作用的结果，所以儿童的言语获得也是主客体相互作用的产物。第二，言语是儿童许多符号功能中的一种，因此，它与其他符号功能一样，出现在感知运动阶段的末期，即 18～24 个月之间。第三，认知结构是言语发展的基础，言语结构随着认知结构的发展而发展。由于儿童的认知结构发展顺序具有普遍性，相应地，儿童的言语发展顺序也有普遍性。

皮亚杰的认知发展理论既不同于环境决定论，过多地强调后天环境的作用，也不同于遗传决定论，片面地强调遗传因素在其中的作用。该理论特别强调主客体相互作用在婴儿言语获得中的重要作用，阐明了认知和言语之间的相互作用、相互影响、相互制约的关系。它使我们对言语发生的内在机制有了更深入的了解，对婴儿如何获得言语有了进一步的认识。当然该理论也有不足之处，它并没有能完全地解释清楚言语发生的复杂过程和复杂关系。

综上所述，婴儿言语获得的各种理论观点既有一定的合理性，也存在着不同程度的缺陷。因为婴儿言语获得的过程是一个由多种因素相互作用、相互影响的复杂的动态过程，所以我们赞同先天与后天因素共同在婴儿言语获得中起作用。但是，这种赞同不是仅仅赞成皮亚杰的相互作用论。事实证明，只有人类才能在一定年龄掌握复杂的语言，这说明人类确实具有一种获得言语的先天机制。但这种机制只是提供了言语发展和获得的可能性，要使这种可能性变为现实，儿童就必须有一定的认知能力，必须与社会环境相互作用，即要生活在一定的语言环境中，并接受相应的教育。另外，虽然儿童言语发展必须以一定的认知发展为基础，但语言能力还具有它自身的特点，两者的关系不可能如皮亚杰所说是直接的和单向的。

（二）婴儿期言语的发生与发展

婴儿言语的发展又称言语获得，指的是婴儿母语的产生和理解能力的获得。虽然婴儿言语发展的速度存在很大的个体差异，但发展趋势是大致相同的。严格地说，言语获得是从婴儿 1 岁左右说出第一批真正能被理解的词开始，因而通常以词的出现为界将儿童言语获得的整个过程划分为言语准备期和言语发展期。

1. 言语准备期　婴儿在掌握语言之前，有一个较长的言语获得的准备期，一般指从出生到说出第一个具有真正意义的词之前的这一段时间。言语准备期可分为言语产生和言语理解两个方面的准备。

（1）言语产生的准备

1）简单发音阶段或反射性发声阶段（0～3 个月）：婴儿出生时的啼哭，是婴儿开始独立呼吸的标志，也是婴儿第一次运用自己的发音器官所做出的最初的发音动作。新生儿的哭是未分化的，虽然引起哭的原因有多种，但哭的音调基本一样。1 个月以后，婴儿的哭声有了分化，不同原因引起的哭叫反射在口舌部位、音高及声音的断续上有了粗略的分化。同时婴儿也出现了一些非哭叫的声音。这些声音先是由于发音器官的偶然动作而发出的，随后是因为婴儿摆弄自己的发音器官而发出的。最初发出类似于后元音的 a、o、u、e 等，2 个月后还能发出 h、k、p、m 等音。婴儿发出的这些音多是韵母，不需要唇舌的复杂运动，只要一张口，气流自口腔中冲出，音也就发出了。其实，这个阶段的发音是婴儿的一种本能行为，先天聋哑的婴儿这个阶段也能发出这些音。

2）连续音节阶段或咿呀作语阶段（4～8 个月）：4 个月以后，婴儿明显活跃起来，常常自动发音。如果有人逗他，或者婴儿自己感到高兴时，发音更频繁。这时婴儿发出的声音中，出现和成人语音相似的声音，并能将辅音和元音相结合连续发出，如形成 ba-ba、ma-ma、 da-da 等声音，所以有时成人常常以为自己的孩子会说话了。其实这些声音对婴儿毫无意义，他们只是把发音当作游戏而获得快感。此时，婴儿能发出的声音很多，不限于母语的声音，而且不同种族和生长在不同社会文化环境下的所有婴儿发出的声音都很相似。所以婴儿咿呀作语的主要作用不在于通过咿呀作语具体发出某个音以便以后使用，而是通过咿呀作语学会调节和控制发音器官的活动。这是以后真正语言产生和发展所必需的。

3）学话萌芽阶段（9～12 个月）：婴儿约从第 9 个月起，咿呀作语出现率达到高峰。这时的婴儿明显增加了不同音节的连续发音，音调也经常变换，四声出现了，近似词的音也增多了。10 个月左右的婴儿开始模仿成人的发音，学习新的语音。这时婴儿所发出的音节听起来很像是真正的说话，而且有些音节开始与具体事物联系起来，但这时仍不能说婴儿已经掌握了言语，只能说处在学话的萌芽阶段或言语的发生阶段。

（2）言语理解的准备

1）语音知觉：婴儿对言语刺激是非常敏感的。出生不到 10 天的新生儿就能把语音和其他声音区别开来，并对语音表现出明显的偏爱，尤其偏爱母亲的语音。研究还表明，1 个月的婴儿能对辅音进行范畴性知觉，区别出清浊辅音的不同，如“b”和“p”的差异，这说明婴儿这时就具有了语音范畴知觉能力。这一能力在理解语言的过程中具有重要作用，因为只有能分辨两个语音范畴之间的差异，才能理解词义，使言语的理解成为可能。

2）语词理解：8、9 个月的婴儿开始表现出能听懂成人的一些话，并做出相应的反应。如母亲对婴儿说“跟爸爸再见”、“欢迎”、“谢谢”等，婴儿就会做出相应的动作。但这种以动作表示回答的反应最初并非对语词本身的确切反应，而是对包括语词在内的整个情境的反应。因此，只要成人保持同样的音调，保持习惯情境的一切成分，只是改变词音，用其他的词代替常用的词，婴儿就会始终不变地做出相应的反应。这也说明婴儿还不能把词从复合的情境中区分开来。大约要到 11 个月左右，婴儿才能将语词与语言情境区分开来，把语词作为一种信号引起相应的反应，这时才开始真正理解词的意义。所以，婴儿在言语获得过程中，先是听懂词，而后说出词。婴儿只有发展到既能听懂又能说出词时，才标志着符号交际的开始。

在婴儿言语获得准备期，即使婴儿不会说话，听不懂话，成人也要多和婴儿说话，使婴儿在每次感知某事物时都能听到成人说出的相关的词，这样久而久之，在婴儿的大脑中就会形成具体事物与词之间的联系，词就成了该事物的符号，从而促进婴儿言语的发展。

2. 言语发展期 婴儿在 1 岁左右说出第一批能被理解的词，标志着婴儿进入了言语发展期。在这期间，儿童生活逐渐复杂，与周围人们的交往也不断增加，新的要求激发了儿童的交际需要。婴儿期言语发展并非等速进行，可分为两个阶段：1～1.5 岁，言语发展较慢，主要是言语理解的发展，婴儿本身积极的言语交际能力发展并不显著；1.5～3 岁，言语发展加速，词汇迅速增加，儿童积极言语能力迅速发展起来。

（1）词汇的发展：词汇量是婴儿言语发展的标志之一。词是语言的基本单位，词汇量的多少，直接影响到婴儿言语表达能力的发展。婴儿从能说出第一个词开始，最初几个月每月平均能掌握 1～3 个新词，到 15 个月时，平均能掌握 20 个词，但听懂的词汇较多，平均能听懂 1020 个词左右。以后婴儿词汇量增加速度加快，2 岁时能说出 300～500 个词，3 岁时接近 1000 个词。

词汇量只能从数量上说明儿童词汇的发展，而词类范围则可以在一定程度上说明婴儿词汇的质量。吴天敏等用纵向追踪法研究了 1.5～3 岁婴儿各种词类的掌握情况，结果见表 4-8。

表 4-8　1.5～3 岁各种词类比例变化表

年龄 \ 词数与百分比 \ 词类		名词	动词	形容词	副词	代词	连词	数词	象声词	语气词	词尾词	合计
1.5～2 岁	词数	366	299	62	88	41	6	11	9	6	62	950
	%	38.5	31.5	6.5	9.3	4.3	0.6	1.2	1	0.6	6.5	100
2～2.5	词数	287	354	55	102	145	7	14	4	27	70	1065
	%	26.9	33.2	5.2	9.6	13.7	0.6	1.3	0.4	2.5	6.6	100
2～3 岁	词数	208	237	62	96	151	12	5	4	33	52	860
	%	24.2	27.6	7.2	11.1	17.6	1.4	0.6	0.5	3.8	6	100

由表 4-8 可见，婴儿 1 岁以后，名词和动词在口语中都是占最大比例的，其他各类词，如形容词、副词、连词等随年龄增长逐渐增多。但总体来看，对于各种关系词，婴儿掌握得还是非常贫乏、低级的，这与婴儿思维发展的水平是一致的。因为从质量上讲，如果掌握了这些连词往往说明儿童智力发展达到了相对较高的水平，具有逻辑思维的萌芽，而婴儿的思维还处于感知运动阶段。

（2）句子的发展

1）不完整句阶段：

A. 单词句阶段，婴儿在 1～1.5 岁左右开始说出有意义的第一批单词，如看到父母的时候能分别叫“爸爸”和“妈妈”，对一些经常接触的人和物已能在不同情况下正确称呼，表现出一定的分化和概括。但最初的这些单词只是作为事物或动作的一般标志，随后不久就出现单词句。单词句是指婴儿用一个单词来表达一个比该词意义更为丰富的意思。如婴儿说“狗狗”时，可能表达的意思是：“那里有一只小狗”、“狗跑了”、“我要和狗狗玩”等。婴儿有时还能用不同语调来表示描述、请求、提问等各种语用意图。

婴儿期的单词句具有以下四个特点：第一，和动作紧密结合。婴儿用词表达某个意思时，往往伴随着身体的动作和表情。第二，意义不明确，语音不清晰。成人必须根据婴儿说话时的情景、语调等线索来推断他的意思。第三，词性不确定。这时婴儿多用名词，但有时名词可以当动词用。第四，单词句没有语法，只有环境和语音的结合。

B. 电报句阶段，在单词句的后期，1.5～2 岁的婴儿开始出现由双词或三词组合在一起的语句，如“妈妈抱”、“宝宝澡澡”等。这些多词句在表达一个意思时虽较单词句明确，但其表现形式是断续的、简略的、结构不完整的，好像成人的电报式文件，故统称为电报句。婴儿在使用电报句时主要使用名词、动词、形容词等实词，而具有语法功能的虚词，如连词、介词等则很少使用。

2）完整句发展的阶段：①简单句阶段，简单句是句法结构完整的单句，包括没有修饰语和有修饰语两种。婴儿在说出电报句的同时开始能说出少量结构完整但没有修饰语的简单句。随着年龄的增长，婴儿没有修饰语的简单句逐渐减少。2.5 岁的婴儿已开始出现一定数量的简单修饰语，3 岁左右的婴儿已开始使用较复杂的修饰语，3.5 岁儿童使用复杂修饰语句的数量增长很快，约为 3 岁婴儿的 2 倍，占儿童所有语句的 14.03%。6 岁前儿童使用复杂修饰语的能力逐渐增长。②复合句开始发展的阶段，复合句是指由两个或两个以上的意思关联比较密切的单句合起来而构成的句子。我国儿童在 2 岁时开始说出为数极少的简单复句，以后逐渐增加，

4～5 岁时发展较快。

（3）语法的获得：语法常可分为词法和句法两大类。研究表明，20～30 个月是婴儿掌握语法的关键期；3 岁时，婴儿在口语中已基本掌握母语的语法规则系统，成为一个具有一定表达能力的“交流者”。婴儿在学习语法过程中，普遍存在规则扩大化的现象，这种现象与婴儿期思维的自我中心性特点有关。

（三）婴儿言语能力的培养

1. 丰富婴儿的生活内容，利用一切机会与婴儿进行言语交流　生活是言语的源泉，婴儿在生活中通过各种感官直接感知，获得对周围世界的认识，继而发展言语。因此，只有丰富的生活才能为婴儿掌握复杂的语言系统提供良好的环境，其中良好的家庭言语环境是促进婴儿言语获得的重要条件之一。所谓良好的家庭言语环境就是指抚养者要利用一切机会与婴儿进行言语交流，这些交流不仅可以刺激婴儿的言语听觉，帮助儿童扩大词汇量，还可为婴儿提供言语模仿的榜样。

2. 开展早期阅读，初步培养婴儿良好的阅读习惯　早期阅读是指婴儿从口头言语向书面言语过渡的前期阅读准备和前期写作准备。成人可帮助婴儿自制或购买图书，书中内容最好是生活中婴儿熟悉的事物，经常性地与婴儿一起阅读，还可提些浅显的问题，诱导婴儿回答，丰富和扩充婴儿言语表达的能力。此外，还可帮助婴儿养成睡前倾听文学作品如诗词、童话故事等的习惯，并持之以恒、坚持不懈，这不仅有利于婴儿文学语言的学习，还可有效挖掘婴儿记忆的潜能。

3. 鼓励同伴之间的自发模仿和相互交谈，帮助婴儿正确使用言语　2 岁以后，婴儿同伴间的言语模仿逐渐增多，成人要为婴儿提供和创造与同伴交往的机会，鼓励这种言语运用的模式。因为练习说话和练习其他技能一样，需要有许多自由实践的机会。在实践中，成人还要及时发现婴儿言语中的问题，并通过示范、讲解等方式来帮助婴儿改正这些问题。

第四节　婴儿心理社会性的发展

一、情绪情感的发展

（一）婴儿基本情绪的发展

儿童的情绪发展具有生物进化的根源，儿童出生后就有情绪表现，而且初生婴儿的情绪反应已经初步分化。美国心理学家伊扎德（Izard）把情绪分为基本情绪与复合情绪，确定基本情绪的标准为：先天预成的、不学而能的，并具有分别独立的外显表情、内部体验、生理神经机制和不同的适应功能，依据这一标准，伊扎德采用因素分析的方法提出了人类的 9 种基本情绪：愉快、惊奇、悲伤、愤怒、厌恶、惧怕、兴趣、轻蔑、痛苦，每一种都有相应的面部表情模式。他认为，随着年龄的增长和脑的发育，情绪也逐渐增长和分化。我国心理学家孟昭兰对婴幼儿情绪进行的实验研究也发现，兴趣和痛苦是最早发生的情绪，并指出新生儿已具有兴趣、痛苦、厌恶和微笑四种表情。出生以后，婴儿情绪情感迅速发展。林传鼎（1963）的研究发现，2 岁的婴儿具有了 20 多种情绪反应，如对人的亲爱、尊敬、同情，对事物的好奇、羡慕，关于评价的惭愧、失望，否定性质的厌恶、愤怒，以及恐惧等。因此，婴儿已经具有了所有的基本情绪。

（二）婴儿情绪情感的社会性逐渐增加

婴儿最初的情绪反应大多是先天性的，是遗传本能，常与婴儿生理需要是否得到满足直接相关。随着婴儿的发展，在生理成熟和后天环境的作用下，大量与社会性需要有关的事物也成为婴儿情绪反应的动因，如对父母的依恋、独立需要的满足等，因此，婴儿情绪情感的社会性逐渐增加，如婴儿的笑，就是由最初的自发性微笑逐渐发展为有选择的社会性微笑。笑是快乐情绪的外在表现。当客观事物能满足婴儿的需要或符合婴儿的愿望时，婴儿就表现出快乐、喜悦的积极情绪。研究发现，新生儿已能对合适的触摸、声音和动觉刺激等做出微笑的反应，但这时的微笑都是反射性的，而不是社会性的微笑。2～3 个月时，婴儿已能区别人和其他非社会性刺激，出现社会性微笑。3～4 个月的婴儿已能对适宜刺激大声发笑，出现“天真快乐反应”，但这时婴儿对人的社会性微笑是无差别、无选择性的，他们对主要抚养者和对陌生人的微笑都是一样的。4 个月以后的婴儿开始出现有差别、有选择性的社会性微笑，婴儿对熟悉的人比对不熟悉的人笑的更多，对熟悉的人会无拘无束地笑，而对陌生人则带有一种警惕的注意。

信息栏 4-4 “天真快乐”反应的敏感期

婴儿出生十几天之后，就隐隐约约地开始了人生的第一次微笑，这是他们对满足温饱等生理需要所做出的第一个反应。大约在第 2 个月末和第 3 个月初，可以明显地看到儿童的“天真快乐”反应，即每当看到经常照料他的父母或熟悉的人时，婴儿就会注视着成人的脸，手脚乱动，甚至面带微笑。

“天真快乐”反应不仅仅是婴儿饥、渴、温饱等生理需要得到满足而产生的一种情绪活动。当婴儿困倦、不安时，父母的出现同样会使婴儿产生这种反应，但对于陌生人则无此现象发生，可见，“天真快乐”反应是儿童最初发生的人与人之间的交际形式或是“社会关系”。

早期教育应该针对婴儿需要与成人进行情感交流这一特点，经常为他们提供适宜的刺激，激发其“天真快乐”反应。例如，新鲜的玩具、优美的音乐、父母的引逗或突然出现等都会引发婴儿的“天真快乐”反应。

研究者认为，“天真快乐”反应没有得到充分的发展，是导致某些儿童呆痴、精神分裂的原因之一，有的婴儿甚至因此而夭折。据观察，孤儿院里的婴儿由于缺乏固定的代理人，缺乏与成人的感情交流，虽有好的营养和医疗，但看上去他们很忧伤，夭折的也较多。因此，成人与婴儿多接触，加深对婴儿的爱，充分发挥这种“天真快乐”反应，对婴儿的身心发展极为重要。

（三）婴儿对他人情绪的理解和反应

婴儿的情绪反应与婴儿对他人情绪的理解能力紧密相连。研究表明（Field，et al.，1982；Meltzoff and Moore，1977），新生儿已能模仿成人的面部表情，如成人张嘴，新生儿也跟着张嘴；成人微笑，新生儿也表现出高兴的表情。但直到 7～9 个月，婴儿才能将他人面部表情组作为一个整体模式加以识别，如婴儿能将积极表情与消极表情区分开来，从而做出不同的反应，这表明婴儿能理解情绪表达的意义。1 周岁左右，婴儿开始能利用他人的表情作为社会参照来决定自己的行动方向，这是婴儿情绪理解发展的一个重要里程碑。约 2 岁的时候，婴儿已能认识情绪体验的主观性，即能认识到别人的内心情绪体验与自己不同，会主动去安慰哭泣的小朋友。

（四）婴儿情绪自我调节能力的发展

情绪自我调节是指利用一定的策略来调整自身的情绪状态，使其强度得到缓解，从而达到个体追求的行为目标。婴儿的情绪虽然具有冲动性强、不稳定等特点，但婴儿已逐渐掌握了一些调节自己情绪的策略。当婴儿学会爬行和独立行走后，就会主动远离不愉快的刺激，以调节自己的情绪。陈会昌等（1998）考察了 2 岁儿童在实验室压力情境下的情绪调节策略及特点，结果发现 2 岁儿童已经具有使用复杂的情绪调节策略的能力，如分心、自我安慰、寻求他人安慰、回避等。

信息栏 4-5　信任感形成的关键期

美国新精神分析学派的代表人物艾里克森把个性发展分成八个阶段，即信任与不信任、自主与羞愧、主动与内疚、勤奋与自卑、同一性与角色混乱、亲密与孤独、贡献与无所作为、自我健康与绝望。他认为，每个阶段都有一个普遍的发展任务，这一普遍任务是由该阶段生物学上的成熟与社会文化环境、社会期望之间的矛盾所决定的。如果儿童解决了冲突，完成了每个阶段上的任务，就能形成积极的个性品质；如果完成得不好，就会形成消极的个性品质。上一阶段任务的完成，有助于下一阶段的顺利通过。如果一个阶段的任务没有完成，以后仍有机会完成，只是难度增大。艾里克森认为，乳儿期（指出生～1 岁的婴儿）是信任感发展的关键期。

（一）信任感的产生及满足

我们知道，出生后的乳儿有各种各样的需要：生理上需要吃、喝、睡、爱抚等；心理上需要新异刺激，希望有人引逗。如果这些需要得到了满足，他们就会对周围人，特别是母亲产生一种信任感，觉得是安全的，可靠的。这种对人和环境的信任感，是以后各阶段发展的基础，也是青年期形成同一性的基础，而且是形成健康的个性品质的基础。

如果乳儿的需要，哪怕是某些需要长期得不到满足，儿童就会缺乏信任感和安全感，而且这种不信任感和不安全感会延续到以后的各个阶段，使儿童遭受精神折磨，甚至无法与人相处。

（二）信任感的早期培养

为了使儿童在乳儿期形成基本的信任感，应注意以下三点：

1. 满足乳儿的生理、心理需要　为乳儿提供合理的、足够的营养，以保证其身体健康。从心理需要来看，主要是和成人特别是父母的感情交流。例如，当 4 个月的乳儿能够自言自语时，父母应经常和孩子咿咿呀呀地对话；当乳儿能听懂成人的言语时，成人要经常不厌其烦地教给他们一些简单动作等。

2. 重视“亲子关系”　幼小的乳儿对母亲有一种特殊的感情，他们甚至能体察出母亲的情绪状态。如果母亲感到焦虑，乳儿也会不安；如果母亲心情舒畅，他们也会十分高兴。此时，父母除了为孩子提供必要的生活教育条件外，还要经常地和孩子接触，把自己的生活形象、理想、信仰传授给孩子。

要建立儿童的信任感，一方面父母必须相信自己所做的一切对孩子有利，另一方面也要注意自己的言行对孩子的影响。父母对儿童、对生活、对社会、对自己的不信任，会潜移默化地影响到儿童。日本有一位母亲患有“恐高症”，只要从高处向下一望，就会头昏眼花，站立不稳，她的大女儿也是如此，不敢上楼、爬楼。对此，母亲十分内疚，因为在孩子面前，她从不克制自己的恐惧心理。第二个女儿出生以后，她竭力不让女儿看到自己对高空的恐惧，尽力带她到高处玩耍，结果她的二女儿没有出现恐高症。

3. 给予适当的不信任的体验　要培养儿童的信任感，并不是说事事都要满足他们的需要，而是说信任感要超过不信任感。艾里克森说：“为了使婴儿有识别地体验信任感，必须有相当程度的不信任感的体验。”只是应注意不信任感的频率和强度。

二、意志活动的萌芽

意志是个体自觉地确定目的并支配其行动，以实现预定目的的心理过程。意志不是个体生而就有的，而是随着个体言语和随意动作的掌握而形成的，是个体发生较迟的一种心理功能。1 岁左右，随着婴儿随意动作和语言的掌握，婴儿的意志开始发生，最初表现为可以按照成人的指示去完成一定的动作，表现出坚持性的意志品质。2～3 岁婴儿的意志活动有了长足的进展，主要表现为最初的独立性、自主性要求和自我控制能力。2、3 岁的婴儿开始意识到自身的力量，意识到自己是一个具体的、有着自主愿望和特点的人，因此表现出强烈的独立行动的愿望，什么都要自己做，这就是所谓的第一反抗期。按照艾里克森的社会心理发展的理论，这时的婴儿面临的情绪危机是“自主对羞愧”，如果这时抚养者能对婴儿的独立性给予更多的支持，并注意合理的指导，婴儿就能发展出一种自主感，相信自己的能力，从而更积极地探索客观世界，发展各种动作技能。自我控制能力是指婴儿控制自己的冲动，不去从事社会上不赞许行为的能力。婴儿在 1 岁半时开始表现出明显的自控能力，并且这一能力随年龄的增长而不断地改善。但从总体来看，婴儿的意志行动还是很差的，体现在抑制自己行为的能力还很差，而且行为往往受外界环境的影响，具有非常明显的冲动性。

三、婴儿气质的发展

气质是表现在心理活动的强度、速度、灵活性与指向性方面的稳定的心理特征，是个体所特有的心理活动的动力特征。婴儿出生后不仅受社会环境的影响，也会以独特的方式作用于环境，影响他人，表现出不同的气质特征，因此气质被认为是个性形成的基础。在婴儿的各种个性心理特征中，气质是最早出现也是变化最缓慢的。

（一）婴儿气质发展的行为特征

美国心理学家托马斯和切斯（Thomas and Chess，1977，1984）采用家长问卷法从 1956

年开始对 141 个婴儿进行纵向研究，一直追踪到成人。研究者定期收集家长对儿童的行为描述，通过统计分析，发现婴儿有 9 个方面的情绪、行为方式是相对稳定的，因此提出了气质的 9 个不同维度。

（1）活动水平：指在睡眠、进食、穿衣、游戏等过程中的身体活动的数量，主要以活跃时期与不活跃时期的比率为指标。

（2）生理活动的节律性：指吃、喝、睡、醒、大小便等生理功能活动是否有一定规律。

（3）注意分散程度：指儿童依据环境刺激改变行为的程度。

（4）趋向与退缩：指儿童对环境中的新事物做出趋向或退缩的反应。

（5）注意的广度或持久性：指儿童集中从事某项活动的时间、范围和分心对活动的影响程度。

（6）适应性：指儿童对环境中的变化是否能很快地适应。

（7）反应强度：指儿童对外界做出反应的能量水平。

（8）反应阈限：指能引起儿童反应的最小刺激强度。

（9）心境质量：指儿童持续的情绪状态中，欢乐高兴的时候多还是不高兴的时候多。

（二）婴儿气质的类型

1. 托马斯-切斯的三类型说

（1）容易型：大多数婴儿属于这一类型，约占研究样本的 40%。这类婴儿的吃、喝、睡等生理功能有规律，节奏明显，容易适应新环境，也容易接受新事物和不熟悉的人，他们的情绪一般积极愉快，爱玩，对成人的交往行为反应积极。由于他们生活规律、情绪愉快且对成人的抚养活动进行了大量的积极反馈，因而容易受到成人最大的关怀和喜爱。

（2）困难型：这一类婴儿人数较少，约占样本的 10%。他们时常哭闹，烦躁易怒，不易安抚。在吃、喝、睡等方面缺乏规律性，对新食物、新事物和新环境接受很慢，需要长时间去适应新的安排和活动。他们的情绪总是不好，在游戏中也不快乐。成人需要花费很大力气才能使他们接受抚爱，很难得到他们的正面反馈。由于这种婴儿对父母来说是一个较大的麻烦，因而容易使亲子关系疏远。抚养这种婴儿需要成人极大的耐心和宽容。

（3）迟缓型：这类婴儿约占样本的 15%。这类婴儿的活动水平很低，行为反应强度很弱，情绪总是消极而不太愉快的，但也不像困难型婴儿那样大声哭闹，而是常常表现出安静、退缩、畏惧、情绪低落等状态。他们逃避新刺激，对外界环境变化适应缓慢。在没有压力的情况下，他们会对新刺激缓慢地发生兴趣，在新情境中能逐渐活跃起来。这类儿童随着年龄的增长，依据成人抚爱和教育情况的不同而发生分化。

托马斯和切斯指出上述三种类型只涵盖了 65%的研究被试，另有 35%的婴儿不能简单地划到这三种类型中，他们往往具有上述两种或者三种气质类型混合的特点，属于三种类型中的中间型或过渡型。

2. 巴斯的活动特性说　巴斯和普罗敏（Buss and Plomin，1984）根据婴儿在各种活动中的不同倾向性，将婴儿的气质分为活动性婴儿、情绪性婴儿、社交性婴儿和冲动性婴儿四种类型。

（1）活动性婴儿：这类婴儿总是忙于探索外在世界，常做一些大动作，乐于从事一些运动性游戏。其中部分婴儿有时会显得很霸道，经常与人争吵；还有部分婴儿常进行一些有益而富有刺激性、启发性但不带攻击性的活动。活动性婴儿比其他类型的婴儿更易与他人发生冲突而导致成人对其采取限制、干预或强制性行为。这类婴儿在儿童期常表现为坐不住、爱活动，而到青年期则表现为精力充沛、活动能力强、有事业心、竞争心强等。

（2）情绪性婴儿：这类婴儿常通过行为或心理生理变化而表现出悲伤、恐惧或愤怒的反应。与其他类型的婴儿相比，这些婴儿更易对细微的厌恶性刺激做出反应，且不易被安抚。

（3）社交性婴儿：这类婴儿很愿意与不同的人接触，不愿意自己独处。在社会交往中，他们表现积极、反应活跃，同时也积极追求与家庭成员的交往。在亲子交往过程中，如果婴儿的社交要求强烈而母亲的社交要求低，母亲就会对婴儿的要求生气，婴儿的社交要求就会受到挫折或伤害。可见，社会性是影响婴儿发展及亲子关系的重要方面之一。

（4）冲动性婴儿：这类婴儿追寻刺激，在多种场合下易兴奋、激动，情绪反应强，好动，但缺乏自我控制和约束。他们的行为反应产生得快，转换和消失得也很快，活动和情绪都不稳定，易变化，冲动性强。

（三）气质的稳定性与可变性

1. 气质的稳定性 气质最主要的特征之一就是具有相对稳定性。在一定时期和条件下，气质是变化最为缓慢的个性心理特征。一些研究测量发现，婴儿的气质特征与幼儿后期相同的特征之间有显著相关性。还有研究发现（Caspi and Silva，1995），被评为自控力较差的婴幼儿在青春期表现出更多的行为问题，在气质评定中，攻击性、冒险性和冲动性等项目得分较高；与之对照，被评为抑制性的婴幼儿在18岁时进行气质评定，往往被评为小心谨慎的、克制的。托马斯等的追踪研究也发现，婴儿在出生的最初几周内就已显示出了不同的气质特征，且这些气质特点与父母的个性类型间无系统性相关。另外，早期的气质特点在儿童成长的后几年里趋向于相对连续与稳定。

2. 气质的可变性 气质虽然稳定，但也不是一成不变的。因为婴儿的神经系统和心理活动都处于不断发展、变化的过程中，具有较强的可塑性，后天环境和教育对婴儿的发展也有重要影响，所以这种先天-后天因素相互作用的结果导致婴儿气质只有中等程度的稳定性，有一定的可变性。卡根等（Kagan & Reznick，1984，1987）对100名婴儿的气质进行了长达4年的追踪研究，其中抑制型和非抑制型婴儿各半。他们采用婴儿对陌生同伴（同龄、同性）的行为反应作为评定其气质类型的主要依据，以婴儿接近同伴所需的时间作为量化指标，结果发现，20个月时被评为非抑制型气质的婴儿在后来的4年里很少发生变化，而被评为抑制型的婴儿在随后4年里有一半减少了抑制性。事实上，社会环境对婴儿气质的发展变化有着不可忽视的持续性影响，在成长过程中，婴儿的气质大都会发生一定的变化，少数会发生较大的变化。

四、婴儿依恋的发展

依恋有广义和狭义之分。从广义上说，依恋指个体对某一特定个体的长久持续的情感联系，它不局限于亲子之间，也不局限于婴幼儿时期。张春兴（1992）认为，依恋是人际间在感情上甚为接近而又彼此依附的情形，所谓“相依为命”即此之意。狭义的依恋特指婴儿期的依恋，指婴儿寻求并企图保持与另一个人亲密的身体联系的一种倾向。本章的依恋即指狭义的依恋。婴儿依恋的对象主要是母亲，也可以是其他抚养者或家庭成员。依恋是婴儿与抚养者之间建立的一种积极的、充满深情的感情联结，主要表现为啼哭、微笑、吸吮、喊叫、咿呀学语、抓握、身体接近、偎依、跟随等行为。依恋一旦建立，婴儿与依恋对象交往时，往往表现出情绪欢快、活跃、喜好探索、操弄玩具，喜欢尝试新事物、新情景，甚至尝试与陌生人交往，这都有助于婴儿形成积极、健康的情绪情感，养成自信、勇敢、勇于探索的人格特征。此外良好的依恋还有助于激发抚养者更精心地照顾婴儿。

关于母婴依恋的研究，是从母婴分离造成的巨大影响开始的。两次世界大战期间，许多儿童因战争失去或离开父母，被送进了孤儿院。他们虽然得到了身体上的看护，但仍然表现出严重的心理障碍。英国心理学家约翰·鲍尔比（John Bowlby）在20世纪50年代向世界卫生组织提交报告，指出了机构养育的危害，尤其是母爱剥夺的危害。同期的动物研究也得到了类似的结果。鲍尔比基于他的文化观和动物分离的研究，在《依恋与失落》一书里，从生态学、心理学、心理分析学、精神病学以至控制论、信息论的角度，阐述了早期社会依恋理论，解释了儿童对母亲依恋的机制，论述了最初几年母婴依恋关系的发展。以鲍尔比为代表的研究，主要是依恋概念的提出和理论构架的建立，这是依恋研究的第一阶段。以美国心理学家玛丽·安斯沃斯（Mary Ainsworth）为代表，依恋研究进入了第二个阶段（20世纪70年代中叶～80年代中叶）。通过大量的家庭和实验室观察，安斯沃斯等人发明了沿用至今的测量婴儿依恋的方法——陌生情境测验，并划分了儿童的三种依恋类型，探讨了影响母婴依恋质量的因素，研究了依恋类型的跨文化分布。依恋研究的第三个阶段从20世纪80年代后期至今，是对依恋的心理机制进行深入研究的阶段，如开展对婴儿期以外不同年龄儿童的纵向研究；依恋与其他心理过程的相互关系和依恋的神经心理机制的横向研究；依恋的精神病理学研究以及依恋的跨文化研究等。

（一）依恋的特点

依恋在本质上是个体赖以组织、发动对他人情感的行为系统，是内在情感需要与作为这种情感需要之体现的外在行为的统一。依恋行为是依恋情感的外在表现形式，是特定情境下的产物，它能表达并增强、巩固依恋情感。依恋情感的养成标志着依恋关系的建立。对婴儿来说，寻求亲近是依恋的核心，也是基本的外在行为表现，而强烈的相互依存的情感则是依恋基本的内在心理表征。婴儿依恋的主要特点有以下五个方面。

1. 依恋对象的选择性 婴儿倾向于依恋那些能够引起特定的情感体验与行为反应的个体，以满足自身的身心需要。婴儿容易对反应性高和敏感性强的父母形成依恋。

2. 依恋行为的亲近性 婴儿寻求与母亲在身体上的接触，倾向于偎依在母亲的怀抱里，对着母亲发声、微笑，或在母亲身旁活动。

3. 依恋关系的相互性 依恋双方具有某种和谐性，他们能保持行为与情感的呼应与协调。

4. 依恋结果的支持性 依恋双方尤其是依恋者，可以从依恋关系中获得安全感和心理支持性，当婴儿遇到压力、困难和挫折时，母亲的保护、抚慰能有效地使他平静下来。

5. 依恋影响的长期性 在依恋双方的交往中，婴儿建立了一个内部工作模型，该模型内化了对依恋双方及两者关系的内在心理表征，具有稳定的倾向，对儿童的发展产生长期的影响。

（二）依恋的发展阶段

依恋不是突然发生的，也不是天生就有的，它是个体的感觉、知觉、记忆、想象等心理过程发展到一定阶段的产物，是个体与其所处的社会环境相互作用的结果，其发展是阶段性的。综合鲍尔比（Bowlby）和安斯沃斯（M.Ainsworth）的研究，可将婴儿依恋的发展分为三个阶段。

1. 无差别的社会反应阶段（出生至 3 个月）　这个阶段的婴儿对人的反应几乎都是一样的，喜欢所有的人，愿意注视所有人的脸，看到人脸或听到人声就会微笑，手舞足蹈，甚至咿呀说话。这个阶段的婴儿还没有对任何人包括母亲产生偏爱，但表现出的一些内在行为是有助于依恋情结发展的，如婴儿对人类声音与面孔的偏好；哭、笑等情绪反应吸引母亲的注意等。

2. 有差别的社会反应阶段（3～6 个月）　这时的婴儿对熟悉的人和陌生人的反应是有区别的，开始表现出对母亲的偏爱。婴儿在母亲面前表现出更多的微笑、依偎、咿呀学语等，在其他熟悉的人面前这些反应相对少一些，在陌生人面前这些反应就更少，但依然有这些反应，这个阶段的婴儿还没有明显表现出"怯生"。

3. 特殊情感联结阶段（6 个月至 3 岁）　婴儿从 6、7 个月起，表现出对依恋对象的分离焦虑和对陌生人的怯生现象，这是婴儿形成依恋的标志。这时的婴儿当依恋对象离开时，就会哭喊，不让离开；当依恋对象回来时，会显得十分高兴。只要依恋对象在身边，婴儿就能安心地玩耍，并积极探索周围环境，仿佛依恋对象是婴儿安全的基地。与此同时，婴儿对陌生人的反应变化也很大，见到陌生人时不再微笑，而是紧张、恐惧甚至哭泣，表现出明显的怯生现象。

（三）依恋的测量与类型

虽然儿童在婴儿期基本都能与母亲建立依恋，但依恋的质量却存在着很大的个体差异。为了测评婴儿依恋的质量，美国心理学家安斯沃斯等（1978）采用了"陌生情境法"。这一测评方法的理论假设是具有安全型依恋的婴儿应能利用其母亲作为"安全基地"，并从这一基地出发探究一个不熟悉的游戏场所；当母亲离开片刻时，婴儿应表现出分离焦虑，这时如果有陌生人来安抚他，效果比较差。

实验是在实验室中进行的，被试者是 10～14 个月的婴儿，因为这时是婴儿表现分离焦虑和怯生现象的敏感时期。实验过程中共有三人参与，即母亲、婴儿和陌生人。作为实验室的房间是母亲与婴儿都陌生的地方，但房间经过布置，使人感觉舒适、自在，就像儿童的游戏室一样。室内的三把椅子呈三角形摆放。一把椅子是给母亲坐，另一把是为陌生人准备的，还有一把是儿童椅，周围地毯上摆放着许多玩具。母亲和陌生人事先被告知实验过程，共分为 8 个步骤进行，见表 4-9，都是为了引发婴儿的依恋行为。研究者通过单向玻璃观察实验室的整个进程，重点记录婴儿与母亲在分离前后的相互作用，以及婴儿独自时或与陌生人在一起时的反应，并比较婴儿对母亲和对陌生人反应的异同。

表 4-9　陌生情境的实验

情节	事件	观察的依恋行为
1	儿童在一位实验人员的伴随下，由母亲带进室内，这位实验人员随即离去	——
2	母亲将儿童放在地板上，当儿童在玩玩具时，母亲坐在那儿看	母亲作为安全基地
3	陌生人进入室内，坐下，并和母亲谈话	对陌生人的反应
4	母亲从容离开房间，只有陌生人和儿童在一起，如果儿童焦虑不安，陌生人前去安抚他	分离焦虑
5	母亲回来，招呼儿童，必要时安抚儿童，陌生人悄然离开，只留下母亲和儿童	对团聚的反应
6	母亲离开房间，让儿童独自呆在室内	分离焦虑
7	陌生人进入室内，必要时安抚儿童	陌生人安抚儿童的能力
8	母亲返回室内，如果必要，安抚儿童，让儿童重新对玩具感兴趣	对团聚的反应

实验进程中，情节 1 持续 30 秒，其他每个情节持续 3 分钟，如果母婴分离时婴儿反应强烈，可缩短其时间；如果母婴团聚时，需要更多的时间才能安抚婴儿，这些情节的时间可适当延长。

安斯沃斯等采用陌生情境法进行的实验研究提出了婴儿的三种基本依恋类型。

1. 安全型依恋 这类婴儿与母亲在一起时，能安逸地玩玩具，并不总是依偎在母亲身边，更多的是用眼睛看母亲，对母亲微笑或与母亲交谈。母亲在场使儿童感觉非常安全，能在陌生的环境中积极探索周围环境，对陌生人的反应也比较积极。当母亲离开时，婴儿的探索行为会受到影响，婴儿明显表现出苦恼、不安，试图寻找母亲回来。当母亲回来时，婴儿会立即寻求与母亲的接触，并且很快就平静下来，继续进行游戏和玩耍。这类婴儿占 65%～70%。

2. 回避型依恋 这类婴儿对母亲在不在场都无所谓。母亲离开时，他们没有表现出特别的紧张或忧虑情绪，母亲回来时，他们往往也不予理会，有时偶尔也会欢迎母亲回来，但与母亲的接触很短暂，接近一下就又走开了，自己玩自己的。实际上这类儿童并未形成对母亲的依恋，又称为“无依恋婴儿”。这类婴儿约占 20%。

3. 矛盾型依恋 又称反抗型或焦虑型依恋，这类婴儿每当母亲要离开之前就显得非常警惕，有点大惊小怪，母亲真正离开时表现得非常苦恼、极度反抗，任何一次短暂分离都会大喊大叫。但是当母亲回来时，婴儿对母亲的态度又是矛盾的，既想寻求与母亲的接触，同时又反抗与母亲的接触，甚至还显得有点发怒的样子。如婴儿看到母亲会立即要求母亲抱他，可母亲刚把他抱起，婴儿又挣扎着要下来。这类婴儿与母亲在一起时，不能把母亲作为安全基地，不太容易重新回到游戏中去，即使玩玩具也会不时地朝母亲那里看。这类婴儿占 10%～15%。

在这三类依恋中，安全型依恋是良好的、积极的依恋；回避和矛盾型依恋又称为不安全型依恋，是消极的、不良的依恋。依恋对婴儿及其以后的发展具有重要的影响：一方面安全的依恋有助于促进儿童产生积极的探索能力。研究表明，安全依恋的儿童比不安全依恋的儿童更易对事物产生积极的兴趣，更喜欢主动探索，在问题解决中更易表现出持久性和稳定性。另一方面依恋的质量直接影响到儿童与同伴的关系。安全型依恋的儿童比不安全依恋的儿童更容易接触，情绪比较愉快，攻击性低，具有更强的社会适应能力和社交技能。

信息栏 4-6　受虐待儿童依恋的形成

年幼的儿童还处于比较无助、依靠他人的阶段，需要照看者的保护，这是依恋的基本条件。但是如果照看者没有提供这种条件，而是进行身体上的虐待，情感上的辱骂、忽视或各种其他形式的虐待会怎样呢？对儿童依恋的形成有什么影响呢？

大量研究对这类儿童进行了调查，并在幼儿早期及几年后评估了他们形成亲子关系的能力（Barnettt，Ganiban & Cicchetti，1999；Cicchetti & Barnett，1991；Crittenden，1988）。不出所料，研究发现，有过虐待经验的大多数儿童明显地表现出不安全的依恋模式，从早期就开始，并倾向于一直持续下去。采用陌生情境法测评这些被虐待的儿童，结果发现，很少有儿童被归为安全型依恋，大多数都属于矛盾型。矛盾型可能是各种不安全依恋类型中令人担心的一种，在这种模式中，他们表现出刚开始寻求母亲亲近，紧接着回避、反抗，中间还夹杂着恐惧、困惑的迹象，缺少任何积极的情绪。在这些儿童稍大几岁时评定其亲子依恋，结果表明，这种关系紊乱在许多情况下会持续，并且可能会泛化到其他关系中。比如同伴交往通常被标记为“打架或逃避”的类型（高水平的侵略性或回避、退缩）。其中发现一个独特的现象，那些受虐待的儿童更容易成长为易虐待他人的成人，即把这种紊乱的关系从一代传到下一代。除此之外，各种迹象表明早期虐待易导致后来的精神疾病，这些儿童因抑郁、压力导致的失调，行为紊乱及过失比那些没有受过虐待的儿童更常见。

很明显，受虐待儿童是一个危险群体，更重要的是，由于父母虐待而引起的恐惧剥夺了儿童的安全感，使儿童缺少基本的信任感，很难发展出情绪调节能力以及建立进一步关系所需要的许多社会技能。此外，当家庭中的其他关系，例如，父母之间也经常发生暴力时，恐惧感会增加。这些家庭通常都有一些其他问题，如贫困、酗酒和精神疾病，这些问题实际上已把儿童拒绝在外。

然而，出乎意料的是，在这些阴暗中存在着两个积极的特征。首先，受虐待儿童通常表现出对虐待他们的父母的依恋。他们可能处于一种困惑、混乱的类型中，但是这表明其依恋系统是如此强大以致于即使缺少持续的关爱和情绪上的温暖，儿童仍然坚持尝试着依恋他们的父母。其次，在调查的团体中，经常有一些儿童（不可否认只是少数）遵循着一种典型的发展模式——约有 15%的安全型依恋，一些儿童在几年后能与同伴及其他人建立良好的关系；绝不是所有受虐待的儿童都会成长为虐待他人的成人。

资料来源：Schaffer H R，2004. Child psychology. Blackwell Publishing，108

（四）依恋理论

由于发展心理学家对依恋的根源、实质以及内在的心理机制存在不同的看法，因此，就形成了不同的依恋理论。

1. 习性学的依恋理论 鲍尔比是一位深受习性学影响的精神病学家，他在习性学基础上整合了精神分析理论、信息加工理论、精神病学理论，提出了迄今为止综合性最强、影响最大的关于依恋的习性学理论。鲍尔比认为，依恋是一个持久的情感联结，这种联结是倾向于寻求和维持与某个特定对象的亲近关系，特别是在受到威胁的时候，依恋可以通过依恋行为表现出来，包括在独处或者和陌生人在一起时，婴儿会哭泣、叫喊、追随、靠近、抓挠和反抗等。婴儿具有一种先天的倾向，即他们在某些时候会通过哭闹、微笑等发出信号，从而吸引成人接近来满足自己的各种需要；同时成人也具有对这些信号做出适当反应的倾向，这两种倾向相互作用，就形成了依恋。在他看来，依恋的实质就是生物学上的本能反应，是人类在漫长的进化过程中获得的，是基因保留下来的人类进化和生存方式的信息。

2. 精神分析学的依恋理论 该理论把依恋看作伴随着内部的成熟过程产生的自然现象。依恋是儿童早期对能够满足其生理需要，并为婴儿提供快乐与舒适的父母形成的一种情感关系。这个理论强调儿童的生理因素在依恋建立和发展中的决定作用，强调喂食方式、大小便训练方式的影响，把喂养看作依恋形成的根源。

弗洛伊德认为，在口唇期力比多集中于口唇，口唇经验（如吸吮、饮食）成为婴儿基本的快乐源，而母亲能满足这些需要，因而在婴儿生活中占有独特的地位，成为婴儿“最初也是最强烈的情爱对象”。在以后的 2 年中，力比多的能量集中到肛门，儿童要进行排便练习，母亲常常要给予照料、指导，这就为母婴依恋情感的巩固创造了条件。到了 3～4 岁，即生殖器期，儿童出现了恋父与恋母情结，强化了对异性父母的依恋。儿童的依恋是在满足需要的过程中形成的，因此，母亲如何与婴儿相处直接决定着婴儿依恋类型的性质。母亲积极、温暖、宽容和充满爱心的育儿方式，会使儿童产生安全的依恋，反之则会产生不安全的依恋。

后期的精神分析学家艾里克森认为，婴儿出生后的第 1 年，主要的发展任务是确立基本信任感，母亲由于能为婴儿提供营养，并满足婴儿的其他各种需要，因而获得婴儿的信任，成为婴儿的依恋对象。

3. 社会学习的依恋理论　社会学习理论认为，儿童存在基本的内驱力，正是由于母亲的喂养降低了婴儿的基本内驱力。因此母亲的出现和微笑获得了二级强化的性质，成为了儿童依恋的对象。依恋的实质就是母亲满足儿童基本生理需要而获得的二级强化行为。此外，社会学习理论指出，惩罚与儿童依恋之间呈非线性关系，即高依恋与母亲中等数量的惩罚有关，而低依恋既可能与母亲的高惩罚有关，也可能与母亲的极端放任有关。儿童依恋的表达方式随着年龄的变化而变化，开始阶段更多的是以依附、追随等行为来表示，慢慢长大以后，可能更多地表现为寻求赞许或是注意。

4. 社会生物学的依恋理论　社会生物学家力图用生物学的观点解释人类社会现象，提出了“亲情投资理论”。该理论假定，女性为生育做出的牺牲是巨大的，如长时间的怀孕、分娩的不适等，为了不使自己的心血付之东流，她便在婴儿抚养上投入更多的时间和精力，结果形成了母婴依恋。所以，依恋是母亲对婴儿亲情投资的结果，是为避免生育的高昂代价“作废”而付出的抚养努力的产物。

以上理论各有侧重，还需客观地审视诸派观点，取各家之长，建构科学的依恋理论。

（五）依恋的影响因素

婴儿依恋受多个因素的影响，其中讨论最多的是婴儿的自身特征和养育特征。

1.自身特征

（1）年龄：从出生到 2～3 岁，婴儿处于依恋的产生和发展阶段，每个年龄阶段都有其独特的表现。由年龄决定的成熟因素对选择性依恋的发生有重要的影响。这些成熟因素不仅包括婴儿区分熟悉人与陌生人的能力，还包括与依恋对象保持亲近的能力，如观看、爬向、哭、笑、依偎等，这些行为是吸引母亲注意、关心的信号。只有在拥有这些能力的基础上，选择性依恋才能发生。Palthe 等曾进行了一项关于神经系统成熟度与早期母子关系的联系的研究，结果表明，头部姿势的控制能力是婴儿产生面对面的社会行为的先决条件，3 个月的婴儿头能转动，能持续观看母亲，对母亲微笑，但对陌生人也有类似的反应，只有到 6～8 个月时，婴儿才开始对陌生人表示警惕，寻求与母亲的亲近，明确的依恋正式形成。我国学者董奇等人在 1999 年考察了个体早期自主位移动作——爬行经验与婴儿依恋行为特点的关系，结果发现，年龄越小，爬行经验对依恋行为的影响越明显。但可以肯定的是，爬行动作使婴儿获得了与外部世界交往的新手段，使婴儿能更为直接、主动地控制与母亲的互动，对母婴分离更敏感。

（2）气质：在一项纵向研究中，研究者发现有些儿童从出生起，就不易抚慰，易烦躁、哭闹，难照料，容易受到父母的冷落，形成稳定依恋的时间较晚，而且，在依恋关系中，多采用注视与交谈的方式，很少采用身体接触的方式。而有些儿童从小就喜欢别人抱、亲吻、抚摸，他们与父母交往积极，容易取得父母的关心，形成安全依恋。这种现象主要归因于儿童的先天特性，尤其是气质的作用。还有一些研究者考察了婴儿气质的抑制性和非抑制性与依恋的关系，发现婴儿 2 岁时，矛盾型婴儿抑制性的多，回避型婴儿非抑制性的多，安全依恋的婴儿属于抑制性的和非抑制性的差别不大。刘易斯等（1989）研究指出，3 个月的婴儿对玩具而非对人表现出偏好的，到 1 岁时更可能发展为回避型依恋。Kagan 认为陌生情景法测出的是婴儿气质上的差异，而非依恋性质的差异。教养困难型的婴儿往往被归为矛盾型依恋，容易教养型的婴儿被归为安全型依恋，发动缓慢型的婴儿被归为回避型依恋。

2. 养育特征　婴儿的气质确实对依恋有影响，但安斯沃斯（M.Ainsworth）认为，抚养经验可以转变婴儿的气质特性。我国学者张澜考察了新生儿的气质特点、类型，并对早期亲子依恋进行了追踪性的研究，结果支持了安斯沃斯的观点，认为婴儿的气质类型只是潜在地影响父母的养育方式和养育态度。从根本上说，养育特征影响和决定着依恋的性质，可以从以下几点进行分析。

（1）抚养行为的品质：安斯沃斯（1971）把母亲的抚养行为品质划分为四个维度：敏感性-不敏感性、拒绝性-接受性、合作性-干涉性、易接近性-忽略性，检验抚养模式与婴儿依恋安全性的相关，结果表明，婴儿依恋的各类型与特定的抚养品质相对应。安全型婴儿的母亲在敏感性、接受性、合作性、易接近性四个方面得分都很高。回避型婴儿的母亲倾向于拒绝、不敏感，对孩子缺乏耐心，经常表现出消极情感。矛盾型婴儿的母亲在干涉性和忽略性方面得分很高，他们愿意与孩子亲密接触，但经常错误地理解孩子发出的信号，不能与孩子形成和谐相处的节奏。混乱型婴儿的母亲常虐待儿童，看护不连贯，不规律。Clark-Stewart 的研究支持了安斯沃斯的观点，他从反应性（对婴儿的哭、叫、语言反应的比例）、积极情感的表达（充满感情的接触，如微笑、表扬）、社会性刺激（母亲对婴儿的抚摸、微笑的频率）三个维度评价母亲，发现安全型婴儿的母亲在三个维度上的得分都很高。我国学者吴瑞萍等（1999）调查显示，睡前依恋行为与断奶年龄有关，1 岁前断奶的婴儿的依恋行为明显高于 1 岁后断奶的婴儿，这表明依恋行为的发生与母乳喂养有关。母乳喂养可以使婴儿获得温存的抚养氛围，使母子处于良好的互动中，其抚养品质较人工喂养更优。

（2）抚养者的情绪：这也是构成养育氛围的一个因素。Termine&Izard（1988）报道，9 个月的婴儿会对母亲的高兴和忧伤做出不同的反应。如果母亲表现得高兴，他们会花更多的时间玩玩具。Lyons-Ruth 和 Cohn 研究证实了母亲的抑郁情绪与婴儿的不安全依恋有相关。艾默生（Emerson，1964）研究认为，经常提供游戏刺激的父亲或其他人比那些常与婴儿保持疏远的家庭成员，更可能成为婴儿的依恋对象，而那些情绪沮丧、患精神疾病等问题的母亲，因缺乏良好的反应性与敏感性，对婴儿的依恋造成了极大的消极影响。还有研究表明，被虐待、被忽视、情感矛盾的婴儿，以及母亲患有抑郁症的婴儿，混乱型依恋最多，而在正常婴儿中，混乱型依恋则与母亲遭受心灵创伤或者还没有从失去亲人的痛苦中解脱出来有关。

（3）抚养者的依恋经验：不少研究揭示，父母自己早年的依恋经验与其子女的依恋类型之间存在明确的联系，在成人依恋访谈（adult attachment interview，AAI）中被评定为不安全依恋心态的父母，其子女亦常表现出对父母的不安全依恋模式，即显示出依恋的代际传递性。进一步的研究表明，这种联系并非直接的，而是以婚姻质量、养育方式为中介的。在 AAI 中被评定为安全型依恋的母亲，婚姻关系更积极，对孩子显得更温暖、更敏感，有利于孩子形成安全型的依恋。

（4）抚养者的稳定性：依恋对象是有选择性的。但研究表明，婴幼儿时期经常调换抚养者，就剥夺了婴儿发展选择性依恋的机会，可能会形成缠人型依恋，表现出广泛的、非选择性的缠住大人的依恋行为，不加区别地对人表示友好，喜欢招引别人的注意。吴放等人认为，婴儿与抚养者的关系越持久，越容易对抚养者产生依恋，不停地更换抚养者，会造成婴儿对成人的不信任感。

信息栏 4-7　依恋对心理发展的影响

（一）依恋对心理病理的影响

鲍尔比认为，“儿童心理健康的关键是儿童与母亲之间建立一种温暖、亲密、稳定的关系，儿童从中获得满足，感到愉悦”。相反，早期主要依恋联结的破坏，会导致儿童情感上的危机，并将在以后的生活中以突然的、与当前的生活压力无关的抑郁或焦虑形式表现出来。因此，早期亲子依恋关系成为儿童精神健康研究的一个窗口。依恋对心理病理的影响表现为以下两个方面：第一，依恋模式对儿童的问题行为有直接影响。研究表明，婴儿期建立起安全型依恋的小学生和大学生的焦虑水平、攻击性、压抑感、孤独感都较低，而婴儿期属于回避型依恋的儿童在以后的发展中容易表现出攻击性行为，属于矛盾型依恋的儿童易表现出退缩行为。第二，依恋模式与精神障碍有关。不安全的依恋模式与精神障碍之间有密切的关系。P.Fonagy 等的研究表明，78%的精神病患者、75%的抑郁症患者、84%的药物成瘾者、93%的摄食障碍患者，通过成人依恋访谈（AAI）被评定为不安全型依恋。Rosenstein 调查了 60 名住院青少年精神障碍患者，结果发现绝大多数表现为不安全型依恋。

（二）依恋对情绪的影响

婴儿依恋在本质上是一种情感关系，这种早期持久的情绪经验对婴儿一生的情绪发展至关重要。霍妮认为，“如果儿童在家庭中得不到温暖和爱，就会产生各种不现实的焦虑，甚至可能会发展成为神经性焦虑”。具体而言，依恋对情绪的影响表现在两个方面：第一，婴儿的社会情绪和情感与依恋行为有着密切的关系。处于安全依恋关系中的婴儿，感到快乐，善于表达情感，富有爱心。缺乏依恋安全感的婴儿，因经常担心母亲离开而处于焦虑、恐惧、不安的状态之中，长此以往，儿童就会情绪多变，甚至成为情感冷漠的人。鲍尔比研究发现，有与母亲持久分离、家庭破裂、抚养人死亡等早期经验的患者，具有感情缺乏人格模式的特征：缺乏情绪反应、不能照顾别人、不能做真正的朋友等。鲍尔比认为，患者的早期依恋经验是呈现“感情缺乏人格模式”的原因。就依恋对象而言，斯皮茨强调母子依恋，认为缺乏与母亲建立亲密情感联系的婴儿，在情感体验上更冷漠。第二，安全型的依恋关系有利于亲子间良好的情感互动关系的建立，也有助于婴儿有效地进行情绪调节。Kobakl（1988）研究表明，安全型依恋的儿童会建设性地发展控制消极情感的能力，表现出有益于同伴交往的积极情绪，相反，不安全依恋的儿童则以一种不恰当的方式表达情感，较少产生积极的同伴关系。

（三）依恋对认知活动的影响

母婴依恋关系的安全性与儿童的认知活动有着密切的联系。研究者对婴儿依恋的安全性和元认知活动监控的相互关系进行了分析，结果发现，在母婴相互作用共同解决认知问题时，婴儿依恋的安全性和元认知技巧的表现有高度相关，这说明安全的母婴依恋关系为儿童学习如何制订行动计划以及学习自我调节技巧提供了良好的社会支持。孟昭兰认为，这是因为安全性高的依恋关系使母亲在与婴儿的交流中，经常传递出婴儿可接受的知识和技巧，促进了婴儿的认知发展。而在安全性低的依恋关系中，母亲的教育期望与婴儿的可接受水平存在差异，婴儿在与母亲交往中没有获得适宜的认知策略，认知发展受阻。

此外，良好的依恋关系还可促进婴儿的探索活动、语言和游戏的发展。因为在安全的依恋关系中，儿童会把父母当作安全基地，不仅能积极主动地探索周围环境，与父母进行丰富多彩的游戏，还会把父母作为安心学习语言的基地，充分调动各种感官感知、模仿成人的语言，加速语言技能的发展。这些也促进了婴儿认知的发展。

（四）依恋对人际关系的影响

婴儿在与母亲或其他对象的依恋关系基础上，会产生一种关于依恋对象、自我及自我与他人关系的表象模式，这种表象模式反过来又会影响婴儿的社会行为，成为以后其他人际关系的原型。依恋对人际关系的影响主要表现为两个方面：第一，安全型的依恋有利于儿童学习和掌握人际交往技能。安全型依恋的婴儿与父母的关系亲密、和谐，父母的行为自然就成为儿童学习的榜样，儿童从中可以学到许多行为规则和交往技巧。Spowfe 等（1983）研究表明，安全型依恋的儿童，在托儿所与幼儿园表现出较高的社会技能，活动的主动性、独立性、灵活性及与同伴和成人的合作性较强，有良好的自我调节能力与社会竞争力。而不安全依恋的儿童在同伴关系中倾向于被动、退缩、犹豫，参与活动不积极、缺少热情。第二，安全型依恋给儿童自我肯定感，有利于促进儿童健全人格的形成，为其良好人际关系的建立奠定了基础。研究表明，安全型依恋的2～3岁儿童，在玩伴中有更强的人际吸引力，积极、利他行为较多，富有同情心。回避型、矛盾型依恋的儿童常对同伴做出消极、攻击的行为，因此，人际吸引力差。刘志军认为，不安全依恋儿童的不良人格特征和行为预示着他们在人际交往中可能存在困难。

（五）依恋对人格特征的影响

个体在早年与父母交往的经历中，形成了有关自我与他人的内部工作模式，并把该模式整合到个性结构中去，成为个性的一个组成部分。所以，早期亲子间良好依恋关系的建立，对儿童健全人格的形成具有积极作用，主要表现为信任感、自我认同感、自主性和自信心的获得。

五、同伴关系的发展

儿童个性的发展和社会化过程的实现都离不开人与人之间的相互作用。婴儿最初的主要交往对象是父母，但随着认知能力的增长，活动范围的扩大，同伴交往在婴儿人际交往中的作用越来越重要。虽然父母是婴儿社会化的主要动因，但同伴也是儿童社会化必不可少的重要动因。父母与同伴对儿童来说是两种性质的人际关系。父母与儿童是指导与被指导，教育与被教育的纵向关系，这种关系可以为儿童提供安全和保护，也可以使儿童学习知识和技能；而儿童与同伴则是平等的、互相教育的横向关系，这种关系的主要功能是给儿童提供学习技能和交流经验的机会，而这些技能和经验只能在地位平等的基础上才能获得，是纵向关系所不能给予的。儿童与同伴交往的能力和水平是衡量其个性和社会性成熟的重要标志。儿童随着年龄的增长，逐渐摆脱对父母和家庭的依附，走向同龄人社会是儿童社会化的一个重要内容。

同伴是指儿童与之相处的具有相同社会认知能力的人。同伴关系是指年龄相同或相近的儿童之间的一种共同活动并相互协作的关系，或者主要指同龄人间或心理发展水平相当的个体间在交往过程中建立和发展起来的一种人际关系。婴儿虽然主要与父母交往，但也开始了同伴间的相互交往。

婴儿很早就能够对同伴的出现和行为做出反应。范德尔等（Vandell and Mueller，1980）回顾了几项有关婴儿对同伴兴趣的研究指出：大约 2 个月时，婴儿就能注视同伴；3～4 个月时，婴儿开始相互触摸；6 个月时，婴儿之间能彼此微笑和发出咿呀的声音。但 6 个月前的婴儿只是把对方当作物体或玩具看待，因此一般认为婴儿 6 个月后才开始出现真正意义上的同伴社交行为。8～9 个月时，婴儿就会爬向对方，或者跟随在对方身后。1 岁时，社交行为进一步丰富，如大笑、打手势和模仿等。还有研究者指出（Shantz and Hobert，1989），婴儿从第 2 年起，同伴间的互动变得更为频繁，也更复杂，同伴关系中出现了合作也出现了冲突。婴儿之间出现了较多的互惠性游戏，他们还能在游戏中互换角色，并逐渐学会了轮流扮演角色。2 岁以后的婴儿用在社会游戏上的时间比单独游戏要多很多，而且即使母亲在场，婴儿也更愿意与同伴一起玩。在游戏中，婴儿逐渐能把玩具融入其中，活动也显得更和谐。

缪勒和白莱纳（Mueller and Brenner，1977）把婴儿同伴相互作用划分为三个阶段：第一，客体中心阶段。婴儿的相互作用更多地集中在玩具或东西上，而不是儿童本身。10 个月之前的婴儿，即使是在一起，也只是把对方当作活的玩具，互相拉扯，咿咿呀呀说话。第二，简单的相互作用阶段。婴儿已能对同伴的行为作出反应，经常企图去控制另一个儿童的行动。第三，互补的相互作用阶段。婴儿末期出现了更为复杂的社会交往，模仿行为普遍出现，还有互补或互惠的角色游戏。在发生积极的相互交往时，还常常伴有消极的行为，如打架、抓脸、争玩具等。

总之，在生命的前 3 年内，无论是生理上，还是心理上，婴儿都有了长足的发展。

【要点小结】

（1）在婴儿期有一个特殊的子阶段，即新生儿阶段。这个阶段是个体从胎内生活转向胎外生活的过渡阶段，也是儿童心理的发生期。新生儿是指从出生至 1 个月的婴儿。出生使新生儿的生活环境和生存方式发生了巨大的变化，意味着寄居生活的结束，也宣告了一个独立个体的诞生。

（2）新生儿的体形很特殊，头大、身长、四肢短。头约占整个身高的 1/4（成人约为 1/8），腿约占身高的 1/3（成人为 1/2）。

（3）新生儿为了适应出生后的新生活，先天具备了一整套活动状态模式。新生儿在一天中交替经历着不同水平的睡眠和清醒状态：规则睡眠状态、不规则睡眠状态、昏昏欲睡状态、安静觉醒状态、活动觉醒状态、啼哭状态。

（4）婴儿期是个体一生中身体生长最快的第一个高峰期，身高和体重是儿童体格发育的两个重要的指标。儿童从产前期开始，身体的增长遵循两条原则，即头尾原则和近远原则。

（5）婴儿神经系统的发育主要表现为神经系统结构与功能的发展。

（6）动作是儿童发展过程中的重要内容，也是儿童其他方面发展的基础。婴儿动作的发展规律：整分原则、首尾原则、近远原则、由粗到细的原则和从无意到有意的原则。

（7）言语发展是婴儿心理发展过程中的最重要内容之一。言语获得理论主要有：环境决定论（模仿说和强化说）、遗传决定论（先天语言能力说和自然成熟说）以及相互作用论。

（8）言语获得是从婴儿在1岁左右说出第一批真正能被理解的词开始，因而通常以词的出现为界将儿童言语获得的整个过程划分为言语准备期和言语发展期。

（9）婴儿的认知是指婴儿认识、理解事物或现象，保存认识结果，利用有关知识经验解决实际问题的过程，具体包括感觉、知觉、注意、记忆、思维等一组相关的心理过程。

（10）在婴儿的认知能力中，感知觉是最先发展且发展速度最快的一个领域。

（11）婴儿以无意注意为主，3岁左右，有意注意开始出现，并逐渐能注意观察周围环境的变化。

（12）根据皮亚杰的认知发展阶段理论，婴儿处于感知运动阶段。

（13）婴儿已具备所有的基本情绪，其情绪和情感的社会性逐渐增加。

（14）狭义的依恋特指婴儿期的依恋，指婴儿寻求并企图保持与另一个人亲密的身体联系的一种倾向。依恋对婴儿及其以后的发展都具有重要的影响：一方面安全型的依恋有助于促进儿童产生积极的探索能力；另一方面依恋的质量直接影响到儿童与同伴的关系。

（15）依恋的发展阶段为：无差别的社会反应阶段、有差别的社会反应阶段和特殊情感联结阶段。

（16）安斯沃斯采用陌生情境法来测评母婴依恋的质量，根据研究结果，婴儿的依恋可分为安全型依恋、回避型依恋和矛盾型依恋三种。在这三类依恋中，安全型依恋是良好的、积极的依恋；回避和矛盾型依恋又称为不安全型依恋，是消极的、不良的依恋。

（17）影响婴儿依恋质量的因素：自身特征，如婴儿的年龄、气质；养育特征，如抚养行为的品质、抚养者的情绪、抚养者的依恋经验和抚养者的稳定性。

【关键术语】

新生儿（newborns）
分娩（deliver）
婴儿（infant）
视崖实验（visual cliff experiment）
陌生情境测验（strange situation test）
回避型依恋（avoidant attachment）
动作发展（motor development）
言语发展（language development）
认知过程（cognitive process）
依恋（attachment）
安全型依恋（secure attachment）
矛盾型依恋（ambivalent attachment）

【资源链接】

孟昭兰. 2003. 婴儿心理学. 北京：北京大学出版社
龙春华. 2015. 婴幼儿行为心理学. 广州：华南理工大学出版社
罗伯特·费尔德曼. 2015. 儿童发展心理学. 苏彦捷，译. 北京：机械工业出版社
方富熹，方格. 2005. 儿童发展心理学. 北京：人民教育出版社
谢弗. 2009. 发展心理学——儿童与青少年. 8版. 邹泓，译. 北京：中国轻工业出版社
黛安娜·帕帕拉. 2013. 发展心理学——从生命早期到青春期. 10版. 李西营，等译. 北京：人民邮电出版社

【复习思考】

1. 简述影响婴儿发展的主要因素。
2. 简述婴儿动作发展的规律。
3. 简述评定婴儿感觉的主要方法。
4. 简述婴儿言语发展的过程。
5. 简述依恋发展的阶段。

6. 简述依恋的测量方法及婴儿依恋的类型。

7. 论述如何建立母婴安全型依恋。

8. 简述影响婴儿依恋的主要因素。

9. 简述研究依恋发展的主要理论。

10. 影响婴儿身体生长的因素是什么？为什么脑的发育离不开环境刺激的支持，这对早期教育有何启示？

11. 试述遗传和环境如何相互作用影响婴儿的运动发展？婴儿的抓握技能是如何发展的？它对婴儿的认知发展有何重要意义？

12. 为什么说婴儿是环境的主动积极探索者？对婴儿的学习成人应如何提供支持？

13. 婴儿言语的获得经历了哪些阶段？为什么在短短的两三年内，婴儿就初步地掌握了人类最复杂的语言？试述各种言语获得的理论并谈谈你的见解。

14. 根据维果茨基“最近发展区”的理论，如何促进婴儿的言语发展？

【练习测验】

1.（单选）一个婴儿既需要与父母接触，又拒绝母亲的爱抚，其依恋类型是（　　）。

A. 安全型　　B. 回避型　　C. 反抗型　　D. 迟缓型

2.（单选）对儿童脑电变化的研究表明，大脑各区域成熟的顺序为（　　）。

A. 枕叶>颞叶>顶叶>额叶　　B. 颞叶>枕叶>顶叶>额叶

C. 顶叶>颞叶>枕叶>额叶　　D. 额叶>颞叶>顶叶>枕叶

3.（单选）安斯沃斯（M.Ainsworth）等人研究婴儿依恋所使用的主要方法是（　　）。

A. 习惯化与去习惯化　　B. 视觉偏爱法　　C. 陌生情境法　　D. 照镜子法

4.（单选）伊扎德认为，个体生来就有的情绪反应是（　　）。

A. 愉快和不愉快　　B. 惊奇、苦恼、厌恶、微笑和兴趣

C. 爱、怒和怕　　D. 愉快、惊奇、厌恶、痛苦、愤怒和悲伤

5.（单选）下列关于婴儿动作发展的顺序，正确的是（　　）。

A. 翻身→坐→抬头→站立→行走　　B. 抬头→坐→翻身→站立→行走

C. 翻身→抬头→坐→站立→行走　　D. 抬头→翻身→坐→站立→行走

6.（单选）婴儿在5周左右，能区分人和其他刺激，对人的声音和面孔有特别的反应，并报以微笑。这种微笑是（　　）。

A. 无意义微笑　　B. 内源性微笑　　C. 无选择的社会性微笑　　D. 有选择的社会性微笑

7.（单选）下列方法中，不适宜用来研究婴儿知觉能力的是（　　）。

A. 陌生情境法　　B. 视觉偏爱法　　C. 习惯化与去习惯化　　D. 操作性条件发射法

8.（多选）儿童动作发展的规律（　　）。

A. 由上到下　　B. 由近及远　　C. 由边缘到中心　　D. 由粗大到精细

9.（多选）安斯沃斯设计了一种被广泛用来测量婴儿依恋品质的实验程序，下列关于该程序特征的阐述错误的是（　　）。

A. 评估家庭中亲子互动的频率

B. 观察婴儿在某种设置的情况中是否表现出寻找依恋对象

C. 观察各种社会性情境中亲子互动，以评估儿童依恋特征

D. 观察不同文化中的亲子互动，以揭示婴儿依恋本质特征的跨文化差异

10.（综合）心理学家在研究儿童言语发展过程的时候发现，无论哪个种族的儿童，其言语发展的过程极为相似。具体表现为：大约 1 岁时，能说出被他人理解的词；2 岁末能说出词组；4～5 岁能说出符合语法结构的句子。这表明，儿童在出生后的 4～5 年内即获得了基本的听说能力。试选用两种不同的语言获得理论解释上述现象。

11. 在一项心理学实验中，将婴儿和母亲带到一个实验室中，观察婴儿在游戏时与母亲的互动情况，之后要求母亲离开房间，一位陌生人进入房间与婴儿游戏一段时间后母亲再返回。下面是 2 岁的平平和乐乐在实验室中的表现。

平平：在与母亲独自相处时，积极地探索环境。在与母亲分离后，明显地产生不安。当母亲返回时，就寻找母亲，很快地与母亲接触，很容易又高兴起来。

乐乐：在与母亲独自相处时相当焦虑，不愿意进行任何探索活动。与母亲分离后，表现非常不安。母亲返回来时，对母亲曾经的离开表现出强烈不满，试图留在母亲的身边，但对母亲的接触又表示反抗。

回答下列问题：（1）该实验程序的名称是什么？（2）什么是依恋？平平和乐乐分别属于什么依恋类型？（3）影响依恋质量的因素有哪些？两位母亲在养育方式上各有什么特点？（4）依恋的安全性对儿童心理发展有什么影响？

第五章　幼儿的心理发展

【本章主要内容】

幼儿期是指3～7岁的儿童，这一阶段也是儿童进入幼儿园的时期。在幼儿期，儿童由于身心各方面的发展和生活范围的扩大，他们独立性增强，对周围世界充满了好奇和探索的欲望，也初步产生了参加社会实践活动的愿望。但是幼儿能力毕竟有限，还离不开成人的帮助。幼儿在发展过程中，表现出一些不同于其他年龄阶段的特点。概括起来主要有以下三点：第一，游戏是幼儿的主导活动，是促进幼儿心理发展的最好形式；第二，幼儿的认知过程带有明显的具体形象性和不随意性，但抽象概括性和随意性也开始发展；第三，幼儿形成了最初的个性倾向。

第一节　幼儿生理与动作的发展

一、幼儿生理的发育

（一）身体的生长发育

1. 身高与体重　幼儿的身体发育速度虽然比婴儿有所减慢，但仍然保持着日新月异的态势，身体快速发育。幼儿期的成长依然遵循“头尾原则”和“近远原则”。虽然幼儿的头部比例还是相当大，但随着年龄的增长，躯干和腿部的生长速度增快，到6～7岁时，他们身体各部分的比例越来越接近成人。在整个幼儿期，身高每年平均增长5～7.5cm，体重每年平均增加2～3kg。幼儿的身高、体重的发育状况见表5-1。

表5-1　幼儿身高体重参考表

年龄（岁）	身高（cm）		体重（kg）	
	男孩	女孩	男孩	女孩
3	96.52	95.88	14.63	14.40
3.5	99.69	99.69	15.53	15.42
4	103.51	102.87	16.55	16.44
4.5	106.68	106.68	17.46	17.46
5	109.86	109.22	18.82	18.59
5.5	114.30	113.03	20.63	19.95
6	116.84	116.84	21.77	21.32

研究表明，幼儿期儿童的身高和体重的增长速度是相对稳定的，也就是说，如果一个3岁幼儿的身高和体重均高于或重于同龄幼儿，那么到幼儿末期，他将仍然保持这一优势。幼儿的身高是他成年期身高的一个较好的预测指标，两者的相关系数约为0.70。

2. 身体功能的发展　幼儿的肌肉组织发展迅速。首先发展的是大肌肉群，所以幼儿喜欢不停地活动，也正是在这些活动中，他们的肌肉组织纤维在长度和力量上日益增长、增强。5～6岁时幼儿的小肌肉群才开始发展，所以幼儿虽然能从事一些精细动作，如手工制作、画画等，但因手腕、手指部位肌肉的精细运动协调能力较差，且容易疲劳，因而他们的精细动作水平较低。

此外，幼儿的骨骼也在快速生长，软骨以更快的速度转化成骨头，骨头变得更坚硬，但骨化在幼儿阶段还远未完成，因此，幼儿的骨骼容易变形。营养是影响幼儿身体、肌肉、骨骼生长的主要因素，如果幼儿期营养不良会造成儿童骨骼发展迟滞，头围较小。

3. 身体发育的不同步性 儿童出生以后，身体各系统的发展速度是不同步的。身体各系统的发展趋势见图 5-1。

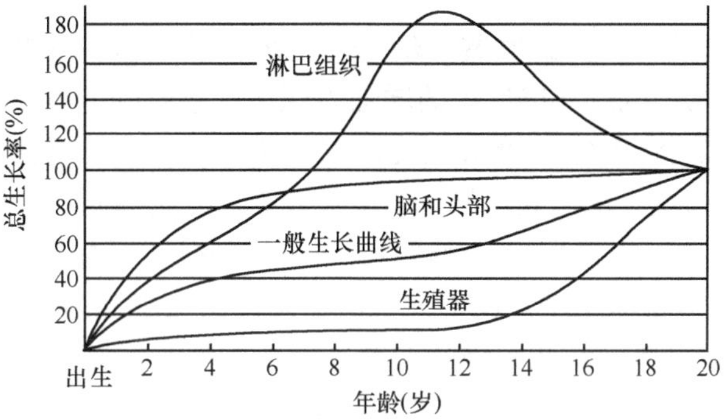

图 5-1 从出生到 20 岁身体各器官组织的生长比较

图 5-1 中的一般生长曲线代表儿童躯体或骨骼肌肉组织的发育状况（通常以身高和体重为指标）。从一般生长曲线的发展趋势上看，它有两个生长高峰期，第一个高峰期是在婴儿期，进入幼儿和童年中期后，生长速度放缓；第二个高峰期在青少年期。大脑和头部的发育曲线显示，儿童从出生到 3 岁这一阶段，脑和神经系统发育最快，幼儿期已接近成人水平。从淋巴系统发育的曲线看，婴儿和幼儿的淋巴系统以惊人的速度生长发育，10 岁左右达到最高峰，是成人期的 200%，到青少年期，淋巴组织逐渐退缩，这是因为儿童早期对疾病的抵抗力弱，需要淋巴系统进行保护。10～12 岁以后，儿童已获得相当的免疫力，以后随着各系统的成熟和对疾病抵抗力的增强，淋巴系统便逐渐退缩。生殖系统的发育曲线表明，从出生到童年中期，儿童生殖系统的发育非常缓慢，几乎没有进展，直到进入青春期以后才加速发育并成熟。

（二）神经系统结构的发育

幼儿的大脑和神经系统虽然不如婴儿期发育迅速，但仍以较快的速度继续发育，到幼儿末期已接近成人水平。大脑和神经系统的迅速发育和成熟为儿童心理的发展提供了自然物质基础。

1. 脑重量继续增加 3 岁儿童的脑重约为 1011g，相当于成人脑重的 75%；7 岁儿童的脑重约为 1280g，相当于成人脑重的 91%（成人的平均脑重量为 1400g）。由此可见，在幼儿末期，儿童的脑重已接近成人的脑重，从此开始直到成年期，他们脑重量的变化很小。

2. 皮层结构日趋复杂 幼儿大脑皮质的神经纤维继续增长，分支继续增多，出现了许多竖直方向延伸的神经纤维分支，这为形成众多复杂的神经联系提供了物质基础。与此同时神经纤维继续髓鞘化，到幼儿末期髓鞘化已基本完成，这使幼儿的神经传导更加迅速和准确。以上两方面也是幼儿脑重增加的主要原因。在神经纤维发育的同时，到幼儿末期，儿童的大脑额叶也快速发展，额叶面积快速增长，这意味着幼儿大脑皮层已达到相当的成熟程度。

3. 脑电波发生变化　从脑电图上脑电波的变化也可看出神经系统的成熟程度。研究发现，儿童从 4 岁开始，脑电图中的 θ 波逐渐减少，α 波逐渐增多。θ 波越多表明大脑皮质的控制作用越弱，越不成熟。α 波越多表明大脑越成熟。在 5～7 岁时，θ 波与 α 波的数量基本相同，到 7 岁时，儿童的 α 波逐渐占主导地位，θ 波从枕叶、颞叶和顶叶逐渐消失。这意味着幼儿的大脑日益成熟，并为幼儿发展各种动作能力和认知能力奠定了生理基础。

（三）神经系统功能的发展

1. 大脑皮质兴奋与抑制机能的发展　幼儿的高级神经活动的基本过程——兴奋和抑制在婴儿期发展的基础上继续增强。兴奋过程的增强表现在觉醒时间的延长，幼儿晚上一般睡 10～11 个小时，白天睡 1～2 个小时，比婴儿的觉醒时间延长了很多，这就使得幼儿有更多的时间去看、听以及接触各种事物，从中获得知识，增长才干。皮质抑制功能的增强主要表现在幼儿已能较好地用言语控制自己的行为，冲动减少，对事物的分辨更加精确。但总体而言，直到幼儿末期，儿童的兴奋过程和抑制过程还不太平衡，兴奋仍强于抑制。

2. 大脑半球的偏侧优势　幼儿大脑的发育还表现在脑的偏侧优势的形成和加强。根据脑电活动的测量结果可以看出，大脑两半球的发育速率是不相同的。在 3～6 岁之间多数儿童的左半球出现发展的加速期，6 岁以后发育趋向平稳。相比而言，在幼儿和童年中期，儿童的大脑右半球成熟的速度较慢。这种大脑两半球之间成熟速率的不同，表现为两半球功能的不对称性或脑的偏侧优势的加强，这在幼儿认知能力发展的不同方面反映出来，如幼儿的言语能力发展速度很快，而空间认知能力则发展很慢，直到青少年期才逐渐加快发展。

二、幼儿动作的发展

在婴儿运动能力发展的基础上，幼儿动作的力量、速度、稳定性、灵活性和协调性都有了长足的进步。

（一）粗大运动的发展

随着躯干和四肢增长速度的加快，幼儿身体的重心逐渐下移，这提高了幼儿动作的平衡能力，并为各种新的粗大运动技能的发展提供了基础。以下是正常幼儿粗大运动发展的时间表（Furuno，et al.，1987；Newborg，et al.，1984；方富熹等，2005）。

2～3 岁：走路更有节奏，由疾步转变为跑，但跃起、向前跳和做接物动作时上身的动作仍显得僵硬；能边走边推小童车，但还经常把握不住方向。

3～4 岁：能用双脚交替地上楼梯，但下楼时却只能用一只脚引导另一只脚下，而不能双脚交替下；做向上、向前跳跃动作时上身已显得较为灵活，但仍需依靠上身做扔球和接球的动作；能双手扶住车把踩三轮小童车。

4～5 岁：能用双脚交替地下楼梯；跑得很稳；能用单足飞快地向前跳跃；能依靠躯体的转动和改变双脚的重心去扔一个球；仅依靠双手就能接住一个球；能飞快地踩三轮童车，方向也把握得很稳。

5～6 岁：奔跑的速度越来越快，飞跑时也能跑得很稳；能做真正的跳跃运动；表现出成熟的扔物和接物的动作模式，能踩带有训练轮子的自行车。

（二）精细运动的发展

幼儿精细运动的发展主要表现为手的抓握动作的发展。由于对手腕和手指小肌肉群的控制能力增强，幼儿已能玩拼七巧板、搭积木、剪贴和穿珠子等要求精细运动能力的游戏。幼儿精细运动能力的发展主要表现在自我服务能力的增强和开始会画画和写字。精细运动的发展也有一个不断完善的过程，以下是幼儿精细运动发展的时间表（Furuno et al.，1987；Newborg et al.，1984；方富熹等，2005）。

2～3 岁：能做简单的穿衣和脱衣的动作；会拉上或拉开外衣的拉链；会用小匙吃饭。

3～4 岁：会扣上或解开外衣的大扣子；会自己吃饭；会使用剪子；会模仿画垂线和圆圈；开始会画人，但画出的是“蝌蚪人”。

4～5 岁：会用叉子吃东西；会用剪子剪一直线；能模仿画出矩形、十字形；会写字母。

5～6 岁：会用餐刀切开较软的食物；会系鞋带；画人能画出人体的头、躯干、双手和双脚六个部分；能模仿写出数字和笔画简单的字。

信息栏 5-1 动作行为测验：威廉姆斯—布林汉姆动作行为测验量表

威廉姆斯—布林汉姆动作行为测验量表制订于 1979 年，是用来评估 4～8 岁儿童动作的发展水平，包括粗大肌肉动作和精细肌肉动作的发展水平。表 5-2 节选的内容可以用来测定 4～6 岁儿童几项粗大肌肉动作的发展水平。每个年龄组幼儿每项动作能力的标准，都以百分位数值和平均数的形式表示。经过对某一幼儿测试后，可以得到该幼儿的得分，把这一得分与该动作技能的百分数位值或平均数比较，就可以确定这个孩子某项技能的水平，以及和同龄孩子的差异。通过 10 项粗大肌肉动作技能的百分位数值的综合分析，就可以描述这个幼儿粗大肌肉动作发展的情况。

表 5-2 10 项粗大肌肉运动技能测验项目

任务	计分	年龄	百分位数值（%）			平均数±标准差
			25	50	75	
①跑：幼儿听到“预备，开始”的信号后，尽快跑过 7.62m 的距离	2 次测验的平均时间（秒）	4	3.12	2.80	2.47	2.80±0.48
		6	2.68	2.46	2.24	2.46±0.32
②单脚跳：幼儿听到“预备，开始”的信号后，尽快用单脚跳过 7.62m 的距离	4 次测验的平均时间（秒）	4	8.33	7.11	5.90	7.11±1.80
		6	5.94	5.12	4.30	5.12±1.21
③滑步（骑竹马）：幼儿听到“预备，开始”的信号后，尽快滑步跑过 7.62m 的距离	3 次测验的平均时间（秒）	4	4.70	4.24	3.77	4.24±0.69
		6	4.40	3.82	3.23	3.82±0.41
④左右脚交换跳：幼儿听到“预备，开始”的信号后，尽快左右脚交替跳过 7.62m 的距离	3 次测验的平均时间（秒）	4	4.35	3.89	3.44	3.89±0.67
		6	4.21	3.65	3.09	3.65±0.83
⑤走平衡木：幼儿跟踵走过 5cm 宽的平衡木	4 次测验的平均时间（秒）	4	26.49	21.12	15.75	21.12±7.96
		6	23.31	19.30	15.29	19.30±5.95
⑥投掷：幼儿尽力把球掷向 6.10m 远的墙上	5 次测验的平均时间（秒）	4	6.41	8.37	10.32	8.37±2.90
		6	8.12	10.64	13.16	10.64±3.73

续表

任务	计分	年龄	百分位数值（%）			平均数 ± 标准差
			25	50	75	
⑦接球：幼儿站在离施测者 3m 远的地方，接一个直径约 30cm 的球，球可与胸同高或在腰部以下	10 次测验能接到的次数（次）	4	3.24	4.00	4.76	4.00 ± 1.13
		6	4.32	4.65	4.98	4.65 ± 0.47
⑧双臂击球：幼儿手拿球拍，向 6.10m 远的墙上击打悬浮在半空中运动的网球	5 次测验的平均球速（m/s）	4	1.48	3.95	6.42	3.95 ± 3.67
		6	4.53	8.01	11.49	8.01 ± 5.15
⑨拍球：幼儿在 926cm² 的范围内拍直径约 20cm 的球	4 次测验的平均球数（次）	4	—	1.88	4.39	1.88 ± 3.73
		6	1.22	4.07	6.91	4.07 ± 4.21
⑩踢球：幼儿用力向 6.10m 远的墙上踢一个直径约 30cm 的球	5 次测验的平均球速（m/s）	4	4.15	6.73	9.31	6.73 ± 3.83
		6	7.62	8.84	10.66	8.84 ± 2.25

注：①百分位数值表示在某一个百分等级上的值。如“跑”的技能中，3.12 秒表示 4 岁幼儿中有 25%的人可以通过这个标准，2.80 秒表示 50%的孩子可以通过这个标准……以此类推。②平均数指某项技能的平均水平。如 4 岁幼儿跑的成绩，正常水平是（2.80–0.48）秒与（2.80+0.48）秒之间，即 2.32 秒与 3.28 秒之间都为正常的水平，如果低于 2.32 秒或高于 3.32 秒，就表示该幼儿在“跑”的技能上高于或低于平均水平。

下面我们以一个 4 岁幼儿的粗大肌肉测验得分的情况来举例说明这一量表的操作方法：一个 4 岁幼儿测验结果如图 5-2 所示：

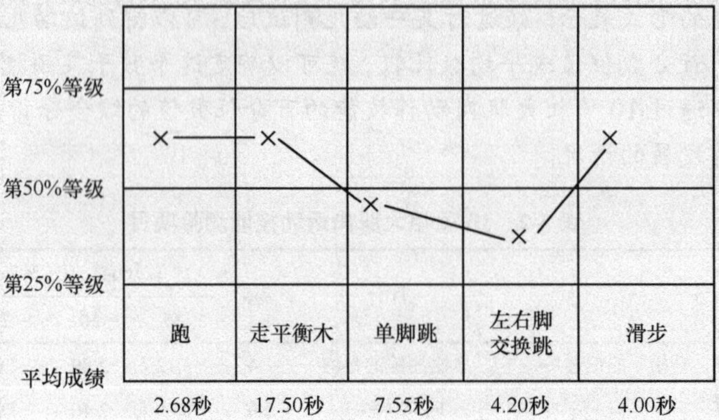

图 5-2　某 4 岁幼儿 5 项粗大肌肉动作的发展概况

由图 5-2 可知，这个孩子跑的平均成绩是 2.68 秒，低于第 75%等级的 2.47 秒，高于第 50%等级的 2.80 秒，所以他跑的技能属于中间稍偏上的水平。以此类推，可以对该幼儿各个方面的发展情况进行描述。

资料来源：郑雪. 2001. 幼儿心理教育手册. 广州：暨南大学出版社，250～253

第二节　幼儿的游戏活动

儿童的心理是在活动中形成和发展起来的，儿童的活动主要有三种：游戏、学习和劳动。幼儿的主导活动是游戏，这是幼儿的主要学习方式，是幼儿获得全面发展的重要途径。幼儿在游戏中不仅获得了快感，得到了生理和心理上的满足，而且促进了其身体的发育、认知能力的提高及情感和社会性的发展。

一、游戏的特点

游戏是什么？从达尔文开始，人们从不同的角度对游戏进行了大量的研究，也从不同角度对游戏进行界定和定义。尽管大家在界定游戏时，强调的侧重点不同，然而，所有研究游戏的人都承认，儿童天生就是爱玩的，游戏是最适合儿童身心发展特点的一种独特的活动，是促进儿童心理发展的一种非常好的活动方式，是其他教育活动所不可取代的。因此，有研究者主张，儿童的玩或任何自由活动都可以称之为游戏。具体而言，游戏具有以下特点。

第一，游戏是一种社会性活动。游戏往往是儿童根据他们对现实生活的理解，按照自己的愿望，将生活内容有目的、有意识、创造性地反映出来，因此，游戏是社会活动的一种初级模拟形式，反映了儿童的现实生活。

第二，游戏不是现实生活的简单翻版，而是想象与现实生活的独特结合。儿童在游戏中既可以从事自己向往的各种活动，又不受真实生活中的条件和规律的限制。因此，儿童在游戏中既可以充分展开想象的翅膀，又能真实再现和体验成人生活中的感受和人际关系。游戏中的想象形式主要包括以下三种类型：角色扮演（以人代人，一人多重身份）；对物品的假想（以物代物，一物多用）；对情节和行动方式的假想（取材于生活而表现形式异于生活）。

第三，游戏是儿童主动参与的、感兴趣的活动。游戏不像学习那样具有强制性和义务性，也不像劳动那样要创造财富。儿童在游戏中没有明确目的，没有心理压力和负担，是完全放松和愉快的，因而游戏深受儿童的喜爱。

二、游戏的理论

（一）早期的传统理论

1. 复演说　美国心理学家霍尔（G.S.Hall）在 20 世纪初提出了复演说，认为不同年龄阶段的儿童以不同的形式复演人类祖先的活动，重演史前的人类祖先到现代人进化的各个发展阶段。霍尔用复演说解释儿童游戏的本质，认为游戏是远古时代人类祖先的生活特征在儿童身上的复演，如儿童的追逐游戏复演了人类祖先狩猎时期的活动特征，儿童爬树、搭房子等游戏是人类祖先野外生活的复演。儿童游戏的发展阶段遵循了人类进化的顺序。

2. 精力过剩说　德国思想家席勒（J.C.F.Schiller）和英国社会学家、心理学家斯宾塞（H.Spencer）认为，游戏是由于机体内的剩余能量需要发泄而产生的。儿童体内存有大量的精力和能量，除了维持正常生活外，还有很多剩余的能量，儿童没有其他途径来发泄这些能量，只有通过游戏来消耗掉。

3. 松弛说　德国哲学家、心理学家拉扎鲁斯（M.Lazarus）提出，游戏不是为了消耗剩余的能量，而是为了缓解疲劳，恢复精力。人在劳动或学习中耗费了脑力和体力，产生了紧张和疲劳感，为了消除这些疲劳，人们就需要暂时离开当时的劳动或学习，利用游戏来实现放松和恢复精力的目的。

4. 生活准备说　德国心理学家、生理学家格罗斯（K.Gross）提出，游戏是对未来生活的一种无意识的准备，是为成熟做准备性练习。人类的生活条件是复杂的，儿童仅靠本能不能适应将来复杂的生活，于是儿童通过游戏的方式在本能的基础上锻炼和培养自己为生存竞争所必需的能力，在游戏中练习着未来所需要的各种生活技能。

5. 成熟说 荷兰生物学家、心理学家博伊千介克（F.Buytendijk）反对生活准备说，认为游戏不是本能，而是一般欲望的表现。引起游戏的欲望有三种：第一是排除环境障碍获得自由，发展个人主动性的欲望；第二是适应环境，与环境保持一致的欲望；第三是重复练习的欲望。由于身心各方面的发展使幼儿同时拥有这三种欲望，所以幼儿如此酷爱游戏、需要游戏。

上述理论产生于19世纪下半叶到20世纪30年代左右，深受达尔文进化论的影响，因而带有浓厚的生物学色彩，主要从先天和本能的观点来解释游戏，忽视了游戏的社会性本质。另外，这些理论大多是主观思辨的产物，没有科学的实验依据。但这些理论对后人的研究产生了很大的影响。

（二）当代的游戏理论

1. 精神分析理论 精神分析学派的代表人物弗洛伊德和艾里克森在其有关理论中对儿童的游戏进行了分析。

弗洛伊德认为，游戏也有潜意识的成分，游戏是补偿现实生活中不能满足的愿望和克服创伤事件的手段。儿童与成人一样，在生活中也有种种的欲望需要得到满足、表现和发展，但由于儿童生活环境的限制，有些欲望是不为客观环境容许接纳的，从而使儿童内心产生焦虑。游戏则是一种保护性的心理机制，它能使儿童摆脱现实的强制和约束，尝试不能在现实中实现的冲动，缓和内心的紧张，发展自我的力量以适应现实的环境。如在游戏中儿童给布娃娃打针就是在帮助自己克服打针时产生的恐惧和无可奈何的感觉。

艾里克森从新精神分析的角度对游戏进行解释，他认为游戏是情感和思想的一种健康的发泄方式。在游戏中，儿童既可以重复快乐，又能平复自己的精神创伤。

2. 认知动力理论 瑞士心理学家皮亚杰认为，游戏是儿童认识新的复杂客体和事件，发展新的认知结构，巩固和扩大概念、技能，使思维和行动结合起来的重要手段。儿童的认知发展阶段决定了儿童在特定时期的游戏方式，如在感觉运动阶段，儿童主要通过身体动作和摆弄、操作有形的物体来进行具体方式的游戏；在前运算阶段，儿童发展了象征性功能，可以进行假装游戏；在具体运算阶段，儿童就可以进行有规则的游戏了。游戏不仅反映了儿童的认知发展水平，通过游戏儿童还练习和巩固了新获得的技能，因此游戏也能推动儿童认知的发展。

3. 学习理论 美国心理学家、行为主义的代表人物桑代克（Edward Lee Thorndike，1874～1949）认为游戏也是一种学习行为，遵循效果律和练习律，受到社会文化和教育要求的影响。各种特定的文化对不同的行为会给予不同的奖励或惩罚，这种社会文化的差异也会反映在儿童的游戏中。在游戏中，儿童接受成人的强化或惩罚，从而增加或减少某种反应出现的可能性。

上述游戏理论从不同的角度阐述了游戏的实质和功能，对我们从不同方面认识游戏的本质和幼儿的游戏现象具有重要的启示。

三、游戏的分类

按照不同的标准，幼儿的游戏可以分为不同的类型。

（一）按游戏的目的分类

1. 创造性游戏　指由儿童自己想出来的游戏，目的是发展儿童的主动性和创造性，包括角色游戏、建筑游戏等。

2. 教学游戏　指结合一定的教育目的编制的游戏。利用这类游戏，可以有计划地增长儿童的知识，发展儿童的言语能力，提高儿童的观察、记忆、注意和独立思考的能力，为培养儿童良好的个性品质奠定基础。

3. 活动性游戏　指发展儿童体力的一种游戏。这类游戏可使儿童掌握各种基本动作，如走、跑、跳、攀登、投掷等，从而提高儿童的身体素质并培养其勇敢、坚韧、合作等优良的个性品质。

（二）按认知发展的水平分类

1. 机能游戏　又称练习性游戏或感觉运动游戏，主要发生在感知运动思维阶段，是一种最简单、最基本的游戏形式。这时的游戏只是儿童为了获得感觉或运动器官在使用过程中产生的快感而单纯地重复某种活动或动作，既可以是徒手游戏，也可以是操作物体的游戏。游戏的形式以抓、摸、拿等动作为主，反复练习感知觉和动作。游戏的象征性功能还未出现。

2. 假装游戏　又称象征性游戏，皮亚杰把假装游戏称为“儿童游戏的高峰”。假装游戏具有明显的代替性和假设性，能广泛促进幼儿的各种心理能力，如记忆、言语、逻辑推理、想象和创造性的发展。在游戏中，幼儿通过以物代物，以人代人，以假想的情景和行动方式将现实生活和自己的愿望反映出来，如幼儿把一块小积木当成小汽车来“开”着玩，或者过家家、当医生等。研究发现，1 岁以下的婴儿不会玩假装游戏，2～3 岁是假装游戏发展最迅速的时期，6 岁以上的儿童很少再玩这种假装游戏。

3. 规则游戏　这类游戏发生在具体运算阶段。这时儿童的语言及抽象思维能力进一步发展，开始摆脱自我中心，逐渐以规则为中心，并按照一定的规则进行游戏，这标志着儿童的游戏逐渐失去了具体的象征性内容而进一步抽象化。游戏中的规则可以是儿童自己制订的，也可以是由具体的某些游戏情境决定的。规则游戏有利于培养儿童遵守规则的意识。简单的规则游戏出现在 4～5 岁，如玩弹子、丢沙包等，以后随着年龄的增长，逐渐演化为较复杂的规则游戏，如体育游戏、纸牌游戏等。

4. 智力游戏　这类游戏一般出现在形式运算阶段。这时儿童思维的抽象程度达到了较高的水平，能够把内容和形式区分开来，摆脱了具体事物的束缚，可以根据各种可能的假设进行推理，因而，该阶段的儿童能够进行一些高度抽象化的智力游戏，如推理、计算等形式的游戏。

（三）按社会化程度分类

美国心理学家帕顿（M.B.Parten）根据儿童在自由游戏中的社会交往关系和协同程度将儿童的游戏分为以下六类。

1. 偶然行为　指儿童并未真正地参与到游戏中去，只是偶尔注视自己感兴趣的事物，如摆弄自己的衣服、在椅子上爬上爬下、乱跑、四处张望等。这是社会化程度最低的一种游戏，一般出现在儿童 2 岁之前。

2. 单独游戏　指儿童精力较为集中地、独自地游戏，不与他人发生关系，不参与别人的游戏。进行这种游戏时，儿童常常一边玩，一边自言自语，没有表现出任何想要参加到周围儿童的游戏中的愿望。

3. 旁观游戏 指儿童注视同伴的游戏，听他们谈话，向他们提出问题，观察他们的游戏，但自己不参与游戏。在观看其他儿童的游戏时，也偶尔会与正在游戏的小朋友谈话，发表自己的意见，但不会真正参与到游戏中。

4. 平行游戏 儿童在一起玩，所有的玩具和游戏方式相近，彼此的空间距离很近，也能意识到对方的存在，但各自的游戏内容没有联系。有时儿童之间会相互模仿，但无意支配别人的活动。

5. 联合游戏 这是一种没有组织的共同游戏，指儿童与同伴共同参与一项游戏，互相借用玩具，谈论共同的活动，有说有笑，但在游戏的过程中没有共同的目的，也没有分工，各自根据自己的愿望做游戏。

6. 合作游戏 这是一种有组织、有规则，甚至有领导者的共同游戏。在游戏中，儿童有明确的目的，并为了这个共同的目标而分工合作，服从领导者的指挥，根据自己所扮演的角色去完成任务。相对前几种游戏，这种游戏的社会化程度最高。

帕顿的研究还发现，2 岁的儿童一般只进行单独游戏、旁观游戏或平行游戏；4 岁的儿童一般进行平行游戏，但与 2 岁儿童相比，4 岁儿童在相互作用和从事合作游戏的方面表现得更多一点。

信息栏 5-2 游戏的分类

多莉期·伯根教授根据皮亚杰和帕顿对游戏的分类将游戏分为 15 种，并通过这 15 种游戏来研究 1～6 岁儿童游戏的社交类型和认知类型。采用时间取样观察法，以录像记录儿童在自由游戏或引导游戏的自然情境中的资料，或用秒表每隔 30s 记录一次，对每个被试共观察记录 12 分钟。15 种游戏举例如下：

（1）旁观—实战，观看其他儿童玩滑梯。

（2）旁观—象征，观看另一个儿童给娃娃喂饭。

（3）旁观—规则，观看老师和其他儿童玩丢手绢。

（4）个体—实战，独自踮着脚尖在楼梯上跑上跑下。

（5）个体—象征，让玩具动物“走路”和“说话”。

（6）个体—规则，按照特别的顺序把玩具排成一行并依照规则移动。

（7）平行—实践，在别的儿童旁边画画，但互不相关。

（8）平行—象征，“喂”娃娃，而同时别的儿童也在使用这些玩具，做类似的游戏。

（9）平行—规则，和别的儿童一起奔跑，但不是与他们比赛。

（10）联系—实践，与另一儿童在枕头上打滚。

（11）联系—象征，与另一个儿童一起“盖”房子，给他递积木、提建议。

（12）联系—规则，与另外一个儿童一起玩“轮换”的游戏，如排队玩滑梯。

（13）合作—实践，与另一个儿童相互传球。

（14）合作—象征，玩角色游戏，几个儿童一起“开医院”。

（15）合作—规则，参加捉人游戏或捉迷藏。

资料来源：杨丽珠，刘文. 2006. 毕生发展心理学. 北京：高等教育出版社，227～228

四、游戏的作用

（一）游戏能促进幼儿认知的发展

第一，游戏有助于巩固和加深幼儿的知识。游戏是幼儿生活的反映，幼儿在游戏中会广泛运用已有的知识经验来保证游戏的顺利进行，因而可以巩固和加深幼儿的知识。如在角色游戏中，幼儿通过扮演各种角色，了解社会生活中各种人物的行为准则和相互关系，获得和巩固各种社会知识。在建筑游戏中，幼儿通过亲自操作，认知到材料的大小、颜色、形状、重量等物理特性，还可获得上下、前后、中间等空间概念。

第二，游戏有助于促进幼儿想象力的发展。幼儿的很多游戏都需要儿童将真实的情景改造成想象的情景来进行。如在假装游戏中，就时时需要儿童发挥想象力，把一个事物想象成另一个事物，或者把自己想象成其他社会角色。因此，游戏能促进幼儿想象力的发展，而且在游戏中还可通过有意识的教育和引导，使儿童的想象越来越丰富，越来越有目的性。

第三，游戏能促进幼儿言语的发展。在游戏过程中，幼儿需要用言语来表现游戏的情节、内容，与同伴交流意见，共同商讨解决问题的办法，这有效扩大了幼儿谈话的范围，增强了幼儿口语表达的能力。

另外，游戏还能促进幼儿感知觉、随意记忆、思维、心理理论等的发展。

（二）游戏能促进幼儿社会性的发展

游戏给幼儿提供了社会交往的机会。在游戏中，幼儿与同伴交往时，会学习如何与同伴合作，如何被同伴接纳，如何解决发生的冲突，如何处理不同的意见等，这些都能够促进儿童的去自我中心，提高其观点采择的能力，并帮助其掌握和学习与人协商和合作的社会技能。此外，游戏还有助于培养幼儿各种良好的行为品质和意志品质。幼儿在游戏中不仅可通过角色扮演体验各种角色的思想情感、言谈举止，受到良好榜样潜移默化的影响，还能在服从游戏规则的同时，学会主动约束自己的行为，从而培养幼儿的自制力和活动的随意性。幼儿在游戏中还会为了使自己不被游戏伙伴排斥，而主动抑制自己的个性缺点，慢慢地学会容忍与合作。

（三）游戏能丰富和调节幼儿的情感

游戏给幼儿提供了在轻松愉快的气氛中自由抒发情感的途径，有利于幼儿积极情感的发展和消极情感的疏导。因此，游戏可被用作治疗情绪障碍的手段。另外，丰富多彩的游戏也为幼儿获得美感提供了条件。如建筑游戏可使幼儿体验结构造型的美；表演游戏可培养幼儿对文艺作品的兴趣，体验文学艺术的美；体育游戏可使幼儿体验动作的美。美感能够极大地丰富幼儿的情感体验。

第三节　幼儿认知与言语的发展

由于受身心发展水平的限制，幼儿认知的主要特点是具体形象性与不随意性占主导地位，抽象逻辑性和随意性初步发展，这些特点主要体现在幼儿感知觉、注意、记忆、思维与言语能力的发展上。

一、感知觉的发展

在幼儿的认知活动中，感知觉仍占优势地位，幼儿主要是借助于形状、颜色、声音等来认知世界。幼儿感知觉的发展主要表现在颜色视觉与空间知觉等方面。

（一）颜色视觉

幼儿颜色视觉的发展主要表现在颜色辨别与颜色命名两个方面。婴儿对颜色的辨认能力发展得很快，4～5 个月时，婴儿的颜色辨别能力已接近成人水平，能够区分那些视觉正常的成人所能区分的颜色中的大部分（Haith，1990；Brwon，1990）。但直到 3 岁，幼儿颜色命名的正确率仍然较低。张增慧对 3～6 岁幼儿的颜色命名能力进行了研究，实验所用颜色为红、橙、黄、绿、蓝、紫、黑、白，每种颜色呈现 10 秒，要求被试说出颜色的名称。结果表明，3～6 岁幼儿对颜色的正确命名能力随年龄增长而提高，而且幼儿对不同颜色的正确命名率是不同的，依次为红、白、黑、黄、绿、蓝、橙、紫。丁祖荫等的研究指出，幼儿辨认颜色主要在于能否掌握颜色名称，无论是混合色还是基本色，只要该颜色有明确的名称，幼儿都可以掌握。另外，幼儿对颜色深浅色调的辨认，主要受生活经验的影响，而不是幼儿颜色辨认能力不够。

李文馥对 4～6 岁幼儿的颜色爱好进行了探究，实验中使用的颜色为红、橙、黄、绿、蓝、紫、棕、浅绿、浅蓝、粉红、黑和白，共 12 种颜色。研究结果表明，幼儿最喜欢的颜色主要是红色色调区域和明度最大的颜色。刘少英等采用对偶比较法，也对 4～6 岁幼儿的颜色偏好进行了实验研究，结果表明，在 4～6 岁的年龄段中，幼儿颜色偏好顺序依次为：红、黄、橙、蓝、紫、绿；男女幼儿的颜色偏好有明显差异，男生最喜欢的颜色是蓝色，女生最喜欢的颜色是红色。不同年龄之间的幼儿颜色偏好没有明显差异。

（二）空间知觉

幼儿空间知觉的发展主要表现为形状知觉和方位知觉的发展等。

1. 形状知觉 幼儿的形状知觉与婴儿相比有了快速的发展，到幼儿末期，已基本掌握了各种形状。丁祖荫等研究了幼儿辨别物体平面形状的能力，结果发现，幼儿认识形状的能力随年龄增长而提高，幼儿掌握主要形状的顺序为：圆形、正方形、三角形、长方形、半圆形、梯形、菱形和平行四边形。侯岩等对 4～6 岁的幼儿进行了形状分类的实验，结果表明，幼儿形状认知能力随年龄的增加而呈线性增长。4 岁幼儿对图形的独立分类能力较低，通过率为 10%，6 岁时通过率迅速上升为 80%，到幼儿末期，100%的幼儿都能正确地进行各种形状的分类，形状认识能力的发展趋于稳定。

2. 方位知觉 朱智贤等（1964）的研究指出，3 岁以前的儿童仅能辨认上下方位，4 岁儿童开始能辨认前后方位，6 岁儿童虽能完全正确地辨别上、下、前、后四个方位，但以自身为中心的左右方位的辨别水平还较低。田学红等的研究表明，4 岁幼儿已基本能正确辨认简单的方位，如“上下”、“前后”、“里外”、“之间”，但对复杂的“左右”方位的辨认正在逐渐发展：以自身为参照的左右理解的正确率 4 岁组儿童达到 5%，处于一种猜测的概率水平，5 岁组儿童为 65%，6 岁组为 75%；以对方客体为参照的左右理解成绩更差，4～6 岁幼儿的正确率在 7%以下。由此可见，幼儿期是方位知觉初步发展的时期，幼儿对简单方位的辨别已基本完善，但对更高水平的方位的辨别正处于发展中。

另有研究表明（方格，1983），幼儿逐渐具有了二维与三维空间相互转换的能力。5 岁幼儿多数能凭借照片线索实现二维向三维空间的转换，6 岁幼儿逐渐能凭借语言的间接描绘去重建一个三维世界。

二、注意的发展

注意的发展水平直接影响儿童认知活动的效果。幼儿注意的发展主要体现在随意注意的增强和注意品质的提高两个方面。

（一）随意注意的增强

婴儿的注意主要是无意注意，而且注意的发展水平很低。幼儿的注意虽然还是以无意注意为主，但有意注意正在形成，注意水平逐渐提高。

引起幼儿无意注意的因素主要还是刺激物本身的特点，如鲜明的颜色、强烈的声音等。随着幼儿年龄的增长与生活范围的扩大，幼儿的兴趣表现也越来越明显，因此，与幼儿兴趣和需要有密切关系的事物，也成为引发幼儿无意注意的原因。游戏就是因为能激发幼儿强烈的兴趣并满足其快乐的需求，所以幼儿能凭借游戏引发的无意注意长时间地进行游戏活动，这也是幼儿无意注意高度发展的主要表现。

在生理成熟和外界环境的影响下，幼儿注意的随意性逐渐增强，即有意注意开始发展，但直到幼儿末期，幼儿有意注意的发展水平仍较低。

（二）注意品质的提高

1. 注意范围不断扩大　随着年龄的增长，幼儿的注意范围逐渐扩大。国外一项研究表明，6 岁以下的幼儿在看电视节目《芝麻街》时，往往只专注于节目中的视觉形象，如各种拟人动物角色的衣着打扮、长相和动作表现，而不理会它们之间的对白内容。6 岁以后，他们不仅对视觉形象感兴趣，而且能同时接收听觉方面的刺激信息——对白（Hayes，et al. 1981）。

2. 注意稳定性不断提高　在婴儿期和幼儿初期，儿童的注意是不稳定的，很容易在外界事物的影响下改变注意的目标，这虽然可以看作儿童积极探索世界的表现，但注意的不稳定性不利于儿童获得对事物的清晰感知，更不利于儿童完成较为复杂的学习任务。因此，发展注意的稳定性是幼儿入学前的重要心理准备之一。实验研究表明，幼儿注意的稳定性随年龄增长而逐渐发展：在良好的教育环境下，小班幼儿能够集中注意 3～5 分钟，中班幼儿能够集中注意 10 分钟，大班幼儿有意注意的稳定性和自觉性增强，注意集中的时间可延长到 15 分钟左右。因为游戏能引起儿童的兴趣，因此，幼儿在游戏中的注意稳定性水平更高，如 2～3 岁幼儿在进行感兴趣的游戏时，注意持续时间可达 20 分钟，5～6 岁幼儿可达到 96 分钟。

3. 注意策略的使用　幼儿逐渐学会使用注意策略。一项研究让 3～5 岁的儿童在幼儿园的院子里寻找一件“丢失”的物品，结果发现，年龄较大的 5 岁幼儿能较有计划地逐处把院子里的每一个角落都找一遍，而年龄较小的幼儿则毫无计划地东找西找（Wellman，et al. 1979）。但即使是幼儿末期的儿童，他们计划自己注意目标的能力仍只是刚刚发展，还不大会运用注意的策略指导他们的观察活动，如让他们观看一幅内容丰富的图画，他们往往会忽略其中许多重要的细节（Ruff and Rothbart，1996）。

三、记忆的发展

记忆是儿童积累知识和经验的基本手段，是儿童高级认知过程形成和发展的基础。与婴儿期相比，幼儿的记忆有了很大的发展，主要表现为记忆容量的增大、记忆类型的改变、记忆策略的发展与元记忆的初步形成。

（一）记忆容量

儿童记忆的容量随年龄增长而增加。由于短时记忆在记忆理论和生活实践中均占有重要地位，有关记忆容量的研究主要集中在短时记忆容量方面。幼儿短时记忆容量的发展主要表现为记忆范围的扩展、记忆广度的扩大和记忆保持时间的增长。

记忆范围是指记忆中内容种类的多少。幼儿初期，记忆的范围只限于日常生活中经常接触的事物和人物。到幼儿末期，其记忆范围随着儿童言语能力的发展、活动能力的增强和社交范围的扩展也迅速扩大，从家庭成员扩展到小伙伴、幼儿园小朋友及老师，从日常生活扩展到文化、科学等各个领域。

记忆广度是指幼儿在单位时间内所记住的识记材料的最大数量。研究表明，成人的短时记忆广度是 7 ± 2 个组块，幼儿还没有达到这一标准，见表 5-3。

表 5-3　幼儿的短时记忆广度

年龄（岁）	3	4	5	6	7
平均数	3.91	5.14	5.69	6.10	6.09

记忆保持时间是指从识记材料开始到能对材料再认或再现之间的间隔时间。研究表明，幼儿记忆保持时间也随年龄增长而增长。在再认方面，3 岁儿童能再认几个月以前感知过的事物；4 岁儿童能再认 1 年以前感知过的事物；到 7 岁时，儿童再认保持时间可达 3 年。在再现方面，3 岁儿童能再现几个星期前的事物；4 岁儿童能再现几个月之间的事物；5～7 岁儿童能再现 1 年以前的事物。

（二）记忆类型

1. 幼儿的无意记忆占优势，有意记忆逐渐发展　幼儿初期的无意记忆表现明显，凡是符合幼儿兴趣需要的、能激起强烈情绪体验的事物，或者直观、具体、形象和鲜明的事物，幼儿的记忆效果均较好。在教育的影响下，幼儿晚期即 5 岁以后，幼儿的有意记忆和追忆能力逐渐发展起来。有意记忆最初是被动的，记忆的目标通常是由成人提出的，以后幼儿才能主动确定目标，进行有意记忆。有意记忆的出现标志着儿童记忆发展上的一个质变。

2. 幼儿的机械记忆占优势，理解记忆逐渐发展　从记忆方法上，记忆可分为机械记忆和理解记忆。由于幼儿经验少，又缺乏记忆的有效策略，所以幼儿的机械记忆占优势。为此，在幼儿期，甚至更早一些，我们就可以有意识地让儿童利用机械记忆记一些诗词、儿歌、汉语拼音等，锻炼儿童的记忆能力，也为儿童以后的学习打下知识基础。在使用机械记忆的同时，幼儿的理解记忆随着儿童言语的发展和社会交往的增多也在快速发展，如 4～5 岁的幼儿在复述成人讲的故事时，并不是一字一句地照背，而是在理解的基础上或多或少地有一些组织加工。

从一定意义上来看，幼儿的理解记忆效果比机械记忆好。因此，成人也要经常引导幼儿理解需要记忆的材料，并教授他们一些有效的记忆方法，尽量促进幼儿理解记忆的发展。但整体而言，幼儿的机械记忆是主要的，理解记忆要到儿童进入小学学习后才逐渐占优势。

3. 幼儿的形象记忆占优势，语词记忆逐渐发展　幼儿的记忆带有很大的直观形象性，语词的逻辑记忆能力还很差。随着语言的发展，幼儿的语词记忆也在发展，但在整个幼儿期，形象记忆一直占主要地位。在卡尔恩卡（1955）的研究中，让3～7岁的儿童记住三种材料，第一种是儿童熟悉的具体物体，第二种是标志儿童熟悉物体的词，第三种是标志儿童不熟悉物体的词。研究结果表明，无论哪个年龄阶段，幼儿的形象记忆效果都优于语词记忆效果；幼儿两种记忆效果都随年龄增长而提高，但语词记忆效果的发展速率要高于形象记忆。

（三）记忆策略

记忆策略是人们为有效完成记忆任务而采用的方法或手段。儿童的记忆策略是不断发展的。弗拉韦尔等（Flavell，et al. 1966）通过研究提出儿童的记忆策略发展可以分为三个阶段：第一阶段，没有策略，通过训练也不能产生策略；第二阶段，不能主动使用策略，但经过诱导可以使用策略；第三阶段，能自发地产生和使用策略。一般认为，5岁以前的儿童多处于第一阶段，5～7岁的儿童多处于第二阶段，10岁以后儿童的记忆策略稳步发展。常用的记忆策略有复述策略、组织策略、检索策略等。

（四）元记忆

元记忆是对记忆本身的认知活动，包括元记忆知识、元记忆监控和元记忆体验。元记忆知识包括记忆主体方面的知识、记忆任务方面的知识和记忆策略方面的知识。幼儿对元记忆并不是一无所知。在一项研究中发现，5岁的幼儿已经知道记住一个短的词表要比记住一个长的词表容易，记住熟悉的事物比记住生疏的事物容易，记住昨天发生的事情比记住上个月发生的事情容易（Flavell，et al. 1975）。这表明幼儿已经具备了一些简单的元记忆知识。

信息栏 5-3　幼儿背唐诗大有好处

唐诗是中华民族灿烂文化宝库的一块瑰宝。千百年以来，人们传诵它、赞美它，一些有见识的父母还把它引为家庭启蒙教育的教材。这是因为唐诗中的律诗、绝句，短小精悍，而且合辙押韵，朗朗上口。有的家长可能担心，唐诗有的地方我们自己还讲不大明白，孩子怎么能听懂？是的。有些诗句，孩子是听不懂，但不懂也不要紧。有位教育家讲得有道理，对孩子们来说，不大懂的东西可能像块冰，孩子吞进肚里后，自己会化的。不过，化的时间有长有短。总的来说，随着年龄的增长，孩子对诗的理解也越来越深。

1. 孩子背诵唐诗的好处

（1）可以锻炼孩子的记忆力。唐诗有些篇章与儿歌相似，孩子记忆能力好，很容易背会。一般儿歌的艺术性差；唐诗中不少篇章的艺术性、思想性均佳。常背一点唐诗，有助于增强孩子的记忆力。

（2）可以使孩子受到美的教育。唐诗中有不少篇章都写得很美，如“春眠不觉晓，处处闻啼鸟。夜来风雨声，花落知多少？”再如“明月松间照，清泉石上流”、“霜叶红于二月花”等诗句，都写得富于诗情画意，多让孩子读一读、背一背，可以受到美的陶冶，有利于身心健康成长。

（3）可以为孩子将来学习汉语打下基础。诗歌中，既有不少孩子不认识的字，又有许多语法现象。学龄前阶段背些诗歌，可以使孩子提前接触汉语知识。不少成人的文学修养高都与他们从小接触过唐诗有关。

2. 孩子背诵唐诗的策略

（1）刚开始可选背浅显易懂的、短小的绝句，这样容易引起儿童的兴趣。

（2）最好让孩子看着文字先念给他听，即使不认识字，也可以让他有一个什么叫字、什么叫诗的概念。个别简单的汉字，可以教给他。

（3）准备一个小本子，最好背一首，抄下一首，做到心中有数，同时也能鼓励孩子再接再厉。

（4）如果孩子读了小学，学会了汉语拼音，可以买一本带汉语拼音的诗歌读本来背。这么做一举多得，既可以复习汉语拼音，又可以扫除背诗时不认识汉字的“拦路虎”，还可以不用爸爸、妈妈给他念，培养孩子主动获取知识的能力。

四、思维的发展

思维是人脑对客观事物间接的概括性反映，是借助语言和言语揭示事物本质特征和内部规律的认知活动。按所要解决问题的内容，思维可分为直观动作思维、具体形象思维和抽象逻辑思维。幼儿的思维是在婴儿期直观动作思维发展的基础上，在新的生活条件下，以语言发展为前提逐渐发展起来的。根据皮亚杰的认知发展理论，2～7 岁幼儿的思维处于前运算阶段。这一阶段幼儿思维发展的主要成就是出现了符号功能或象征性功能，符号功能的产生是儿童认知能力发展的一种飞跃。伴随符号功能的出现，幼儿产生了人类特有的语言思维，能用词和表象相结合的方式进行思考，从而使思维和动作分离开来，使思维带有概括性和间接性，儿童不仅能思考当前的事物，而且能思考过去和未来，这为儿童的认知开辟了无限广阔的天地。

（一）幼儿思维发展的特点

幼儿思维发展的主要特点是以具体形象思维为主要形式，抽象逻辑思维开始萌芽。幼儿思维发展的特点主要表现在以下三个方面。

1. 思维的具体形象性 具体形象思维是指利用事物的形象以及事物形象之间的关系来解决问题的思维类型。幼儿的思维虽然逐渐摆脱了对动作同步性的依赖，但仍受具体事物形象和动作的影响，带有很强的具体形象性，还不能凭借对事物的内在关系和本质的理解进行思考。如一个幼儿能够正确回答“6 个苹果，2 个人平分，每人能分到 3 个”，却不能正确回答“3+3=？”。幼儿的这种思维特点与其知识贫乏及第一信号系统占优势是分不开的。

皮亚杰在研究中指出前运算阶段幼儿思维的特点主要表现为幼儿普遍存在的泛灵论、自我中心主义和不可逆性。泛灵论是指幼儿将一切物体都赋予生命的色彩。如幼儿认为在采摘苹果时，苹果也会感到疼痛；布娃娃掉在地上会摔痛等。自我中心主义是指幼儿仅从自己的角度去表征世界，相信任何人的观点、想法和情绪体验都是和自己一样的，不能认识到别人具有与自己不同的观点。皮亚杰证明幼儿自我中心主义倾向的著名实验是“三山实验”。研究结果发现，

8 岁以下的儿童一般都不能完成三山任务，儿童总是根据自己的视角位置来选择照片，换言之，他看到什么也认为别人看到什么（三山实验详见第二章）。不过最近的一些研究认为，皮亚杰的任务对于幼儿来说太困难了，因此，皮亚杰可能低估了幼儿的能力。

在整个前运算阶段，幼儿思维的另一个最重要的特点是不可逆性。皮亚杰通过守恒实验来测试幼儿思维的这一特点。守恒是指对物质从一种形态转变为另一形态时，物质含量保持不变的认识。皮亚杰通过一系列守恒实验发现（详见第二章），幼儿还不能完成守恒任务，儿童一般在 8 岁左右才能达到守恒。现实生活中也经常可见幼儿思维的不可逆性，如当你问一个幼儿："你有哥哥吗？"幼儿回答说："有。""他叫什么名字？""小明。""那么小明有弟弟吗？""没有。"幼儿也不能理解若 $a>b$，则 $b<a$。这些特点都是幼儿思维具体形象性的表现。

2. 思维的抽象性开始萌芽　抽象逻辑思维是指使用概念、判断、推理等思维形式进行的思维，通过抽象逻辑思维可以认识事物的本质特征以及事物内部的必然联系。在幼儿末期即 6 岁以后，儿童出现了抽象逻辑思维的萌芽，主要表现在幼儿的思维中开始使用逻辑规则，逐渐表现出一定的可逆性和去自我中心性等。林崇德针对幼儿数概括能力和运算能力的发展研究表明，在幼儿阶段，思维是从直觉行动思维向具体形象思维再向抽象逻辑思维发展的，以具体形象思维为主导。

3. 言语在幼儿思维中的作用日益增强　幼儿初期，言语在思维中只是起行动总结的作用；到幼儿中期，言语能够伴随儿童的行动同步进行；到幼儿晚期，言语才成为行动的计划者和组织者。与此同时，幼儿的思维活动起初主要依靠行动进行，后来才逐渐发展到依靠言语进行，并开始带有逻辑的性质。

信息栏 5-4　幼儿有创造性思维吗？

幼儿有创造性思维能力吗？不少家长持怀疑态度。他们认为创造性思维高不可攀，幼儿不可能形成。这些家长认为创造性思维是发明创造者所特有的思维方式，幼儿不能像科学家那样发明创造，不能像文学家那样写出新作品，也不能像理论家那样创立新理论。

其实不然，在儿童许多幼稚的言语和举动中，我们可以发现幼儿的创造性思维正在萌芽。许多心理学家和教育工作者也认为，幼儿期是儿童创造性思维能力塑造的关键期。此时，如果教育者重视并积极引导，他们的创造性思维能力可以得到较好的发展。5～6 岁的儿童在游戏、绘画、手工、编故事、计数等活动中都已经明显出现了构思新形象、寻求新办法、解决各种新问题的创新精神。例如，幼儿能够根据故事的开头编出符合逻辑的结尾；在游戏中，把积木当汽车，把板凳当火车，把竹竿当马骑，这一切都蕴含着创造性思维的萌发。美国著名的教育家杜威认为，如果一个 3 岁的儿童发现可以用积木来做游戏；或者一个 6 岁的儿童发现用两个五分硬币换来一支价值一角的雪糕，那么他就是真正的"发明家"，他们的发现就是"创造性发现"，他们的思维方式也就是创造性思维。在这种思维方式下，幼儿的思想不受任何习惯的约束，海阔天空地去想象……他们不仅努力去反映周围的现实，而且把得来的信息重新组合，转化成为一个个新的形象、一个个奇妙的儿童世界。

当然不能否定，由于幼儿年龄尚小，接触社会较少，知识经验贫乏，思维方式也有局限，他们所进行的创造性活动或解决问题的"新方法"，很少像成人那样具有显著的社会价值，其过程也不像成人那样花费很长时间，他们还处在发展的初级状态，不能和成人相比，但即使是这样，也是难能可贵的，它有助于幼儿当前的学习和发展，也为将来的创造性活动奠定了基础。

有的家长和教师对培养幼儿的创造性思维能力是不够重视的，甚至在无意中压抑了孩子的创造精神。他们往往认为幼儿年幼无知，教育的任务仅仅是向他们灌输知识，让他们完全照着成人的吩咐行事。于是，要求幼儿“机械模仿”、“死记硬背”便成了他们教育的主要方法。

有的教师在教绘画时要求学生“依葫芦画葫芦”，不能有任何自己的发挥和修改；在让幼儿复述故事时，要全部用老师讲述时使用的词语，不能更换；做游戏时，幼儿的一举一动也必须按照成年人给定的条条框框，幼儿扮演什么角色、使用什么玩具、讲什么话、做什么动作，都得由成年人来定，不准孩子有一点“越轨”，这样，幼儿的行为便成了鹦鹉学舌，幼儿刚刚萌发的创造性思维的萌芽就被成人的斥责摧毁了。

人们通常认为只有对科学、技术、文学和艺术等有巨大创造和发明的人才具有创造力，创造力是少数天才所具有的天赋。但是，大量的科学研究表明，人人都有创造力。吉尔福特指出：“迄今人们获得的有意义的认识之一是，创造性再也不必假设为仅限于少数天才，它潜在地分布在整个人类中间。”我国教育家陶行知先生写过一篇文章，叫作《创造宣言》，他在文章中说：“处处是创造之地，天天是创造之时，人人是创造之人，让我们至少走两步退一步向着创造之路迈进吧。”

（二）幼儿思维形式的发展

1. 幼儿概念的发展

（1）幼儿概念掌握的特点：概念是人脑对客观事物的一般特征和本质特征的反映。概念是在概括的基础上形成和发展起来的，用词来表示。幼儿对概念的掌握直接受其概括能力发展水平的制约。幼儿的概括能力主要处于形象概括的水平，并逐渐向本质抽象的概括水平发展，因此幼儿概念掌握的特点是：第一，概括的内容比较贫乏，每一个词只能代表特定的某一事物或特征，而不能代表一类事物或一类事物的共同特征。第二，概念的内涵往往不精确，外延也不恰当。第三，概念的概括特征主要是外部的、非本质的。

（2）幼儿实物概念的掌握：幼儿最初掌握的主要是一些具体的实物概念。幼儿掌握实物概念的一般发展过程是：幼儿园小班儿童掌握的实物概念的内容基本上代表儿童所熟悉的某一个或某一些事物；中班儿童已能在概括水平上指出某一些实物的比较突出的特征，特别是功用上的特征；大班儿童开始能指出某一实物若干特征的总和，但是还只限于所熟悉的事物的某些外部和内部的特征，而不能将本质和非本质的特征很好地加以区分。在一定的教育下，大班儿童也可以初步掌握某一实物概念的本质特征。

（3）幼儿数概念的掌握：数概念相对于实物概念而言，是一种更加抽象的概念，因此儿童数概念的掌握要稍晚一些。数概念的掌握包括理解数的实际意义、数的顺序、数的组成等。根据研究，儿童形成数概念的过程包括口头数数、按物点数、说出总数和按数取物这一发展顺序（数概念发展研究协作组，1979）。一般而言，3 岁幼儿已能口头数 10 以内的数，但儿童对最初的口头数出的数字并不了解数的实际意义。通过口头数数能帮助儿童掌握一个社会公认的自然数字表。按物点数是指幼儿开始把数字与客观事物的数量联系起来，建立数与物之间的一一对应的联系，儿童能正确地点数实物表明他们对数的实际意义有了初步的认识。说出总数意味着幼儿的计数能力达到了一个新的水平，即出现了数群的概念。按数取物是指幼儿能按一定的数目拿出同样的物体，这是对数概念的实际应用。北京地区儿童按数取物的平均成绩为：4岁组是5以内，5岁组是15以内，6岁组是30以内；按数取物的方式是：4～5岁组大多是逐一点数取物，而6岁组儿童已能2个或5个地按要求的数量取出客体，做到按群计数。

（4）幼儿类概念的掌握：幼儿在对事物或现象的意义有了充分的理解之后，就可以进行分类了。分类是指个体根据某一特征将物体组织起来，使自己在整体上对组织起来的物体做出共同反应而不是对个体做出反应的过程。研究发现，幼儿分类的发展经历了习性分类（或随机分类）、知觉分类、功能性分类（或主题分类）、基于概念分类的四个阶段。

第一阶段是习性分类或随机分类，指儿童经常成对地组织物体，但他们既不能提供分类的理由也不能说出物体的某一个具体特征，多数2岁的儿童和一些3岁儿童处于此阶段。

第二阶段是知觉分类，指幼儿根据知觉特征分类物体，如桌子和椅子分在一组是因为它们都有四条腿；大象和卡车分在一组是因为它们都很大。3岁和4岁的幼儿会出现这种分类。

第三阶段是功能性分类，指幼儿根据物体的功能或主题关系进行分类。所谓功能或主题关系是指在时间和空间上共同发生或相互作用的人、物、事件及实体之间的内部或互补的关系。这意味着幼儿认识到在一个类别内的物体虽然不同，但它们之间共享某种内部的相互关系，如把生日蛋糕和生日蜡烛放在一组。

第四阶段是基于概念的分类，指幼儿的分类具有逻辑性，在一定程度上与科学的分类相似，如幼儿开始把一些事物按动物、家具等进行分类。这种分类在儿童6～9岁时得到了快速发展。

不过值得注意的是，幼儿的分类并不是严格按照这四个阶段进行的，幼儿经常采用混合的分类方式。

2. 幼儿推理能力的发展　推理是思维最基本的形式。推理是人在头脑中根据已有的判断导出新判断的过程，它是判断与判断之间的联系。幼儿在一定的范围内已能进行一些简单推理，但其推理的抽象概括性、逻辑性和自觉性都很差，即推理水平较低，甚至有些推理看起来是荒唐可笑的。幼儿推理能力的发展主要体现在幼儿归纳推理、演绎推理和类比推理的发展趋势上。

（1）归纳推理。归纳推理是从特殊到一般，从少数到多数的推理。由于幼儿的思维以具体形象性为主，他们只能对事物外部的非本质特征进行归纳，很难抓住事物间的本质联系，因而幼儿常根据事物之间在知觉上的相似性或事物的名称进行归纳推理。随着儿童概括能力的发展以及类概念的形成，儿童的归纳推理能力才逐渐发展起来。

（2）演绎推理。演绎推理是从一般到特殊的推理。其中三段论推理是一种典型的演绎推理，是指从两个前提推论出一个符合逻辑的结论的推理。如“一切木制物品都会漂浮，这些物品是木制的，所以，这些物品都会漂浮。”研究表明，幼儿的演绎推理能力尚处于萌芽时期，但5～7岁的幼儿，经过专门教学后，能够正确运用简单的三段论式的逻辑推理。

（3）类比推理。类比推理是一种比较特殊的推理，是从特殊到特殊的推理，其通常的形式是：A：B∷C：D，如狗：小狗∷猫：？，答案是小猫。有关研究表明，幼儿已具有一定的类比推理能力，随着年龄的增长，幼儿的类比推理能力逐渐提高。如杨玉英和朱法良（1987）的研究发现，4岁幼儿多数只能根据一种表面属性完成类比推理，5岁幼儿有半数能依据两种或三种属性进行类比推理，而绝大多数6～7岁的幼儿已能依据三种属性完成操作任务。

信息栏 5-5 智力测验：儿童多元智力评估核查表

“多元智力理论”（multiple intelligences）是加德纳（Gardner）1983 年提出的智力结构理论。它一反传统的智力理论把智力与能力划分开来的做法，认为智力是一种能力或一组能力。多元智力理论包括三个要点：第一，智力不是一个单一的东西，而是一个多元性的东西；第二，人的各个方面或种种智力是独立的，用一种测验测得的智力分数不能预测另一种智力水平；第三，各种智力是交互作用的。

“儿童多元智力评估核查表”是由美国教育家托马斯·阿姆斯特朗（T. Armstrong）博士根据加德纳“多元智力理论”设计的多元智力评估方法。在对孩子的多元智力进行评价时，教师、家长或其他读者可以根据自己对孩子的学习或日常活动的切身体会做适当的增加或删减。教师和家长可以根据表中列出的，针对特定孩子的具体情况进行核对，如果表中所列的项目与孩子的实际情况相符，就在右边选择对应的“是”，否则就选择“否”。最后，根据各种智力分别计算“是”和“否”的数量。根据每种智力获得“是”的多少排列，得到“是”最多的就意味着你的孩子可能在这方面最为擅长，得到“是”最少的那种智力可能就是你需要引起重视的孩子的弱项。做这个测验有利于教育者更好地了解和评价孩子，知道每一个孩子的长处和短处。作为教育者，重要的是利用孩子的长处，培养和增强孩子的自信心，以长处带短处，从而获得全面发展。千万不能只盯着孩子的短处，总是以一种恨铁不成钢的态度来教育孩子，这样会让孩子失去自信心，阻碍孩子的健康发展（表 5-4）。

表 5-4 儿童多元智力评估核查表

语言智力	是	否
1. 写作能力高于同龄儿童。		
2. 善于编写令人难以置信的故事或善于讲故事和笑话。		
3. 善于记人名、地点、日期或一些琐事。		
4. 喜欢文字游戏。		
5. 喜欢看书。		
6. 书写正确（若是学前儿童，拼写能力高于同龄儿童）。		
7. 喜欢顺口溜、双关语、绕口令等语言游戏。		
8. 喜欢听口述语言（如故事、广播、故事录音带等）。		
9. 在同龄儿童中词汇丰富。		
10. 与人交流时，善于言语。		
逻辑—数学智力	**是**	**否**
1. 对于如何做事会问很多问题。		
2. 快速心算（若是学前儿童，数学概念高于同龄儿童）。		
3. 喜欢数学课（若是学前儿童，喜欢数学及其他与数学有关的课程或事物）。		
4. 对电脑、计算机游戏感兴趣（若没接触过电脑，喜欢其他数学或算术游戏）。		
5. 喜欢象棋或其他策略游戏。		
6. 喜欢逻辑难题或智力难题（若是学前儿童，喜欢听像《爱丽丝漫游仙境》之类的故事）。		
7. 喜欢把事物分类或分等。		
8. 喜欢做高度思考过程的实验。		

续表

逻辑—数学智力	是	否
9. 思考方式比同龄儿童更抽象化、概念化。		
10. 比同龄儿童对因果关系更有概念。		
空间智力	**是**	**否**
1. 可以说出清楚的视觉表象。		
2. 阅读地图、图表比文字更容易（若是学前儿童，更喜欢看而不是阅读）。		
3. 比同龄儿童更喜欢想入非非。		
4. 喜欢艺术活动。		
5. 比同龄儿童画图画的好。		
6. 喜欢看电影、幻灯片或其他视觉上的表演。		
7. 喜欢拼图、走迷宫或类似的游戏。		
8. 制作有趣的立体模型。		
9. 阅读时从图而不是从文字中获取更多信息。		
10. 爱在书本、纸张或其他东西上涂画。		
运动—操作智力	**是**	**否**
1. 擅长一种或多种体育运动（若是学前儿童，身体技能超过同龄儿童）。		
2. 如长时间坐在一个地方会扭动、敲打或烦躁不安。		
3. 善于模仿他人的动作、言谈举止等。		
4. 喜欢拆解，然后再组装物品。		
5. 喜欢触摸所见的事物。		
6. 喜欢跑、跳、摔跤或类似的活动（如年龄稍大，会有所节制，而表现出像拍打朋友、跑进课堂、翻跳椅子等动作）。		
7. 表现出手工技能（如木工、缝纫、机械等），或其他方面动作协调性好。		
8. 戏剧性地表达自己。		
9. 思考与工作时传达出不同的肢体感觉。		
10. 喜欢黏土或其他用手触摸的经历（如手指画等）。		
音乐智力	**是**	**否**
1. 音乐走调或出错时会告诉你。		
2. 记得歌曲的旋律。		
3. 嗓音好。		
4. 弹奏一种乐器或参加合唱团（若是学前儿童，喜欢玩打击乐器或参加合唱团）。		
5. 讲话或动作时很有节奏感。		
6. 无意识地自己哼唱。		
7. 做事时在桌上打节拍。		
8. 对外界噪音很敏感。		
9. 喜欢听音乐。		
10. 唱课堂学来的歌曲。		

续表

人际智力	是	否
1. 爱与同伴交流。		
2. 似乎是天生的领袖。		
3. 给有问题的朋友建议。		
4. 在校外似乎很聪明。		
5. 是俱乐部、委员会或其他组织的成员（若是学前儿童，经常是群体的一部分）。		
6. 喜欢非正式地教导其他孩子。		
7. 喜欢与其他孩子一起玩游戏。		
8. 有两三个好朋友。		
9. 关心他人。		
10. 他人愿让其陪伴。		
内省智力	**是**	**否**
1. 独立性好，意志坚强。		
2. 清楚了解自己的优缺点。		
3. 可能独处玩耍或学习。		
4. 生活和学习方式与众不同。		
5. 不善谈自己的兴趣爱好。		
6. 自我目标明确。		
7. 喜欢独立工作而不是合作。		
8. 准确表达自己的感觉。		
9. 能从生活的成功或失败中学习。		
10. 拥有高度的自尊。		

资料来源：郑雪. 2001. 幼儿心理教育手册. 广州：暨南大学出版社，275～279

五、心理理论的发展

在日常生活中，我们经常会有意无意地推测他人的想法和行为；我们也会发现与成人交流比与幼儿交谈容易一些，因为成人通常会很清楚地知道我们想说什么；我们去超市是因为我们确信在超市能买到我们需要的东西。这些关于心理的认知能力就是一种心理理论能力，是人类的基本认知能力之一。这种能力是我们与他人交流、沟通与合作的基础，是人与人之间形成正常人际关系的保障。也正因如此，心理理论的研究是最近认知发展研究的一个新的热点。所谓心理理论（theory of mind）是指对别人和自己的心理状态和心理经验的认识。心理理论最初是由普雷马克和伍德拉夫（Premack & Woodruff，1978）在研究黑猩猩能否认识别人的意图时提出的，后来维默尔和佩纳（Wimmer & Perner，1983）将这一概念引入了儿童心理学的研究，并设计出了经典的错误信念任务（the false belief task）实验，用以考察儿童是否获得心理理论。

研究认为，个体对心理状态的成熟认识是建立在"信念—愿望系统"之上的，即个体做出某种有意的行为是因为他相信这些行为能满足他的特定愿望。幼儿已能根据信念—愿望的理论框架解释人们的一些简单行为（Wellman & Gellman，1998），主要表现在幼儿对“错误信念”（false beliefs）的认识上。错误信念任务实验包括意外地点任务和意外内容任务，主要是通过考察儿童对他人信念的认知来考察儿童心理理论的发展。

意外地点任务：男孩迈克将巧克力放在厨房的一个碗柜（位置A），然后离开；他不在时，母亲把巧克力转移到另一个碗柜（位置B）。迈克因不在现场，因此不知道巧克力已被移位。要求被试判断迈克回厨房拿巧克力时，将在何处寻找。研究发现，小于4岁的儿童常常做出错误判断，认为迈克将在巧克力真正所处的位置（位置B）寻找。采用这一范式的研究发现，是否能认识到故事人物持有错误信念的儿童的年龄分界线为4岁。

意外内容任务：实验者向被试出示一个盒子（如糖果盒），从盒子外观不难猜到盒子里的东西，问被试盒子里是什么。在被试回答为“糖果”后，实验者打开盒子表明里面是铅笔；然后将铅笔放回盒子，并问被试：“其他孩子在打开盒子之前，认为盒子里装的是什么？”结果发现，小于4岁的儿童常常做出错误的判断，即“铅笔”。这种任务也可用来要求儿童评判自己先前的信念，这时儿童也一样可能出现这种错误，即看到盒子里的真实内容后，断定自己一开始就认为盒子里装的是铅笔。

以上两个任务的实验结果都表明，4岁以后的儿童能将自己的观点和别人的观点区分开来，而4岁以前的儿童还不能。为什么会出现这样的情况呢？有一种假设认为这是由于2～5岁的儿童发生了一种朴素心理理论的重组，这种重组表现在儿童是如何认识人与客观世界的关系的：年幼儿童认为人们与世界的联系是直接的，而年龄较大的儿童认为人们是通过他们对世界的表征与世界相联系的（Wellman and Gellman，1998）。

信息栏 5-6　儿童心理理论的错误信念研究

错误信念（false belief）是儿童心理理论的起源性研究内容，是最重要的研究角度之一。“意外转移”和“欺骗外表”两个实验是一级错误信念，根据嵌套层次还有二级错误信念。

（1）意外转移（unexpected-transfer）。Maxi把一些巧克力放到厨房的一个蓝色橱柜里，然后离开了厨房，他妈妈把巧克力移到了绿色橱柜里后离去。Maxi回到厨房想吃巧克力。问儿童：“Maxi将到哪里找他的巧克力？”

（2）欺骗外表（deceptive-appearance）。向儿童出示一个糖果盒，从盒子的外观可以猜出盒子里装的是什么东西，问盒子里装的是什么。在儿童回答“是糖果”后，实验者打开盒子，里面装的却是一只铅笔。然后把铅笔放回盒子盖上，问儿童：“其他孩子在打开盒子之前认为盒子里装的是什么？你自己一开始认为盒子里装的是什么？”

（3）二级错误信念。约翰和玛丽在公园里玩，他们看到一个人在卖冰淇淋。玛丽想买冰淇淋，但身上没有带钱。她就回家取钱，约翰回家吃午饭，而卖冰淇淋的人则离开公园到学校去了。玛丽拿着钱往公园走，这时她看见卖冰淇淋的人正往学校去。她问卖冰淇淋的人要往哪里去，并说她要跟他去学校买一个冰淇淋。约翰吃完午饭来到玛丽家。玛丽的母亲告诉他玛丽去买冰淇淋了。约翰离开玛丽家去找玛丽。讲完故事后，实验者问儿童：“约翰认为玛丽去哪里买冰淇淋了？”

资料来源：Perner J, Ruffman T. 1994. Theory of mind is contagious: You catch it from your sibs. Child Development，65（4）：1228～1238

六、言语的发展

3 岁左右的儿童已掌握了本民族语言中最基本的语音，进入幼儿期，随着与成人和小伙伴交往的增多、大脑皮质机能的不断成熟、认知能力的不断发展，幼儿的言语能力也迅速发展起来。幼儿期是掌握本民族口头言语的最佳时期，口头言语的发展也为儿童入学后掌握书面言语创造了条件。

（一）言语能力的发展

1. 语音的发展 儿童进入幼儿园后，发音能力迅速提高，在正常的环境条件下，4 岁儿童能够掌握本民族或本地区语言的全部语音，并做到发音基本正确。调查显示，4 岁的城市儿童声母、韵母发音的正确率分别为 97%和 100%，同龄农村儿童的正确率较低，但也分别达到 74%和 85%，具体内容见表 5-5。

表 5-5 3～6 岁儿童语音发展的正确率（%）

语音	城乡儿童正确（年龄/岁）	3	4	5	6
声母	城	66	97	96	97
	乡	59	74	75	74
韵母	城	66	100	99	97
	乡	67	85	87	95

在儿童的发音中，韵母的正确率较高，只有“o”和“e”容易混淆，其原因是两者的发音部位相同，只是在发音方法上有细微的差别。儿童声母的发音正确率较低，主要是因为他们对一些发音方法还没有熟练掌握，有些发音器官不会灵活运用，如“g”和“n”以及舌面音、翘舌音和齿音的发音正确率低，4 岁以后发音正确率有明显提高。因此，3～4 岁是培养儿童正确发音的最佳时期。幼儿几乎可以学会全世界所有民族语言的发音。

2. 词汇的发展 幼儿词汇的发展主要表现在词汇的数量不断增加、词类的范围不断扩大、词汇的内容不断丰富、积极词汇不断增加（朱智贤，1980）。

（1）词汇数量不断增加。幼儿期是个体一生中词汇数量增加最快的时期。国内外许多研究者对幼儿词汇数量的增加进行了研究，但因研究方法和儿童生活背景的不同，研究结果各有差异。幼儿词汇发展的一般趋势表现为：7 岁幼儿所掌握的词汇量大约是 3 岁幼儿的 4 倍；幼儿词汇量逐年大幅度增长，但词汇量的年增长率逐年递减，见表 5-6。

表 5-6 幼儿词汇量发展的比较

年龄	德国		美国		日本		中国	
（岁）	词量	年增长率（%）	词量	年增长率（%）	词量	年增长率（%）	词量	年增长率（%）
3	1000～1100		896		886		1000	
4	1600	52.4	1540	71.9	1675	89	1730	73

续表

年龄（岁）	德国		美国		日本		中国	
	词量	年增长率（%）	词量	年增长率（%）	词量	年增长率（%）	词量	年增长率（%）
5	2200	37.5	2070	34.4	2050	22.4	2583	49.3
6	2500～3000	15.9	2562	23.8	2289	11.7	3562	37.9

（2）词类范围不断扩大。幼儿掌握词汇类别的顺序是先实后虚。实词的掌握顺序依次是名词—动词—形容词—数量词；虚词的掌握顺序依次是连词—介词—助词—叹词。幼儿也能掌握一些虚词，但比例很小。研究表明，各种词类在儿童掌握词汇总量中的比例是随着儿童年龄的发展而不断变化的，见表 5-7。

表 5-7 幼儿各类词出现的百分数（%）的综合比较

年龄（岁）/项目/词类	3～4		4～5		5～6	
	Ⅰ	Ⅱ	Ⅰ	Ⅱ	Ⅰ	Ⅱ
名词	54.0	53.6	56.0	50.9	57.5	47.1
动词	24.9	28.7	22.4	29.0	20.4	30.0
形容词	11.8	10.8	11.9	13.1	10.7	16.3
代词	1.0	1.7	0.9	0.9	1.9	1.3
量词	1.6	1.2	1.8	1.5	2.0	1.1
数词	3.1	0.9	4.4	0.6	6.3	0.5
副词	1.4	1.2	1.1	1.9	1.1	1.8
助词	0.8	0.7	0.5	0.5	0.4	0.4
介词	0.6	0.4	0.5	0.5	0.4	0.4
连词	0.3	0.4	0.3	0.5	0.3	0.6
叹词	0.4	0.4	0.3	0.4	0.2	0.3

注：Ⅰ代表史慧中的资料，1990；Ⅱ代表陈帼眉的资料，1989

资料来源：史慧中. 1990. 3～6 岁儿童言语发展与教育. 中国儿童青少年心理发展与教育，北京：中国卓越出版公司；陈帼眉. 1989. 学前心理学. 北京：人民教育出版社

（3）词汇内容不断丰富。幼儿在掌握词汇类别不断扩大的同时，掌握各类词汇的内容也不断扩大。随着年龄的增长，幼儿在掌握词的内容上表现出的趋势是：从掌握与日常生活直接相关的词到与日常生活距离稍远的词；从具体的词到抽象性、概括性比较高的词。具体的内容见表 5-8、表 5-9。

表 5-8 幼儿名词内容的比较

年龄（岁）/项目/词类		3～4		4～5		5～6	
		词量	%	词量	%	词量	%
具体名词	日常生活用品	348	35.3	502	32.5	695	31.8

续表

词类 \ 项目 \ 年龄（岁）		3～4		4～5		5～6	
		词量	%	词量	%	词量	%
	日常生活环境	218	22.1	345	22.4	459	21.0
	人物称呼	92	9.3	166	10.8	243	11.1
	动物	73	7.4	99	6.4	129	5.9
	交通工具、武器	72	7.3	100	6.5	134	6.1
	身体	65	6.6	98	6.4	144	6.6
	植物	27	2.7	49	3.2	68	3.1
	自然现象	11	1.1	29	1.9	47	2.2
抽象名词	学习等日常活动	32	3.2	54	3.5	96	4.4
	社交、个性	13	1.3	33	2.1	49	2.2
	政治、军事	12	1.2	2.	1.3	44	2.0
	其他	22	2.2	43	2.8	75	3.4
总计		985	100.0	1543	100.0	2183	100.0

表 5-9　幼儿常用动词词汇量情况

词类 \ 项目 \ 年龄（岁）	3～4		4～5		5～6		年龄差异	
							4～5与3～4	5～6与4～5
	词量	%	词量	%	词量	%		
动词行为	370	85.8	493	85.2	610	84.1	Z=17.53	Z=12.41
心理活动道德行为	33	7.7	46	7.9	66	9.1	Z=2.13	Z=3.57
趋向、能动活动行为	28	6.5	40	6.9	49	6.8	Z=2.11	Z=0.91
合计	431	100.0	579	100.0	725	100.0	Z=21.68	Z=16.34

（4）积极词汇不断增加。积极词汇指儿童既能理解又能正确使用的词汇；消极词汇指儿童不能理解，或者有些理解但不能正确使用的词汇。幼儿受其认知发展水平的限制，在其掌握的词汇中，并不是所有的词汇，幼儿都能正确理解并正确运用的。研究发现，幼儿初期对词汇的理解常有使用过宽或使用过窄的现象，如把“长”说成“大”，把“粗”说成“胖”，把“水果”和“苹果”当作同级概念等。随着年龄的增长，幼儿对词汇的理解和使用逐渐加深和正确，他们不仅能掌握词的一种意义，而且能掌握词的多种意义；不仅能掌握词的表面意义，也能理解词的转义。因此，幼儿的积极词汇逐渐增长，对词义的理解逐渐准确和深刻。

3. 句子的发展　语法是把词组成句子的规则。儿童要掌握语言，进行一定的言语交流，除了掌握一定的词汇外，还必须掌握语法结构。按照语法将词汇组成适当的句子，才能表达思想、与人交流。因此，通过句子结构的发展状况可以反映出儿童对基本语法结构的掌握情况。

（1）句子结构的发展。

第一，从简单句到复杂句，从不完整句到完整句。句子的发展在儿童言语发展中也是一个逐渐分化和复杂的过程。儿童在句子的习得过程中，最初出现的主要是主谓不分的单词句，然后发展成多词句，约在2岁时出现语法结构完整的简单句，婴儿末期出现一些简单的复合句。在整个幼儿期，虽然随着年龄的增长，复合句的使用比例逐渐增加，但幼儿主要使用的还是简单句。我国的一些研究表明，3、4岁的幼儿使用简单句和复合句的比例分别是77.79%和22.21%，以后随年龄增长，幼儿使用复合句的比例逐渐增多，但直到6、7岁，仍然是简单句占优势，幼儿使用简单句和复合句比例为53.84%和46.16%（史慧中，1990）。复合句包括联合复句和偏正复句。联合复句主要指并列复句、连贯复句、递进复句和总分复句等；偏正复句主要指条件复句、转折复句、因果复句等。研究发现，幼儿比较容易掌握联合复句，其中并列复句最容易掌握，偏正复句较难掌握。

第二，句子从无修饰语到有修饰语。幼儿最初使用的简单句是没有修饰语的，以后逐渐出现简单修饰语和复杂修饰语。研究表明，2岁婴儿在运用句子时，有修饰语的句子仅占20%，3岁幼儿使用修饰语的能力显著增强，达到50%左右，6岁时有修饰语的句子达到90%以上。随着幼儿使用修饰语能力的增强，幼儿句子的长度也在逐渐增加。

（2）句子的理解。在儿童言语发展的过程中，句子的理解先于句子的产生。儿童在说出正确的句子之前，已能理解一些句子的意义。儿童在听他人说话时，会从已有的语言经验和非语言经验中概括出一些理解句子的“策略”，并遵循这些“策略”去理解所听到的句子。因为听到的句子经常更新，所以这些“策略”也需要不断地进行修正和补充。研究表明，儿童常采用的理解句子的策略有语义策略、词序策略和非言语策略。3岁之前的婴儿主要使用语义策略，即他们在听成人说话时只注意几个实词，将这些词根据事件的可能性加以组合，从而解释听到的意思，而不去理会句子的结构。3岁以后，儿童开始运用词序策略，其中最常见的表现是把“名词—动词—名词”的句子词序理解为“动作者—动作—动作对象”，以及把句子的第一个名词作为施动者，而把另一个名词作为受动者，这样他们就从句子的结构中获得了关于语义的信息。4岁左右的幼儿主要使用词序策略，5岁幼儿逐渐减少了该策略的使用。总之，已有研究表明儿童理解句子的过程是一个主动从周围语言材料中探索有关的“规则”，提出假设，并在言语交往实践中不断检索和修正建设的过程。（朱曼殊，1990，1997）。

4. 言语表达能力的发展

（1）口语表达能力的发展。

第一，从自我中心言语逐渐过渡到社会性言语。皮亚杰指出儿童的言语可分为自我中心言语和社会性言语两种形式，幼儿言语的发展规律是从自我中心言语发展到社会性言语。自我中心言语是指儿童特有的非交际性的言语，是儿童自己对自己说的不考虑听者的言语。皮亚杰的研究发现，自我中心言语主要有三种形式：一是重复，即儿童重复或小声说出他所听到的话，但儿童通常不理解这些话的意思，重复说这些话只是觉得好玩；二是独白，即儿童大声地对自己说话，这种形式的说话更多的是为了指导自己的行为，帮助思考或解决问题；三是集体独白，即几个儿童在一起时，各说各的话，不管别人是否听他的话，其实儿童这时并不需要别人听他的话或对他的话做出反应。自我中心言语是幼儿自我中心思维的表现。幼儿末期，即6、7岁时，儿童的自我中心言语逐渐被社会性言语所代替。社会性言语是指儿童用以与别人交流思想、进行交际的言语。在社会性言语中，儿童把自己的想法告诉别人，并且关心别人对他说话的反应；有时儿童也会评论他人的表现和行为，或对他人提出问题和回答他人的问题。幼儿从自我中心言语向社会性言语过渡与其思维的“去自我中心化”过程是同时进行的。

第二，从情景性言语逐渐过渡到连贯性言语。情景性言语往往与特定的场景相联系，说话者事先不会有意识地进行计划，常常想到什么就说什么。3 岁前儿童的言语主要是情景性的，并以表情、手势为辅助，表现为说话断断续续，缺乏连贯性、条理性和逻辑性。4～5 岁时，幼儿说话的连贯性有所增强，但常常还是断续的，不能完整地说明事物现象、行为之间的联系。直到幼儿末期，儿童才能比较连贯地进行叙述，但叙述能力还不成熟。言语连贯性的发展是思维逻辑性发展的重要标志之一。幼儿言语连贯性差，表明其抽象逻辑思维的发展水平很低。

（2）语用技能的发展。语用技能是指个体根据交谈双方的言语意图和所处的语言环境有效地使用语言工具以达到沟通目的的一系列技能，主要包括听和说两个方面。说者必须善于吸引听者的注意，讲话的内容和方式必须适应听者的水平和需要，并根据听者的反馈以及不同的交谈情境随时调整自己的言语等。听者必须能从直接的和间接的言语中推断出说话者的意图，必须能对所听到的信息的可靠性和明确性做出判断和估计，并给予及时反馈。

第一，说话语用技能的发展。研究发现，1 岁前的婴儿已能用指点、姿势说明物体的存在或请求得到某物体，同时还能检查自己的姿势能否引起成人对该物体的注意。在单词句和多词句阶段，婴儿进一步能把词和姿势结合成有效的交流方式，同时还能用不同的语调来表示自己的意图。2 岁的婴儿已表现出巧妙的交流能力，他们能谨慎地选择交流的情境，有效地引起对方的注意；能在交流过程中知觉到交流情境中出现的问题，对谈话做出相应的调整，如当视觉上有障碍物时就比情境顺利时讲得较详细些；他们还能根据听者的反馈对谈话做出调整，如发现听者没有反应时，儿童会重复所说的话（Wellman，et al. 1985）。4 岁幼儿的语用技能进一步发展，已初步学会了有效交流的基本规则之一，即必须使自己的话语适应听者的水平，如对成人讲话时更多地表达自己的想法，想从成人那里得到信息或帮助；而对比自己年幼的儿童说话时，更多的是告诉对方有关的事情，表现得更自信。良好的语用技能还要求说话者根据事物所处的具体情境来调节自己的言语。5～6 岁的儿童已开始学会适应这种技能，但还不完善，7 岁幼儿已能够熟练掌握。如对同一块积木，7 岁幼儿能根据自己说话的具体情境有时称之为黄积木，有时称之为圆积木，有时称之为大的黄色圆积木等。

第二，听话语用技能的发展。幼儿期听话语用技能有了一定的发展，埃森和夏皮罗（Eson and Shapiro，1980）研究发现，4～4.5 岁的幼儿即使在说者话语的字面意义提供线索很少的情况下，也能推测出说者的意图。但总体而言，幼儿的听话语用技能在很多方面发展水平还很低。幼儿对话语中讽刺意图的理解能力，以及对诚实话和讽刺话、嘻嘻话和侮辱性话的辨别能力还很差。这主要表现为幼儿常把成人的反话当作正面话去理解。例如，幼儿擅自过马路时，妈妈说“你再往前走走看”，他就真的往前走，并没有意识到此情境中他是不应该再往前走的。

信息栏 5-7　怎样鼓励幼儿多说自信的语言？

鼓励幼儿多说自信的语言，对幼儿的心理发展有着很重要的作用，具体表现在以下四个方面：

（1）可增强幼儿的自信心。在日常生活中，诱导幼儿多说充满自信的语言，如：孩子病了，诱导孩子说“我自己能叠好衣服”或“穿好衣服”；上攀登架时鼓励孩子说“我一定能攀到上一层”等。在长期的指导培养下，孩子便会养成用自信的语言和语气说话的习惯，在自信的语言调节与监督下，孩子便会形成自信的习惯与心理活动方式，使自信心得以培养与提高。

（2）可提高幼儿的竞争意识。教师与家长在教育孩子的过程中，鼓励孩子多说充满自信的语言，很容易在班级里或家庭中形成竞争的气氛。如上体育或讲故事比赛前，先问一问孩子们谁想得第一名。孩子们会纷纷回答说：“我能得第一名”、“第一名一定是我的”等，这样便会立刻形成竞争的气氛。经常这样做会使孩子长期处于竞争的环境中，在这种气氛的影响与熏陶下，孩子的竞争意识就会提高，并不断运用自信语言来支配和调节自己的行为。

（3）可提高幼儿的目的性与责任感。自信的言语表达不仅需要对个人能力与行为等有充分的认识与了解，而且要求对所进行的活动具有明确的目的，对自己的言行持有负责的态度。如有位母亲最初让5岁的孩子上街买油、盐、酱、醋时，孩子总说自己不会或不敢去买，即便勉强答应去买，不是贪玩丢了钱或瓶子，就是错把酱油买成了醋，使人哭笑不得。后来，她改变了方法，在交给孩子任务时，总要想办法激发孩子的勇气，诱导孩子做出愉快而自信的回答，孩子为了不失言，每次都能主动地了解、牢记任务，在明确目的的基础上，自觉地支配、调节自己的行动，认真、尽力地完成任务。教师与家长在教育孩子的过程中，若能根据孩子的特点，鼓励孩子多说自信的语言，及时提醒孩子明确活动的目的，使孩子的言语、行为一致化，多次反复之后，孩子行为的目的性与责任感就会明显提高。

（4）可促进幼儿自我意识的发展。自信的语言往往是在将自己的能力、特点与他人对比的情况下说出的，它既是自我主张、独立能力的表示，也是自尊与荣誉感的需要。幼儿期的孩子由于自我意识能力较差，对自己各方面的能力与特点往往估计不足，常常出现自我评价过高、不符合实际的现象。看到别的小朋友攀上了攀登架，就会很自信地告诉别人自己也能攀到最顶层；看到别的小朋友画了一只漂亮的蝴蝶，就蛮有把握地说自己画得会比他更好……孩子这些自信的语言，虽然常常不符合实际，嘴高手低，但是在活动过程中却往往能使孩子更好地了解自己、认识自己，在成人的指导下，孩子便会更加符合实际。同时，自我意识水平的发展，对幼儿自信语言的发展也有一定的调节与促进作用，它能使幼儿的自信语言更加果断与坚定。

另外，鼓励幼儿多说自信的语言，对幼儿个性的发展、意志品质的培养、思维与想象等能力的提高都有很大的积极作用。

资料来源：徐立.1997.儿童语言训练新思维.北京：中国大地出版社，124～126

（二）初步阅读能力的发展

真正意义上的阅读是从读者的识字水平达到一定程度的自动化开始的，而且阅读内容要符合读者的经验。幼儿在进入小学前，已基本掌握了多数的口头言语，而且感知、思维能力已有了较好地发展，因此，幼儿事实上已初步具备阅读能力，只是他们的阅读材料不是文字材料而是图画材料，他们的阅读方式除了自己看图画内容外，更多地还要借助成人的帮助来阅读。幼儿期的阅读是真正意义的阅读的准备时期，其发展水平直接影响儿童进入小学后阅读能力的发展，所以，幼儿时期的阅读也称为前阅读。为了使幼儿能以更好的状态迎接小学阶段的学习任务，在幼儿阶段就应对幼儿进行初步的阅读能力的培养。

1. 幼儿阅读能力的发展　幼儿的阅读材料主要是图画，研究发现，幼儿在阅读图画时表现出的阅读能力可分为三个阶段：第一，分析阶段。这时的幼儿对图画内容的表达常常是给事物命名，即说出“这是什么，那是什么”，他们对图画的理解是单个的、局部的。第二，综合阶段。在前一阶段的基础上，幼儿开始能够把图画上的内容经过组织后表达出来，能说明白图画中某些事物的联系，但表达还不连贯。第三，分析综合阶段。这时的幼儿不仅能够完整地理解画面中的内容，还能把看到的事物用连贯的语言流畅地表达出来。

2. 初步的认字和书写能力 除了教幼儿认识一定数量的字之外，更重要的是让幼儿理解文字的作用，明白文字都有具体的意义，并把文字与口语对应起来，知道文字和语言的多样性，了解一些识字的规律。

幼儿期主要培养的书写能力包括：养成正确的书写姿势，包括怎样坐立、执笔等；认识汉字独特的书写风格；了解书写汉字的基本工具；知道汉字的基本结构等。

（三）幼儿言语能力的培养

幼儿期是儿童口头言语发展的最佳时期，因此无论是家长还是幼儿园教师都应重视儿童言语的培养和训练，尽量开发幼儿潜在的言语能力。

首先，要重视幼儿发音技能的培养。3～4 岁幼儿的发音能力发展最为迅速，因此，我们可以有意识地加强这个时期幼儿的发音训练。如 3 岁幼儿对“g”和“d”，“n”和“l”常常混淆，对平舌音“z、c、s”和翘舌音“zh、ch、sh”也不容易区别，因此成人在与儿童交流时要注意纠正幼儿的一些错误发音。训练发音的方式很多，如让儿童诵读儿歌、唐诗、顺口溜、绕口令等。需要特别注意的是，在训练幼儿发音时，如果发音不准的，成人一定要有足够的耐心，切忌嘲笑、重复幼儿的错误发音，打击幼儿的自信心，也不能态度严厉，避免使儿童感到紧张，造成儿童不愿说话，甚至口吃。

其次，为幼儿创造一个丰富的语言环境。我们可通过让他们看电视、听广播、看图书、讲故事、对话等方式，让儿童有多方面接触语言的机会。另外，成人每天和幼儿的非正式交谈也是促进幼儿言语发展的主要途径，所以成人一定要尽可能每天抽时间与幼儿进行言语交流，注意培养儿童多“说”，鼓励他们把每天看到的、听到的都复述出来，以培养其表达能力。幼儿都喜欢听故事，因此成人要多给孩子讲故事听，讲故事不仅有助于扩展孩子的知识面、发展他们的理解力和想象力，而且在故事中儿童也容易学到很多新词、新句子，进而促进其言语理解与表达能力的发展。在幼儿具备一定的言语表达能力后，成人还可以给儿童提供一些图片，要求儿童依据图片的内容自己来编一个故事，或者让儿童重复听过的故事，这不仅锻炼了儿童的言语理解、组织和表达能力，还能培养他们善于思考的好习惯。

第三，以身作则培养家庭的阅读氛围。幼儿喜欢模仿，如果父母爱读书，儿童在耳濡目染中就提高了阅读的兴趣。

信息栏 5-8 亲子怎样共读？

研究表明，资优的孩子常常能较早地接触到读书的环境。儿童文学专家能够告诉您如何选择适龄的儿童读物，让您掌握技巧，在愉悦的气氛下亲子共读。

1. 选择适龄的读物

（1）1～6 个月：亲子共读的时机可追溯自孩子的襁褓时期，或许你会怀疑孩子尚小，听不懂故事的意义，但是孩子却能在和谐的声调中，感受父母对他的爱，进而获得安全感，因此，在这个阶段父母不用过于费心选择读物，只要你喜欢的，都可念给孩子听。

（2）6 个月～2 岁：此时孩子的眼睛已逐渐能看得清楚，且能欣赏声音，因此，父母可选用图画鲜艳、句子押韵、有节奏感的儿歌及童谣等书籍。

（3）2～3岁：延续上一阶段并增加其内容。为使孩子喜欢，父母可以反复读同样的阅读材料，尽量符合孩子喜欢重复的需求。另一方面，也需继续提供其他书籍。此时可向孩子介绍书本的结构，如封面、作者、阅读的顺序、方向等，培养孩子连续看东西的能力。

（4）3～5岁：这个阶段的孩子充满了好奇心，吸收能力强。因此，父母应选择各种类型、不同主题的书籍，以满足孩子的兴趣及需要。另外，父母也应多给孩子表达的机会，如训练他以看图说故事的方式来进行自我表达，并适时给予奖励，此乃建立孩子自信心的良好机会。

（5）5岁以后：此时孩子的兴趣更广泛了，所以读物的图画及内容、主题都要复杂些，如笑语、谜语、童话故事等，但故事内容不应太浅，在难度上应稍微超越孩子的心理水平。

2. 培养家庭阅读气氛　幼儿喜欢模仿，如果父母喜欢阅读，家中常有各种书刊，子女在耳濡目染中容易对书本产生感情。幼儿除了喜欢属于自己的小书，对于大人的书刊也颇感兴趣，父母不妨让孩子从小知道书的模样，分辨妈妈的书或爸爸的书，并带着他看看书中的图片，找一个固定的时间全家阅读。为孩子安置一下专属于他的小书柜也挺有帮助。

3. 亲子共读的注意事项

（1）越早开始越好，2～6岁是其受益较大的年龄。

（2）每天不妨有固定的时间，否则也应尽量找时间为孩子念故事。

（3）当小说故事很长，无法一次念完时，最好在故事告一段落或情节较紧张的地方停止，如同连续剧般的做法，如此可加深孩子的印象及参与的意愿。

（4）共读的资料除了书籍外，我们也可利用身旁周围的资料，如杂志、报纸等刊物，甚至交通标志、广告等。

（5）随着孩子年龄的增长，所选体裁的难易程度应由浅入深，从简单的图画故事书开始，逐渐加入知识性的读物或小说等，此过程并非一蹴可及或强求能达到的，所以共读本身是一件如同游戏般愉快的事情，丝毫不可强迫孩子进行。

儿童心理学家认为，教育可以从摇篮时代开始，但必须在自愿、有兴趣的气氛下进行。

第四节　幼儿心理社会性的发展

儿童的心理社会性发展是在社会化过程中实现的。社会化是指个体在与社会环境相互作用中获得他所处社会的各种行为规范、价值观念和知识技能，成为独立的社会成员并逐步适应社会的过程。在幼儿期，随着言语、思维等能力的发展，尤其是幼儿园集体生活的开始，与婴儿期相比，幼儿在个性发展上取得了长足的进步，其社会性发展也在各个领域全面展开。

一、情绪情感的发展

随着幼儿认知能力的提高以及社会经验特别是与同伴交往经验的不断丰富，幼儿的情绪、情感迅速发展。

（一）情绪理解能力的发展

幼儿对他人情绪的认知和理解能力有了很大的提高。2～3 岁的幼儿已经开始认识到情绪与愿望满足的关系，4～5 岁的幼儿已经知道情绪与信念、期望之间的关系。幼儿也逐渐能认识到，由于人的情绪不同，可能会产生不同的行为表现，并能用一些情绪词汇，如高兴、害怕、生气、喜欢、爱等，来描述自己和他人的情绪体验，甚至去安抚别人、影响别人的行为等。总之，幼儿虽然对他人的情绪理解还很表面，不能理解成人复杂的内心体验，但与婴儿相比，幼儿的情绪理解能力有了大幅度的提高，幼儿开始能够解释、预测和影响他人的情绪，这使得幼儿能和小伙伴、成人积极交往、友好相处。

（二）情绪自我调节能力的发展

随着表征能力和言语能力的发展，幼儿的情绪自我调节能力有了较大的改善。幼儿已能使用多种策略，如自我安慰、回避不愉快刺激、用言语表达自己的情绪等，来调控自己的情绪。但幼儿的情绪自我调节能力还是有限的，成人可通过与幼儿一起讨论情绪感受或教给幼儿一些情绪策略的方式，帮助幼儿发展主动调控情绪的能力。

幼儿通常在 2.5～3 岁时进入幼儿园，儿童刚入园时所表现出来的痛苦，是家长和教师都很关心的问题。帮助幼儿入园适应主要是为了减轻其对幼儿园的陌生感，增加安全感，有效的策略包括事先让幼儿熟悉幼儿园的环境和老师；用玩具吸引、转移幼儿的注意；让幼儿参加他感兴趣的活动；与熟悉的小朋友一起入园等。

（三）移情能力的发展

移情是一种特殊的观点采择，是指儿童在觉察他人的情绪反应时所体验到的与他人相似的情绪反应。幼儿的移情主要表现为用言语去安慰别人，并经常伴随着亲社会行为。在自我中心的移情阶段，移情可以分化为个人悲伤和移情担心。个人悲伤是指向自己的，是观察者看到他人的不幸会想象自己处在同样的情境中会怎样，从而产生与受害者类似的体验。移情担心是指向他人的，是面对他人的不幸时观察者直接把注意指向受害者并想象他们有什么感受。杨丽珠等（2003）的研究表明，个人悲伤随年龄的增长而下降，移情担心随年龄的增长而增加。3～5 岁的幼儿，个人悲伤优于移情担心，5 岁左右的儿童，移情担心开始超过个人悲伤，逐渐占据优势。

二、意志活动的发展

幼儿的行为因为常受即时出现的情绪和愿望的影响，因此表现出明显的冲动性，如幼儿虽然也能理解和接受成人的吩咐和教导，并且准备按照吩咐行动，但在执行时，幼儿所看到或听到的情景常会使他们忘记了成人的吩咐，做出其他的行为。总体而言，幼儿行为的冲动性仍然占主要地位，但对于行为的自我调节能力开始发展起来，幼儿的自控能力还是逐渐增强的。

幼儿的意志的发展，主要体现在意志的自觉性、自制性、坚持性的不断发展上。李百珍曾经对幼儿意志品质的发展特点进行了研究，结果发现，5 岁的幼儿开始出现意志的自觉性品质；在自制性方面，幼儿抗外部诱因干扰能力的发展早于抗内部诱因干扰能力，4 岁组、5 岁组幼儿的抗外部诱因干扰能力均迅速发展，同时，5 岁组的抗内部诱因干扰能力也迅速发展；4 岁组、5岁组幼儿的坚持性有明显发展。

家长和幼儿园的老师要有意识地把儿童从小培养成意志坚强、有自制力的人。首先，帮助幼儿理解和掌握行为规则，养成良好的行为习惯。其次，发展言语对幼儿行为的调节功能。第三，敏感察觉和适应幼儿自主性的需求，积极培养幼儿的独立性。

信息栏 5-9　幼儿“延迟满足”实验

在现实生活中，人们往往会在追求长远目标时遇到诱惑，但为了完成目标后得到较大的回报，人们需要控制自己，抵制即时享乐，抗拒诱惑，继续追求目标。这是一种十分常见且非常重要的心理现象，对于个人的成长和适应环境具有十分重要的意义，现代心理学用“延迟满足”来描述这一现象。来自发展心理学的研究表明，儿童到4岁左右，延迟满足的能力开始出现明显的个体差异，由此可以预测他们在少年时期、青年时期以及大学时期的认知能力与社会能力。这些研究表明了在学前阶段培养儿童延迟满足能力的重要性。有关幼儿延迟满足的研究中，斯坦福大学的实验比较具有代表性。

20世纪70年代，在米歇尔（Walter Mischel）的策划组织下，美国斯坦福大学附属幼儿园基地进行了著名的“延迟满足”实验。实验人员给每个4岁的儿童一颗好吃的软糖，并告诉儿童：“这糖果属于你，你可以随时吃掉。但是如果你马上吃掉的话，那么只能吃一颗软糖；如果你能等20分钟后我回来再吃的话，就能得到两颗同样的糖果作为奖励。”然后，实验人员离开，留下儿童和极具诱惑的软糖。实验人员通过单面镜对实验室中的幼儿进行观察，结果发现，有些孩子只等了一会儿就不耐烦了，迫不及待地吃掉了软糖，称为“不能延迟满足者”；有些孩子却很有耐心，还想出各种办法拖延时间，比如闭上眼睛不看糖、头枕双臂、自言自语、唱歌、讲故事等，成功地转移了自己的注意力，顺利等待了20分钟后得到应有的奖励，再吃软糖，称为“能够延迟满足者”。

后来，研究人员对参加实验的儿童进行了十几年的追踪研究，结果发现，那些“能够延迟满足者”要比那些“不能延迟满足者”更容易获得成功，他们适应性强、具有冒险精神、受人欢迎、自信、独立，而且学习成绩也相对较好。

三、自我意识的发展

自我意识是指主体对其自身的意识，包括三个层次：对自己机体及其状态的意识；对自己肢体活动状态的意识；对自己的思维、情感、意志等心理活动的意识。自我意识是人类独有的一种现象，是个体在后天生活过程中逐渐形成的，包括自我认识、自我情绪体验与自我调控等成分。

儿童出生后就为自我意识的发展做好了准备，心理学研究认为，最初的自我感来源于一种“能动觉”。例如，儿童用手去碰挂在童车上的玩具，发现玩具动起来了，这一经验使儿童产生了一种能动觉，他们认识到正是由于自己作用于周围客体才使它们以一种可以预测的方式做出反应。这会帮助儿童将自己和客体、他人区分开来，从而产生一种“主体的自我”意识。1岁左右的婴儿学会了走路，逐步认识并能区分自己的动作和动作的对象，区别他人和自己，表现出明显的初步自我意识。后来随着言语的发展，儿童开始用“我”称呼自己，这标志着儿童开始把自己作为一个主体的人来认识，标志着儿童的自我意识发展到一个崭新的阶段。进入幼儿期，自我意识的各个成分都有显著的发展。

（一）自我认识的发展

儿童自我认识发展的一个重要行为指标是能进行自我觉知，主要表现为儿童照镜子、看照片、看录像时能认出自己。研究者用“点红实验”（Bullock & Lutkenhaus，1990）来研究儿童的自我觉知。实验中主试在儿童（9～24个月）不知情的情况下，在婴儿鼻子上涂个红点，然后观察儿童照镜子时的反应。根据假设，如果儿童在照镜子后能立即发现鼻子上的红点，并用手去摸它，表明婴儿已能将自己的形象和加在自己形象上的东西区分开，这种行为可视为自我认识出现的标志。研究结果表明：①戏物（镜子）阶段。9、10个月的儿童对镜子很感兴趣，对镜子中自我的映像不感兴趣；②（镜像）“伙伴”游戏阶段。1岁及以后几个月的婴儿对镜中自我的映像非常感兴趣，表现为亲吻、微笑，甚至还到镜子反面去找这位伙伴；③相倚性探究阶段。在18个月左右，婴儿特别注意镜子中的映像和镜子外的东西的对应关系，对镜中映像的动作伴随自己的动作更是感到好奇。有的婴儿（占24%）已能根据相倚性线索认识镜中映像就是自己；④自我认识出现阶段。儿童约2岁时，基本能借助镜子去摸自己鼻子上的红点，自我觉知能力出现了质的飞跃。

自我概念与自我评价属于自我认识的范畴，它们一起集中反映了自我意识发展的水平。

现在一般用直接谈话法研究幼儿的自我概念，即让幼儿进行自我描述。如在一项幼儿自我概念的发展研究中（Keller，Ford & Meachum，1978），让3～7岁的幼儿用“我是个……的男孩”或“我是个……的女孩”的句型，说出关于自己的10项特征。结果发现，7岁之前的幼儿对自己的描述主要限于身体特征、年龄、性别和喜爱的活动等方面，还不会描述内部的心理特征。可见，幼儿的自我概念还有待于进一步发展。

幼儿的自我评价能力一般出现在3.5～4岁，绝大多数5岁幼儿已能进行一定程度的自我评价。但整个幼儿期，儿童的自我评价发展水平较低，主要表现出以下几个特点：第一，从他评到自评。幼儿初期对自己或别人的评价往往只是照搬成人的评价，而且是不加考虑地相信成人的评价。到幼儿晚期，儿童逐渐出现独立的自我评价，并渐渐对成人的评价持批判态度。第二，从外部行为到内心品质。幼儿初期的自我评价往往只涉及一些外部的行为表现，而6岁以上的儿童开始出现一些比较抽象的、内在品质的评价，如“我遵守纪律”、“我谦让小朋友”等。第三，从笼统到细致。幼儿初期的自我评价往往是比较简单、笼统的，往往只根据某一两个方面或局部特征进行自我评价，如“我好好吃饭”、“我会唱歌”等，幼儿晚期的自我评价就比较细致、全面一些。第四，从主观情绪性到客观性。幼儿初期对自己的评价带有很强的主观情绪性，往往觉得自己的东西是最好的，或是自己喜欢的小朋友的东西是最好的，到幼儿晚期则开始带有了一定的客观性。

（二）自我情绪体验的发展

儿童的自我情绪体验出现在4岁左右。国内研究表明（韩进之，1986），儿童在3岁时，自我情绪体验还不明显，自我情绪体验发生的转折年龄在4岁，5～6岁的儿童大多数已表现出自我情绪体验。幼儿的自我情绪体验是从低级向高级发展的，即由与生理相关的体验（如愉快、愤怒）向社会性体验（如自尊、内疚）发展。在自我情绪体验中，各种情绪因素的发生发展是不同步的，其中愉快感和愤怒感发展较早，自尊、羞愧感和委屈感等发展较晚。

在幼儿的自我情绪体验中最重要的是幼儿的自尊感。自尊是指个体对自我价值的判断以及伴随而产生的一种情绪体验。自尊心强的人往往高估自己的价值，希望获得别人对自己的良好评价，对自己的要求也较高，这也激励个体在行为上做出更好的表现；而缺乏自尊的个体，往往不能正确认识自己，自卑感较强，行为上退缩等。因此，自尊是自我意识发展的一个重要方面，对个体的情绪体验、将来的行为以及长期的心理适应能力都有重要影响。

幼儿在 3 岁左右出现自尊感的萌芽；到 6 岁左右，幼儿基本都能体验到自尊感；到童年中期，儿童的自尊感出现分化并逐渐趋于稳定。因此，幼儿期是儿童自尊开始形成和发展的时期。自尊感来源于儿童对自我各方面能力的判断，而幼儿最初是通过他人对自己的评价来认识自己的，因此，获得成功机会较多的幼儿，获得别人奖励的机会也较多，自我感觉良好，自尊水平也就较高。幼儿一般精力旺盛、勇于探索、求知欲强，常常高估自己的能力、低估任务的难度，因此，父母在早期教育中，为了提高儿童的自尊水平，一定要从培养幼儿的兴趣爱好出发，尊重儿童身心发展的特点，一方面向儿童提出适当的任务，并鼓励儿童积极尝试，以掌握越来越多的知识和技能，发展创造性，另一方面也要加强对幼儿行为的监督，防止出现意外。

（三）自我调控的发展

一般认为，儿童的自我控制能力出现在 4～5 岁，5～6 岁的儿童已具有一定的自我调控能力，但幼儿的自控能力总体而言还是较弱的，主要是因为幼儿的坚持性和自制性还较差。杨丽珠等（2003）运用因素分析、评价与实验的方法，探讨了幼儿自我控制能力的结构及幼儿自我控制的年龄差异和性别差异，研究结果发现，幼儿的自我控制能力（包括自制力、自觉性、坚持性、自我延迟满足）随年龄的增长而呈上升趋势；幼儿自我控制能力存在明显的性别差异，且所有的差异都表现为女孩高于男孩。

国外学者麦克拜（Maccoby，1980）分析了幼儿在四种重要控制活动中的表现：①运动抑制：儿童在自我控制发展中面临的第一个问题就是学会停止、抑制某种行为。研究也表明，要儿童对某种信号不做出反应比让儿童做出反应要困难得多，因此对幼儿来说，停止一个动作比开始一个动作要困难。②情绪抑制：幼儿已经开始能够控制自己的某些情绪。③认知活动控制：认知方式可分为冲动型和熟虑型，幼儿在解决问题时不习惯思考，总是很快地做出反应，错误率很高，属于冲动型；随着年龄的增长，儿童逐渐放慢了做出反应的速度，向熟虑型转变。④延迟满足：是指个体为得到更大的却较远的利益而放弃眼前的较小的好处。幼儿往往选择即时报酬而不是等待。

幼儿的自我调控能力是逐渐产生和发展的，表现为幼儿初期完全不能自觉控制自己的心理与行为，心理活动主要受外界环境的直接制约；以后随着生理的发育成熟，在成人教育的作用下，幼儿逐渐能按照成人的指示来调控自己的行为；到幼儿末期，儿童已能在某些方面自觉地控制自己的心理和行为。儿童自我控制能力的发展是儿童成功进行社会交往的重要条件之一，所以成人一定要有效促进儿童自我控制能力的良好发展。

四、性别角色的发展

性别是社会进行分类的一个基本标准，幼儿期是完成性别认知的重要阶段。儿童对性别的认知主要表现为性别概念的获得和性别角色知识的获得。

（一）性别概念的获得

有关研究表明（张文新，1999），儿童对性别概念的理解主要包括三个方面：性别认同、性别稳定性和性别恒常性。这三个方面在儿童性别概念的理解中出现的时间是不一样的，其中，性别认同出现得最早，在 1.5～2 岁；然后是性别稳定性，大致在 3～4 岁；最后是性别恒常性，出现在 6～7 岁。

1. 性别认同 性别认同是指对自己和他人的性别的正确认识。美国心理学家汤姆逊（Thompson，1975）在研究儿童的性别认同时，首先向 2～3 岁的幼儿提供一些具有不同性别娃娃的杂志图片，要求儿童按照性别把这些图片分类，同时问幼儿自己的性别以及他们的性别与这些图片是否一样。接下来给每一个幼儿拍摄一张快照，让他们把照片添加到已经分类的图片中。最后把两张中性物品的图片分别标上“好”或者“坏”，或者标上“给男孩”或“给女孩”，让他们从中选一个带回家去。研究者把缺少性别认同的表现定为幼儿正确猜中的概率为 50%这一水平，把 75%的正确率这一水平作为性别认同出现的标准。研究结果发现，2 岁儿童的性别认同水平还较低，他们都能挑选出自己的照片，却不知道应该把自己的照片归到男性还是女性类别中，而且也不知道自己与其他一些人属于同一性别。到 2.5 岁时，儿童开始能够正确回答自己的性别，并且能够区分图片中人物的性别，也开始知道自己与图片中的同性别的人更相似。到 3 岁时，幼儿对上述问题的理解有了更进一步的提高，但是这一年龄的幼儿仍然不能根据性别来挑选与自己性别适合的物体。

在性别认同的判断线索方面，幼儿与成人之间存在差异。成人首先根据生理特点，其次是身体轮廓，最后是服饰特点等线索来判定性别，而幼儿往往先依据发型，特别是头发的长度，其次是服饰的特点来确认被观察者的性别。

2. 性别稳定性 性别稳定性是指儿童对人一生性别保持不变的认识。性别稳定性一般在 3～4 岁时出现。这一年龄的儿童能够认识到一个人的性别在一生中是稳定不变的。英国的斯莱比和弗雷（Slabey & Frey，1975）曾在研究中向被试提出以下问题来考察儿童的性别稳定性认知：“当你是个婴儿时，你是个男孩还是女孩？”、“当你长大后你是当妈妈还是当爸爸？”。研究结果表明，直到 4 岁儿童才能对以上问题做出正确回答。幼儿早期性别稳定性的形成主要是由于父母日常生活中的话语，如“儿子，过来”或“丫头，过来”等，以及自己所发现的解剖学上的性别差异。

儿童性别稳定性的发展早于性别恒常性。有关研究者（Wehren & DeLisi，1983）认为，性别稳定性的发展依赖于儿童对个体心理特征的感知，性别恒常性的发展依赖于儿童对个体活动、外表特征的认识。由于心理、个性方面的特点变化较小，使得儿童对心理方面反映的性别信息刺激的判断相对简单，而活动、外表或身体方面的特点是可见的，变化较大，使得儿童对这些方面反映的性别信息的判断复杂化，如儿童依据女性的温柔、男性的攻击性等心理特点感知性别的能力要早于依据个体的活动、外表等特点感知性别的能力，因而性别稳定性出现较早，恒常性出现较晚。

3. 性别恒常性 性别恒常性是指对人的性别不因为其外表和活动的改变而改变的认识。获得性别恒常性的儿童知道无论自己穿什么衣服，留什么发型，自己的性别都不变。性别恒常性是儿童性别认知发展中的一个重要的里程碑，儿童一般要到 6～7 岁才能获得性别恒常性的认识。幼儿首先对自己的性别认识产生了恒常性，然后才应用到他人身上，其发展顺序是：

①自身的性别恒常性；②与自己同性别的他人的性别恒常性；③异性的性别恒常性。

艾莫勒西等人（Emmerich，et al. 1976）对几千名 4～7 岁儿童的性别恒常性进行了系统研究。这项研究可被称为该领域的开创性研究。在这项研究中，研究者向儿童呈现一些男孩和女孩的图片，把这些图片在颈部切开，通过把身体部分和头部图片进行组合，可以向被试呈现不同的图片形象。实验开始时首先向被试呈现一张完整的男孩或女孩图片，然后再向被试呈现把男孩的头部和一个女孩的身体组合在一起的图片，或者呈现一张女孩的头部安在男孩的身体上的图片，通过这些操作考察儿童的性别恒常性的发展。

实验开始后，实验者首先向被试者呈现一张完整的女孩图片，告诉被试“这个女孩叫珍妮”。然后依次指着照片问被试如下问题：

（1）如果珍妮想成为一个男孩，她能吗？

（2）如果珍妮玩了卡车和男孩的东西，她会怎样？她会是男孩还是女孩？

（3）如果珍妮穿上男孩的衣服（像图片上的样子），她会怎样？她会是一个男孩还是女孩？

（4）如果珍妮把头发剪短了（像图片上的样子），她会是一个男孩还是女孩？

（5）如果珍妮把头发剪短了（像图片上的样子），并且穿上男孩的衣服（像图片上的样子），她会是一个男孩还是女孩？

完成上述测验以后，再用一个男孩图片为材料重复上述程序。每一个步骤都要求被试者说出为什么他们认为图片中的人物仍然是男孩或女孩，或者为什么不再是男孩或女孩了。

实验结果发现，只有大约 24%的被试达到了性别恒常性，认识到珍妮在活动、衣着和发型改变后仍然是女孩。同时，研究结果还表明，在 4～7 岁这一阶段，儿童性别恒常性的作业成绩提高很少。但是，在这项研究中的不少聪明的被试却在 7 岁以前达到了性别恒常性。有研究认为，大部分的儿童在 6～7 岁的年龄就能够达到性别恒常性（Schaffer，1996）。如此看来，艾莫勒西研究的结果很可能与特定的样本有关系。

总之，儿童的性别认同与性别稳定性、恒常性之间的关系具有以下特征：①性别认同的产生早于性别稳定性；②性别恒常性出现最晚，儿童所处的生活环境对其性别恒常性的发展影响不大；③大约 9 岁时，儿童开始能够用语言解释性别的稳定性和恒常性。

（二）性别角色知识的获得

由于性别角色行为具有较强的情境性，不易进行系统的实验研究，因此，关于儿童性别角色发展的大量研究主要集中在儿童性别角色知识的获得上。所谓性别角色知识或称之为性别成见，是指个体关于男性和女性各自适宜的行为方式和活动的认识。对幼儿性别角色知识发生和发展的研究，通常采用的方法是向儿童列举一些典型的男性或女性的行为活动，如打架、烧饭、玩玩具枪、玩洋娃娃等，让儿童说出哪些活动是适合男孩干的，哪些活动是适合女孩干的，借此达到考察其性别角色知识发展的目的。

通过上述方法，研究者发现，儿童很早就形成了一些对男性和女性行为特点的认识。例如，3 岁左右的幼儿就能做出“男孩容易打架”、“女孩爱玩洋娃娃”等的性别判断。库恩等（Kuhn et al. 1978）在研究儿童性别角色出现的年龄阶段的实验中，向儿童宣读一些表述，如“我很强壮”、“等我长大后要开飞机”等，同时向被试者提供两个洋娃娃，一个男的，一个女的，要求儿童挑选出上面的话是哪个娃娃说的。研究结果表明，儿童早在 2 岁时就已经具备了一些性别角色知识。随着年龄的增长，儿童的性别角色知识逐渐增加。研究认为，从婴儿期到青少年时期，儿童性别角色知识的发展呈一种“U”形趋势。年龄较小的儿童，由于其认知能力发展的局限，通常把规则看作是必须绝对服从的要求，因而不能容忍不适宜性别角色的行为出现，而年长的儿童由于能够认识到规则只是一种社会习俗，因而在性别角色认知上其态度相对灵活，他们认为在某些社会情境中，出现不适合性别的行为是可以理解的。但是需要指出的是，在青春期，由于性意识的觉醒，青少年会产生相当强烈的与性别相联系的期望，他们的性别角色态度会重新恢复到早期曾有的刻板状态（Schaffer，1996）。

（三）性别角色发展理论

如何解释幼儿性别角色的发展呢？传统上有四种不同的观点。

社会生物学理论认为，男女两性之间的心理差异以及儿童性别角色的分化发展主要是由两性在遗传及生物因素方面的差异所决定的。该理论认为儿童的很多性别角色行为是天生的，儿童先天的性别差异决定了父母及其他社会成员对待他们的教养方式和态度。

精神分析学派认为儿童性别角色认同发生在3～5岁。这是因为在这个时期，男孩为了解决“恋母情结”，女孩为了解决“恋父情结”，而产生了对双亲中同性别一方的认同，即男孩以自己的父亲为理想，女孩以自己的母亲为理想，并逐渐内化了父母的男性化或女性化的行为，产生了性别角色认同。

社会学习理论认为，儿童的性别角色及相应的行为表现与其他的行为类型一样，是通过观察学习和工具性条件反射的形成而获得的。该理论认为，儿童在早期的某些行为可能共有男性和女性的特点，但儿童由于从小做出符合或不符合与自己性别相应的行为而受到奖励或惩罚，因而他们很容易将人的性别与行为联系起来，产生性别角色。儿童同时也能从对其他人的观察中认识到社会对男性和女性的不同期待，学习到性别类型化的行为。

以科尔伯格为代表的认知发展理论主张儿童性别角色的获得并不需要学习多么复杂的知识，它只是服从于个体的自身成熟和认知发展的一般规律。儿童是社会世界的积极探索者，他们一旦把自己划入男孩或女孩的类别，就积极寻找有关区分男孩或女孩的活动、价值观和行为的信息，并逐渐学会用性别概念来解释周围发生的事情。同时由于儿童的性别分类会不断指导着他们的注意和记忆，因而儿童能不断地建构对性别角色的认识。

五、幼儿道德的发展

道德作为一种社会现象，是调整人们之间以及个人和社会之间关系的行为规范的总和。发展心理学主要研究道德在个体发展过程中是如何发生和发展的，主要受哪些因素的影响，为培养儿童优良的道德品质提供心理学依据。道德品质又称品德，是指个体依据社会的道德规范和行为准则在行动时所表现出来的一些经常的、稳固的特征。品德是个体社会化的核心，是社会道德在个体身上的反映。儿童品德的发展包括道德认知、道德情感和道德行为三个方面，这三者是互相联系和互相促进的，其中道德认知是产生道德情感和道德行为的依据。幼儿是道德发展的重要时期，成人的许多优良行为习惯包括道德行为习惯都是在幼儿时期养成的。

通过仔细观察幼儿的行为、倾听幼儿的对话不难发现，幼儿很早就发展出道德感和对道德规范的认知。2岁左右的儿童就能区分周围环境中哪些是“正常的”，哪些是“不正常的”。3

岁左右的儿童对幼儿园小朋友的一些侵犯行为，如抢别人的玩具、骂人等，会表现出气愤，并评价这个小朋友“坏”。到5～6岁时，幼儿已能说出许多道德规则，如“不能拿别人的东西”、“不能打人”、“不能撒谎”等，并产生了公正感，如“你已经玩了那么久了，该轮到我了”。这时的幼儿还能够与别人分享玩具、食物，为集体做事情，并对别人的痛苦表现出同情，能主动安抚别人。总之，公正的道德和关怀的道德这两大重要的道德在幼儿期已有明显的表现。

（一）幼儿道德发展的特点

首先，根据皮亚杰的儿童道德发展理论（见第二章），幼儿主要处于他律道德判断阶段，这意味着幼儿的道德行为主要由外部的、权威人士规定的标准来控制。虽然幼儿已具有初步的道德规范认识，并能将这些知识应用于某些场合以调节自己的行为，但他们认为这些规则是具体的、绝对的、固定不变的，是由权威人士制订的。因此幼儿相信只要遵守这些规则就是对的，如幼儿相信“听妈妈的话就是好孩子”，如果不遵守就是错的，就要遭到惩罚，而不理解有些道德规则是可以经过集体的协商来制订或改变的。幼儿表现出一种服从权威、避免惩罚的倾向，即认为受到成人奖励的行为就是好的行为，受到成人处罚的行为就是坏的行为。

其次，幼儿常常根据行为的后果而不是行为的动机做出道德判断。这是因为幼儿的思维形式主要是具体形象思维，即幼儿的思维活动主要是凭借事物的具体形象进行，对事物的内在关系和本质还不能很好地理解。行为结果与行为动机相比较而言，行为结果是具体直观的，行为动机是抽象的，所以幼儿在思维发展的局限下只能依据行为的后果判断行为的好坏，而且往往持极端的态度，即非好即坏。

最后，幼儿的道德认知与道德情感发展不协调。国内外的研究在探查幼儿道德认知和道德情感的关系时（Winkler，Sodian，1988；唐洪，1996）发现，幼儿存在一种有趣的“快乐的损人者”现象，即幼儿明知道损人的行为是不对的，但却认为别人做出了损人行为后会感到“快乐”，表现出道德认知与道德情感的脱节。这主要是因为幼儿对他人的情绪预期是依据行为意图与行为后果是否一致，即认为当他人的行为意图（愿望）得到满足后，就会感到高兴，得不到满足就会不高兴，还不能同时把这种行为是否损害了别人的利益考虑进来。

（二）道德发生发展的理论

已有的对儿童道德进行研究的学者都同意幼儿已经产生了道德意识，并在以后的发展中逐渐由外部、成人控制转变为由儿童自身内部的道德标准来调节和控制。那么儿童究竟是怎样获得这些道德准则的呢？儿童的道德行为又是怎样形成的？不同的理论家给出了不同的解释，这些观点对幼儿的抚育实践各有一定的指导意义。

1. 精神分析学派的观点　精神分析学派主要关注儿童道德情感的价值，特别指出内疚是道德行为的动机。弗洛伊德认为，儿童是通过对父母特别是对双亲中同性别的一方的认同作用而形成道德的。通过认同，儿童产生了超我，从而获得与父母相同的道德价值，并将它们内化到自己的人格结构中。儿童遵守自己内化来的道德准则而避免出现因违背道德规范而产生的痛苦的情绪体验即内疚，因此，弗洛伊德认为避免内疚是儿童产生道德行为的一种动力。虽然很多发展心理学家不同意弗洛伊德的观点，但弗洛伊德强调儿童早期经验中亲子关系的质量对其道德发展的影响至今仍有重要的启示作用。

2. 行为主义学派的观点　行为主义理论家主要关注儿童道德行为的形成，他们主张道德行为是通过强化和榜样的作用形成的。斯金纳的强化理论提出，如果一种反应之后伴随一种强化物，那么，在类似环境里发生这种反应的概率就会增加。当儿童做出一种符合社会要求的行为时，成人常会对他们进行表扬或奖励，即进行强化，通过强化，这些道德行为的反应概率就会逐渐增加，儿童的许多道德行为就是通过这种操作条件反射形成的。此外，班杜拉在社会学习理论中进一步指出，儿童的很多道德行为，如亲社会行为，可通过观察和模仿榜样而形成。

3. 认知发展理论的观点　以皮亚杰为代表的认知发展理论学家主要关注儿童道德认知的发展。他们认为儿童对道德规范的理解不是由成人教会的，而是儿童在与同伴相互交往的过程中，通过理解自己的经验而逐渐建构起来的。例如，儿童在与他人交往的过程中发现，人们对故意或不是故意侵犯他人利益的反应是不同的，对前者比对后者要激烈得多。儿童发现并归纳出这些道德规范后，逐渐内化为指导自己道德行为的价值准则，构建出自己的道德价值体系。皮亚杰还指出，儿童道德认知的发展与其认知能力的发展是相对应的，幼儿道德的他律性就是幼儿认知的自我中心性和实在论的反映。

六、同伴关系的发展

在幼儿的生活中，最主要的交往是亲子交往、教师与幼儿的交往、同伴交往。同伴是指儿童与之相处的具有相同社会认知能力的人。同伴关系是指年龄相同或心理发展水平相近的个体间在交往过程中建立和发展起来的一种人际关系。儿童在发展过程中，会与他人形成两种不同性质的关系，即垂直关系与水平关系（Hartup，1989），这两种人际关系对儿童的社会化分别具有不同的意义。垂直关系是指儿童与成人之间的交往关系，其性质具有互补性，即成人控制，儿童服从；儿童寻求帮助，成人提供帮助。垂直关系的主要功能是为儿童提供安全和保护，也可使儿童学习知识和技能。水平关系是指儿童与那些和他具有相同社会权利的同伴之间形成的一种关系，其性质是平等互惠的。水平关系的主要功能是给儿童提供学习技能和交流经验的机会。在垂直关系中，儿童多处于被关注的地位，因而不需要儿童自己去发起或维持这种关系；而在水平关系中，交往双方都处于自由、平等和互惠的地位，需要儿童特别关注对方的反应和态度，并提高自己行为的表现性和反应的灵活性，才能保证顺利实现双方的信息交流，完成交往活动。所以，在儿童社会化过程中，水平关系的影响比垂直关系的影响更强烈、更广泛。

（一）同伴关系的特点

婴幼儿同伴关系的发展趋势是从最初的简单的、零散的相互动作逐步发展到各种复杂的、互惠性的相互作用。到幼儿期，儿童同伴交往的频率进一步增加，互动质量不断提高，并逐渐学会互让、轮流和合作，但还没有固定的游戏伙伴。从幼儿中期开始，儿童的单独游戏逐渐减少，平行游戏和联合游戏增多。在游戏中幼儿彼此有一定的联系，如说笑、互借玩具等，但这种联系是偶然的，没有组织性，因此这是幼儿游戏中社会性交往发展的初级阶段。5 岁以后，幼儿的合作性游戏开始发展，同伴交往的主动性和协调性逐渐提高。在合作游戏中，幼儿逐渐学会围绕某些共同目标一起玩耍，既分工又合作，服从一定的指挥，遵守共同的规则，分享游戏的快乐。但幼儿还没有形成真正的友谊，好朋友之间的交往比较表面化，满足于时间、空间上的密切联系，情感上的亲密性和稳定性还很欠缺。

幼儿期同伴交往主要是与同性别儿童的交往，而且随着年龄的增长，这种趋势越来越明显。

女孩在游戏中的交往水平高于男孩，主要表现为女孩的合作游戏明显多于男孩，而男孩对同伴的消极反应明显多于女孩。

（二）同伴关系的功能

1. 同伴交往有利于促进儿童社会能力的发展 皮亚杰在其著作中指出，正是产生于同伴关系中的合作与感情共鸣使儿童获得了关于社会的更广阔的认知视野。儿童在与同伴交往的过程中往往会出现一些冲突，正是这些冲突的解决有效促进了儿童社会观点采择能力的发展，并帮助儿童获得了社会交流所必需的一些技能。幼儿初期是自我中心性的，不能认识到同伴的观点、意图和情感，但随着游戏的开展，儿童不断体验到同伴交往中的冲突，逐渐学会了谈判或协商的解决方法，同时建立起平等互惠的同伴关系，儿童也逐渐意识到只有通过与伙伴的合作才能与同伴进行积极的、富有成效的社会交往。因此，很多学者指出，没有与同伴平等交往的机会，儿童将不能学习有效的交往技能，不能获得控制攻击行为所需要的能力，也不利于其性别社会化和道德价值的形成。

2. 同伴交往有利于儿童获得安全感，满足归属的需要，促进情绪的社会化 按照马斯洛的需要层次理论，归属感和爱以及受尊重的需要是人类的基本需要。同伴关系是满足社交需要、获得社会支持和得到安全感的重要源泉。研究认为，儿童与他人形成的不同类型的关系能为儿童提供不同的社会支持功能，满足儿童不同的社会需求。爱与亲密的需要更多的是从亲密朋友关系中获得的，帮助、陪伴和增进自我价值的需要既可以从朋友关系中获得，也可以从同伴群体中获得，而归属感的需要更多的是从一般的同伴群体中获得的。因此，良好的同伴关系能使儿童产生积极的社会情感，如安全感、归属感、同情心等，有助于儿童心理的健康发展。

3. 同伴交往有利于促进儿童自我意识的发展 个体对自己的评价最先是从认识到他人的评价开始的。他人的评价或态度就像一面镜子，使个体从中了解自己，界定自己，并形成相应的自我概念，促进自我意识的发展。儿童正是在与他人的交往过程中，根据自己与父母、教师、小伙伴的交往经验逐渐发展其自我意识，从而促进人格健康发展的。

【要点小结】

（1）幼儿的身体发育速度虽然比婴儿有所减慢，但仍然保持着日新月异的态势，身体快速发育。幼儿期的成长依然遵循“头尾原则”和“近远原则”。

（2）幼儿的肌肉组织发展迅速，先发展的是大肌肉群，5～6岁时幼儿的小肌肉群才开始发展。

（3）幼儿的大脑和神经系统虽然不如婴儿期发育迅速，但仍以较快的速度继续发育，到幼儿末期已接近成人水平。

（4）在婴儿运动能力发展的基础上，幼儿动作的力量、速度、稳定性、灵活性和协调性都有了长足的进步。

（5）幼儿的主导活动是游戏，这是幼儿的主要学习方式，是幼儿获得全面发展的重要途径。

（6）对游戏的理论解释有很多种，早期的传统理论有复演说、精力过剩说、松弛说、生活准备说和成熟说；当代的游戏理论有精神分析理论、认知动力理论和学习理论。

（7）按照认知发展的水平，可以把游戏分为机能游戏、假装游戏、规则游戏和智力游戏。按照社会化程度，可以把游戏分为偶然行为、单独游戏、旁观游戏、平行游戏、联合游戏和合作游戏。

（8）由于受身心发展水平的限制，幼儿认知过程的主要特点是具体形象性和不随意性占主导地位，抽象逻辑性和随意性初步发展，这些特点主要体现在幼儿感知觉、注意、记忆和思维能力的发展上。

（9）幼儿期是掌握本民族口头言语的最佳时期。幼儿言语能力的发展表现为语音的发展、词汇的发展、句子的发展和言语表达能力的发展。

（10）幼儿情绪情感发展的主要表现为情绪理解能力的发展、情绪自我调节能力的发展、移情能力的发展；幼儿意志活动发展的主要特点是行为的冲动性仍然占主要地位，但对于行为的自我调节能力开始发展起来。

（11）儿童开始用“我”称呼自己，这标志着儿童的自我意识发展到一个崭新的阶段。进入幼儿期，自我意识的各个成分（自我认识、自我情绪体验和自我调控）都有显著的发展。

（12）儿童性别角色的发展是其社会化的重要内容之一。儿童对性别概念的理解主要包括三个方面：性别认同、性别稳定性和性别恒常性。这三个方面在儿童性别概念的理解中出现的时间是不一样的，其中，性别认同出现得最早，在1.5～2岁；然后是性别稳定性，出现在3～4岁；最后是性别恒常性，在6～7岁。

（13）婴幼儿同伴关系的发展趋势是从最初的简单的、零散的相互动作逐步发展到各种复杂的、互惠性的相互作用。在幼儿期，儿童同伴交往的频率进一步增加，互动质量不断提高，并逐渐学会互让、轮流和合作，但还没有固定的游戏伙伴。

【关键术语】

运动能力（exercise capacity）
儿童游戏（child’s game）
假装游戏（pretend play）
象征性游戏（symbolic game）
独白言语（monologue speech）
具体形象思维（concrete image thinking）
数概念（number concept）
心理理论（theory of mind）
自我意识（self-consciousness）
性别角色（gender role）
性别认同（sex identification）
性别恒常性（gender constancy）
同伴关系（peer relationships）

【资源链接】

陈帼眉. 1999. 幼儿心理学. 北京：北京师范大学出版社
冯夏婷. 2014. 透视幼儿心理世界. 北京：中国轻工业出版社
罗伯特·费尔德曼. 2015. 儿童发展心理学. 苏彦捷，译. 北京：机械工业出版社
方富熹，方格. 2015. 儿童发展心理学. 北京：人民教育出版社
谢弗等. 2009. 发展心理学—儿童与青少年. 8版. 邹泓，译. 北京：中国轻工业出版社
黛安娜·帕帕拉. 2013. 发展心理学—从生命早期到青春期. 10版. 李西营，等译. 北京：人民邮电出版社
焦艳凤，郭苹. 2015. 幼儿心理学. 北京：化学工业出版社

【复习思考】

1. 简述幼儿的生理发展。

2. 简述幼儿心理发展的一般特点。

3. 为什么幼儿都喜欢玩游戏？游戏对幼儿的心理发展有何重要意义？成人如何支持幼儿的游戏活动？

4. 现在不少独生子女的家长“望子成龙”“望女成凤”心切，特别重视早期教育，一到双休日就把孩子的日程安排得满满的，上各种各样的“特长”班，孩子很少有自由活动和游戏的时间，你赞许这种教育方式吗？为什么？

5. 简述幼儿记忆发展的特点。

6. 简述幼儿思维发展的特点。

7. 简述幼儿言语发展的特点。

8. 什么叫“心理理论”？举例说明幼儿“心理理论”的发展。

9. 论述幼儿自我意识发展的特点。

10. 简述幼儿同伴交往的发展特点。

11. 为什么有些初入幼儿园的孩子往往会出现入园不适应的现象？如何帮助这些孩子克服入园焦虑？

【练习测验】

1.（单选）下列选项中，用来考察幼儿“心理理论”发展的研究方法是（　　）。

A. 陌生情境实验　　B. 错误信念实验　　C. 动态测验　　D. 两难故事法

2.（单选）巴特森提出的游戏理论是（　　）。

A.觉醒-寻求理论　　B. 元交际理论　　C. 认知动力说　　D. 功能快乐说

3.（单选）对于14～22个月大的儿童来说，男孩喜欢小汽车类的玩具，女孩喜欢玩娃娃和毛绒玩具。这种对玩具的选择体现了儿童的（　　）。

A. 性别认同　　B. 性别角色认同　　C. 性别角色标准　　D. 性别偏爱

4.（单选）根据帕顿的研究结果，2岁左右儿童主要的游戏类型是（　　）。

A. 平行游戏和合作游戏　　B. 联合游戏和合作游戏

C. 单独游戏和联合游戏　　D. 单独游戏和平行游戏

5.（单选）在家庭生活中，盈盈的父母在某种程度上接纳了她目前对音乐的喜爱，而盈盈也认同了父母关于学业成绩重要性的看法，这个例证所体现的发展现象是（　　）。

A. 同步现象　　B. 再社会化　　C. 相互社会化　　D. 远端—近端发展

6.（单选）认为游戏是远古时代人类祖先生活特征在儿童身上重演的心理学家是（　　）。

A. 蒙台梭利　　B. 霍尔　　C. 斯宾塞　　D. 桑代克

7.（单选）下列有关幼儿概念发展的表述，错误的是（　　）。

A. 一般只能掌握比较具体的实物概念　　B. 能掌握左右概念的相对性

C. 实物概念的掌握先于数概念的掌握　　D. 所掌握的概念内涵往往不够精确

8.（单选）下列有关幼儿言语发展的表述，错误的是（　　）。

A. 口语发展的最佳时期　　B. 词汇数量增长最快的时期

C. 句法结构从简单到复杂　　D. 自我中心言语是其主要的言语形式

9.（单选）大多数儿童在许多记忆任务上的成绩随年龄增长而提高，持信息加工观点的研究者对这一现象最可能的解释是（　　）。

A. 发展过程中具体的记忆发展变化

B. 父母和老师的强化效应随儿童的年龄增长逐渐积累

C. 随着儿童的成长，他们可相对使用更多样的记忆策略

D. 对儿童而言，记忆能力的测量随着儿童年龄的增加而变得更可靠

10.（单选）向幼儿讲述“东郭先生和狼”的故事，告诉幼儿东郭先生让狼藏进了自己的书袋，后来猎人赶来了。这时候向儿童提问“猎人知不知道书袋里藏有狼”，这一问题考察的是（　　）。

A. 空间认识　　B. 道德判断　　C. 自我观念　　D. 心理理论

11.（简答）简述儿童同伴关系的作用。

第六章　童年期儿童的心理发展

【本章主要内容】

童年期是指儿童从6、7岁至11、12岁这一时期。童年期儿童开始进入学校，接受正规的学校教育，掌握基础的科学文化知识，学习生活的基本技能，因此被称为学龄初期、小学时期。童年期儿童是儿童心理发展重要的过渡时期，这是因为小学低年级儿童具有幼儿的特点，而小学高年级又开始具有青少年儿童的一些特点，因此心理发展具有一定的过渡性质。

第一节　童年期儿童心理发展的一般特征

童年期是儿童心理发展的重要转折期。由于这一时期儿童开始接受正规而系统的学校教育，与幼儿期相比，其生活环境、活动要求等都发生了重大改变，从而促使儿童的认知、个性和社会性等方面都产生了巨大的变化。例如，学习取代了游戏，成为儿童的主导活动；儿童开始逐步掌握书面言语；儿童的抽象逻辑思维开始发展；儿童开始有意识地参加集体生活等。

总体来说，童年期儿童心理发展的一般特征主要表现在以下五个方面。

一、生理发育相对平稳

童年期儿童生理发育的最大特点是变化不明显。整个童年期阶段，儿童的生理发展速度缓慢，体型的变化以及中枢神经系统的发育和完善，呈现出一种平稳、有规律的生长模式。

童年期儿童身高与体重的发展继续延续着幼儿期的发展模式，平稳而缓慢地生长。与幼儿期相比，四肢的发展速度依旧，但头部生长速度减慢，因此头部与全身、躯干与下肢的比例逐步变小。这期间骨骼系统的发育往往比附着于骨骼上的肌肉的发育要快一些，从而使得肌肉和韧带被拉伸，很多孩子会因此感到疼痛，这种现象被称作“生长的疼痛”。这是儿童发育过程中的一种正常现象，家长不必为此感到紧张。童年期儿童外在特征的另一个比较重大的变化是，完成了恒牙和乳牙的替换。女孩换牙要比男孩早一些，最早更换的牙齿大多是上门牙。

中枢神经系统的发育继续有序地进行。7岁儿童大脑的平均重量为1280g，9岁为1395g，12岁的时候就达到了1400g，这已接近成人水平。随着脑重量的增加，脑的形态和神经细胞也在发生变化，脑叶增长突出，脑回更加明显，神经细胞之间的联系更为复杂。

二、心理活动的自觉性和随意性不断增强

童年期儿童在刚入学的时候，他们心理活动的自觉性和随意性都是比较差的。进入学校之后，教师向儿童提出了一系列的要求，如遵守纪律、认真听讲、完成各种学习任务等。在这些外界要求之下，儿童不再能像幼儿时期那样随心所欲，而是必须约束自己的思想和行为有目的地去完成各项任务，例如，他们开始学会有意识地观察难以察觉的细节、记忆自己并不感兴趣的文字和公式、根据教师的要求进行有目的的想象、长时间地集中注意于某项学习任务之上。在这样的背景之下，童年期儿童心理活动的自觉性和随意性便不断增强。

三、从以具体形象思维为主向抽象思维过渡

在小学低年级学生的思维中，具体形象思维和抽象逻辑思维均有表现，但是具体形象思维占据优势。例如，教小学生计算的时候，必须联系某个具体事物（手指头、小球、木棒等）；如果问他们“什么是医生”，他们可能会说：“军军的爸爸是医生”。

随着年龄的增长，儿童的具体形象思维和抽象逻辑思维都在不断发展，到小学高年级时，抽象逻辑思维的地位开始超过具体形象思维。但是小学生的这种抽象逻辑思维不同于成人的抽象逻辑思维，很大程度上仍旧与直接感性经验相联系，概括水平较低，带有很强的具体形象的色彩。此外，尽管抽象逻辑思维的地位开始超过具体形象思维，但在遇到复杂或陌生的问题情境时，儿童还有可能完全依赖于具体形象思维。皮亚杰把7～12岁儿童的思维发展阶段称为“具体运算阶段”，表达的也是这个意思。

四、情绪情感较稳定且比较单纯

由于教育和经验的影响，童年期儿童情绪情感的稳定性较之幼儿期有了很大的进步，他们开始意识到控制情绪的必要性，并付诸实施。他们不再像幼儿那样，遇到不顺心的事情就大哭大闹、遇到开心的事情又马上破涕为笑。与情绪情感稳定性、可控性的发展相一致的是，童年期儿童情绪情感的内隐性也开始发展，他们学会了掩饰自己的某些情绪。

童年期儿童的生活总体上还较为简单，加之自身认知水平的限制，他们的情绪情感比较单纯，很少会产生矛盾、复杂的情绪情感体验。

五、自我意识更加明确

童年期是儿童的自我意识客观化的时期，也是获得社会自我的时期。与学龄前儿童相比，小学生的自我意识更加自觉，他们更加明确地意识到自己作为独立个体的存在。这一时期，由于教师和家长向儿童提出了一系列新的要求，迫使儿童需要按照这些要求来对照检查自己的行为，这就促使儿童更加关注自我、了解自我。但总体来说，童年期儿童自我意识仍然不够客观、全面，还带有明显的主观色彩。

第二节　童年期儿童的学习活动

与幼儿相比，童年期儿童生活最为重大的变化是进入学校，学习代替游戏成为这一阶段儿童的主导活动。在学校学习的过程中，儿童开始接受正式而系统的科学文化教育，掌握各种基本生活技能，接触各种规章制度和守则、纪律等，被教师和父母给予新的要求与期望，并作为班集体或少先队集体的一员与同伴交往。可以说，学习活动为童年期儿童的发展带来了巨大的影响。

一、童年期儿童学习活动的特点

（一）广义学习与狭义学习

学习有广义与狭义之分。广义的学习是指由练习和经验引起的行为或行为潜能的较为持久

的变化。广义学习的主体可以是动物也可以是人类，学习的内容既可以是科学文化知识也可以是各种生活技能，从这个角度来看，人从降生之后就一直在不断地学习。走路、说话、吃饭等都是人们后天习得的。

狭义的学习即学校学习，是指学生在教师指导下有目的、有计划、有系统地掌握知识技能和行为规范的活动，是一种社会义务。这种学习主要具有以下特点。

1. 学习方式以教师指导下的接受学习为主 学生在学校中的学习与在日常生活中的学习不同，它是在教师的指导下进行的。无论是教学计划的设定、教学内容的传授，还是教学效果的监控，都离不开教师的作用。学生接受教师传授的知识，并根据自己的经验对这些知识进行有意义的、建构性的吸收。

2. 学习内容主要是人类的间接知识经验 学校学习的目的是让学生在较短的时间内，尽可能多地掌握对自身和社会有用的知识。对于效率的追求决定了学生学习的内容必须以前人的间接知识经验为主，而不可能、也不必是亲身经历的直接经验。

3. 学习过程具有目的性和计划性 学校学习作为一种社会义务，与日常生活中自发的、无目的的学习不同，它具有明显的定向性。学生在什么时候学习、以什么方式学习、学习什么内容、学习应达到什么目标，都是依据一定的教学要求事先设定好的。

（二）童年期儿童的学习与幼儿的学习

幼儿的主导活动是游戏，他们虽然也有学习活动，但这种学习与童年期儿童在课堂中的学习有着本质的不同。

从学习过程来看，幼儿的学习不是作为一种独立的活动存在的，而是依附于游戏或其他的活动。幼儿的学习往往要运用做游戏、看图片、观察周围事物等主动具体的形式，有时学习和游戏之间甚至没有严格的界限，尤其是小班学习活动更要较多地通过游戏的方式进行，否则儿童难以接受。只有进入童年期之后，学习才成为儿童的主导活动，成为一种独立的活动。

从学习内容来看，幼儿的学习内容主要是直接经验，很少超越直接经验；而小学生在教师指导下系统地掌握知识和行为规范，所学习的主要是间接经验。

（三）童年期儿童的学习与青少年的学习

童年期儿童和青少年的学习都是在学校环境下有目的、有系统地进行的，因此有不少相似之处。但由于这两个阶段的儿童心理发展具有不同的特点，社会和家庭对其学习的要求和目标也有所不同，因此童年期儿童的学习和青少年的学习在过程和内容上都存在着差异。

从学习过程来看，与青少年相比，童年期儿童的认知水平不高、情绪情感单纯且不稳定、自制力差，因而其学习很大程度上需要教师和家长的监督和指导。而青少年的主动性和自制性相对于童年期儿童发展水平较高，他们能主动采取各种认知策略和元认知策略促进自己的学习，因而对外力监督的依赖性逐渐减弱。

从学习内容来看，童年期儿童的学习主要包括有关读、写、算的基本知识技能和参加学校集体生活所必需的最基本的行为规范，而青少年的学习则是开始逐步掌握有一定体系的科学基本知识、培养系统的世界观和价值观。童年期儿童和青少年在学习内容上的这种差别是由外部的知识体系规律和儿童身心发展的特点等共同决定的。

二、童年期儿童学习活动的作用

学习作为童年期儿童的主导活动，对儿童的心理发展具有重要的作用。

首先，学校学习是在教师指导下有目的、有系统地掌握知识、技能和行为规范的活动，是一种社会义务。既然是一种社会义务，就意味着在学习过程中，教师的指导和要求带有一定的强制性，儿童必须遵守学校和班级的一切守则，组织自己的知、情、意、行。在这一过程中，儿童的规则意识逐渐增强，意志力得到锻炼，责任感和义务感得到培养。这些对于儿童个性的发展具有非常重要的意义。

其次，童年期儿童在学校学习活动中，一方面掌握人类基本的科学文化知识和基本的生活技能，另一方面在学习这些知识技能的过程中，心理活动的有意性和自觉性都明显地发展起来，其思维活动也逐渐从以具体形象思维为主向以抽象逻辑思维为主进行过渡。

再次，学习活动是以班集体为单位开展的，儿童通过与其他孩子的共同学习和活动，增强了人际交往的能力，形成和发展了各种良好品德，与此同时自我意识也进一步得到发展。

三、童年期儿童学习活动的发展

（一）学习动机的发展

学习动机是激发个体进行学习活动、维持已引起的学习活动，并致使个体的学习活动朝向一定的学习目标的一种内部启动机制。儿童在学校中是否能够积极主动地进行学习、学习的效率和效果如何，都与学习动机的性质紧密相连。在整个小学阶段，儿童的学习动机发展的总体趋势是：由近景性动机向远景性动机发展、由实用性动机向社会性动机发展。

初入学的儿童并不能真正地理解学习的意义，儿童要求学习，最初只是出于对学校里小朋友的羡慕，对学校的一切都感到新鲜和好奇，才产生了上学的心理要求。如果问他们为什么要上学，他们可能会回答“上学会发新书”、“上学会有很多小朋友在一起玩”，学习动机表现为与近景的、直接的、具体的需要相联系。随着年龄的增长，儿童才开始出现“为了将来能当科学家”、“为了能给人治病”等远景的动机。

另外，初入学的儿童的学习动机往往是与某种直接的、基本的需要相联系，如“为了得到老师的表扬”、“为了能让爸妈领我去麦当劳”等，具有很强的实用性。随着年龄的增长，儿童才开始出现“为了考上重点中学，不让爸妈失望”等具有社会性意义的动机。

需要指出的是，在教育的引导下，童年期儿童也有可能会出现“为了学好本事，将来更好地建设祖国”这种具有深远意义的学习动机，但受到认知水平的影响，他们往往停留在口头表达上，并不能真正理解这一目标的深刻含义，也并不能将这一目标真正转化为学习的动力。

信息栏 6-1　小学儿童学习动机的培养

培养小学生的学习动机可以从以下几方面入手。

（1）进行学习目的教育，帮助学生明确学习的意义。要让学生把自己的学习同祖国的建设、同祖国与人类的未来联系起来。进行教育时要注意避免空洞说教，要适合小学生的认知能力。例如，通过讲故事、看电影、参观访问等形式来启发学习的自觉性，帮助小学生把社会的需要转化为自己的学习需要，树立正确而稳定的学习动机。

（2）精心设计教学活动，改革教学内容和方法。要使教学内容新颖，组织有序；使教学方法生动活泼，调动学生学习的积极性，激发他们的求知欲望，并不断满足他们的求知欲望，使他们体验到学习的快乐，激发进一步学习的动机。

（3）正确评定学生成绩，提高学生学习的自信心。小学生取得优良成绩，要注意表扬，使学生产生成功感，这会强化学生的学习动机。多次失败往往使一些学生焦虑、自卑，兴趣低落，甚至逃避学习，教师对这些学生应布置力所能及的作业，批改作业时适当照顾情绪，有时还可以稍提高些分数，使其在某些成功体验的基础上树立信心，提高自尊心和上进心。

（4）坚持表扬鼓励为主，辅以适当的批评。表扬加批评更能激发学习动机，当然过度地表扬也会产生消极的结果。所以，教师应坚持以表扬为主，辅以适当的批评。在表扬时既要肯定其取得的成绩，又要指出继续努力的方向；在批评时，既要指出存在的缺点与错误，又要鼓励发奋上进；有的时候虽然未有显著成绩，也要肯定其努力程度和进步趋势。

总的来说，动机的培养是一个复杂的问题，不是一蹴而就的，必须处处注意方能奏效。

（二）学习态度的发展

态度是反映人们关于自身和事物之间关系的一种比较稳定的心理倾向。儿童对于学习的态度，可以分为对教师的态度、对班集体的态度、对作业的态度和对评分的态度几个比较重要的方面。

1. 对教师的态度 童年期儿童对教师的态度最为明显的特征是向师性。尤其是低年级的儿童，对自己的教师有一种无条件的崇拜和依恋心理，他们认为只要老师说的就一定是正确的，所以常常听到他们在与别人甚至与父母有不同意见时，会引经据典似的说“我们老师说……”。中年级以上的儿童对教师的这种无条件遵从的态度开始减弱，只有那些思想作风好、教学好、做事公正的教师，才会赢得学生的喜欢，而那些教学水平不高、对儿童不耐心不公正的教师，常常会引起学生的不满。但总体而言，较之初中和高中阶段，小学阶段儿童的向师性是非常明显和典型的。

童年期儿童的向师性是值得教育工作者思考和加以利用的。首先，教师的言行举止会被学生加以模仿，因而教师应注意规范自己的言行，做到“学为人师，行为世范”，给小学生树立积极和正面的榜样。其次，在对小学生进行表扬和批评时，应注意措辞得当，以正面鼓励的言语来教育学生，避免嘲讽和全面否定。因为小学生缺乏客观评价自己的能力，向师性又使得他们依赖教师对自己的评价来评价自己，教师对他们的评价与期望很有可能影响甚至决定了他们的发展方向，正如赏识教育的提出者周泓曾经说过的一句话：“说你行，你就行，不行也行；说你不行，你就不行，行也不行”。

2. 对集体的态度 初入学儿童还没有形成集体意识，与同学间的关系较为松散和自由。随着年级的升高，在正确的教育影响下，儿童才逐渐建立起班集体的意识，他们开始意识到要以优良的成绩和守纪的行为为班集体争得荣誉，意识到应当维护班集体的利益，并且对班集体非常热爱。

李伯黍等人通过实验指出，我国儿童从 7 岁起集体主义意识开始出现，但在大约 9 岁时才出现明确区分“为集体”与“为个人”的行为动机的重大变化。傅根跃等以四个两难故事为材料，如“小苏所在的班级要推选同学代表班级参加学校的画画比赛。小苏的朋友小米画画不大好，但他很想参加比赛，所以他请小苏推荐他。小苏想：如果我推荐小米，我们班级的比赛成绩就会下降；但小米是我的好朋友，如果我不推荐他，他就会非常不高兴”，让儿童在个人和集体利益的冲突中进行抉择，从而对小学生的集体意识进行研究。结果发现，在集体利益和朋友利益不能兼顾的两难情景中，集体主义意识在小学二年级学生中已占主导地位，但还不够稳定；随着年龄的增长，小学儿童的集体主义意识稳步发展，到了六年级集体主义意识发展相对成熟并趋于稳定。从这些研究中可以看出，我国小学儿童的集体意识是随着年龄的增长而逐渐深化、稳定的。

3. 对作业的态度　童年期儿童对作业的态度是一个逐渐发展的过程。初入学的儿童还不能意识到作业的重要性，没有把作业当作是学习的重要组成部分，因此有时会出现忘记做作业的现象。在教师的正确教育下，他们逐渐形成对作业自觉负责的态度，放学之后大多数人能自觉、主动地去完成作业，但也有少数学生需要家长的提醒和监督。

4. 对评分的态度　初入学的儿童已开始接受各种各样的评定。这些评分对儿童的心理发展起着重要的作用，这种作用是要通过儿童对评分的态度而产生影响的。

一般而言，低年级儿童能够理解分数代表学习成绩的好坏，但他们往往对分数的意义理解片面，过于夸大分数的功能，例如，认为只有考试得高分的学生才是好学生，分数低的就是差学生。从中年级开始，儿童开始能够较为客观和全面地对待分数，把分数看成是衡量学习效果的一种工具。

（三）学习兴趣的发展

小学生的学习兴趣在整个小学期间也在不断地发展。虽然存在着个体间的差异，但也有一些共同的变化趋势。朱智贤等认为，小学生学习兴趣的发展具有以下特点。

（1）在整个小学时期内，儿童最初对学习的过程、对学习的外部活动更感兴趣，以后逐渐对学习的内容、对需要独立思考的学习作业更感兴趣。

（2）在整个小学时期内，儿童的学习兴趣最初是不分化的，在教育影响下，以后才逐渐产生对不同学科内容的初步的分化性兴趣。这种对学科兴趣的分化一般从三年级开始，但小学生对学科的选择性兴趣还很不稳定，极易发生变化。

（3）在整个小学时期内，对有关具体事实和经验的知识（如阅读故事小说、从事技术活动、进行体育活动等）较有兴趣，对有关抽象因果关系的知识（如有关自然现象和社会现象发生发展的因果规律）的兴趣在初步发展着。

（4）低年级儿童对通过游戏方法进行的学习活动感兴趣；中年级以后，游戏因素在儿童兴趣上的作用逐渐降低。

（5）在阅读兴趣方面，一般从课内阅读发展到课外阅读，从童话故事发展到文艺作品和通俗的科学读物。

信息栏 6-2　小学儿童学习兴趣的培养

学习兴趣是指个体对学习的一种积极的认识倾向与情绪状态。学生对某一学科有兴趣，就会持续地、专心致志地钻研它，从而提高学习效果。小学儿童学习兴趣的培养可以从以下几方面着手。

（1）使小学儿童认清学习目标。小学儿童若知道学习的目标以及学习活动的价值，就会激发学习的兴趣与需要。目标宜切近、具体，过于远大的目标令儿童可望而不可及，无疑会减低学习的兴趣。一般说来，目标愈具体，学习的兴趣就愈浓厚。

（2）使小学儿童享受到成功的满足。学习兴趣是成功经验的自然结果。盖茨说过："没有什么东西比成功更能增加满足的感觉；也没有什么东西比成功更能鼓起进一步要求成功的努力。"这就要求有与其能力相匹配的学习情境，如此才能激起试探的勇气和特殊的才能，建立其信心，增强兴趣。

（3）学习兴趣有待启发。赫尔巴特认为，教学的直接目标是发展儿童多方面的兴趣。心理学认为兴趣不是与生俱来的，而是学习的结果。经由持久的注意与不懈的努力，兴趣自然会产生。例如，学生由唱歌的经验慢慢发展出对音乐的兴趣，由对物理的兴趣日久引起对科学的兴趣。同时对于无关联的事物，教师也可以把它和旧有的兴趣相联系，以发展小学儿童的兴趣。

四、童年期儿童的学习障碍

学习障碍这一概念最早是由美国著名特殊教育专家柯克提出的。但关于这一概念的定义，理论界仍然存在着一些分歧。一般来说，学习障碍具有以下四个基本特征：①差异性，儿童实际达到的水平与按照其潜能所应该达到的水平存在差距；②缺陷性，学习障碍儿童往往会在某些心理过程上存在着特殊的缺陷，导致他们无法完成一些正常儿童十分容易便完成的行为；③集中性，学习障碍儿童的缺陷往往集中在诸如感知、注意、记忆、思维等认知过程，而这些过程往往是各项学习活动的基础要素；④排除性，学习障碍儿童的学习问题不是由智力落后、情绪困扰导致的，也不是由社会、经济、教育等环境因素引起的。

学习障碍儿童主要表现为智力正常，有适当的学习机会，但是学习成绩明显落后于同龄儿童的正常水平。典型特征是一门或多门功课成绩低下，阅读障碍，计算、拼写障碍，手、眼和动作协调障碍。

柯克将学习障碍分为发展性学习障碍和学业性学习障碍两类。如表 6-1 所示。发展性学习障碍是指个体应该具有的、达到学业目标的基本学习能力产生障碍；而学业性学习障碍是指那些在学校学习活动方面出现的障碍。入学之前，许多儿童的发展性学习障碍没有得到表现，进入学校学习之后，由于达不到学习活动的要求，会在学业方面表现出来。

表 6-1　学习障碍的分类

学习障碍	发展性学习障碍	注意异常
		记忆异常
		直觉和知动异常
		思维异常
		语言异常
	学业性学习障碍	阅读障碍
		书写障碍
		算术障碍

信息栏 6-3 诊断学习障碍的步骤和方法

对学习障碍进行诊断，可以按照以下步骤进行。

1. 面谈

（1）主诉。父母诉说子女的问题。

（2）了解出生时的情况。在妊娠中、围产期和新生儿期的异常，是鉴定学习失能的线索之一。关于婴幼儿期的发展，可以从运动、语言、人际关系、情绪性行为各个侧面加以把握。

（3）接受学校教育和咨询的情况。

（4）行为问卷。通过问卷调查，可以确认注意、协调运动、言语、认知、情绪、学习等问题。将这些测验结果与同龄儿童相比，就可发现问题所在。

2. 心理教育测验

（1）智力测验。在现行的智力测验中，常采用韦克斯勒儿童智力测验（WISC-R）和瑞文智力测验。

（2）伊利诺斯心理语言能力测验（ITPA）。

（3）其他测验。通过 WISC-R 和 ITPA 了解了儿童的智力和心理语言能力之后，可以根据问题的需要，进一步进行测验和评价。

3. 行为观察 在实施心理教育测验的同时，也可进行行为观察，主要从临床观察和发展诊断两个角度进行。行为观察可在各种场合中开展，如测验、自由游戏等，主要观察儿童的行为、言语认知、人际关系等方面。

4. 医学检查 主要进行脑功能方面的检查，如是否患脑炎、脑外伤等。

第三节 童年期儿童认知与言语的发展

一、感知觉的发展

很多研究表明，童年期儿童的视觉、听觉、运动觉等各种感觉继续不断发展。例如，如果将 6 岁儿童辨别音调的能力设为 1 的话，那么 7 岁的儿童为 1.4，8 岁为 1.6，9 岁为 2.6；儿童运动觉的精巧性在 8～14 岁可提高 50%以上。

在知觉方面，幼儿晚期儿童的知觉虽然具有一定的目的性和概括性，但自觉组织和支配自己知觉的能力还比较差，他们还不善于对物体进行精确的分析和综合。而童年期儿童在教学的影响下，其知觉从无意性、情绪性逐渐向有意性和目的性方向发展，知觉的分析与综合的水平也在不断提高。例如，小学一年级儿童的知觉过程在很大程度上会受到其兴趣或情绪的影响，当某件事物过于复杂或者不能引起其兴趣时，儿童很难保持长时间的注意；而小学高年级儿童则可以有意识、有目的地使自己长时间地知觉某件复杂或枯燥的事物。再如，如果让小学低年级的儿童观察一幅水彩画，他们很有可能只看到这幅画上有一只色彩斑斓的蝴蝶，而高年级儿童则可能会进一步地注意蝴蝶翅膀的形状和花纹；低年级的儿童在观察时往往忽略细节，区分不开“b”和“d”、“p”和“q”、“大”和“太”、“己”和“已”等，而高年级的儿童则较少出现这些困难。

需要指出的是，教育对童年期儿童感知觉的发展具有重要影响。人们可以通过各种教学活动促进儿童感知觉的发展。例如，通过绘画、书写、制作等活动发展儿童的视觉和运动觉，利用音乐学习发展儿童的听觉。再如，在看图说话时，通过教师的启发和引导促进儿童知觉的发展。

二、注意的发展

初入学的儿童依然带有幼儿期的注意特点，即无意注意已充分发展，有意注意正逐步形成。在小学期间，随着学校教育和生活环境不断向儿童提出新的更高的要求，儿童的注意得到了很大的发展，但水平仍然有限。

相对于幼儿期以无意注意为主的特点，童年期儿童的有意注意逐渐发展起来，并开始占据主导地位。阴国恩等的一项研究对比了小学二年级和五年级儿童的有意注意、无意注意在完成任务时所起的作用。实验所用的材料是一种印有被 5 条白横线分割成 6 部分的大写“K”字的卡片。他们用速示器给儿童呈现卡片，对无意注意组的儿童，在呈现图形前只要求被试辨认图形，呈现后要求他们报告看到了几条线；对有意注意组的儿童，在刺激呈现之前就明确要求他们报告看到了几条线，其他条件与无意注意组相同。结果发现，对于小学二年级的儿童，无意注意组和有意注意组的成绩没有显著差异，而对于小学五年级的儿童，有意注意组的成绩明显好于无意注意组。这表明，小学五年级儿童的有意注意水平比小学二年级儿童有了明显的提高。这就意味着在教学过程中，教师一方面要照顾到低年级学生有意注意水平较低、仅能注意感兴趣事物的特点，以生动活泼的方式呈现教学内容；另一方面也应注意创造条件，促进学生有意注意的发展。

童年期儿童的注意品质也有一定的发展，具体表现在以下四个方面。

（1）注意集中的深度增加。由原先的只能集中注意于具体形象的事物，发展到开始专注于事物的本质属性和内部联系。

（2）注意的稳定性增强。一般而言，7～10 岁的儿童能持续集中注意 20 分钟左右，10～12 岁的儿童 25 分钟左右，而 12 岁以上的儿童可达 30 分钟左右。

（3）注意的广度扩大。例如，小学低年级的儿童在阅读时总是一个字一个字地念，而高年级的儿童可以在阅读某个句子的时候，同时注意到前后的几个句子，并关心句子间的联系。

（4）注意的分配能力发展缓慢。例如，刘景全等采用注意分配实验仪进行的一项研究表明，小学生大多具备一定的注意分配能力，但五年级学生和二年级学生的差异并不显著，这说明注意分配能力在小学期间发展十分缓慢。

三、记忆的发展

初入学儿童的无意记忆已经得到了很好的发展，有意记忆也已出现，但有意记忆的能力发展很不完善，有意记忆在整个记忆中所起的作用也很小。例如，有的孩子很喜欢课堂的热闹气氛，喜欢坐在旁边的同学，能记住很多有趣的事情，但是却记不住课堂讲授的内容和老师提问的问题、布置的任务。随着年龄的增长，童年期儿童的无意记忆和有意记忆均在继续发展，但有意记忆的使用数量和质量的发展速度都要快于无意记忆，其重要性也在不断地提高。对于小学高年级儿童的有意记忆是否占到主导地位这一点，人们有着不同的看法。大多数研究者认为，小学高年级儿童的有意记忆已经超越无意记忆占据了主导地位；但也有研究者认为，在整个童年期，始终是无意记忆占优势。无论如何，人们都承认这样一个事实，即在整个童年期，儿童的有意记忆得到了很大程度的发展。

初入学儿童的记忆方法主要以机械记忆为主，随着年级的增高，儿童的记忆逐渐转向以意义记忆为主。在整个小学期间，无论是机械记忆还是意义记忆，其记忆效果都随年龄的增长而不断加强，并且采用意义记忆时的保持量总要高于机械记忆时的保持量。

从记忆的内容看，童年期儿童的记忆主要是具体形象记忆，但与此同时抽象逻辑记忆也得到了较大的发展。小学低年级的学生头脑中存储的信息是以表象为主的，并且表象的概括性差，大多是具体表象。随着年龄的增长，儿童的知识不断丰富，抽象思维能力不断发展，他们的抽象逻辑记忆也随之发展起来。

四、想象的发展

小学低年级学生的想象力十分丰富，但在他们的头脑中，现实与想象之间往往没有明确的界限。有时候，他们会因而混淆了想象与现实，导致行为和言语与事实不符，如过分夸张地描述某个事物。如果没有考虑到儿童想象发展的这种特征，这些行为和言语与事实不符的现象会经常被成人当作“说谎”和“欺骗”。对此，成人应注意给予充分的理解，要着力保护和慎重对待儿童宝贵的想象力。

随着年龄的增长，童年期儿童想象过程中的有意性逐渐增加，他们能够根据任务的需要和他人的要求进行有意识、有目的的想象。例如，阅读一篇课文之后，根据文章的描述想象事件发生的场景，并将其用自己的话描述出来。此外，童年期儿童想象中的创造性成分也在不断增加。初入学的时候，儿童的思维以模仿为主，想象的内容大多是现实内容的简单叠加和组合，到了小学后期，儿童则更富创造性。这一点可以从小学生的作文当中窥见一斑。在描述郊游的一天时，低年级的儿童会写成简单的流水账，而高年级的儿童则会加入自己想象的内容，并用丰富细致的语言加以描述。

信息栏 6-4　小学儿童的想象

小学生的想象非常奇特，往往令人意料不到。他们常常将一些成人看上去毫无关系的事物黏合在一起，组成奇特的形象、场面和情节，或者把没有生命的对象想象成有生命的东西。他们可以在“月亮上荡秋千”，可以同小蜜蜂亲切地交谈，把星星比作小姑娘一眨一眨的眼睛。

小学生十分喜欢幻想，想象的翅膀经常自由自在地翱翔。他们把想象作为一大乐趣。有时我们会看到小学生坐在那儿无缘无故地笑起来，而周围并没有值得笑的东西。原来，他们正在享受想象的乐趣，他们的头脑正放映着多彩的图像。

教师和家长要珍惜小学生想象的积极性、想象的奇特性、想象的夸张性和创造性，因为这正是儿童心理活跃的体现。不要因他们的想象离奇、不合习惯、不符比例，就加以斥责。要指导小学生想象能力的发展，就要让他们进行各种想象的练习和实践。例如，绘画、看图说话、编故事、结合课文内容展开想象等，以此促使想象开花结果。同时也要防止小学生耽于空想，防止小学生的奇特想象可能导致的危险行为。

资料来源：郭亨杰，宋宁. 1993. 小学生心理适应指导. 北京：高等教育出版社，48

五、思维的发展

关于儿童思维的发展，我国发展心理学家朱智贤和林崇德等都曾经做过许多有价值的研究，并构建了在我国发展心理学界具有深远影响的相关理论体系。有关童年期儿童思维发展的状况，可以从一般发展特点、思维过程的发展、思维形式的发展三个方面来分析。

（一）童年期儿童思维发展的一般特点

（1）在整个小学阶段，儿童的思维逐步过渡到以抽象逻辑思维为主要形式，但仍带有很大的具体形象性。这一点，在第一节中已经做了论述，这里不再赘述。

（2）童年期儿童的思维由具体形象性到抽象逻辑性的过渡存在着一个明显的“关键年龄”。小学儿童的思维成分中抽象概括性开始占优势是有一个转折时间的。一般而言，这一“关键年龄”是在小学四年级，也就是10～11岁的时候。教育者在实践中应该注意儿童的这个“关键年龄”，顺应儿童思维发展的这种飞跃，采取适当的教育。

需要指出的是，教育对思维发展的反作用也不可忽视，如果有意识地对小学生进行系统的思维训练，转折期是可以提前到三年级的。林崇德的研究指出，在一般的教育条件下，儿童到四年级时才会在数概括的能力发展中有显著变化；但研究中的追踪班由于着重进行了思维的智力品质训练，到三年级下学期时，全班86.7%的儿童已达到这一水平。

（3）童年期儿童逐渐具备了人类思维的完整结构，但还有待于进一步完善和发展。从小学阶段起，儿童逐渐具备了明确的思维目的性；表现出完整的思维过程；有着较完善的思维材料和结果，思维品质的发展使个体思维表现出显著的差异；思维监控或自我调节的能力也在日益加强。这表明，童年期儿童的思维结构正在从不完善向完善水平过渡。

（4）在从具体形象思维向抽象逻辑思维发展的过程中存在着不平衡性。不平衡性既表现为个体发展的差异，也表现为思维对象（不同的学科、不同的教材等）的差异。对于儿童熟悉的学科、富有经验的任务，儿童思维中抽象的成分较多，抽象的水平也较高；而对于儿童不熟悉的学科、缺乏经验的任务，儿童思维中具体的成分较多。在算术教材的学习中，学生已经达到了较高的抽象水平，可以离开具体事物进行抽象的思考，但在历史教材的学习中，学生仍旧停留在比较具体的表象水平上，对历史发展规律的理解仍深感困难。

信息栏 6-5　小学儿童抽象逻辑能力的培养

在整个童年期，积极培养学生的抽象逻辑思维能力，既是发展智力的重要内容，也是教学的重要任务之一。培养学生的抽象逻辑思维能力，必须注意以下几个方面。

（1）积极引导学生从具体形象思维向抽象逻辑思维过渡。小学儿童思维能力的发展需以一定的感性认识为基础，进而逐步引向抽象。所以，教师要尽量使学生接触各种感性材料，并进行细致的观察，另一方面，教师必须积极引导、启发学生，使之向抽象逻辑思维发展，消极等待是不行的。

（2）使学生掌握良好的思维方法。在教学过程中，教师不仅要考虑如何更好地传授知识，而且要考虑如何发展学生的思维能力，使其掌握思维方法。在教学中，教师要通过讲解和示范引导学生掌握解决问题的途径、方法和步骤，培养学生思维的逻辑性和推理的严密性。

（3）培养学生独立思考和解决问题的能力。教师在教学中应多用具体事例来说明原理，多提启发性的问题来引导学生思考，在要求学生回答问题时，多让他们“想一想”，并鼓励用多种方法解决同一问题。

（4）培养学生口头言语和书面言语的表达能力。儿童思维的发展是同言语的发展密切联系着的。发展儿童口头言语和书面言语的表达能力，可以促进儿童思维能力的发展。

（二）童年期儿童思维过程的发展

思维过程是指人们在头脑中运用存储在长时记忆中的知识经验，对外界输入的信息进行分析、综合、比较、抽象和概括的过程。思维的基本过程主要是分析与综合，以及在此基础上派生出的抽象、概括、比较、分类、具体化和系统化等思维过程。童年期儿童的思维过程以概括、比较、分类的研究居多。

1. 概括　概括是把个别事物的本质属性推及为同类事物的本质属性的过程，是形成概念和掌握概念的前提。

冯申禁等对小学儿童词语概括能力的发展特点做了研究。实验材料分为三类，共九组句子，每组给出三个句子，要求儿童概括成一句话。如“喜鹊长着两只脚。燕子长着两只脚。老鹰长着两只脚。”要求儿童把“喜鹊、燕子、老鹰”概括成“鸟儿”，这一组句子中每个句子要求概括的因素只有一个。再如“我们五一去北海，你们六一去景山，他们十一去天坛。”，要求儿童把“我们、你们、他们”概括成“大家”或“小朋友们”，把“五一、六一、十一”概括成“节日”，把“北海、景山、天坛”概括成“公园”。这组句子中每个句子要求概括的因素有三个。结果表明：①二至五年级的儿童在概括包含不同因素的材料时有不同的水平，材料中包含的因素越多，难度越大，成绩就越差。②8.5岁和9岁组儿童的语文学习成绩非常接近，但概括词语的能力却有很大差别；四、五年级儿童的差异也很显著，这是儿童概括能力发展的两个明显的转折期。③二至四年级的儿童概括词语的能力发展缓慢。④将三个词语单独列出，儿童可以概括，而将它们分别置于三个句子中则不会概括。

林崇德考察了小学儿童数概括能力发展的特点。他的研究通过对直观的依赖性、对数的实际意义（数表象范围）的理解、对数的顺序和大小的认识、数的组成（分解组合）、对数概念扩充及定义的展开这5项指标，确定了小学儿童数概括能力的五个等级，即直观概括水平、具体形象概括运算水平、形象抽象概括运算水平、初步的本质抽象概括运算水平、代数命题概括运算水平。研究结果表明，一年级（7～8岁）基本上属于具体形象概括运算水平；二、三年级（8～10岁）从具体形象概括运算水平向形象抽象概括运算水平过渡；四、五年级（10～12岁）的大多数儿童进入了初步的本质抽象概括运算水平。

朱智贤等对小学儿童概括能力的发展做了以下总结。总的来说，在概括能力发展上，小学儿童逐渐从对事物外部感性特点的概括转为对本质属性的概括。具体地说，在整个小学阶段，儿童的概括水平大体上经历如下三个阶段。

第一阶段是直观形象水平。低年级儿童的概括还和幼儿的概括差不多，主要属于直观形象的概括水平。他们虽然能够进行概括，但所能概括的特征或属性常常是事物直观的、形象的、外部的特征或属性，他们更多注意的是事物的外观和实际意义。如“鸟是会飞的”、“太阳是发亮的”、“牛是吃草的”等。

第二阶段是形象抽象水平。中年级儿童的概括主要属于形象抽象的概括水平。在这一级水平里，儿童的概括处于从形象水平向抽象水平过渡的状态。在他们的概括中，直观的、外部的特征或属性的成分逐渐减少，形象的、本质的特征或属性的成分逐渐增多。

第三阶段是初步本质抽象水平。高年级儿童的概括开始以本质抽象概括为主。由于在过去几年中知识经验的积累和智力活动的锻炼，他们已能对事物的本质特征或属性以及事物的内部联系和关系进行抽象概括。如金属的特性、生物和非生物的本质区别等。但是，即使到了高年级，他们也只是初步地接近科学的概括。由于知识经验的限制，那些和具体事物相距太远的高度抽象概括活动，对他们来说，还是非常困难的。

2. 比较 比较是把各种事物和现象加以对比，确定它们的相同点、不同点及其关系，从而帮助人们进一步认识事物的本质。

早在 20 世纪 60 年代，我国学者就采用谈话法对小学一、二、三年级儿童的比较能力进行了研究。实验要求儿童比较具体事物（如鸡和鸭）、字形（如辛与幸）、词义（如粮食与稻子、美丽与鲜艳）和课文内容的异同，结果表明：

（1）童年期儿童比较能力的发展随年龄和年级的增长不断提高。从正确区分具体事物的异同逐步发展到区分抽象事物的异同；从区分个别部分的异同逐步发展到区分许多部分关系的异同；从在直接感知的条件下进行比较逐步发展到运用语言在头脑中引起表象的条件下进行比较。

（2）童年期儿童比较能力发展的特点，不是在任何条件下，对任何一种对象进行比较时都是相同的。在某些条件下，对某些对象进行比较时，既能在相似事物中找出相同点，又能找出其细微差别；而在另一些条件下，对另一些对象进行比较时则又不同，不能笼统地认为儿童（尤其是低年级儿童）一般容易找出相异点。因此，在教学中，应注意根据不同的教学内容确定不同的重点，采用不同的方法引导儿童进行比较。

3. 分类 分类是在确认事物的共同特征后，将具有相同特征的事物归并为一定种类的思维过程。它是在比较的基础上派生出来的更为复杂的思维过程。

刘静和与朱智贤的研究表明：

（1）小学低年级有一半以上的儿童已能对一级概念独立地进行分类（如将鸽子、麻雀、乌鸦视为鸟，将虎、狮、象视为兽等）；9 岁已基本掌握一级概念；小学中年级有一半以上的儿童能对二级概念独立地进行分类（如将鸟、兽等视为动物）；二年级儿童能够对所熟悉的具体事物的字词概念进行分类，三、四年级是字词概念分类能力发展的一个转折点。

（2）不同年级的儿童对同样的材料进行分类，表现出不同的水平；同一年级的儿童对不同难度的材料进行分类，表现出不同的水平。

（3）一至四年级的儿童对分类材料仅做一次分类；四、五年级的儿童中已有少数人能进行二次组合分类；五年级起，组合分类能力有较明显的发展。

（4）童年期儿童说明分类根据的能力远远落后于其分类能力。绝大多数的童年期儿童倾向于从事物的外部特征或功用来说明分类根据，随着年龄的增长，中、高年级的儿童已开始从本质上说明分类的根据。

（三）童年期儿童思维形式的发展

思维形式是人们进行思维活动时对特定对象进行反映的基本方式，包括概念、判断、推理。

1. 概念　儿童掌握概念的过程是一个积极主动的过程，是不断掌握新概念、不断改造旧概念的过程。整个小学阶段儿童的概念逐渐深刻化、丰富化和系统化。

儿童概念的深刻化是指儿童对概念的掌握从只能理解字面意思、表面属性向理解深层含义、本质属性方面发展。丁祖荫对小学儿童概念发展的深刻性问题做了研究。研究者让儿童对词语进行解释，并把儿童掌握概念的类型按照深刻程度由浅至深分为 8 种，分别为不能理解、原词造句、具体实例、直观特征、重要属性、实际功用、种属关系、正确定义。研究发现，小学儿童的概念掌握表现出了阶段性的特征。小学低年级的学生“不能理解”的概念较多，他们多运用“具体实例”、“直观特征”的形式掌握概念；高年级的学生“不能理解”的概念减少，逐渐能根据非直观的“重要属性”、“实际功用”、“种属关系”掌握概念，“正确定义”的形式占有极大比例；小学中年级正处在概念掌握的过渡阶段。这说明小学阶段的儿童对概念掌握的深刻程度在不断加深。

儿童概念的丰富化是指儿童所掌握的概念范围加大、内容增多。以数概念的发展为例，刘范等认为小学儿童数概念的发展可分为三个阶段：小学低年级的儿童（7～8 岁）初步形成三位以内的整数概念系统，可以掌握三、四位数；中年级儿童（9～10 岁）的整数、小数系统正分别处于巩固和形成的过程中，基本上能够掌握万以上的整数；高年级儿童（11～12 岁）的整数、小数、分数的概念系统逐步趋向统一。

儿童概念的系统化是指儿童对概念与概念之间的区别与联系的理解加深，也就是掌握概念系统。例如，理解脊椎动物、鸟类、哺乳类动物之间的关系；明白整数、小数、分数之间的区别等。

2. 判断　判断是指人脑对客观事物的特性或客观事物之间的关系进行分析和综合，对事物做出肯定或否定的认识过程，它是推理的基础。儿童判断的发展趋势为从简单到复杂、从反映事物的单一联系到反映事物多方面的联系、从反映事物的外部联系到反映事物的内部联系。

一般而言，小学低年级儿童的判断大多是实然判断，即直接对事物的情况进行客观描述。如“海水是咸的”、“猫是抓老鼠的”等。二年级的儿童开始初步出现一些盖然判断，即一种反映对象可能有或可能没有某种属性的判断。盖然判断的出现，表明儿童开始理解事物具有多种属性、事件具有多种可能性。但此时儿童还不能独立地、主动地去证实或推翻这些可能性。高年级的儿童开始不仅能够做出较为复杂的盖然判断，而且能够自觉、主动地去验证它。

3. 推理　推理是由一个判断或几个判断推出另一个新判断的思维形式，它可以分为直接推理和间接推理，其中间接推理主要包括演绎推理、归纳推理和类比推理。

童年期儿童最先掌握的推理形式是直接推理。直接推理是由一个前提本身引出某一结论的推理。例如，从“飞机比火车快”这个前提可以推出“火车比飞机慢”这个结论。毕鸿燕等对儿童的直接推理能力做了研究。结果发现：①6 岁和 7 岁的儿童初步发展了语言条件下的直接推理能力，8 岁的儿童形成了这种能力。6～8 岁儿童的直接推理能力随年龄增长而迅速提高；②否定前提（如“红红没有方方大，红红大还是方方大？”）和肯定前提（如“红红比方方大，红红大还是方方大？”）没有给儿童的直接推理造成影响，反义词的转换（如“红红比方方大，红红小还是方方小？”）也没有增加任务的推理难度。

童年期儿童的演绎推理和归纳推理能力也在不断发展。林崇德等的研究显示：①小学儿童的归纳和演绎两种推理能力的发展既存在着年龄差异，又表现出个体差异；②随着年龄的增长，小学儿童推理范围的抽象度也在加大，推理的步骤愈加简练，推理的正确性、合理性和推理品质的逻辑性与自觉性也在加强；③在运算能力的发展中，小学儿童掌握归纳与演绎两种推理形式的趋势和水平是相近的。

邵瑞珍等研究了小学儿童类比推理的发展。他们从客观事物多种多样的关系中抽出了六种比较普遍的关系，作为实验的基本内容，即工具与功用关系（如笔-写字）、部分与整体关系（如手指-手）、对立关系（如高-低）、并列关系（如芹菜-菠菜）、从属关系（如粮食-米）、因果关系（如下雨-地湿）。实验结果表明，小学儿童的类比推理能力随年级（年龄）的上升而增强，但即使到了高年级，能正确进行类比推理的人数也只刚超过半数。可见，小学阶段的类比推理能力刚刚开始形成。刘建清也对小学儿童类比推理能力的发展做了研究。实验采用自编的语词类比推理测验，对上述六种关系进行了更加深入的测查，结果表明，9～12 岁儿童类比推理能力的发展较为迅速，10 岁左右是发展的快速期，10～11 岁是推理方式转化的过渡期；实验材料的性质、类型及表征水平是影响类比推理的重要变量；各种关系的类比推理能力发展不均衡，对立关系、工具与功用关系发展较好，因果关系、部分与整体关系次之，从属关系与并列关系较差。

六、元认知及其发展

元认知这一概念是美国发展心理学家弗拉维尔（J.H.Flavell）最早在 1976 年提出来的，他认为元认知是对认知的认知，即个体对自己认知过程和结果的意识与控制。一般来说，元认知包括三方面的内容：元认知知识、元认知体验和元认知监控。元认知知识是个体关于自己或他人的认知活动、过程、结果以及与之有关的知识；元认知体验是个体伴随着认知活动而产生的认知体验或情感体验；元认知监控是个体在认知活动中，对自己的认知活动进行积极监控，并相应地进行调节，以达到预定目标。元认知知识为调节活动提供基本的知识背景，元认知体验是调节活动得以进行的中介，元认知技能则是个体进行调节活动所必须具备的基本条件。

在元认知概念提出之后，研究者围绕着儿童元认知的发展做了许多研究，主要集中在儿童元记忆、元注意、元模仿、元理解等的发展特点方面；有的研究者关注的是元认知与儿童其他方面心理特点的关系，如元认知与学业成绩、动机、气质等的关系；有的研究者则尝试通过各种方法提高儿童的元认知能力，进而提高儿童在各领域的表现。诸多研究表明，儿童的元认知是随着年龄的增长而不断发展起来的，在这一过程中，他们元认知的主动性、全面性、自动化程度均在不断地提高，并且儿童的元认知发展是可以通过适当的教育手段得以促进的。

七、言语的发展

儿童在入学之前，就已经基本掌握了运用母语进行交际的能力，能够运用比较丰富准确的词语和正确的语法结构来表达自己的思想，但无论是从词汇量上，还是从表达的逻辑性、连贯性上来看，都还有待于进一步提高。儿童入学之后，一方面，教学环境对儿童理解他人的言语、表达自己的思想提出了更高的要求，另一方面伴随着专门学习语言的课程——语文课的开设，儿童的言语能力无论在形式上还是在内容上都发生了巨大的变化。

（一）口头言语的发展

1. 口头言语形式的发展 口头言语主要包含两种形式，一是对话言语，一是独白言语。

对话言语是两个或几个人直接交际时的言语活动，独白言语是个人独自进行的语言活动。独白言语相对于对话言语而言，对言语表达的逻辑性、连贯性等的要求更高。

在幼儿的口头言语中，对话言语占绝对优势，并且由于受到表达能力水平不高的限制，往往还需要使用各种表情和手势作为补充。儿童进入学校之后，需要使用独白言语的情境大大增多，如自我介绍、回答问题、复述课文、在班级活动中发言等。在这些情境的要求下，加之语文课中对母语的进一步学习，儿童的独白语言迅速发展起来，并开始成为口头言语的主要形式。

童年期儿童常常会出现一种口语表达能力退步的现象。有的儿童在入学之前言语语调丰富、绘声绘色，描述一件事情的时候具有很强的感染力和表现力，但在入学之后言语却变得单调、平淡、缺乏感情色彩。这实际上只是一个阶段性的表面现象，无需为此担忧。这种现象的产生是由于儿童在说话的时候，注意力转向了言语的发音和内部组织方面。只要教育者加以适当引导，这种现象很快就会消失。

2. 口头言语内容的发展 由于教育的影响，童年期儿童口头言语的发音更加准确，对于易混淆的音如“r”、“l”以及四个音调，都比幼儿时期掌握得更好。

童年期儿童的口头词汇较之幼儿也有了很大的发展，词汇数量尤其是抽象词汇的数量继续增加，对词汇的理解更加精确和深刻，运用词汇的能力增强。

在教学的影响下，儿童的口语表达能力也进一步完善起来，语句合乎语法规则、完整而连贯。

（二）书面言语的发展

书面言语是指一个人借助文字来表达自己的思想或通过阅读来接受别人思想的影响。儿童的书面言语是在进入小学之后才真正发展起来的。整个小学阶段，最初是书面言语落后于口头言语，在正确的教学影响下，从二、三年级起，书面言语逐步赶上口头言语的水平，约从四年级起，书面言语的发展即可超过口头言语的水平。资料表明，在小学生书面叙述与口头叙述中，词的数量之比分别为：一年级 20∶40；二年级 42∶46；三年级 73∶75；四年级 106∶76。

与口头言语相比较，书面言语的发展有以下三个特点：①书面言语比口头言语出现得晚。从人类发展角度来看，文字是在口头言语出现之后才产生的；从个人发展的角度来看，个体总是先学会听和说，之后才会读和写。②书面言语比口头言语要求更高、更复杂，需要精确的词句、正确的语法和严密的逻辑。口头言语往往与情境相联系，一方面由于即时性比较强，因此说话者没有机会过多组织自己的言语；另一方面口头言语即便表达不完整，表情、动作等也可以帮助听者理解说话者所要表达的信息。而书面言语则不然，它需要精心地遣词造句，其要求自然比口头言语高得多。③书面言语更易于超越时间和空间的限制，得以广泛而长久地传播和保存。口头言语的听者数量有限，在说出之后转瞬即逝。而书面言语可以通过文字与更多的人接触，也可以通过书本、磁盘等物理形式长久保存。

童年期儿童书面言语的发展主要体现在识字、阅读、写作等方面。

1. 识字 识字的本质是记住汉字的音、形、义，并让这三个因素相互沟通，使神经联系过程可以由任何一方进行。识字是掌握书面言语的前提，也是掌握书面言语的初级阶段。

黄仁发（1990）对小学生的识字进行了调查研究，结果表明，小学生的识字具有以下特点（表 6-2～表 6-5）。

表 6-2 小学生识字量情况表

年级	课文生字数	应识字数	实识字数	实识占应识（%）
一	715	689	562	81.57
二	1693	1682	1512	89.89
三	2431	2402	2337	97.21
四	2818	2805	2696	96.11
五	3075	3063	2993	97.11
初中一年级	3075	3075	2961	96.29

表 6-3 小学生识字的两极统计表

年级	应识字数	城市				乡村			
		识字最多		识字最少		识字最多		识字最少	
		字数	%	字数	%	字数	%	字数	%
一	689	789	115.82	407	59.07	917	133.09	100	15.51
二	1682	1804	107.25	1420	84.42	1864	110.82	1090	64.80
三	2404	2959	123.08	1890	78.61	2862	119.05	2015	83.81
四	2805	2808	100.10	2155	76.82	2871	102.35	2214	78.94
五	3063	3007	98.17	2911	95.03	3040	99.44	2864	93.48

表 6-4 小学生识字量来源统计表

年级	城市					乡村				
	识字量	课堂		课外		识字量	课堂		课外	
		字数	%	字数	%		字数	%	字数	%
一	589	461	78.27	128	21.73	513	389	75.83	124	24.17
二	1631	1381	84.67	250	15.33	1530	1342	87.71	188	12.29
三	2383	2175	91.27	208	8.73	2340	2150	91.88	190	8.12
四	2607	2523	96.78	84	3.22	2675	2590	96.82	85	3.18
五	2983	2983	100.00	—	—	2960	2960	100.00	—	—

表 6-5 小学生识字后回生量统计表

年级	教育要求（应识量）	回生量				
		城市		农村		平均
		字数	%	字数	%	%
一	689	228	33.09	300	43.54	38.32
二	1682	301	17.90	340	20.21	19.06
三	2404	229	9.53	254	10.57	10.05
四	2805	282	10.05	215	7.66	8.86
五	3063	90	2.61	103	3.37	2.99

从上述各表可以看出，小学生识字的基本特点如下：①各年级儿童一般都能顺利达到教学

大纲所提出的识字要求，但发展不平衡。年级越低，优劣的两极分化越大，年级越高，差距越小。②儿童在教学之外还可以通过各种途径认识许多字，说明儿童识字的潜力很大。③儿童识字后有回生现象，即“学得快，忘得快”。年级越低，回生率越高；年级越高，回生率越低。回生现象与汉字本身的特点有关，容易回生的字往往是那些出现频率低、实用性差、结构不够规则、笔画多而繁的字。当然识字的回生现象还与学生的知识经验以及教师的教学有关。

2. 阅读

（1）阅读能力的标志：阅读理解能力是衡量儿童阅读能力发展水平的主要标志。童年期儿童的阅读理解能力与很多因素有关，如对词汇意义的理解程度、语文基础知识的广狭、儿童知觉的广度和思维发展水平等。一般来说，低年级的儿童不会从抽象概括的角度对文章进行理解，而往往是联系具体的生活实例，以表象的方式来进行理解。之后在正确的教育引导下，儿童逐步加深对语句的抽象概括的理解。

阅读的速度也是衡量儿童阅读能力发展水平的重要标志。儿童在初学阅读的时候，是一个字一个字地边认边读的，而且经常停顿，速度很慢。之后随着对字词掌握程度的提高以及阅读经验的积累，逐渐开始以词或句子为基本单位进行阅读，阅读的速度渐渐加快。

（2）阅读的基本方式：阅读的基本方式是朗读和默读，朗读是口头言语和书面言语的结合，默读是内部言语和书面言语的结合。

朗读和默读是相互联系的，这主要体现在朗读是先于默读发展起来的，它为默读准备了条件，默读是阅读的高级阶段；反过来，朗读又可以用来作为检查默读的手段。

朗读和默读又有各自的特点。首先，朗读是言语视觉分析器的活动和言语运动分析器的活动相互配合的结果；而默读则是由词的视觉形象直接引起理解的过程，略去了发音器官的活动。其次，朗读的目的是为了发展自己的阅读能力或者是为了读给别人听，因此需要以清晰而展开的方式来进行；而默读是以掌握文章内容为主要目的，因此常常是抽取文章的中心语句，跳跃式地进行的。

黄仁发等的研究以亮度、口齿、表情、准确、技能五个方面作为指标（见表 6-6），考察了小学生朗读技能的发展特点。研究认为童年期儿童的朗读是随着年龄的增长，即年级的升高而逐渐发展的，其主要特征有：①材料的性质会影响朗读效果。适合儿童知识结构的材料，儿童朗读的效果更好，而超出儿童知识结构的材料，儿童朗读的效果较差。②朗读的成功，必须以识字为基础，以理解为条件。③学龄儿童的朗读水平与其语文成绩相关，朗读水平的上、中、下，与其语文成绩的上、中、下相对应。④各指标发展不平衡。学龄儿童的朗读，“亮度”最佳；“口齿”和“准确”两个指标，在适合其知识结构的朗读中成绩良好，在超出其知识结构的朗读中则差；成绩较差的是“表情”，最差的是“技能”，直到学龄晚期也未能较好地发展。⑤朗读的性别差异随材料的性质不同而变化。但一般来说女生似乎要优于男生。

表 6-6　学龄儿童的朗读指标

分数	亮度	口齿	表情	准确	技能
3 分	响亮	流利	有表情	无或极少错、别、添、漏字	轻重、抑扬、停顿得当
2 分	一般	一般	一般	错、别、添、漏字一般	轻重、抑扬、停顿一般
1 分	不响亮	不流利	无表情	错、别、添、漏字严重	无轻重、抑扬、停顿或不当

李学铭等从复述和理解的角度，将小学生的默读能力划分为四个等级（见表 6-7），并对小学生的默读能力进行研究，提出了小学生默读能力发展的如下特点。①小学儿童复述和理解的发展水平随年级而上升，小学一、二、三年级处于四级水平，不会默读；四、五年级有半数学生属于三级水平，部分达到二级水平。小学四年级是儿童默读能力从四级水平向三级水平发展的转折期。②小学儿童默读能力发展的城乡差异在复述方面不显著；理解方面城市优于农村。③小学儿童默读能力的性别差异不显著。④在理解的各项指标中，中心思想最佳，问答、段落次之。

表 6-7　复述、理解的评定指标

等级	分数	复述	理解		
			段落分析	中心思想	问答
一级水平	4 分	善于概括性复述	能正确地划分段落，概括地归纳段落大意，拟出段落提纲和小标题	善于概括性地归纳中心思想	正确而简练
二级水平	3 分	基本上能概括地复述	段落划分正确，归纳段意和拟提纲、小标题基本正确，但语言繁冗，或划段有出入但归纳段意、拟提纲、小标题与划段相符。对文章尚能理解	基本上能归纳中心思想，但语言繁冗	正确或基本正确但不简练
三级水平	2 分	形象地复述	能划段或划段有出入，不善于归纳段意、拟提纲和小标题。对文章不甚理解	归纳中心思想不够确切，重复文章情节或政治口号式	部分正确，对语意不甚理解
四级水平	1 分	仅有开头、结尾或中间部分，不连贯复述	划段、归纳段意、拟提纲和小标题紊乱或不正确。对文章不能理解	归纳中心思想不对，或离开文章意旨	解释错误，对语意不理解

3. 写作　写作是书面言语的高级过程和形式，它主要是从说出的词（出声的或无声的）向看到的词过渡，其基本要求是能连贯地、有顺序地表达自己的思想，使别人能理解。它体现了儿童对客观世界的认识能力、逻辑思维能力和文字表达能力。写作能力对于人的一生都极其重要，无论是生活中的日记、书信、公函，还是学术研究中的论文，都是以写作能力为基础的。

在教学中，人们常把小学生写作能力的发展分为三个阶段。①准备阶段，即口述阶段。如口头造句、看图说话等。口头言语是书面言语的基础，连贯而流畅的口头叙述对于写作而言极其重要。②过渡阶段。这可以从两个方面来过渡：一是从口述向笔述过渡，即把口述的内容写成书面的东西；一是从阅读向写作过渡，如改写、缩写、扩写等。③独立写作阶段。这是最困难的一个阶段，儿童需要独立地考虑、计划写作。

（三）内部言语的发展

内部言语是一种不出声的言语活动。它的重要特点是：先想后说或者是先想后做，对有关自己所要说的、所要做的思想活动本身进行分析综合，用批判的态度来对待自己的思想内容和思维活动。内部言语是在外部言语的基础上产生的，但在具体言语过程中，内部言语又往往是外部言语的准备。

幼儿已初步表现出内部言语的萌芽，但水平很低。入学之后，儿童无论是在上课回答问题、复述课文时，或者是在课外完成书面作业、参加各种集体活动时，都需要先仔细想一想，然后再说或再做，这就促使儿童的内部言语迅速地发展起来。

在整个小学阶段，内部言语的发展大体上经历了三个过程：

一是出声思维时期。初入学的儿童还不善于考虑问题，他们需要通过外部言语来帮助思维。如做计算题时，往往一边自言自语一边演算。

二是过渡时期。最初，在面对简单问题时，提示儿童“想一想再回答”，帮助儿童学会短时间的无声思维；之后，通过提出复杂问题，促使儿童进行较长时间的无声思维，这使得儿童内部言语的能力逐渐得到发展。

三是无声思维时期。随着学习能力的发展，小学生在演算或阅读课文时无声思维开始占据主导地位，内部言语也开始日益复杂起来。但在阅读或演算遇到困难时，他们往往还会使用有声的外部言语来帮忙。这说明内部言语在小学阶段并未达到完善的程度，它在以后的各个时期甚至终生，都在不断地发展和完善。

第四节 童年期儿童心理社会性的发展

一、自我意识的发展

自我意识是主体对自己作为一个独特存在的个体的认识，是主体对自己以及自己与周围事物的关系，尤其是人我关系的认识。自我意识是个性结构中的一个重要组成部分，又是影响一个人个性形成、发展的重要因素之一。

我国心理学家韩进之等曾对我国儿童青少年的自我意识发展特点进行了一系列的研究。研究认为，小学儿童自我意识发展的一般趋势如下：小学一年级到小学三年级处于自我意识的上升时期，小学一年级到小学二年级的上升幅度最大，是上升中的主要发展期；小学三年级到小学五年级处于自我意识的平稳发展阶段，年级间无显著差异；小学五年级到小学六年级又处于第二个上升期，自我意识的发展趋向深刻。

（一）自我认识的发展

1. 自我概念的发展 自我概念是个体心目中对自己的印象。小学儿童自我概念的发展可以从其自我描述中体现出来，即从比较具体的、外部特征的描述向比较抽象的、心理术语的描述发展。低年级学生在回答“我是谁”这样的问题时，往往会从姓名、性别、年龄、家庭住址等方面描述自己，而高年级学生开始从更为复杂的、本质特征的角度描述自己，如个性品质、人际关系等，可能会涉及自己的爱好、情绪情感、与朋友的关系、对学习的态度等。但即便在这时，儿童的自我概念仍然带有很大的具体性和绝对性。

2. 自我评价的发展 小学儿童自我评价的发展主要具有以下特点：①从受外部条件的制约过渡到受内部道德认识的制约。大约从四年级起，可以明显地看到儿童开始以道德原则来评价自己或他人的行为。②从注重行为的结果过渡到注重行为的动机，转折年龄在 9 岁左右。③从注重行为的直接后果过渡到注重行为或后果的性质。在这个过程中，小学生逐步形成“人比物重要”的概念。④自我评价的独立性日益发展，并且有了一定的批判性。⑤从对具体行为的评价到有了一定概括程度的、涉及某些个性品质的评价。⑥在整个小学阶段，儿童评价自我的能力一般落后于评价别人的能力。评价别人时比较清楚，评价自己时比较模糊。

信息栏 6-6　小学儿童自我评价能力的培养

小学儿童自我评价的水平是可以通过教育加以提高的。如果教师经常引导他们对自己的行为进行分析和评价，就可能大大提高儿童评价行为的能力。

（1）要使儿童确信由教师或其他成人所提出的道德要求是正确的、合理的。只有这样，小学儿童才能把这些需求当作行动的指导和评价的标准。

（2）使儿童了解自己的优缺点。小学儿童往往容易识别别人的优缺点，而对自己的优缺点认识不清。教师要了解儿童的优缺点，鼓励他们发挥优点，同时也要指出他们的缺点，并帮助他们克服。当然，在指出缺点时要讲究艺术，一次不要说得过多，过于严厉，这样会刺伤他们的自尊心。儿童在不断克服缺点的过程中就会获得评价行为的能力。

（3）指导儿童制订自我教育的计划。儿童明确自己的优缺点，又有愿望纠正错误、发挥优点，教师就要帮助他们制订改正缺点的具体措施与办法。高年级的儿童可以有针对性地学习英雄的事迹和格言，记住克服自己缺点的警句，也可通过日记经常反省自己的言行，在班会上进行自我批评等都可以帮助儿童发展自我评价能力。

总之，培养小学儿童的自我评价能力是一项长期的任务，不能一蹴而就，因此，教师应经常向儿童提供评价的示范，并指导他们在日常生活中经常进行自我评价的练习。

（二）自我情绪体验的发展

自我情绪体验是一个人根据社会道德标准认识和评价自己时内心产生的情绪体验。当一个人对自己做出肯定的自我评价时，就会感到欣慰、喜悦、高兴；当一个人对自己做出否定的自我评价时，就会感到焦虑、懊恼、痛苦。4 岁的儿童已具有自我情绪体验，并能表达自我体验。进入小学后，儿童的自我情绪体验有了较大地发展，其自我体验与自我意识发展的总趋势是相对一致的。

（三）自我调控的发展

自我调控能力的发展对儿童的学习成绩、控制攻击、协调人际关系等具有非常重要的意义。罗腾伯格通过“延迟满足”的实验研究了儿童的自我控制行为，结果发现，6～8 岁的儿童中有 1/3、9～11 岁的儿童中有 1/2 可以抑制欲望的即时满足，这说明，童年期儿童的延迟满足能力随年龄的增长而显著提高。自我控制行为的发展过程主要表现在童年期。但儿童自我控制能力的发展也存在着显著的个体差异，其中，认知策略、榜样模仿、家庭教育是造成这种差异的重要影响因素。

二、社会认知的发展

社会认知是指个体对自己、他人、群体、人际关系等社会现象进行感知和理解的心理活动。儿童社会认知的发展如同他们对客观物质世界的认知发展一样，是随着年龄的增长而不断发展的。

（一）观点采择的发展

观点采择也称角色采择，是指个体根据一定的信息对他人内部心理状态（如观点、思想、情感等）的理解和推断。观点采择的发展是儿童社会认知发展的核心体现。

塞尔曼（R.Selman）运用个别访谈法，向儿童提供一个两难故事，通过儿童对这个故事的看法，考察儿童的观点采择能力。如著名的《霍莉的故事》的主要内容是："霍莉是一个 8 岁的女孩。她喜欢爬树。在邻居所有的孩子中她最会爬树。一天，当她从一棵高树上爬下时，从离地面不高的树枝上掉了下来，但没有摔伤。她的爸爸看到后很担心，要求霍莉以后再也不要爬树了，霍莉答应了。后来有一天，霍莉和她的朋友们遇到了肖恩。肖恩的猫夹在了树上下不来了，必须立即想办法把猫救下来，不然猫就会从树上摔下来。只有霍莉一个人能够爬上树救猫，但她记起曾答应爸爸再也不爬树了。"

根据访谈结果，塞尔曼认为儿童观点采择的发展可以分为以下五个阶段：

（1）水平 0：自我中心或未分化的观点采择（3～6 岁）。儿童能认识到自己与别人有不同的想法和情绪感受，但他们经常将两者混淆。例如，儿童可能会认为霍莉会去救那只小猫，认为霍莉的爸爸会"很高兴，因为他喜欢猫"。也就是说，这些儿童自己喜欢猫，而且假定霍莉和她的爸爸也喜欢猫，他们将自己的想法和感受与他人混淆了。

（2）水平 1：社会信息的观点采择（4～9 岁）。儿童懂得由于人们会接触到不同的社会信息，因此对同一问题可能有不同的观点。例如，儿童可能会认为："如果霍莉的爸爸不知道霍莉为什么爬树，他会生气。但是，如果他知道了霍莉为什么爬树，他会认为霍莉爬树是有很好的理由"，也就是说，儿童认为如果双方得到的信息一样，他们就会得出相同的结论。

（3）水平 2：自我反省的观点采择（7～12 岁）。这一水平的儿童能站在别人的立场上观察他们自己的思想、情感和行为，他们也认识到别人也同样能这样做。例如，如果问儿童霍莉会不会去爬树，儿童会说："会的，她爸爸会理解她为什么爬树的"。这就是说，儿童注意的是霍莉的爸爸对霍莉观点的考虑。但是如果问霍莉的爸爸是否希望霍莉爬树，儿童通常回答不会，这表明儿童采择的是霍莉爸爸的观点，在考虑爸爸对霍莉安全的关心。

（4）水平 3：第三方的观点采择（10～15 岁）。儿童能超脱两个人相互作用的情景而想象一个不偏不倚的第三者是如何观察自己和别人的思想、行为的。例如，儿童可能会说："霍莉想去救猫，因为她喜欢猫，但是她知道她爸爸不让她爬树。霍莉的爸爸知道他曾告诉过霍莉不能爬树，但他不知道猫被夹住了。不管怎样，他可能会惩罚她以坚持他的规则"。

（5）水平 4：社会观点采择（14 岁至成人）。个体认识到第三方的观点采择能受一种或多种更大的社会价值观的影响。例如，当问及霍莉是否会为爬树而受到惩罚时，儿童可能会回答："不会，人类对待动物的价值观说明霍莉这样做是对的，他父亲也赞同这一价值观，因此不会惩罚她。"

从这一阶段理论可以看出，童年期儿童处于水平 1 到水平 3 的发展过程中。

（二）友谊认知的发展

塞尔曼曾将儿童对友谊的认识发展划分为五个阶段：第一阶段（3～7 岁）为短期游戏伙伴关系阶段，儿童还未形成友谊的概念，他们认为同伴就是朋友，一起玩就是友谊；第二阶段（4～9 岁）为单向帮助阶段，儿童要求朋友听从自己的愿望和要求，他们认为顺从自己的同伴就是朋友，否则就不是朋友；第三阶段（6～12 岁）为双向帮助阶段，儿童对友谊的互动性有了一定的了解，但有明显的功利性，这种双向帮助被称为“顺利时的合作”，还不是患难与共的合作；第四阶段（9～15 岁）为亲密的共享阶段，友谊随时间推移而发展，儿童逐渐懂得了忠诚、理解、共同兴趣是友谊的基础，他们互相倾诉秘密、互相帮助、解决问题，但这时的友谊有强烈的排他性；第五阶段（12 岁开始）是友谊发展的最高阶段，择友严密，建立的友谊能维持很长时间。

方富熹等采用经过修订的塞尔曼友谊两难故事（主人公已经答应一个老朋友的邀请，约定到老朋友家中谈心，而后又接到一个新结交的孩子的邀请，在同一时间去看一场精彩的电影，主人公不知该怎么办）对儿童进行了访谈，并把儿童对友谊关系的社会认知划分为以下三个水平。

（1）水平 1：前规范水平。儿童对友谊关系的认知刚开始发生，因此带有学龄前儿童的特点，他们把朋友理解为经常在一块儿玩的伙伴，不能认识朋友与一般同学的区别，朋友之间的交往离不开具体的活动、具体的情景，还谈不上心理上的交往，对失信也不会感到道义上的不安。但他们对友谊关系的理解一开始就是双向的，即不仅把朋友看成是满足自己需要和利益的人，对别人也表现出同情和关心。

（2）水平 2：规范水平。儿童已能根据承诺的道德准则做出行动选择和评价。他们能把一般同学和好朋友区分开来，认识到友谊是长期建立起来的一种亲密、持久的人际关系，但把朋友理解为心理交往的知己关系还要在下一阶段才能达到。

（3）水平 3：成熟的概念水平。儿童把友谊理解为一种亲密的、抽象的和持久的人际关系。知心、忠实、可靠和相互信任成为友谊关系的基本特征。

研究认为，7 岁儿童大约处于水平 1 或水平 1 到水平 2 的过渡水平；9 岁儿童大约处于水平 1 到水平 2 的过渡水平或水平 2；12 岁儿童大约处于水平 2 或水平 2 到水平 3 的过渡水平；15 岁儿童大约处于水平 2 到水平 3 的过渡水平或水平 3。这表明儿童对友谊关系的社会认知发展是一个较为缓慢的过程，年龄增长 2～3 岁才提高约半个水平。

（三）权威认知的发展

人们的社会交往一般存在着两种类型，一是平等关系的交往，一是以单向的尊重和服从为主要特点的权威约束式的交往。对于儿童来说，权威主要是父母、教师等成人以及有影响力的同伴。

20 世纪 70 年代，美国心理学家戴蒙（W.Damon）运用社会两难故事对儿童的权威认知进行了研究，结果发现儿童权威认知的发展具有一定的特点：最初，儿童对权威毫无认识；从 5、6 岁开始，儿童认为权威人物具有“内在的、要别人服从的权利”；大约 8 岁时，儿童认为权威是一种相互关系；到 11 岁或 12 岁时，儿童认为权威关系是完全合作性的，是由一致或同意建立起来的，并和特殊的情境有关，在接受某人为权威时，除了此人需要具备特殊的能力和知识外，还要考虑情境的要求。

我国研究者张卫等从成人身份、知识和社会职责三个方面考察了儿童对权威的认知。通过将成人身份、知识和社会职责三项特征进行组合，共获得八种不同的权威形象，分别可以用八种人物来代表，具体组合方式见表 6-8。实验采用故事情景—问题法，即给出一个中性故事（两儿童在操场上因玩木马的先后顺序发生争吵），让被试者判断两儿童这时是否会听从权威形象的劝解，并说明理由。结果表明：①在权威形象中，没有知识是不行的，但仅有知识也是不行的，只有在有知识的基础上再拥有别的特征才能有较高的权威性，可以说，知识是权威的必要条件；②对社会职责的评价随年龄增长逐渐升高，13 岁是个转折点，而对成人身份的评价则随年龄增长稳中有降。

表 6-8　权威形象及相应特征

	老师	科学家	学校看大门的老伯伯	叔叔	班长	小天才	学校里检查纪律的值日生	某小朋友
成人身份	是	是	是	是	否	否	否	否
知识	是	是	否	否	是	是	否	否
社会职责	是	否	是	否	是	否	是	否

安秋玲等的研究考察了儿童对父母、教师、社会权威的认识，认为儿童对权威关系的认知发展存在着以下五种水平。①水平 1 为外部信息定向水平。儿童对权威关系的合理性判断主要受外部信息的制约，主要表现为权威定向与外部诱因两种类型。②水平 2 为工具价值定向水平。儿童对权威关系的认知水平受外部环境因素与内部心理因素的共同制约，主要表现为功利定向与侥幸心理两种类型。③水平 3 为合理化过渡时期。儿童对权威关系进行一种思考，协调自我发展与权威规则之间的矛盾，使自己的认知与行为趋于一致。④水平 4 为自我发展定向水平。儿童行为的目的是为了维护个体权利或使个体得到更好的发展，主要表现为个人发展定向与个人权利定向两种类型。⑤水平 5 为理性协调水平。儿童对权威既不是一种完全的服从也不是对个人的过分强调，而是对权威关系中的两方进行思考后做出的理性选择。对父母权威的认识，二年级儿童处于水平 1 和水平 2，五年级儿童处于水平 1，同时也具有水平 3 的特点；对教师权威的认识，二年级儿童处于水平 1 和水平 2，五年级儿童处于水平 2；对社会权威的认识，各年级间没有显著差异。

三、儿童道德的发展

儿童在入学后，开始较为系统地接受学校对其进行的道德教育。整个小学阶段对于儿童形成正确的人生观和价值观、培养良好的道德品质都是十分重要的时期。依据皮亚杰的道德认知发展理论，童年期儿童进入了自律道德阶段，他们开始认识到规则是可以改变的，开始依据动机而非后果来判断行为。

一般来说，目前我国关于儿童品德发展的研究主要集中在道德认知、道德情感、道德意志与行为三个方面。

（一）道德认知的发展

童年期儿童道德认知发展的特点是与他们思维发展的特点相一致的，表现在从直观具体的、比较肤浅的认识逐步过渡到比较抽象的、比较本质的认识。例如，对于“好孩子”的界定，最初儿童可能会很简单地认为“听老师和父母的话就是好孩子”，随着年龄的增长，才会逐渐从更为全面和本质的角度去看待问题。一般而言，我国小学生道德认知发展的关键年龄介于 7～9 岁。

（二）道德情感的发展

童年期儿童主要是以直觉的、与形象相联系的道德情感体验为主要形式，抽象的、与道德信念相联系的情感体验有所发展；道德情感体验的发生还离不开具体的道德情境。因此在对小学生进行道德教育时，应尽量地联系生活实际，从他们亲身的经验和感受做起，逐渐地过渡到更为抽象的内容。例如，从爱学校、爱家乡逐渐过渡到爱祖国、爱人民。

（三）道德意志与行为的发展

童年期儿童的道德言行基本上是一致的，并且年龄越小，一致性越强；随着年龄的增长，道德行为的复杂性提高，言行不一致的现象开始出现。这主要是由于年龄小的儿童，行为比较简单和外露，因而直接地体现出内心的想法，而年龄大的儿童的行为开始出现掩饰性，并不一定代表内心的真实想法。在言行一致而协调的总体状况下，童年期儿童的道德行为也有一些矛盾的表现，例如，在学校很爱劳动，回家却什么也不干；再如，为了维持班级纪律与违反纪律的同学吵架，反而自己破坏了课堂的安静等。这些行为矛盾现象背后的原因很复杂，但主要与儿童的身心发展不成熟、道德认知模糊、道德意志较弱有关。

信息栏 6-7　抗诱惑的能力与榜样的强化作用

心理学家沃尔特斯（G.Walters，1963）等通过实验研究认为，抗诱惑的能力与榜样的影响有一定的关系。实验分三个阶段进行。开始时，研究者挑选了一批 5 岁男孩作为被试者，先带他们进入一间放有许多吸引人的有趣玩具和大字典的房间（有单向观察口的实验室）参观，并向他们发出“这里的书可以翻阅，但玩具不可以玩”的禁令。而后，把被试分为三组：第一组为榜样-奖励组，让其看一部电影短片，影片中演出的一个男孩在玩禁止玩的玩具，当成人进来时却亲切地夸赞他，并跟他一起玩；第二组是榜样-指责组，也看同类电影，不同的是当成人进来看见男孩违反禁令时，严厉地训斥了他，吓得孩子立即放下玩具，显得很害怕；第三组为控制组，不看任何电影。最后，分别让每个被试在最初参观过的房间内单独待 15 分钟，研究者通过单向观察口观察并记录他们的活动。结果发现，第一组儿童很快就屈从诱惑，不顾禁令在玩那些玩具，克制行动的潜伏时间平均只有 80 秒左右；第二组儿童有较长时间的克制表现，其平均潜伏时间为 7 分钟左右；控制组儿童的平均潜伏时间为 5 分钟左右。研究者认为，影片中儿童违反禁令受到奖励或指责之所以对被试抗拒诱惑的能力产生戏剧性的影响，是由于榜样具有替代性强化的作用。因而，为了培养儿童的意志力，不仅要告诉他们行为的准则（包括禁令），还应当有适当的强化。

四、人际关系的发展

布朗芬布伦纳（U.Bronfenbrenner）提出的生态系统理论强调发展中的个体都处在从直接环境（如家庭）到间接环境（如文化）的几个环境系统的中间或嵌套于相互影响的一系列环境系统之中，在这些系统中，系统与个体相互作用并影响着个体的发展。该系统共有五个层次：最里层是微观系统，指个体活动和交往的直接环境，如早期的家庭及之后扩大的学校、同伴等；第二个环境层次是中间系统，指各个微环境之间的相互关系，如家校合作等；第三个层次是外层系统，指儿童并未直接参与但却对他们的发展产生影响的系统，如父母的工作环境等；第四个环境系统是宏观系统，指存在于以上三个系统中的文化、亚文化和社会环境等；此外，还包括了历时系统，即把时间作为研究个体成长中心理变化的参照体系。童年期儿童的交往对象主要是父母、同伴和教师，从上述的微观系统可知，这些直接环境对儿童心理发展的意义重大。童年期儿童与父母、教师的关系的发展表现出独立性增强、对成人权威从完全信服到开始怀疑和批判的特点；与此同时，具有更加平等关系的同伴交往日益在儿童生活中占据重要地位。

（一）亲子关系

美国心理学家鲍姆瑞德（D.Baumrind）指出，父母对待儿童的方式即教养方式无疑会对儿童的个性与社会性的发展产生重大的影响。父母的教养方式可以归纳为两个维度：一是父母对待儿童的情感维度，即接受-拒绝维度；一是父母对儿童的要求和控制维度，即控制-容许维度。依据这两个维度的不同组合，可以形成四种父母教养方式：权威型（接受+控制）、专断型（拒绝+控制）、纵容型（接受+容许）、忽视型（拒绝+容许）。

（1）权威型（authoritative）：这是一种理性而民主的教养方式。权威型的父母会对孩子提出许多合理的要求，并且会谨慎地说明要求孩子遵守的理由，保证孩子能够遵从指导。父母总是以积极肯定的态度对待儿童，及时热情地对儿童的需要、行为做出反应，尊重并鼓励儿童表达自己的意见和观点。这种高控制且在情感上偏于接纳和温暖的教育方式，对儿童的心理发展有许多积极的影响。这种教养方式下的儿童独立性强，善于自我控制和解决问题，自尊感和自信心较强，喜欢与人交往，对人友好。

（2）专断型（authoritarian）：这是一种高控制型的教养方式。通常成人会提出很多规则，期望孩子能够绝对服从、严格遵守。他们很少向孩子解释遵从这些规则的必要性，常常依靠惩罚和强制性策略迫使儿童顺从。专断型的父母不能敏感觉察到孩子自身的要求与意愿，总是希望孩子能够将他们所说的话当作圣旨，并尊重他们的权威。对儿童违反规则的行为表示愤怒，甚至采用严厉的惩罚措施。这种教养方式下的儿童常常表现出焦虑、退缩和不快乐，在交往中遇到挫折时，易产生敌对反应，与权威型相比，他们的自我调节能力和适应性相对较差。

（3）纵容型（permissive）：这是一种接纳且放任的教养方式。这种类型的父母会相对较少地提出要求，允许孩子自由表达自己的感受和冲动，很少对孩子的行为做出强硬的控制。例如，任由儿童自己安排饮食起居，纵容儿童贪玩、看电视；不要求他们做家务事，也不要求他们学习良好的行为举止；对儿童违反规则的行为采取忽视或接受的态度，很少发怒或者训斥儿童。这种教养方式下的儿童大多很不成熟，他们随意发挥自己，往往具有较强的冲动性和攻击性，而且缺乏责任感，合作性差，很少为别人考虑，自信心不足。

（4）忽视型（neglectful）：这种类型的父母对孩子既缺乏爱的情感和积极反应，又缺少行为方面的要求和控制，因此亲子间的互动很少。这种教养方式下的儿童往往具有较强的攻击性，很少替别人考虑，对人缺乏热情与关心，在青少年时期更有可能出现不良的行为问题。

儿童进入小学后，父母与儿童的关系发生了一些变化。林崇德对小学儿童与父母关系的总体发展特点作了如下总结。①父母与儿童的交往时间发生了变化。一方面，儿童和父母待在一起的时间明显减少，另一方面，父母关注儿童的时间也有所减少。②父母在儿童教养方面所处理的日常问题的类型也发生了变化。父母对幼儿教育关注的重点是游戏，主要处理的是诸如儿童发脾气、打架等问题；对童年期儿童教育关注的重点是学习，主要考虑是否应该安排儿童做家务、如何监控儿童在家庭以外的活动等。③小学儿童与父母的冲突（如因父母坚持让儿童继续或停止某一活动而引起的冲突）数量逐渐减少。当冲突发生时，父母与儿童开始具有解决冲突的选择性模式。④父母对小学儿童的控制力量也发生了变化。随着年龄的增长，儿童越来越多地自己做出决定。

董莉等对三到六年级小学生的亲子交往水平做了调查。结果发现，从三年级到四年级小学生与父母的交往水平呈明显下降趋势，四年级和六年级学生与父母的交往水平没有明显差异；整体上，三年级的小学生与父母交往的水平最高，而六年级的小学生与父母的交往水平最低。可以看出，随着年龄的增长，小学生与父母的交往呈现出一定程度的下降。

（二）同伴关系

同伴关系主要是指同龄人或心理发展水平相当的个体在交往过程中建立和发展起来的一种人际关系。童年期儿童进入学校学习之后，接触其他儿童的机会大大增多。伴随着共同的学习和活动，他们进行同伴交往的形式及特点都产生了新的变化。一般来说，童年期儿童同伴交往的基本特点有：①与同伴交往的时间更多，交往的形式更复杂；②在同伴交往中传递信息的技能增强；③更善于利用各种信息来决定自己对他人所采取的行动；④更善于协调与其他儿童的活动；⑤开始形成同伴团体。

日本心理学家广田君美把儿童同伴团体形成的过程分为五个阶段：①孤立期。时间一般在一年级上学期。这时的儿童彼此独立，还较难形成稳定的群体。②水平分化期。时间从一年级下学期开始。这时的儿童开始因为上学时同路、爸爸妈妈彼此熟悉等原因建立起了一定的相互联系。③垂直分化时期。时间在小学二、三年级。这时的儿童根据学习表现、身体争斗的能力较为自然地分化为处于优势的部分和处于劣势的部分。④部分群体的形成。儿童之间分化并形成了若干个小的集团，出现了群体中的核心人物或班级里的领袖人物。儿童群体的意识得到了加强，每个人都愿意接受群体本身的规范。⑤集体合并期。时间在小学三、四年级之后。各个小集团之间出现了相互联合的现象，形成了大的群体，并开始出现一些具有全年级影响力的领袖人物。

儿童的同伴交往使每个儿童都处于复杂的关系系统中，在这种关系中，儿童各自所处的地位和所扮演的角色并不相同，甚至差别很大。有研究者依据同伴交往中的人气特点，将儿童分为三种类型：①受欢迎的儿童。这类儿童往往学习成绩好，有主见，独立活动能力强，热情，乐于助人，善于交往并易于合作。②不受欢迎的儿童。这类被拒绝的儿童往往具有攻击性，对人不友好，不尊重同伴，缺乏合作精神，常出一些不良主意和恶作剧。③受忽视的儿童。这类儿童往往表现为退缩、安静，有依赖性或顺从性，既不为同伴所喜欢，也不被同伴所讨厌。这三类儿童中对学校适应有很大困难的是不受欢迎的儿童，而被忽视儿童的社会交往技能能够达到平均水平，他们在集体中并不感到孤独和不愉快。这说明儿童达到情绪上的健康可能有不同的途径。

（三）师生关系

师生关系是童年期儿童生活中非常重要的一种人际关系。很多研究表明，师生关系不仅能够影响童年期儿童的自我、情绪、学习等方面的发展，而且对童年期儿童其他类型的人际关系如同伴关系、亲子关系等也具有重要影响。

在初入学的小学儿童心目当中，教师的地位至高无上，他们对教师往往是崇拜且绝对服从的。随着年级的升高，儿童开始能够辩证地对待教师的言行，师生关系的亲密程度也开始下降。一般来说，在小学阶段，女生与教师的关系要比男生与教师的关系更加亲密。

例如，宋德如等以小学二、四、六年级的学生为被试者进行了研究。结果发现：①在小学阶段，师生关系在学生人际关系系统中的地位逐渐下降。具体表现在小学生与教师交往的亲密性、合作性、主动性均随年级升高而降低，且年级间差异显著。②女生更倾向于与教师交往，更善于与教师保持亲密关系，更易听教师的话，服从教师的要求。并且，女生与教师的关系相对稳定，而男生与教师的关系随年级升高相对变化较大。王耘等以小学 3～6 年级的学生为被试者进行了调查，结果发现：①不同年龄阶段的小学生在其师生关系上表现出不同的特点。五年级学生表现出高亲密、高反应和高冲突的特点，而六年级学生则表现出低亲密、低反应和低冲突的特点。②男女学生在师生关系的亲密性和反应性上有显著差异，女生的师生关系比男生更为积极。③学生的学业表现对师生关系有显著的预测作用，学业表现好的学生有较为良好的师生关系。

心理学家西伯曼将教学情境中的师生关系分为友好型、冷淡型、关怀型和拒绝型四种，借以考察教师与学生的交往特点，详见表 6-9。

表 6-9　不同类型师生关系中教师和学生的行为特点

类型	学生特点	教师行为
友好型	学业成就较高，对教师顺从、合作，喜欢接近教师	喜欢这类学生，但交往中大多不公开表示喜欢和偏袒
冷淡型	被动、退缩，不引人注目，对教师无个别交往要求	和这类学生交往活动较少，较冷淡或不很关心
关怀型	学业成就较低，但迎合教师要求，期望教师的关心	在合理范围内接近这类学生的要求，公开关心与互动较多
拒绝型	学业成就低，有违纪倾向	对这类学生期望消极，较多注意其行为问题，忽视其学习努力，师生互动较多

由于小学阶段的儿童有着较为明显的向师性，因此教师对学生的期望和态度对学生的发展有着较为重大的影响。著名的“罗森塔尔效应”便是对此很好的证明。罗森塔尔等人对一所小学的部分学生进行了一项所谓的“预测未来发展的测验”，之后给教师一份名单，并指出名单上的孩子具有很好的发展潜能。而实际上，这个名单并不是根据测验结果确定的，而是随机抽取的。几个月过后，罗森塔尔等再次回到这所学校并重新进行测验时发现，名单上的孩子的成绩都有了明显提高。之所以出现这一现象，是由于教师对名单上的孩子的期望变高，态度变得积极，而孩子感受到了教师这一重要人物对自己的关怀、爱护和鼓励，从而越来越向着教师期望的方向发展。罗森塔尔效应也称为皮格马利翁效应，取自希腊神话中塞浦路斯国王皮格马利翁的故事。传说皮格马利翁雕刻了一个美少女的塑像，他把自己全部的爱恋和热情都倾注在她身上，后来在他的深情感染下，塑像变成了真正的少女，并且与他结为夫妻。

教师的期望是如何一步步影响学生、最后导致学生发生相应改变的呢？库伯和古德在罗森塔尔效应模型的基础上做了进一步的修改，设计了一个有关教师期望效应的模型，如图 6-1 所示。

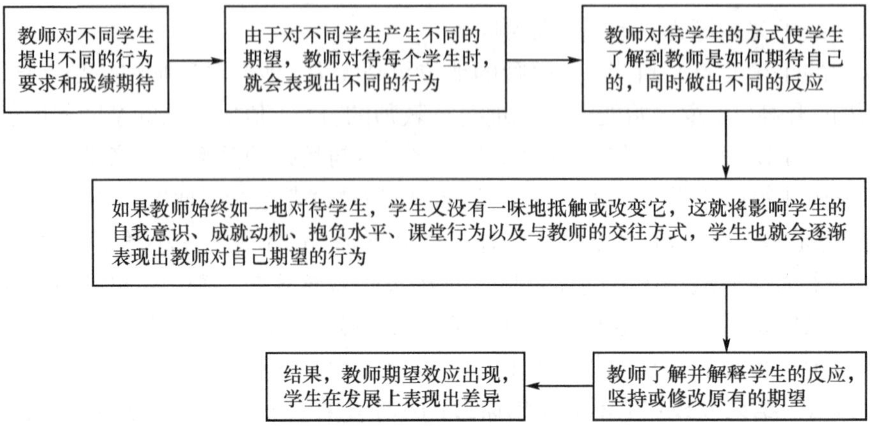

图 6-1　教师期望效应模型

信息栏 6-8　期望教育的基本理念

2003 年，张积家和陈俊撰写了《期望教育的心理学理据》一文。在文中，他们提出了期望教育的基本理念，那就是：应使每个教师对每个学生抱有期望，使每个学生对自己的发展和提高满怀希望。应使每个教师和学生都认识到：每一个学生都是独特的，都是有价值的，都是有发展潜力的，都是充满希望的。在期望教育中，应鼓励每一位教师：对学生多一点关心，少一点嫌弃；多一分期望，少一分绝望；多一点表扬和鼓励，少一点批评和挖苦。应鼓励每位学生：多一点自信，少一点自卑；多一点努力，少一点懒惰；多一点理想和希望，少一点自暴自弃，应自觉、自尊、自律、自立、自强。

期望是人类活动的本质特点。人类发展和个体发展都离不开期望。在教育中，教育者将家庭、学校和社会的期望传递给儿童，形成儿童的自我理想。因此，教育是期望引导的传递期望的活动。教育者的期望，就是教育目的。教育的根本目标是使人超越，由不知到知，由不能到能，由不完善到完善。没有期望，个体的活动就失去目标，生活就失去动力。儿童的自居作用，是期望的表现；榜样的作用，也要通过期望来实现。人的自我发展同理想联系在一起，而理想是期望的重要表现形式。理想既具有鲜明的形象，又具有强烈的情绪色彩，是激励人们发明创造、不断进取的力量。理想是智慧的翅膀，借助想象，人可以超越现实，在幻想世界中驰骋，深化人的认识。理想是人们积极想要的东西，它能激发人的情感，增强人的活动。

期望具有重要作用，期望教育也最符合素质教育的精神。素质教育面向全体学生，尊重和弘扬学生的个性。期望教育也如此，人生来就是特殊的，有智愚之分、美丑之别，但每个人都可以有期望，有理想，都可以通过学习和实践求得自身的发展与超越。教育的目的不是将所有人都培养成精英，这既不现实也不可能。教育的目的是使受教育者成为他们能够成为的人。

素质教育引导学生全面发展。期望教育也如此。在 21 世纪，家庭和社会对学生的期望是全面的：不仅包括掌握知识、技能，还包括提高能力；不仅包括品德发展，还包括人格完善；不仅重视身体健康，还重视心理健康；不仅强调个人适应社会，还重视个人需要的满足和生活幸福。素质教育追求人的全面发展。它是“全人”的教育，也是“全面发展”的教育。

这一目标应试教育难以实现，期望教育能够实现。

素质教育启发学生自觉，尊重学生的主动性和创造性。期望教育也如此。学生是怀着某种期望、带着某些态度和特性走进学校的。这些期望、态度和特性是他在以往经历基础上形成的。他要通过学校生活验证期望，决定是否保持这些态度和特性。因此，学生不是知识的“容器”，而是信息加工者；不是被动地接受刺激，而是主动地寻求刺激；不是待人描绘的“白板”，而是有一定纹路的“大理石”。教师只有了解学生的期望、态度和特性，才能改变其不正确的期望、态度和特性。要做到这一点，教师就要对学生满怀期望，通过积极的措施启发学生自觉，尊重学生的主动性和创造性，将教育者的要求转化为学生的自觉行动。

素质教育指向未来，期望教育也如此。指向未来，是期望的最重要的特点。只有让每个学生对国家、民族乃至个人的未来充满期望，学习和修养才有动力。一个人在校的所学，不可能受用终身，因此，应培养学生自我发展和提高的能力。

教育是有着浓厚的人文关怀的活动，是理想推动的活动。教师是具有理想主义倾向的人。教育的根本目的是使人类的明天变得更美好。人性善，人可以受教育，人可以变得更美好和更完善，是教育学的逻辑起点。应抛弃只重智育不重其他教育的片面的教育观，树立全面发展的教育观；应改变只用学业成绩来评价学生的片面的比较观，改用全面的标准来评价学生，重视学生的自我比较。期望教育的基本理念是对学生人权的尊重，因为发展权是最重要的人权；是对学生个性的尊重，因为按某一标准比较，学生可能有优劣之分，但如果按多种标准比较，就可能是另外的情况。

资料来源：张积家，陈俊. 2003. 期望教育的心理学理据. 华南师范大学学报，(4)：111～118

【要点小结】

（1）童年期儿童心理发展的一般特征主要表现在五个方面：生理发育相对平稳、心理活动的自觉性和随意性不断增强、从以具体形象思维为主向抽象思维过渡、情绪情感较稳定且比较单纯、自我意识更加明确。

（2）学习动机是激发个体进行学习活动、维持已引起的学习活动，并使个体的学习活动朝向一定的学习目标的一种内部启动机制。童年期儿童学习动机发展的总趋势是：由近景性动机向远景性动机发展，由实用性动机向社会性动机发展。

（3）态度是反映人们关于自身和事物之间关系的一种比较稳定的心理倾向。儿童对学习的态度主要包括对教师的态度、对班集体的态度、对作业的态度和对评分的态度。对教师的态度最明显的特征是向师性；对集体的态度随着年龄的增长而逐渐深化和稳定；对作业会逐渐形成自觉负责的态度；从中年级开始才能较为客观和全面地对待评分。

（4）在整个小学阶段，儿童最初对学习的过程、学习的外部活动更感兴趣，以后逐渐对学习内容和需要独立思考的作业更感兴趣。

（5）学习障碍儿童主要表现为智力正常，但是学习成绩明显落后于同龄儿童的正常水平。典型特征是一门或多门功课成绩低下。

（6）童年期儿童认知的发展主要表现在感知觉的发展、注意的发展、记忆的发展、想象的发展、思维的发展、元认知的发展。童年期儿童在教学的影响下，其知觉从无意性、情绪性向有意性和目的性方向发展，知觉的分析与综合水平不断提高；童年期儿童有意注意逐渐发展起来，并开始占主导地位；童年期儿童记忆有了很好的发展，有意记忆得到很大发展，抽象逻辑记忆能力也随抽象思维能力的发展而不断提高；童年期儿童想象的有意性逐渐增加，能够根据任务的需要和他人的要求进行有意识、有目的的想象。

（7）童年期儿童思维的一般特征表现在四个方面：儿童思维过渡到以抽象逻辑思维为主要形式，但带有很大的具体性；儿童思维由具体形象性到抽象逻辑性存在着一个明显的关键年龄，即10～11岁；具备了人类思维的完整结构，但结构还有待于进一步完善和发展；从具体形象思维到抽象逻辑思维的发展过程中存在着不平衡性。

（8）童年期儿童言语的发展主要表现在口头言语的发展、书面言语的发展、内部言语的发展。口头言语的形式和内容发生了巨大的变化；书面语言在识字、阅读和写作方面有了显著提高；内部言语也在不断发展和完善。

（9）童年期儿童自我意识的发展表现为自我认识的发展、自我情绪体验的发展与自我调控的发展。

（10）童年期儿童社会认知的发展主要表现在观点采择的发展、友谊认知的发展、权威认知的发展三个方面。

（11）整个小学阶段对于儿童形成正确的人生观和价值观、培养良好的道德品质都是十分重要的时期，童年期儿童开始进入自律道德阶段，开始认识到规则是可以改变的，开始依据动机而非后果来判断行为。

（12）童年期儿童人际关系的发展主要表现在亲子关系、同伴关系、师生关系三个方面。

【关键术语】

学习动机（academic motivation）

学习障碍（learning disability）

概念（concept）

元认知（meta-cognition）

自我概念（self-concept）

自我意识（self-awareness）

社会认知（social cognition）

社会交往（social communication）

生态系统理论（ecological systems theory）

【资源链接】

罗伯特·费尔德曼. 2015. 儿童发展心理学. 6版. 苏彦捷，译. 北京：机械工业出版社

齐建芳. 2009. 儿童发展心理学. 北京：中国人民大学出版社

学龄期儿童的心理发展特点 http：//blog.sina.com.cn/s/blog_4f5e6b0a0101a17t.html

黛安娜·帕帕拉，萨莉·奥尔兹，露丝·费尔德曼，等. 2013. 发展心理学—从生命早期到青春期. 10版. 李西营，等译. 北京：人民邮电出版社

【复习思考】

1. 简述小学儿童思维发展的基本特点。
2. 简述小学儿童自我评价发展的特点。
3. 塞尔曼关于儿童观点采择能力发展阶段的基本观点是什么？
4. 童年期儿童学习的一般特点是什么？
5. 为什么说童年期是儿童心理发展上的一大转折时期？
6. 小学生自我意识的发展具有什么特点？其社会性认知水平如何？
7. 小学生的道德认识、道德情感和道德行为的特点是什么？

【练习测验】

1.（单选）儿童能够自发运用记忆策略，对羊与牛、作业本与教科书、苹果与草莓的图片进行分类记忆的年龄是（　　）。

A. 4～5 岁　　B. 6～7 岁　　C. 8～9 岁　　D. 10～11 岁

2.（单选）在同伴提名中，受到同伴正向提名较少、负向提名较多的是（　　）。

A. 受欢迎儿童　　B. 被拒绝儿童　　C. 有争议儿童　　D. 受忽视儿童

3.（单选）根据塞尔曼对观点采择的研究，儿童能从中立的第三者的角度来看待自己和别人的想法与行为，这属于（　　）。

A. 自我中心的观点采择　　B. 社会信息的观点采择　　C. 自我反省的观点采择　　D. 相互观点采择

4.（单选）根据布朗芬布伦纳的生态系统理论，下列说法错误的是（　　）。

A. 微观系统指儿童直接接触的环境　　B. 环境是动态的、不断变化的

C. 生态系统理论强调个体与环境的相互作用　　D. 外层系统包括社会意识形态、法律、文化等

5.（单选）根据生态系统理论，下列选项中，属于儿童成长外层系统的是（　　）。

A. 父母的工作单位　　B. 家长与学校关系　　C. 社会文化　　D. 家庭

6.（综合）鲍姆瑞德通过追踪研究发现，不同的父母教养方式与儿童青少年发展之间存在联系，如下表：

教养方式	结果	
	儿童时期	青少年时期
权威型	较高的认知和社会能力	较高的自尊，较好的社会技能，较强的道德，亲社会关注和较高的学业成就
专断型	一般的认知和社会能力	一般的学业表现和社会技能，比纵容型教养方式下的青少年更为顺从
纵容型	较低的认知和社会能力	较低的自我控制能力和学业成就，比权威型和专断型教养方式下的青少年更容易出现社会行为问题

（1）结合鲍姆瑞德的观点，阐述不同父母教养方式的特点及其对儿童青少年心理发展的影响。

（2）用亲子相互作用模型对父母教养方式与儿童青少年发展之间的关系重新进行解释，并分析其与鲍姆瑞德观点之间的差异。

第七章　青少年的心理发展

【本章主要内容】

青少年指的是11、12岁至17、18岁的儿童。青少年时期是个体从儿童期向成人期、从不成熟向成熟发展的过渡时期，可以进一步被划分为两个子阶段：少年期（11、12岁至14、15岁），也被称作青春期，相当于初中阶段；青年初期（15、16岁至17、18岁），相当于高中阶段。

第一节　青少年心理发展的一般特征

青少年时期，随着身体的迅速发育尤其是性的成熟，儿童的心理也在发生着巨大的变化。无论是智力、情感、意志还是自我意识，其发展都有着与童年期、青年期非常不同的特点。苏联心理学家苏霍姆林斯基把进入少年时期比喻为一个人的“第二次诞生”。第一次诞生的是一个活的生物，他用哭喊来显示自己，喊叫成人对他的照顾；而第二次诞生的则是一个公民，他以新的方式来显示自己：“别管我，别老跟在我的后面，别束缚我的手脚……在我面前有一座高山，这是我的生活目标，我要依靠自己的力量，独自爬上顶峰”。正是由于青少年心理发展的这种独特性，这一时期才备受心理学家和社会学家的关注。一般而言，青少年心理发展的特征集中表现为过渡性、矛盾动荡性和社会性。

一、过　渡　性

过渡性是青少年心理发展最根本的特点。这一时期的青少年既保留着童年期的一些心理特点，同时一些成人的心理特点也开始出现和发展，这就使得青少年的心理具有明显的过渡特点。一般说来，青少年前期即少年期还保留着一定的幼稚性，而青少年后期即青年初期则有了更多的独立性和自觉性。

青少年心理发展的过渡性特点在生理、认知、社会化三个方面均有所体现。

（一）青少年生理发展的过渡性

青少年的生理发展极为迅猛。从身体形态上看，无论是身高还是体重，在短短的几年时间里，青少年由孩子成长到接近成人的标准；从身体功能上看，各种生理器官的功能发育成熟，尤其是第二性征的发育，使得青少年不断由儿童向成人迈进。

（二）青少年认知发展的过渡性

青少年期是认知发展的重要转折时期。在认知过程方面，青少年的思维由具体运算阶段过渡到了形式运算阶段，高级思维能力开始出现并发展起来；在社会认知方面，青少年达到了第三方的观点采择水平并过渡到社会观点采择水平，也就是说在社会交往中，他们不但能从第三方的中立角度去分析别人的想法，并且开始认识到这个第三方的观点会受到一种或多种更大的社会价值观的影响。

（三）青少年社会化发展的过渡性

青少年阶段是个体社会角色和社会地位的转折期，社会逐渐地不再把他们看作是需要特殊呵护和照顾的儿童，而逐渐赋予他们成人所应享有的权利、所应承担的义务。一般说来，青少年社会角色和社会地位的变化主要体现在人际地位的变化、政治地位的变化、经济地位的变化、法律地位的变化等方面。在人际地位方面，人们不再把青少年当成是单纯的孩子来交往，而是逐渐开始尊重他们自己的想法，以一种越来越平等的姿态对待他们。在政治地位方面，虽然青少年还未拥有选举权和被选举权，但他们对政治的兴趣开始增加，其政治观点也开始变得越来越成熟。在经济地位方面，我国16周岁以上的青少年可以在一定范围内从事工作，获取经济收入，因而青少年的经济逐渐开始独立。在法律地位方面，按照我国法律规定，随着年龄的增加，青少年承担自身法律责任的程度不断增大。

二、矛盾动荡性

由于心理发展的过渡性，导致青少年身上存在着许多新旧交替的不同特征，加上生理上的急剧变化对心理发展的冲击，青少年表现出各种矛盾的心理现象。成人感与半成熟状态是造成青春期心理活动产生种种矛盾的根本原因。青少年心理发展的矛盾特点主要体现在以下几个方面。

（一）独立性与依赖性的矛盾

随着身体的迅速发育、外形逐渐接近成人，青少年心理上的成人感也愈发增强，他们希望能够摆脱家长和教师的呵护，以独立自主的姿态学习和生活。但与此同时，由于认知水平发展得不够成熟、社会经验缺乏，在面对许多复杂的矛盾和困惑时，他们依然希望在精神上得到成人的理解、支持和保护，无法做到真正的独立，体现出心理断乳与精神依托之间的矛盾。

（二）闭锁性与开放性的矛盾

由于成人感与独立自主意识的增强，加上对成人的不满与不信任，青少年往往会将自己的内心世界封闭起来，不向外袒露，主要是不向成人袒露，其心理闭锁性程度较高。但与此同时，青少年的诸多苦恼又使他们倍感孤独和寂寞，渴望与他人交流，得到他人的理解。丰富的内心世界使得他们希望在一定程度上向自己认为可信赖的朋友吐露心声。这就体现出闭锁性与开放性之间的矛盾。

（三）性意识增强与道德要求的矛盾

青少年期性的发育十分迅猛，第二性征开始凸现，青少年的性意识增强，容易出现性欲望和性冲动，他们开始对异性充满好感、爱慕之心，有着与异性亲近交往的愿望。但由于社会舆论和传统道德伦理观念的影响，加之性知识的不足，有时他们会在性意识和性道德方面发生冲突和矛盾，并且伴随紧张、忧郁、悔恨和羞愧的心理。

此外，在青少年的心理发展过程中，还存在着勇敢与怯懦的矛盾、高傲与自卑的矛盾、否定童年又眷恋童年的矛盾等。由于青少年的心理发展存在着诸多矛盾，青少年往往具有动荡的情绪和冲动，因而青少年期又被称为“疾风骤雨期”。

三、社　会　性

由于成人意识的增强、活动范围的增加、社会角色和社会地位的变化，青少年关注的焦点由童年期身边具体的人和事，开始向更广阔的范围扩展。他们开始以极大的兴趣观察、思考、判断社会生活中的种种现象和问题，政治、经济、文化、历史等宏观的社会问题开始进入他们的视野；他们的社会性情感越来越丰富和稳定；他们开始形成自己独特的为人处事的态度和行为方式，世界观和人生观开始形成并逐渐稳定。

信息栏 7-1　青春期是普遍存在的吗？

1925～1926 年，米德在波利尼西亚群岛上的萨摩亚岛进行了为期 9 个月的田野工作。她与萨摩亚少女们同作同息，深层了解她们在成熟期的生活，并重点研究了三个毗邻小村庄里 68 个少女的青春期生活。据此，她写成了第一部力作《萨摩亚人的成年——为西方文明所作的原始人类的青年心理研究》。

在研究中，她发现对萨摩亚少女而言，青春期并不是一段困难、动荡的时期，她们没有美国少女经常表现出的心情压抑、情绪波动、强烈的挫折感等心理冲突，而是心情平和、情绪稳定。“我们发现，在其生命全程中，我们必须对这一问题予以否定的回答。已达青春期的萨摩亚姑娘同她们尚未成年的妹妹们的主要区别，仅限于在姐姐身上已表现出某种生理变化尚未在妹妹身上出现而已。但除此之外，在那些正经历青春期的姑娘们与那些还要过 2 年才达到青春期的少女们或那些 2 年前就达到青春期的女性之间，并不存在其他巨大的差异。”（米德，1988）萨摩亚少女由于没有父母的约束，没有因性的困惑而产生的闷闷不乐，因此丝毫没有西方社会所见到的那种紧张、抗争和过失。在萨摩亚，青春期本身没有被社会所重视，社会对青少年的态度或期待也没有因为他们进入青春期而发生变化。青春期不仅未经任何仪式而在文化上被忽视了，而且在孩子的情感生活中也毫无重要性可言。因此，米德指出，青春期只是一个文化意义上的事实，生理上的共同变化并不能得出同样的结果，可由文化的差异给出不同的青春期定义。青春期危机理论是特定文化的产物，不是所有青少年在青春期都会出现心理危机。

资料来源：张帆. 2007. 人类学与社会心理学的结合：玛格丽特·米德之文化决定论综述. 社会科学评论，（3）：114～124

第二节　青少年生理的发展

个体一生的生理发展既不是匀速的，也不是同步的。人的生理发育存在着两个高峰期，第一个高峰期是婴幼儿时期，第二个高峰期就是青少年期。与第一个生长高峰期相比，青少年在身高、体重上的增长率要低一些，但这时青少年的整体变化却给人以更强烈的印象，很多父母感到自己的孩子在短短的几年时间里，个头迅速地与自己平齐甚至超过自己，身形也由原来的孩子模样变成大人模样。

青少年期的诸多生理发展变化主要从身体外形的变化、体内功能的增强、性的发育与成熟三个方面表现出来。

一、身体外形的变化

青少年身体外形的变化主要体现在身高和体重的增长上。根据20世纪90年代的一项统计，我国女孩从10岁左右开始，身高加速增长，一直持续到15岁，17岁以后基本不再长高了；我国男孩身高的加速增长从11岁左右开始，比女孩略微晚些，一直持续到16、17岁。青少年体重的增长趋势与身高类似，女孩体重加速生长的顶峰出现在11～12岁，而男孩则出现在12～13岁。我国其他的一些调查数据以及国外的相关调查都表明，青少年身高和体重的具体加速增长时间以及速率虽然略有不同，但基本规律却是一致的，即青少年的身高和体重有一段加速发展的时期，且女孩出现这一时期的时间要早于男孩。

由于女孩身体发育加速的时间要早于男孩1～2年，因而在小学高年级或初中低年级，人们会发现在同一班级当中，常常是女孩子看起来要比男孩子更高、更壮一些，这与人们通常持有的“男性比女性高大强壮”的想法不太一致，因而往往让人觉得有些别扭。但这一现象持续的时间并不长，在13岁以后，男孩的身高和体重开始逐渐赶上并超过同龄女孩。

青少年身体各部分发育的速度并不均衡，通常表现为：腿开始加速增长1年之后，躯干开始加速增长；远离躯干的部位（如手和脚）先发育，之后躯干才开始发育。因此青少年经常会出现大手、大脚的模样，身体各部分的比例不太协调。

青少年身体各部分发育的比例存在着性别差异。例如，男性的肩膀变得更加宽阔，臀部相对较窄，肌肉更发达，所以少男的体格显得较魁梧；而典型的女性身材则表现出肩窄、臀宽的特点，显得富有曲线美。此外，由于第二性征的出现，青少年身体形态的性别差异愈加明显，原本男童、女童共同的“娃娃”模样逐渐消失，取而代之的是不同性别独特的体形。

二、体内机能的增强

（一）心脏的发育

9岁儿童的心脏重量是出生时的6倍，到17、18岁的时候，心脏重量接近成人水平。出生时心脏的血容量为20～40ml，青春期之初可达140ml，到18～20岁时已达到240～250ml，是初生时的12倍左右。新生儿刚出生时脉搏为每分钟120次，11～12岁时为每分钟80次左右，20岁时为每分钟65次左右。这些数据均表明青少年期的心脏功能显著增强。

（二）呼吸系统的发育

儿童的肺结构在7岁时就已基本发育完成。进入青春期后，肺的功能大大完善。12岁时肺的重量比新生儿重9倍，与之相应的呼吸功能也随之增强。到14岁时，肺活量急速发展，到15岁时，可达3000ml以上，比10岁时增加1倍多，19岁左右达到成人水平。

14岁以后是呼吸系统发育的重要阶段，也是胸廓和呼吸肌发育的高峰期，因此这一时期应加强青少年的体育锻炼，促使青少年呼吸肌发育、肺活量增加、胸围增大、呼吸差增加等，从而全面增强其呼吸系统的功能。

（三）肌肉力量的变化

童年期儿童的肌肉所含的水分较多，而蛋白质、脂肪、无机盐含量较少。捏一捏小学儿童的胳膊，会感到又松又软。而到了青春期，肌肉中的水分减少，肌肉长度增加并增粗，弹性增大，肌肉也变得更加坚实有力。

（四）脑的发育

个体脑的重量在幼儿末期就已经达到成人的 90%，因此青少年期脑的重量和容积的增长很少。但与此同时，皮层细胞的功能却在迅速发育，这主要反映在脑电波频率的变化上。脑电波频率的快慢是大脑发育过程的重要参数，随着年龄的增长，脑电频率逐渐加快。青少年的脑电波，尤其是 α 波，在 13～14 岁时出现第二次飞跃（第一次飞跃在 6 岁左右），这表明大脑功能的变化与发展。

此外，青少年期大脑的兴奋与抑制过程逐步平衡，特别是内抑制功能逐步发育完善；第二信号逐步占据优势地位，其概括和调节作用显著增强。

三、性的发育与成熟

性的发育与成熟是青少年期生理发育最为突出的特点。性的成熟包括第一性征和第二性征的成熟。第一性征的成熟是指性器官、性功能的发育成熟，第二性征的成熟是指性的体形、体态的出现。国外对青少年生理各方面发育的时间和先后顺序做了总结，详细情况见表 7-1。表 7-1 中所列出的具体年龄虽不一定适用于我国青少年，但各种变化出现的序列却是基本一致的。

表 7-1　青少年生理发育的概况

男性		女性	
特征	首次出现的年龄（岁）	特征	首次出现的年龄（岁）
睾丸、阴囊发育	10～13.5	乳房发育	7～13
阴毛出现	10～15	阴毛出现	7～14
生长突增	10.5～16	生长突增	9.5～14.5
阴茎发育	11～14.5	初潮	10～16.5
嗓音变化	大约与阴茎发育同时	腋毛的出现	大约在阴毛出现后 2 年
面部和腋下毛发的出现	大约在阴毛出现后 2 年	油脂腺和汗腺分泌（由于腺体阻塞引起痤疮产生）	大约与腋毛同时
油脂腺和汗腺分泌、痤疮	大约与腋毛的出现同时		

男孩的第一性征一般在 13 岁开始发生显著的变化。睾丸体积开始增大，重量增加，内部结构逐渐发育完善，能够产生精子，分泌雄性激素，并且开始出现遗精。女性的卵巢发育加快，重量增加，能够产生卵细胞，分泌雌性激素，并且开始出现月经。女孩生殖器官的发育一般从 11～12 岁开始，先是外生殖器的改变，继而阴道、子宫、卵巢快速发育，开始出现月经。月经初潮标志着性发育即将成熟。

性的发育与成熟时间既受先天因素的影响，也受后天营养条件、锻炼等的影响。随着我国人民生活水平的提高，青少年的发育出现了提前的趋势。如王丽等总结了中国学生体质与健康调研组（CCH）所进行的 3 次全国性的大规模调查，结果发现，从 1985～2005 年，女孩的月经初潮不断提前，并且城市学生经历一个由慢到快的月经初潮年龄提前的过程，而农村则始终维持一个较快的速度提前；男生首次遗精的年龄也呈提前趋势。详细状况见表 7-2。

表 7-2　各时期学生月经初潮和首次遗精的年龄变化（岁）

变量	民族	1985 年		2000 年		2005 年	
		城市	乡村	城市	乡村	城市	乡村
月经初潮	汉族	13.09	13.80	12.79	13.19	12.59	12.91
	少数民族	13.98	13.33	–			
首次遗精	汉族	–	–	14.28	14.46	14.07	14.25
	少数民族	–	14.89	–			

在第一性征发育的同时，青少年的第二性征也开始出现。男性的第二性征主要表现为胡须、腋毛等毛发的生长、喉结突出、声音变粗、声调较低等；女性的第二性征则主要表现为骨盆宽大、乳房增大、声调较高等。

信息栏 7-2　我的身体为什么发生了这些变化？

才上小学五年级的静静已经是一米七的大姑娘了，比同龄的孩子高出了一头多。为此她非常不好意思，总是问妈妈：“我为什么这么高，而别人那么矮，我会不会长成一个巨人？”妈妈告诉她这是生理早熟的表现，只是比别人提前进入了身体迅猛发育的青春期而已，别人也会很快赶上来的，而且开始得早，结束得也早，所以不会长成巨人。静静放心了，每天昂首挺胸进入校门，不再难为情了。

小兵这几天的声音突然变得非常低沉，还有些沙哑，令他自己很窘迫，以前那个嘹亮清脆的声音消失了，他非常奇怪。其实这是一个人走向成熟的标志之一，无论男生或女生都要经历从童声到成人声音的转换，尤其男生更为明显。如果小兵知道了声音的变化标志着自己成熟了，他会非常自豪的。

小红是一个爱美的女孩子，上了初中后更是经常在镜子面前审视自己。有一天突然发现脸上长了几个小疙瘩，总也下不去，给她增加了不少烦恼。在青春期，男女生的皮肤会有变化。由于皮下脂肪的增加，皮肤变得细腻有光泽。但许多男女生的脸上会长出粉刺，这是由内分泌激素造成的，它会随着成熟而消失。爱美的男女生大可不必为自己的脸面发愁担心，因此而背上沉重的心理负担就更没有必要了。

资料来源：陈会昌. 2001. 青少年心理专题. 北京：人民教育出版社，36～38

四、生理发育对青少年的心理冲击

青少年的身体发育来势迅猛，许多青少年还来不及做好心理上的准备，就不得不面对自己身体所发生的日新月异的变化，这给他们的心理带来了巨大的冲击。生理发育对青少年的心理造成的影响，主要是通过个人、社会对这种身体变化的评价和态度等中介因素起作用的，例如，青少年如何解释身体变化的意义及其重要性、这些变化是否符合社会文化正常模式的判断、青少年如何理解他人对这种变化所做出的反应等。真正由生理变化直接引起的心理影响，如激素水平变化对心理的影响，相对来说比较小。青春期生理变化对青少年心理与行为的影响途径从

图 7-1 中可以清楚地展现出来。

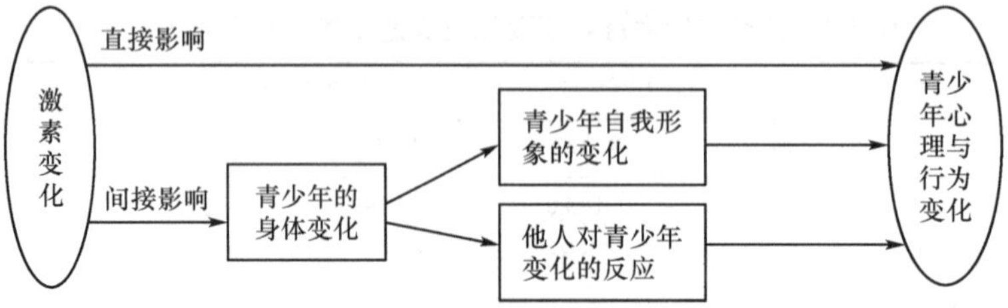

图 7-1　青春期生物变化影响青少年行为的方式

生理发育对青少年心理发展的影响，主要可以从身体自我的发展、对特定生理事件的反应、性意识的觉醒、早熟和晚熟的影响这四个方面进行分析。

（一）身体自我的发展

身体自我是个体对自己身体的认知和评价，是个体自我意识中最早萌发的部分，涉及对自己相貌、体格、体能等方面的看法和评价。青少年的身体无论外形还是功能都发生了巨大的改变，因而他们非常关注自己的身体，对自己身体所持有的概念和评价也在不断地发展和变化。

陈红等采用问卷法对我国青少年身体自我的发展特点进行了研究。问卷从以下五个方面考察青少年的身体自我：相貌特征（包括脖子、下巴、嘴、耳朵、鼻子、眉毛、头发、手指、皮肤、眼睛、牙齿等）、运动特征（体质、肌肉、力量、爆发力、体育锻炼、耐力、平衡能力、柔韧性、灵活性等）、身材特征（身材、体重、脂肪、腰部、腿、身高等）、性特征（性器官、性功能、内分泌和胸部等）、负面特征（残疾、瘢痕和体味）。结果发现：①青少年的身体自我发展总体上呈波动状态，从 12～14 岁呈上升趋势，14～16 岁直线下降，16 岁以后，又有缓慢上升；②相貌特征在不同年龄阶段的波动幅度较大，身材特征的满意度最差；③除负面特征外，相貌特征、运动特征、身材特征、性特征都有显著的性别差异，男性比女性更满意。其中身材特征的差异最大，运动特征第二，相貌和性特征的差异分列第三和第四；④城市学生比农村学生对自己的身体更满意。

青少年对自己身体的态度，很大程度上要受到理想身体自我的影响。所谓理想身体自我是个体对自己最想拥有的身体状态的认知和评价，是青少年在评价其身体自我时的重要参照标准。陈红等对我国青少年心目中的理想身体自我做了调查，结果发现：①男性理想身体自我的维度为：性感魅力、运动健康、高大力量、浓眉大眼；女性理想身体自我的维度为：性感魅力、匀称健康、苗条飘逸和洋气骨感。②我国青少年的理想男性身体的典型描述是：健康、黑发、匀称、运动、有魅力、高大、双眼皮、短发、强壮；理想女性身体的典型描述是：健康、皮肤细腻、匀称、苗条、黑发、双眼皮、线条明显、长发、皮肤白、有魅力。③男性和女性的理想身体有共同的维度，均看重健康、性感和头发；但也存在不同的维度，即男性身体更强调有力量、强壮和高大，女性身体更强调苗条和匀称。

当青少年的理想身体自我与实际身体自我之间的差距过大时，便会对自己的身体不满，从而寻求改变自己身体的方法。而当前社会对于女性苗条甚至骨感的审美标准，使得很多处于青少年期的女孩认为自己身体超重，有的女孩会采取控制饮食的方法来减肥。因此厌食症、暴食症等进食障碍往往多发于这一时期的女孩，而男孩则较少出现这种情况。

西方研究者在对进食障碍进行研究时，发现并提出了体像障碍这一概念，它指的是个体想象客观上不存在的体貌缺陷并因之而痛苦的一种心理病症。体像障碍既是一组症状群，伴发于多种疾病，如神经系统器质性疾病、各类精神疾病，也可以是一组独立疾病的概称。高亚兵等认为在正常的体像心理和体像障碍之间还应有一种介于这两者之间的类型，其症状表现既偏离了正常的体像心理标准，但尚未达到体像障碍的诊断条件，完全是由个体自我体像认知偏差引起的心理问题，而与其他器质性因素无关。他们将这一类型命名为体像烦恼，并将体像烦恼定义为一种由于个体自我审美观或审美能力偏差导致自我体像失望而引起的心理烦恼，其临床表现为：过分关注自己的体像，有强烈改变自身某方面体像的欲望，同时伴随着一些消极情绪。

骆伯巍等采用自编问卷，从形体烦恼、性别烦恼、性器官烦恼和容貌烦恼四个方面对 3121 名大、中学生的体像烦恼进行了调查。研究表明：①22.3%的学生存在体像烦恼，且女性高于男性；②在所调查的学生中，体型偏瘦的比例为 33.7%，体型偏胖的比例为 10.3%，前者男性高于女性，后者女性高于男性；③7.6%的学生存在形体烦恼，且女性多于男性；④8.9%的学生存在性别烦恼，且女性多于男性；⑤5.2%的学生存在性器官烦恼，且男性多于女性；⑥5.1%的学生存在容貌烦恼，男女之间没有差异。

（二）对特定生理事件的反应

1. 女性对月经初潮的心理反应　月经初潮标志着女性性发育的成熟、具备了生殖能力。虽然不同历史时期、不同文化背景下，月经初潮给处于青春期的女孩带来的具体心理反应可能有所不同，但不可否认的是，这的确是一桩给女孩心理带来一定冲击的事件。

一般说来，女孩对第二性征的出现，如乳房发育等，尽管会有相应的害羞、不安、害怕别人的注视等反应，但总体上持肯定态度。但是对于月经初潮，反应则相对复杂。邓明昱等 1989 年的调查发现，我国女孩对月经初潮的主要心理体验依次是害羞、恐慌、新奇、无所谓等，其中有 68.4%的人感到害羞和恐慌。这说明月经初潮给女孩带来了一定的心理压力。但女孩对月经初潮的反应，在很大程度上会受到文化环境对初潮看法的影响，也会受到父母和其他成员对其心理上的支持以及自身的相关知识程度的影响。近些年来，随着我国对性教育的重视和普及，对月经初潮毫无思想准备的女孩越来越少，她们对月经初潮的心理反应与以前的青少年相比也有一定的改变。

另外，有的女孩在月经初潮时会有身体上的不适，如腹部与下肢发胀、疼痛以及腰酸等不舒服的感觉，这可能会加剧女孩对月经初潮的厌烦、紧张等消极体验。当月经周期正常之后，少女对月经初潮的身心困扰会随时间的推移而逐渐减轻。

2. 男性对遗精的心理反应　遗精是男性在非性交活动下的射精，是男性性成熟的标志，是男性具备生殖能力的信号。男孩对遗精也有着复杂的情绪体验。邓明昱等 1989 年调查发现，男孩对于首次遗精的主要心理体验依次为害羞、新奇、恐慌和无所谓等，其中 52.7%的男孩感到害羞和恐慌。男孩对遗精持害羞和恐慌等负面心理的比例，要略低于女生对初潮的反应，这可能是由女生生理发育高峰期到来的时间比男生早，而心理成熟未能与生理成熟同步所导致的，因此对男女青少年的性教育应区别进行。此外，男孩很少将遗精的事情说给别人听，而女孩通常会将初潮的事情说给母亲听。相对说来，关于女性初潮的研究较多，而关于男孩对遗精的心理反应的研究则比较少。

与女孩对初潮的反应相类似，男孩对遗精的心理反应在很大程度上取决于他们的相关生理知识。因此，家长和教师对青春期男孩的性教育也是非常重要的。

（三）性意识的觉醒

性意识是关于性的心理因素的总称，既包括个体对自己和对他人性别的认识，也包括对自己向往和爱慕异性那种比较特殊的感受或体验的领会和理解。青少年时期，由于性功能的发育和成熟、第二性征的出现，加之社会环境的影响，儿童的性意识迅速发展。

美国心理学家赫洛克（H.Hurlock）认为，青春期的性意识发展可分为以下四个时期：①性的反感期。此时面对自己身体的变化，青少年对性产生不安、害羞和反感的体验。②向往年长异性的牛犊恋期。这一时期的青少年往往像小牛犊依恋母亲一样，产生爱慕的对象往往是年长于自己的异性。③接近异性的狂热期。此时青少年十分愿意接近同龄异性，想方设法引起自己心仪对象的注意。但这时他们心仪的对象还不稳定，往往不断地变换。④浪漫的恋爱期。这一时期，爱情集中于某个特定的异性身上，并且常常陷入婚姻的遐想。

张向葵等针对我国的情况，认为我国儿童性意识的发展可以分为以下四个阶段。①性意识的潜伏期。这个阶段大约是在10岁以前的童年期。此时的儿童已经知道男女两性生殖器的差别，知道结婚生育的事情，有时在游戏中还会扮演不同的性别，但实际上并不清楚男人和女人本质的特征，对于自己和异性的交往也没有什么特别的想法，对性的问题处于无知状态。②两性疏远期。这一时期在10～12岁，相当于小学高年级和初中低年级阶段。此时男孩与女孩在外貌、体态方面开始出现某些特征，因此开始进入各自的性别角色。由于对自己性征的变化感到不安、羞怯和腼腆，所以男女生之间开始拉开距离，表现出回避、冷淡和疏远异性的倾向。③性意识初步形成的爱慕期。这一时期的年龄在12～17岁，这是少年性意识表现和发展的重要阶段。此时的少年不但会被年龄相仿的异性所吸引，而且会对身心发育相当成熟的年长异性产生好感。④性意识成熟的恋爱期。进入青年期以后，也就是大约18岁之后，个体的身心发展逐渐达到成人水平，人生观、价值观以及个性特点等基本定型，加上知识经验的深化与扩展，青年人开始能够真正认识两性的本质内涵和社会功能与义务，并能按社会认可的方式追求异性，获得爱情，进入恋爱期。

近年来，随着我国改革开放的深化、社会观念的转变、信息沟通渠道的增多，青少年两性疏远期的表现逐渐淡化，与之相对应的是青少年性意识的发展不断提前。如何应对当前形势下青少年性意识发展的变化，是人们现今十分关注、同样也是争议颇多的一个问题。

信息栏7-3　早恋都“正常”了，专家还操什么“闲心”？

小学四年级就有学生谈恋爱，高一就轻率发生性行为……继2009年9月15日公布《佛山市“中小学人口与青春期性健康教育成效评估”调查报告》后，佛山市妇儿工委又邀请了15名中小学生，就“我们心目中的初恋”展开讨论。讨论会现场，孩子们的爆料让人“震惊”，他们的成熟也让专家直呼“震撼”。

孩子们的爆料之所以让人“震惊”，最主要的还是因为他们对于调研报告公布的“初恋年龄总体平均为13.58岁”表示“很正常”。而对早恋现象表示不赞同的同学，很快便遭到了抨击。谈起“性”、“青春期”，同学们表示早已不陌生。这所有的冷静让笔者震惊，更为自己曾经的“无知”而感到“羞愧”。

过去，大多数中小学生一谈到“性”便会色变，而且会避而远之。现在，这些孩子将这些过去避讳的事物视为理所当然，不得不令曾经将其束之高阁、敬而远之的人感到“惭愧”。然而，有一个问题是，既然早恋都“正常”了，专家和家长们还操什么“闲心”？湖南春雷青少年特训学校资深青少年教育专家表示，从这一现象，我们可以看出如今的早恋现象多么普遍，而深入孩子们内心深处的观念也是多么可怕。这些孩子无论是在情感上还是在生理上都尚未成熟，对待爱情，他们的理解尚且肤浅，一旦早恋后又发生性关系，将来必定会后悔莫及。近年来，专家学者和家长们对于早恋的预防、控制越来越严厉，甚至立法机关还为此立法控制，不久前黑龙江省人大试图通过立法予以控制，但很快遭到了公众的反对。

不得不承认，早恋现象的产生与家长、老师有着莫大的关系，因为，孩子处在青春逆反期时，家长、老师越是强迫孩子做他们不想做的事情，越是将性、早恋等视为洪水猛兽并要求他们远离，他们便越是想着法尝试。笔者认为，理性的做法应该是家长、老师要对孩子多加引导，不要动辄打骂，应该多一些宽容、民主。同时，家长们要进行换位思考，当初自己处在孩子这个年纪的时候，有过什么样的情感需求。有了这层认识，便容易理解孩子的需要并能对症下药。而作为老师，更应该走近学生，多与学生沟通，这样才能真正了解学生，让学生信任，主动来倾诉交流自己的问题，从而对早恋的学生及时予以引导。在性教育上，也要对老师、家长展开培训，使他们正确对待性和性教育，这样才能更好地引导孩子。当早恋被孩子们视为“正常”时，便是家庭教育、学校教育的失败，专家、家长和老师们应该好好反思了。

资料来源：http：//news.shangdu.com/202/2009/09/29/2009-09-29_220527_202.shtml

（四）早熟与晚熟的影响

青少年期是儿童身体由不成熟到成熟的过渡时期，但由于个体差异的存在，有的儿童成熟得比同龄人早一些，有的儿童则成熟得比同龄人晚一些。成熟早和成熟晚的个体在体貌特征上与他们的同龄人具有很大的差异，这种差异对早熟和晚熟的儿童会带来巨大而复杂的心理影响。

1. 男性的早熟和晚熟　一般而言，早熟比晚熟对男孩的发展更为有利。

早熟的男孩与同龄男孩相比，身体高大、肌肉强壮，运动技能和完成活动的能力较强，社会适应能力发展较早，因此在集体活动中较为突出和优秀，从而得到其他同龄人的推崇和成年人的青睐。与此同时，他们成人化的外形会使家长和教师认为他们已经长大，给予他们成人的权利和义务也比同龄人多，促进了他们独立性、自主性的发展。而晚熟的男孩则相反，他们往往身材矮小，缺乏魅力，肌肉不够发达，力量较弱，在体育竞赛中不易获胜，因而在同伴中不受欢迎，在与同龄女生交往时经常处于不利地位。同时家长和教师也往往会觉得他们没有长大，对他们的监护也较多，从而在一定程度上阻碍了他们独立性和自主性的发展。

但是，早熟对男孩也有一些不利的影响。早熟的男孩往往还没有做好心理上或者技能上的准备，便过早地进入成人的角色，这会使得他们比晚熟男孩更加刻板、僵化、顺从，缺乏好奇心、探险精神；并且由于他们会与较大年龄的同伴交往，因而行为不良的概率就更高。

2. 女性的早熟和晚熟　一般而言，晚熟比早熟对女孩的发展更为有利。

女孩发育的时间本身就比男孩早，而早熟的女孩更早，因此她们不仅比同龄女孩，而且比同龄男孩的发育都更加超前。她们个子更高，性方面更加成熟，因此她们往往在同伴交往中更为尴尬。并且，由于女性体内脂肪与肌肉的比率在这一期会提高，因而早熟的女孩体重也比同龄女孩更重一些，这一点与社会对女性的审美标准相违背，这对她们的自尊会有消极影响。例如，乔晓红等的研究发现，性早熟的女孩行为问题较多，并且似乎乳房增大是引起这一现象的重要因素。

另外，早熟女孩更有可能结交年龄大的男孩，出现问题行为的风险相对较高，如抽烟、酗酒、饮食障碍、过早卷入性行为、过多的焦虑和抑郁等。但关于这一点，也有人认为，这只是对那些在身体发育之前就存在一些行为问题的少女而言的，对于那些身体发育之前并不存在这些问题的少女，早熟和晚熟在这方面的差异并不显著。

第三节　青少年认知的发展

一、感知觉的发展

青少年的视觉感受性不断提高，主要表现在区别各种颜色和色度的精确性明显提高。研究发现，初中生区别各种颜色的能力要比小学一年级学生提高 60%，同时，初中生的视敏度已经发展到一生中的最高水平，也就是说，已经达到或超过成人的正常水平。

初中生听觉感受性的提高主要表现在区别音高的能力明显增长，与此同时，他们的运动觉和平衡觉也在不断发展，知觉的有意性、精确性、概括性也都在不断提高。

二、注意的发展

青少年的有意注意取代无意注意占据了注意的主导地位，并且无论是无意注意还是有意注意，都在不断地深化。另外，注意的各项品质也在不断提高，具体表现在以下几方面：①注意的稳定性增强。李洪曾等研究了中学生的注意稳定性，发现 13～15 岁的青少年注意稳定性迅速发展，且这一时期女生的注意稳定性要高于男生。林镜秋等采用划消数码表的方法进行的研究显示，初中同龄女生无干扰的注意稳定性要高于男生，而高中同龄男女生无显著差异；有干扰的注意稳定性在初、高中同龄男女生之间无显著差异。②青少年在初中阶段的注意广度已经接近于成人水平，但受自身知识经验和知觉对象特点的影响比较大。陈惠芳等运用速示器对儿童的注意广度进行了研究，结果表明，与 7～8 岁、9～10 岁儿童注意广度的迅猛发展相比，11～14 岁儿童的注意广度发展较为平稳而缓慢。另外，初中低年级学生由于缺乏经验，注意的广度较窄，随着知识经验的增加，其注意的广度也会有所提高。③注意分配和转移的能力在青少年期的发展并不显著。林镜秋等运用注意分配仪和注意转移测试仪对青少年注意的分配能力和转移能力进行了研究，结果表明，初、高中学生的注意分配无显著差异，初二到高二期间为学生注意转移能力发展的停滞期。

信息栏 7-4　少年儿童良好注意品质的培养

要培养少年儿童良好的注意品质，教师应做到以下几点。

（1）设法激发学生的学习兴趣。少年一旦对某一学科或某一活动发生兴趣，就能长时间地从事这种活动而不需要太多的意志努力。因此，教师应设法引起少年的学习兴趣，以此来培养学生的注意。

（2）培养学生正确的学习态度和学习动机。许多经验表明，正确的学习态度和强烈的学习动机是使学生注意集中与稳定的重要的主观条件。一旦学生有了明确的学习目的和强烈的学习动机，学生就能够专心致志地从事学习活动，其注意就能够保持长时间的稳定并顺利转移。所以，教师应对学生做好学习目的和学习态度的教育，以此作为培养学生注意的契机。

（3）根据学生的年龄特点采用适当的教学内容和方法。深度适宜的教学内容和良好的教学方法是集中和稳定学生注意的重要条件。由于抽象思维的发展，初中学生开始对一些抽象的材料（如定理、公式、理论）感兴趣。但是，对于那些过分抽象、远远超出他们知识经验的材料，他们还很难保持集中稳定的注意。因此，教师应选择那些适于他们掌握的教学内容，对于抽象的材料，也应深入浅出，尽量唤起他们的感性经验。同时，教师也应根据不同的教材内容采用不同的教学方法，叙述要条理生动，言语要准确清晰，课堂气氛应生动活泼，从而使学生保持良好的注意。

（4）设法防止一切足以分散学生注意的因素。例如，教室的周围应保持安静，应建立良好的教学秩序。教室前方和两侧不要贴、挂过多的东西。教师的服饰应朴素大方，不能着奇装异服。对于个别学生不守纪律和注意分散的行为（如“小动作”、交头接耳），教师应用暗示的方法（如语调升高、言语停顿、目光凝视、邻近控制等）来提醒他们注意。一切空洞的口号（如“请大家注意”！）和消极的训斥都是收效甚微的。

三、记忆的发展

在整个人生全程中，青少年时期是综合记忆能力最为强盛、达到顶峰的时期。这一时期，无论是记忆的深度、广度，还是记忆的内容、方法，都有了较大的发展。

青少年的意义记忆占据主导地位，并且意义记忆和机械记忆具有不同的发展趋势。研究表明，从初一到初二，机械记忆的效果随年级而提高，但是从初二开始，机械记忆的效果随年龄增加而有所下降；意义记忆的效果则一直随年龄的增长而上升。

相对于无意记忆，青少年的有意记忆占据绝对优势的地位。青少年不仅能有意识地为自己设立记忆的任务，而且也能有意识地调节自己的记忆活动，使之服务于一定的目的。从效果的角度来看，青少年有意记忆的效果要明显好于无意记忆的效果。

此外，杨治良等的研究认为，青少年时期是再认能力发展的鼎盛时期。他们的研究以具体实物图形、抽象图形和语词为实验材料，对幼儿、小学、中学、大学、中年人、壮年人和老年人的再认能力进行了比较，结果发现，对于具体实物图形材料的再认，小学高年级学生的成绩最高；对于抽象图形材料的再认，中学生的成绩最高；对于语词材料的再认，也是中学生的成绩最高。

信息栏 7-5　少年儿童记忆力的培养

少年时期是记忆发展的最佳时期。这一时期教师不仅应设法使学生多记住一些知识，而且应采取必要的措施来培养学生的记忆能力。

（1）培养学生有意识记的能力。有意识记的效果依赖于识记的目的和任务，而识记的目的与任务最初常常是由教师提出的。教师在教学过程中应明确地指示学生应当记住哪些内容，并伴以必要的检查。但识记任务必须适当，不要使学生负担过重。教师还应引导学生自己给自己提出识记的目的和任务。观察和实验都表明，学习成绩好的学生记忆的一个重要特点，就是善于根据需要不断地给自己提出识记的目的和任务。

（2）培养学生意义识记的能力。意义识记是对材料的意义进行识记。为了培养学生意义识记的能力，教师首先应讲透教材，使学生真正理解。许多学生在识记时之所以采用机械识记的方法，常常是由对学习材料不理解或理解不够造成的。许多教师往往只满足于学生背诵或搬用现有的定理、公式，这不利于发展学生意义识记的能力。

（3）教给学生有效的记忆方法。良好记忆力的形成有赖于有效记忆方法的掌握，因此，教师应有意识地教给学生一些记忆的方法，如形象记忆法、谐音记忆法、多通道协同记忆法、歌诀记忆法、过度学习法、标记记忆法等。

四、思维的发展

（一）国外的研究

皮亚杰将个体的认知发展划分为感知运动阶段、前运算阶段、具体运算阶段和形式运算阶段，并认为 12～15 岁的青少年处于形式运算阶段。形式运算阶段的特点是，思维已超出具体事物和过程的限制，使形式从内容中解放出来，个体可以利用语言文字，进行抽象的逻辑思维和命题运算。这一阶段儿童的思维能力不断发展，并且开始接近成人水平。

信息栏 7-6　形式运算阶段的假设演绎推理

处于形式运算阶段的青少年能够进行假设-演绎推理。当面对问题时，他们从影响结果的所有可能因素的一般理论开始，并从可能发生什么的特殊假设中进行推论，然后以有序的方式验证这些假设，看哪些在现实中起作用。

皮亚杰在著名的钟摆问题中，给学龄儿童和青少年呈现不同长度的绳子、系在绳子上不同重量的物体和一根用来挂绳子的横木。然后要求他们每一个人指出是什么影响钟摆摆动的速度。

形式运算阶段的青少年提出了四种假设：①绳的长度；②挂在绳上的物体的重量；③放手前物体抬起的高度；④推动物体的力量。然后保持其他因素恒定，一次改变一个因素，他们试验了每一种可能性，最后发现只有绳子的长度影响摆动的速度。

对比起来，具体运算阶段儿童的实验是不系统的。他们不能分离每种变化的结果，可能打算验证绳长的影响却不保持重量恒定，例如，同时比较短的轻钟摆和长的重钟摆等。同样，他们也没有注意到那些未能由具体材料立即暗示出来的变量——钟摆抬起的高度和推动钟摆的力量。

资料来源：吴颖译. 2002. 儿童发展. 南京：江苏教育出版社，356.

在皮亚杰的认知阶段理论中，他只探讨了 15 岁之前儿童的思维发展状况。而哈佛大学心理学家威廉·佩里（William Perry）则在皮亚杰理论的基础上，探讨了 15 岁以后青少年思维的发展。他将这一时期青少年的思维发展划分为以下四个阶段。①两重性阶段。青少年在解答问题时认为非对即错，非此即彼，不存在其他情况。这一阶段的特点是，凡事要问一个“什么是正确”的答案。②多重性阶段。青少年认识到事物的复杂性和多样性，对于问题和习题的答案，知道采用不同的方法。这一阶段的特点是“每个人都有权利发表自己的意见”。③相对性阶段。在进行逻辑判断时，人们知道事物是可以理解的，认识到价值是相对的。“一切要看情况而定”是这一阶段的特点。④约定性阶段。这一阶段的青年已经认识到事物的发展不是绝对的，认识到自己所采取的立场、观点有符合逻辑的必要性，而且是依具体场合的不同情况做出行动的选择。用一句话来表征这一阶段的特点，便是“这对于我是正确的”。

基廷（D. P. Keating）认为，青少年的思维与童年期儿童的思维主要有以下几点区别。①青少年不受现实事物的限制，可以更好地思考可能发生的事物；②青少年思维的概括能力更强；③青少年开始更多地思考思维过程；④青少年的思维不再局限于单一内容，而是趋于多角度地思考问题；⑤青少年更多地相对辩证地看待事物，而不再那么绝对化。可以看出，青少年的思维变得越来越全面、灵活。

（二）国内的研究

我国心理学家朱智贤与林崇德认为，青少年思维的基本特点是：在整个中学阶段，青少年的思维能力得到迅速发展，他们的抽象逻辑思维处于优势的地位。但初中生的思维中，抽象逻辑思维虽然占据优势，但很大程度上还属于经验型，他们的逻辑思维需要感性经验的直接支持。而高中生的抽象逻辑思维则属于理论型，他们已经能够用理论作指导来综合分析各种事实材料，从而不断扩大自己的知识领域。同时，从初中开始，青少年已有可能初步了解矛盾对立统一的辩证思维规律，到高中初期则基本上可以掌握辩证思维。

形式逻辑思维和辩证逻辑思维是抽象逻辑思维发展的两个阶段，前者是后者的基础，后者是前者的发展。形式逻辑思维是完整的表象过渡为抽象的规定阶段；辩证逻辑思维是抽象的规定在思维中具体再现的阶段。青少年阶段，儿童的形式逻辑思维和辩证逻辑思维都得到了很大的发展。林崇德等针对中学生的思维发展进行了一系列的研究，总结了青少年期儿童形式逻辑思维和辩证逻辑思维的发展特点。

1. 形式逻辑思维的发展　童年期儿童的思维需要与具体的事物相联系，在青少年期，个体逐渐把形式和内容区分开来，形式运算思维出现并发展起来。一项对国内23省市在校青少年掌握和运用形式逻辑推理的调查研究，得出了以下的结论：①中学生形式推理的发展存在年龄特征。初一学生虽已开始具备各种推理的能力，但只是初步的，特别是假言、选言、复合、连锁等演绎推理和运用推理解决问题的能力还比较差。初三学生的推理能力比起初一学生，有质的区别，假言、选言、复合、连锁等演绎推理和运用推理解决问题的能力大为提高。高二学生的推理能力已基本成熟，各种演绎推理的正确率大多已接近或超过 70%。②中学生的形式推理能力，随着年级递增而逐步分化。

2. 辩证逻辑思维的发展　青少年辩证逻辑思维的发展水平要低于形式逻辑思维的发展水平，但辩证逻辑思维的发展非常迅速。其发展趋势是：初一学生在小学的基础上，已经开始掌握辩证逻辑思维的各种形式，但水平较为低下，仅仅是个良好的开端；初三学生正处于迅速发展的阶段，是重要的转折时期；高二学生得分的正确率已超过半数，这表明他们的辩证逻辑思维已趋于占优势地位，但还谈不上成熟。这一趋势的原因主要在于初一学生所掌握或领会的还是较简单的指示，有的还带有常识性，缺乏深度和广度，缺乏对事物本质深入的、辩证的了解。因此，他们的辩证逻辑思维水平不高。初三学生所学的知识较为系统、深刻并进入科学体系，他们开始知晓学科的基本结构和基本规律；另外，他们的形式逻辑思维有了较大的发展，且已占主导地位，这就为辩证逻辑思维的发展奠定了坚实的基础，因而初三学生的辩证逻辑思维加速发展。高二学生学习内容更加繁多、深刻，既在各学科中渗透辩证法的原理，又专门开设了哲学常识，从而使其自觉地按辩证的方法思考问题，于是高二学生的辩证逻辑思维也开始占优势地位。

信息栏 7-7　托兰斯创造思维测验

托兰斯思维测验于 1966 年编制而成，它是目前最著名、应用最广泛的创造力测验。被试主要选自学校，从幼儿园到研究生院都适用，对四年级以下的儿童需要进行口头测验。托兰斯测验分为言语的创造性思维测验、图画的创造性思维测验以及声音和词的创造性思维测验三套，每套都有两个复本，以满足在实际研究中对创造力进行初测和复测的需要。

1. 言语测验　由七个测验构成。前三个测验是根据一张图画（画中有一个小精灵正在溪水里看自己的影子）推演而来的。

（1）提问题：要求被试者列出他为了解该图画而欲询问的一切问题。

（2）猜原因：要求列出图画事件的可能原因。

（3）猜后果：要求列出图画中所发生事情的各种可能后果。

（4）产品改造：要求对一个玩具图形列出所有可能的改进方法。

（5）非常用途测验：要求列举出一个指定物体的各种可能的非同寻常的用途（其原理与吉尔福德的第五部分测验相同）。

（6）非常问题：要求对同一物体提出尽可能多的不同寻常的问题。

（7）假想：要求被试者推断一事件发生后将出现的各种可能后果（与吉尔福德的推理测验相似）。

2. 图画测验　包括三个分测验，都是呈现未完成的抽象图案，要求被试者完成它们，使其具有一定的意义或富于想象力。

（1）图画构造：呈现一个蛋形彩图，让被试以此为基础去构造富于想象力的图画。

（2）未完成图画：向被试者提供十个简单线条勾勒出的抽象图画，让他们完成这些图形并加以命名。

（3）圆圈（或平行线）测验：共包括 30 个圆圈（或 30 对平行线），要求被试者依此尽可能多地画出互不相同的图画。

3. 声音和词的测验　全部指导语和刺激都用录音磁带的形式呈现。它包括两个分测验。

（1）音响想象：采用四个被试者熟悉和不熟悉的音响系列，各呈现 3 次，让被试者分别写出所联想的物体或活动。

（2）象声词想象：十个模仿自然声响的象声词各呈现 3 次，让被试者分别写出所联想到的事物。

在这三套测验中，记分分别从不同的方面进行。言语测验从流畅性、变通性和独特性三个方面记分；图画测验除以上三个方面以外，还对精致性进行记分；声音和词的测验只记独特性得分。关于具体的记分细则，测验手册都提供了详细的指导。此外测验手册还提供了详细的信度资料及有关常模。

值得一提的是，托兰斯创造思维测验为消除被试者的紧张情绪，把测验都称作活动，并用游戏的形式组织起来，使施测过程轻松愉快、富有趣味，在同类测验中，最适合儿童特点。

资料来源：董奇. 1997. 儿童创造力发展. 杭州：浙江教育出版社，245～247

第四节　青少年心理社会性的发展

一、情绪情感的发展

（一）青少年情绪情感发展的一般特点

张文新指出，一般而言，青少年的情绪情感发展具有以下特点。

（1）情绪的表现方式由外在冲动性向内在文饰性转变。青少年初期，情绪的特征之一就是容易冲动，暴发快，强度大，而且很不稳定。青少年中后期，个体开始对冲动的情绪进行克制和忍耐，情绪反应的强烈程度逐渐降低，情绪的波动性逐渐减少。与此同时，由于内心体验的增加，情绪的稳定性也增强。这就引发了青少年期情绪表现的另一个特点，即“文饰性”。

（2）情绪持续时间增长，出现心境化的趋势。无论是外显的情绪反应，还是内心的情绪体验，青少年与童年期儿童持续的时间都有很大的不同。总体而言，随着年龄的增长，情绪持续的时间会逐渐延长。

（3）情绪体验的内容更加深刻丰富，社会性情绪占主导地位。随着知识结构的完善、社会经验的丰富以及想象能力的发展，青少年的情绪体验日益深刻，体验的内容日益广泛，道德感、理智感、美感等社会性情绪情感逐渐上升到主导地位，社会性情绪的水平也不断提高。

（4）情绪的结构更加复杂，表情认知能力得到很大发展。随着认识能力的发展，青少年能够更多地接触到抽象的社会性材料，并能进行抽象思维，从而能在深刻认识的基础上把不同的情绪成分联结在一起，形成稳定的情绪结构。

（二）青少年常见的情绪困扰

虽然大多数青少年能够适应自己的生理和心理变化，但在某些情况下，青少年期的各种转变和社会要求的变化会使得青少年感到情绪上的困扰。孤独、抑郁和焦虑是青少年较为常见的消极情绪。

1. 孤独　孤独是一种不良的情绪体验，是一种自感社会交往或人际关系不满状态下的颓丧情绪。相对于童年期而言，青少年的孤独感明显增强。

青少年的独立意识不断增强，这种“心理上的断乳”使得他们不愿意依赖父母或者教师。但是与心理上的独立感和成人感相矛盾的是，他们并不具有真正独立的能力，在遇到困难的时候仍旧需要他人的帮助。这便使得青少年一方面希望得到成人的帮助，一方面又不愿寻求成人的帮助，孤独感由此产生。

此外，青少年自我意识的空前发展，使得他们越来越认识到自己与他人的不同，越来越关注自己的心理和生理特点。在这一过程中，青少年独处和沉浸在自己世界中的时间增多，并且产生了很多不愿与人分享的隐私，这也在一定程度上加剧了孤独的体验。

2. 抑郁 抑郁是一种负性情感增强的表现，充满不适感、沮丧感的心境状态，基本特点是获得性或反应性降低，悲观、忧郁。很多研究者认为，抑郁是青少年中最为常见的一种心理困扰。刘丹采用抑郁自评量表对我国 840 名初一至高三的学生进行了调查，发现有抑郁症状的人数占 43.5%，其中轻度抑郁占 30.8%，中度抑郁占 10.4%，重度抑郁占 2.3%。国外有研究认为，大约有 25%的青少年经常会感到抑郁，而对于童年期儿童而言，这一比例只有青少年的一半。

青少年之所以比童年期儿童更容易出现抑郁情绪，是和他们的身心发展有密切关系的。首先，相对于童年期儿童，青少年的活动范围变大、社会责任增多，从而面临了更多的压力事件；其次，青少年自省和反思行为大大增多，而自省和反思往往会带来对自身某一方面的不满，从而产生抑郁情绪；再次，青春期的生理发育，也会给青少年带来压力。但必须要指出的是，虽然青少年的抑郁情绪比童年期儿童增多，但实际上大多数青少年是能够面对这些压力、适应各种变化的。

在国外的研究中，关于青少年抑郁的性别差异有着一致的结论，即青春期之前，男孩表现出抑郁症状的可能性略高于女孩，而进入青春期之后，一直到成年期的很晚阶段，女性抑郁的可能性要高于男性。这可能是因为，青春期女孩比男孩更为关注自己的外在形象、自己在同龄人中的受欢迎程度，这使得女孩比较容易受到这些事情的困扰。此外，由于社会对于女性的刻板印象使得女孩开始认为诸如“被动、依赖、脆弱”等特征是女性的固有特征，这也可能导致抑郁情绪的出现。但这种情况在我国是否也存在，还有待于进一步研究。

3. 焦虑 焦虑是指个人预料会有某种不良后果或模糊性威胁将出现时产生的一种不愉快的情绪体验。青少年的焦虑情绪有多方面的原因，既有社会文化因素、学校因素，也有家庭和个人因素。一般而言，在我国青少年的焦虑情绪中，有关学习和考试的焦虑是较为常见的类型。

曹立人等研究了初中生的焦虑情绪，结果发现：①初中生的特质焦虑水平略为偏高，但仍属正常，初中生总的状态焦虑水平也属正常；②初中生焦虑水平的动态特征以学期为周期进行变化，在期中考试前达到峰值，以后渐渐下降，在期末考试后降到最低；③女生的焦虑水平高于男生。

（三）正确对待青少年的情绪问题

青少年各种各样的情绪困扰，与其生理和认知发展的过渡性特点密切相关，因而从某种程度上说，青少年情绪困扰的出现具有一定的必然性。总体而言，青少年情绪困扰的产生主要有以下一些原因。

首先，生理变化对青少年的情绪带来了冲击。青少年期是人生的第二个生长发育高峰期，青少年的身体无论是从外形还是从内在机制来说，都发生了巨大的改变。一方面，青少年必须尽快适应和正视这些身体变化，如乳房的发育、遗精的出现等，在这一过程中，青少年可能会体验到焦虑、苦闷等不良情绪。另一方面，青少年比以往要更加关注自己的身体，当现实中的身体与理想的身体差距过大时，不良情绪也会产生。

其次，青少年的情绪困扰是与其心理发展的矛盾性、闭锁性特点密不可分的。青少年的心理发展具有矛盾性的特点，如独立性与依赖性的矛盾、勇敢和怯懦的矛盾、高傲和自卑的矛盾、否定童年又眷恋童年等，这些矛盾冲突不断影响着他们的情绪发展。此外，青少年的心理发展还具有一定的闭锁性，很多事情不愿意向别人尤其是长辈倾诉，情愿封闭在心里，这又在一定程度上加剧了他们的情绪困扰。

再次，青少年自我意识的高度发展也是其情绪困扰产生的主要原因之一。青少年比以往任何时候都关注自身，他们倾向于重新评价自己、认识自己，同时也关心别人对自己的评价，希望能够得到别人的认可。当理想中的自我与他们所认识到的现实自我相差过大时，或是感觉没有得到期望中的别人的认可时，各种情绪困扰便相应产生了。

当然，除了上述原因之外，各种外部因素，例如，开始接触纷繁复杂的社会、需要承担的责任不断增加、学业负担的加重等，也是青少年情绪困扰产生的影响因素。

帮助青少年缓解他们的情绪困扰，是一件需要多方努力的事情。除了创立和谐与接纳的社会环境、为青少年提供一种温暖与接纳的人际帮助之外，还可从以下方面着手。①对青少年进行自我意识方面的教育，检查和纠正他们的认知偏差，引导他们客观公正地自我评价，确立自我形象，形成自我意识的连续性和统整性，调整现实自我与理想自我的差距，实现个性与自我意识发展的和谐统一。②通过各种形式的青春期生理教育，引导青少年正确面对自己生理上的巨大变化。③通过心理辅导等方式，帮助青少年了解自身的情绪情感，教授各种情绪调节策略以增强青少年的情绪调节能力。

信息栏 7-8 青少年的情绪调节策略

青少年面临着很多的情绪困扰，教育者应该让他们掌握必要的情绪调节策略。

（1）认知重评。认知重评即认知改变，指改变对事物个人意义的认知，使情绪得到调整。认知重评策略又可分为评价忽视与评价重视两种具体策略。“忽视”为减弱性调节方式，表现为个体以忽视、回避和减弱等方式，对情境中可能引起情绪的刺激进行评价，尽可能地不去感受情境可能引起的情绪。“重视”是一种增强型调节方式，表现为个体通过增强对可能引起情绪的情境的评价，增强情境与个人的关联性，这种情绪调节方式主要用于基础研究与临床治疗中。

（2）自我暗示。作为认知重评的一种特殊形式，自我暗示指有意识地将某种观念暗示给自己，从而对情绪和行为产生影响的一种方式。例如，林则徐为了使自己制怒，在墙上挂“息怒”二字；在考场中，为了克服考试焦虑，可自我安慰：“我怕，别人也许更怕，所以没有什么好怕的”；当遇到忧愁时，可自我暗示：“忧愁于事无补，还是振作起来面对现实吧”。

（3）注意转移。指有意识地将注意从当前对象转至其他对象，从而使情绪得到调节的一种先行关注策略。例如，当遇到不愉快的事物时，转移注意对象，做剧烈运动、与朋友散步、听听音乐或做些其他自己感兴趣的事情，都可以很好地调节不愉快的情绪。

（4）表达抑制。也就是抑制将要发生或正在发生的情绪表达。日常生活中，人们常使用该策略来调节自己的情绪。例如，当遇到不愉快的事件，人们常抑制自己不满的行为表现，如愤怒，以免影响人际关系。当遇到非常愉快的事件时，也常抑制表现，如成功时避免得意忘形，以免表现出一种炫耀之感。

（5）情绪宣泄。如果说表达抑制是基于社会需要的话，那么情绪宣泄则是基于生理需要。情绪宣泄指对自己情绪释放的适应性表达，包括替代表达与直接表达。替代表达指通过间接的方式表达情绪，从而使情绪得以释放的一种情绪调节方式。例如，通过倾诉（直接与人倾诉或通过写日记等方式间接倾诉）、高喊、哭泣或对令你情绪不佳的假想对象进行发泄等方式可以宣泄不快的情绪，从而使情绪回归平静。当有烦扰时，可以向亲朋好友、老师同学等倾诉；当遭遇挫折或其他伤心事而产生沮丧或悲伤的情绪时，可以在亲人面前大哭一场；当你因不满产生愤怒情绪时，可以大喊或对假想对象进行发泄。直接表达指面对激发情绪的事物，直接表达自己情绪的一种情绪调节方式。例如，当受到别人侮辱时，直接通过言语或武力等方式释放自己的愤怒情绪。情绪宣泄的方式具有很大的文化差异，西方文化倾向于直接表达，而东方文化则倾向于替代表达。

资料来源：巫文胜，郭斯萍，郭薇. 2007. 青少年发展过程中的情绪调节能力. 江西教育科研，(5)：22～24

二、意志活动的发展

（一）意志品质的发展

童年期儿童进入学校学习，这对他们的意志提出了更高的要求，同时也提供了培养儿童意志品质的环境。小学儿童的自觉性品质不断发展，但总体上仍然十分低下，容易被他人的意见所影响；小学儿童的果断性品质在三年级后发展到一个高峰，之后呈下降趋势，六年级时又快速上升；小学儿童的自制性发展相对缓慢，抗外部干扰能力的发展快于抗内部干扰能力的发展；在坚持性方面，低年级学生有一定的坚持能力，但遇到困难容易放弃，而高年级学生能坚持较长的时间。

进入中学后，随着个体思维的发展、教育水平的提高以及阅历的丰富，青少年的意志进一步发展，他们对行为的控制具有更高的主动性。在自觉性方面，他们比小学儿童更能认识到自己行动的目的，并且所设目标的深刻程度和长远程度都在不断增加，例如，初中学生可能只考虑自己下一次期末考试要达到什么目标，而高中时他们已可以为自己远大的理想而克服困难、废寝忘食地学习。在果断性方面，由于认知能力的提高，对于一些不太复杂的问题，青少年能够较为准确地进行分析并迅速做出决定，但是与此同时，受到知识和阅历的限制，在面对复杂问题时，青少年还是存在着犹豫不决或是过于冒失的反应。在自制性方面，青少年较之小学儿童有了长足的发展，尤其是进入高中之后，对自己行为的控制能力大大提高，内部控制的力量超过了外部控制的力量。在坚持性方面，青少年也比小学生有了很大的进步，他们更能有始有终、坚持不懈地完成自己的任务，需要指出的是，青少年在坚持性方面还是存在很大的个体差异的。

信息栏 7-9　夏令营中的较量

2004 年 8 月 12 日至 17 日，由中国、韩国、日本三国 90 名青少年组成的国际草原探险夏令营活动在内蒙古自治区科尔沁右翼中旗进行。其间，中国孩子的表现令人失望。

30 名来自我国北京、呼和浩特市和当地的蒙古族少年，30 名韩国青少年，30 名日本青少年，他们共同参加了草原探险，队员中最大的 19 岁，最小的只有 12 岁。科尔沁右翼中旗宣传部长白国才告诉记者，在为期 5 天的夏令营中，主办方精心设计了由科尔沁国家级自然保护区步行到内蒙古五角枫自然保护区和翰嘎利湖的活动，平均每天步行 30km，全部是野外宿营。

正值当地遭受罕见的高温天气，整个行程十分艰苦。日本少年个个身背巨大的行囊，显然此前已经做足了准备，把野外生存条件的艰难想到了极尽，当地随行的人员看到日本少年瘦小的身体却背着与其不相称的包裹，想要帮忙，立即遭到严词拒绝，日本少年觉得受到了侮辱。同行的中国孩子却叫苦不迭，队伍中的手机铃声不断，全部都是中国孩子在向家长诉苦。活动结束时，日本、韩国的孩子对当地独特的蒙古族文化、丰富的旅游资源大加赞赏，他们说："头一次感觉到大地有这么大，原来只知道书本上说地球很大。"中国的孩子却不以为然，只盼望着早点回家。

早在1992年8月，77名日本孩子与30名中国孩子曾经在内蒙古共同参加了一个草原探险夏令营。活动中充分暴露出中国孩子在生存能力方面和教育方面的诸多问题，这些问题在国内曾一度引起强烈反响，有识之士痛感于中国学生身上的诸多弱点以及中国青少年教育在培养目标与培养方式上的种种问题，曾发出过"救救教育"、"救救孩子"的大声疾呼。然而令人遗憾的是，时至今日，12 年过去了，我们的教育现状并未发生脱胎换骨、今非昔比的根本改观。

资料来源：http：//view.news.qq.com/a/20040820/000001.htm

（二）意志品质的培养

意志对于个体而言，无论是在日常的衣食住行方面，还是在成就某项远大事业方面，都具有十分重要的意义，因此如何培养儿童良好的意志品质，是心理学和教育学工作者共同关注的问题。

一般而言，培养青少年良好的意志品质可以从以下几方面入手。

1. 加强目的性教育 意志作为一种心理过程，是与个体的行动目标密切联系的。一些青少年意志力薄弱，其原因往往是他们缺乏积极而长远的目标，主要表现在：有的青少年没有认真思考过生活的价值和意义，对于自己当前的生活和未来的前途感到迷茫；有的青少年为自己设立了奋斗的目标，但受到知识经验和思维发展的限制，目标过于空洞和虚幻，无法起到激励生活的作用；还有的青少年没有形成正确的价值观和人生观，导致目标消极，如"不劳而获才是人生最舒服的事情"，这也对良好意志品质的形成起到了阻碍作用。

对青少年进行目的性教育，首先应尽量消除社会各种不良风气的影响，通过各种渠道帮助他们形成正确的人生观和价值观。其次，帮助他们认识到远大理想和目标对一个人生活的重大价值，正如马克思曾经说过的"伟大的目标，产生伟大的动力"，鼓励青少年积极立志。再次，帮助青少年树立既远大又符合自身条件的、可操作性较强的目标，例如，帮助他们认识自己的能力和人格特征，引导他们探索周边环境的支持性条件和不利因素等。

2. 创造机会磨炼青少年的意志 随着我国经济的迅猛发展，当代青少年的生活越来越富足，在物质需求方面很少会遇到挫折；计划生育的实行使得当前的青少年成为每个家庭备受关注与呵护的中心人物，许多父母对自己的孩子百依百顺，这又使得青少年在精神方面也很少遇到挫折。而意志是在面对挫折、克服困难的过程中才能得以表现和提高的，这就为教育者提出了一个要求：为青少年创造磨炼他们意志的机会。

在日常生活和学习中磨炼青少年的意志，具体的实施方法有很多，如以下这几种做法：①要求青少年从身边的小事做起以磨炼意志，如要求他们坚持及时独立地完成各种作业、坚持参加兴趣小组活动、坚持为集体做好事、坚持写日记等；②让青少年参加一些难度适宜的体力劳动和活动，以“劳其筋骨”的方式让青少年应对困难；③对于青少年不合理的请求，坚决予以拒绝，如有的青少年家境一般却崇尚名牌服饰，家长应当拒绝，避免对青少年的溺爱和纵容；④在生活和学习中，教育者可以与青少年共同协商制订规章制度，一旦生效，应坚决执行，不能半途而废。

3. 帮助青少年进行自我锻炼 要培养青少年良好的意志品质，仅仅依靠教育者的外部努力是远远不够的，必须有青少年自身的参与。这就要求教育者帮助青少年真正认识到良好意志品质对一个人的重要性，认识到进行意志的自我锻炼的重要性，在此基础之上再引导青少年有意识地对自己的意志进行自我锻炼。

由于个体差异的存在，青少年在进行意志的自我锻炼时，应针对自己的实际情况灵活对待。例如，遇事优柔寡断的青少年在生活中应锻炼自己当断则断的意识和能力；而太过冒失的青少年应加强对自己行为的有意识的监控和抑制。

4. 传授具体的方法与策略 要帮助青少年培养良好的意志品质，仅仅采用上述的几种途径还是不够充分的，因为很多时候青少年虽然明白了意志的重要性，并尝试进行自我锻炼，但仍苦于在面对目标时不知如何下手。这时便需要教育者给青少年传授具体可用的方法与策略。

信息栏 7-10 儿童意志教育的目标、内容及要求

阶段	目标	内容	要求
幼儿	启发幼儿自己提出合理的行动目的，从小培养幼儿的自我调节能力和不怕困难的精神	（1）培养幼儿自己提出行动目的，选择行动方法，并注意幼儿行动目的的合理性和是否符合道德要求（独立性）	（1）在游戏、绘画、小制作中幼儿自己确定主题，选择行动方法 （2）在家提出的要求要合理 （3）有一般的卫生常识和自我服务的意识，学会基本自理的活动，如刷牙、洗手绢、穿脱衣服等 （4）鼓励为他人着想的利他动机
		（2）培养幼儿为完成某一目标克服困难、努力坚持的品质（坚持性）	（1）坚持上早操，守纪律 （2）做好值日生 （3）完成教师布置的作业（小达标、小制作）
		（3）培养幼儿抗拒诱惑，延迟满足欲望（自制性）	（1）不乱花零钱，不乱要东西 （2）不乱发脾气，不任性
		（4）培养幼儿有主见、爱动脑筋的品质（果断性）	（1）听教师、家长有益的劝告 （2）与小朋友有了问题，争取自己想办法解决
小学	有正确目的，做事果断，有毅力、有信心战胜困难，坚持完成	低年级： （1）做事有耐心，有始有终 （2）学会控制自己的情绪，勇敢，不怕困难	（1）与同学团结友爱，对人有礼貌，不争吵，不打架，不任性 （2）认真听课，预习复习，独立按时完成作业，培养良好的学习习惯 （3）遵守纪律，不迟到，不早退，不随便缺勤 （4）勇敢，不怕困难，积极参加体育活动 （5）热爱劳动，坚持自己能做的事自己做

续表

阶段	目标	内容	要求
小学	有正确目的，做事果断，有毅力、有信心战胜困难，坚持完成	中年级： （1）做事情有恒心，不半途而废 （2）遇事学会有主见，能约束自己	（1）关心集体，自觉遵守纪律，积极参加社会活动 （2）刻苦学习，积极思维，大胆发言，独立完成作业，培养良好的学习习惯 （3）积极参加体育锻炼，上好体育课，达到体育锻炼标准 （4）做事有主见，勇于克服困难，有错误勇于承认并改正 （5）积极参加学校和社会公益劳动，学做家务活，不怕脏和累
		高年级： （1）做事情果断有毅力，有明确目的，并坚持为实现目的而努力按计划完成 （2）遇到困难有信心，经得起胜利和失败的考验，学会控制自己的情绪	（1）热爱集体，助人为乐，积极参加集体活动 （2）刻苦学习，积极思维，勇于发表个人意见，养成良好的学习习惯 （3）自觉做到遵纪守法，学会约束自己 （4）勇敢正直，有主见，经得起失败和胜利的考验，学会控制自己的情绪 （5）自觉参加学校和社会公益劳动，会做家务活 （6）积极参加体育活动，上好体育课，达到体育锻炼标准，争创良好成绩
中学	有理想，自信自强，做事有恒心，有主见，勇敢顽强	（1）爱国爱民，立志成材，做四有新人 （2）积极向上，乐观自信，不怕困难，坚韧不拔	（1）刻苦认真，勤奋学习，不断提高学习成绩，争取优秀 （2）自觉遵守公共秩序，克制自己，不违章违纪 （3）坚持锻炼，勇敢顽强，争取达标，创体育好成绩 （4）热爱劳动，不怕苦累，养成良好劳动习惯 （5）朝气蓬勃，精力充沛，积极向上，有自尊心、进取心、独立性、创造性

资料来源：李树义. 1995. 儿童少年意志教育的内容、方法和途径. 教育科学研究，(5)：42～43

三、自我意识的发展

青少年期是自我意识发生突变的时期，婴儿期所产生的自我萌芽在这一时期得到前所未有的发展，因而这一时期也被称为“自我的第二次诞生”、“自我发现”的时期。之所以会出现这种情况，可以从生理、心理、社会三方面来解释。首先，身高、体重的增长和性功能的成熟使青少年的成人感增强；其次，随着反省思维能力的提高，青少年具备了更好地认识自己的条件；再次，社会对青少年提出了比童年期更加成人化的要求，他们面临更多需要自己抉择的社会问题。在这些因素的影响下，青少年的自我意识发生了巨大的变化。

程乐华等以514名初一至高二的学生为被试者，对青少年的自我意识进行了研究。结果表明，青少年自我意识的发展具有以下特点：①不论是一般的自尊情感、特殊指向的自我意识，还是独立意识，都随年级的升高而逐渐深化和稳定。初一、初二的发展较平缓，初二到高一是自我意识迅速发展的时期，高一、高二是趋于稳定的时期。②青少年自我意识的指向逐渐由生理转向内在心理品质和社会交往，并在自我评价的基础上产生了更为高级的情感体验和自我接纳。③一般的自尊情感与特殊指向的自我意识的发展存在差异，青少年特殊指向的自我意识易受情境的影响。

一般而言，少年期是儿童自我意识高涨并迅猛发展的时期，青年初期的自我意识继续发展，但相对于少年期趋于平稳、趋向成熟。

（一）自我发展的一般特征

1. 少年期自我意识的发展　1～3 岁是个体自我意识发展的第一个飞跃期，这一阶段儿童开始区分出自己与他人的不同，开始会使用代词“我”来标志自己。而少年期则是继此之后自我意识快速发展的第二个飞跃期。此时的个体由于生理的巨大变化、认知能力的提高，使得他们将注意力从外界转向自己，开始关心一系列有关“我”的问题，如“我是个什么样的人？”、“别人是怎么看待我的？”等。这种自我意识的高涨，使得他们比以往更加容易沉浸于个人世界，他们开始用日记来记录自己内心的思想和情感，而这正是他们希望了解自己、分析自己的体现。

朱智贤认为少年自我意识发展的一般特点主要表现在以下几方面。

（1）对人的内部世界、内心品质发生了兴趣，开始要求了解别人和自己的个性特点，了解自己的体验和评价自己。

（2）能更自觉地评价别人和自己的个性品质，最初是学会评价别人的个性品质，以后才逐步学会评价自己的个性品质，并且这种评价能力是逐步完善起来的。

（3）少年评价别人和自己的品质的能力同青年或成年人比较起来，还是不高的，有一定的差距，而且是不稳定的。具体表现在：①少年对别人的评价或自我评价常常是不客观的，而且评价别人时比较清楚，评价自己时比较模糊；②少年对别人的评价或自我评价常常是不全面的，或者只看到一点缺点，就抹煞全部优点，或者是只看到一点优点，就忘掉主要缺点；③少年对别人的评价或自我评价常常是不稳定的，有时过分夸大自己的能力，觉得自己了不起，有时又过分低估自己，显得非常消沉。

少年对自我世界的关注常使得他们对外部世界不屑一顾，这就会导致他们个性上的主观偏执性。一方面，他们总是认为自己是正确的，听不进别人的建议和劝告；另一方面，他们十分敏感，总觉得别人在以挑剔的眼光看待他们。少年这种突然高涨的自我意识，使个性出现了暂时的不平衡性，因而少年普遍存在着反抗心理和各种情绪上的矛盾。

2. 青年初期自我意识的发展　祝蓓里将青年期自我意识的发展特点归结为以下几方面。

（1）自我意识中独立意向的发展。他们已能完全意识到自己是一个独立的个体，因此要求独立的愿望日趋强烈，但是，这种独立性要求是建立在与成人和睦相处基础上的，与初中时期的反抗性特点有所区别。多数青年基本上能与父母或其他成人保持一种肯定的、尊重的关系，反抗性成分逐渐减少。

（2）自我意识成分的分化。青年在心理上把自我分成了“理想的自我”和“现实的自我”两个部分。正是由于这种分化，才形成了他们思维或行为上的主体性，产生了按照自己的想法去判断和控制自己言行的要求和体验，同时也出现了自我矛盾。

（3）强烈地关心着自己的个性成长。青年十分关心自己个性特点方面的优缺点，在对人对己进行评价时，也将个性是否完善放在首要位置。

（4）自我评价的成熟。青年能独立地评价自己的内心品质、行为的动机及效果的一致性等，其自我评价在一定程度上达到了主客观的辩证统一。

（5）有较强的自尊心。青年在其言行受到肯定和赞赏时，会产生强烈的满足感；反之，易产生强烈的挫折感。

（6）道德意识的高度发展。青少年所掌握的道德准则不仅在数量上增加，而且越来越深刻。在道德情感中直觉式的情感减少，伦理道德式的情感体验开始占优势。道德理想更为现实，道德意识在道德行为中的作用日益加强。

（二）自我发展的特殊表现

1. 反抗心理的出现　反抗心理是当个体自觉或不自觉地感受到某些方面享有的自由被剥夺时，自身激发的一种抗拒心理，其目的是表现个性，突出自我。个体发展过程中存在着两个反抗期，第一反抗期是3～4岁的时候，这一阶段的儿童主要反抗的是成人对自己身体活动的约束。第二反抗期就是少年期，这时儿童反抗的是有关心理方面的内容，何林渥斯（L. Hollingworth）称其为“心理断乳期”。

少年产生反抗心理，主要有三方面的原因。一是自我意识的高涨，使他们有强烈的维护自尊的愿望，通过反抗行为以获得他人的重视；二是神经中枢系统的兴奋性过强，细微的刺激也会引发较大的反应；三是独立性的增强，使得少年希望能够不受外人干涉，以成熟个体的方式自己去行事。

少年反抗心理的表现有两种不同的类型。一种是激烈、外显的表现，即对他人的言语和行为进行直接和粗暴的反抗，且听不进任何劝阻，具有突发性，来势凶猛。另一种是冷漠、内隐的表现，虽然与他人不发生激烈的直接冲突，但并不意味着听从他人的意见，他们对不满的言行似乎置若罔闻，但内心压力很大，充满痛苦，并可能将其内化为不良的心境，难以转移。

2. 自我同一性的发展　所谓自我同一性，是一种关于自己是谁，在社会上应占什么样的地位，将来准备成为什么样的人以及怎样努力成为理想中的人等一连串的感觉。简言之，自我同一性的形成就是要能够回答“我是谁？”、“我认为世界上什么东西是最有价值的？”、“在人生中我努力追求的目标是什么？”等一系列涉及理想、价值观等与自己未来社会角色定位相关的问题，因而对个体的发展具有重大意义。

一位15岁的女孩曾经这样描述自己：我究竟是什么样的人？这个问题太复杂了！有时我会很敏感、很友善、很开朗、很讨人喜欢、很有忍耐力，可有时我又会表现出害羞、自惭，甚至令人生厌。我是一个很有责任心的人，有时甚至做事过于认真，但偶尔我也会马虎偷懒，否则大家会因为你过于认真而不太喜欢你。我是乐天派，和朋友在一起的时候我可能闹得很疯。而在家与父母在一起的时候我可能变得有些焦虑，我常会为想办法获得更高的分数而感到内心焦虑，因为父母时刻关注着我的一言一行。然而我真的不明白我怎么会变得如此喜怒无常。哪一个才是真实的我？可能是与好朋友在一起时的我才是真实的我，而在父母面前的我并不是真实的我。令人可怕的还有，我不知道长大后我要干什么。或许会有那么一天，我不再会为这些问题而苦恼。

美国心理学家艾里克森在个体心理发展的八阶段理论中指出，青少年期重要的发展课题就是自我同一性的形成和防止自我同一性扩散。

一般来说，同一性可以从三个层面上来理解：第一，同一性是指在过去、现在和将来，对

“自己是谁”、“自己还是原来的自己”、“自己自身是同一实体的存在”等问题的主观感觉或意识。它重视主观的意识体验，强调的是内外部的整合及自身内在的不变性和连续性。第二，同一性意味着以社会性的存在确立的自我，也就是说被社会认可的自己所确立的自我形象。例如，“我是中国人”、“我是学生”等。第三，同一性是一种“感觉”。如“感觉到身体很舒适”、“清楚自己在干什么”等。当这三种自我同一性的意识在自己心中确实产生的时候，我们称之为自我同一性的形成或确立。

同一性并不是在青少年期才出现的，个体在儿童期已形成了各种同一性。但在青春期，由于生理、认知、社会因素的诸多变化，儿童对原来已经形成的自我同一性产生了疑虑，这便形成了同一性危机。

马西亚（J.E.Marcia）认为，个体在解决同一性危机的过程中，可能会出现以下四种同一性状态（或同一性地位）：同一性形成、同一性早期完成（也译作同一性拒斥、同一性早闭）、同一性延缓以及同一性扩散（也译作同一性混乱）。详细的内容见表 7-3。

表 7-3　同一性地位（Marcia，1964）

同一性地位		危机	自我投入
同一性形成（identity achiever）		既已体验	积极地自我投入
积极地延缓（moratorium）		现在，正处于体验之中	相当暧昧，或有积极地自我投入的倾向
早期完成（foreclosure）		没有体验过	投入，但非自觉
同一性扩散（identity diffusion）	危机前扩散（pre-crisis diffusion）	没有体验过	没有自我投入
	危机后扩散（post-crisis diffusion）	既已体验	没有自我投入

同一性形成是个体通过自己的积极探索，考虑了各种实际选项，形成了自己对价值观和人生目标的选择。

同一性早期完成是一种盲目的认同，个体过早地、匆匆地就形成了自己的价值观和人生目标，没有考虑各种选择的可能，就停止了同一性的探求。同一性早期完成的青少年往往缺乏主见，遵从他人的目标、价值观和生活方式。这里的他人往往是父母、教师或其他权威人物。

同一性延缓是个体还处于对自我同一性的探索阶段，正在积极地搜集各种信息、比较各种可能性，渴望发现适合自己的价值观和人生目标。这种状态是一种积极的状态，因为在当今的复杂社会，对大多数人来说，自我同一性的达成是一个缓慢的探索过程，而不是外在的急剧变化，因而延期选择是正常的，也是积极而健康的。

同一性扩散是个体不知道自己是谁，不知道想做什么，没有明确的发展方向。他们无法成功地做出选择，或者逃避思考问题。

根据艾里克森的理论，同一性形成和同一性延缓都是健康有益的。许多青少年在最初的时候处于同一性早期完成或同一性扩散的状态，随着认知的成熟，逐渐进入同一性形成或同一性延缓，表现出一定的年龄发展趋势。

王树青等采用问卷法对我国青少年的同一性状态进行了调查，结果发现，青少年的自我同一性状态存在前进的发展趋势，即从初中到高中，处于同一性获得状态的人数增多，而早闭状态的人数减少，但在高中和大学两个阶段之间并未发现明显差异，而且初中和高中阶段四种同一性状态的人数分布均不存在性别差异。详细结果见表 7-4。

表 7-4　初中、高中和大学男女生在四种同一性状态上的人数分布

		同一性获得	同一性延缓	同一性早闭	同一性扩散	合计
M		7.16	6.77	5.09	6.32	
SD		1.14	1.33	1.43	1.24	
初中	男	4	114	32	28	178
	女	11	121	33	23	188
	合计	15	235	65	51	366
		4.1%	64.2%	17.8%	13.9%	100%
高中	男	18	84	12	9	123
	女	11	102	22	10	145
	合计	29	186	34	19	268
		10.8%	69.4%	12.7%	7.1%	100%
大学	男	29	150	30	20	229
	女	25	250	49	40	364
	合计	54	400	79	60	593
		9.1%	67.5%	13.3%	10.1%	100%

四、青少年道德的发展

（一）科尔伯格的道德发展阶段论

美国心理学家科尔伯格（Lawrence Kohlberg）继承了皮亚杰的道德认知研究路线，把儿童的道德发展看作是整个认知发展的一部分，认为儿童的道德成熟过程就是道德认知的发展过程。他把道德发展的研究扩展到成年人，提出了道德发展的三个水平六个阶段的理论。

科尔伯格的研究方法是通过与儿童和青少年的个别访谈，向他们提出一系列的道德两难问题，让他们做出判断，并说明自己的理由。其中最为著名的道德两难材料是海因茨偷药的故事：

“在欧洲，一名妇女得了一种特殊的癌症，快要死了。医生说只有一种药或许能挽救她的生命。这种药就是本城药剂师最近刚发现的一种镭制剂。每一剂药的成本是 200 元，药剂师却要价 2000 元。患病妇女的丈夫名叫海因茨，他找到他所认识的每一个人去借钱并尝试了每一种合法的手段，但最终也只筹到 1000 元，仅够药价的一半。他告诉药剂师他的妻子快死了，求药剂师将药便宜些卖给他或者让他以后再付钱。但是药剂师说：‘不行，我发明这种药就是要用它赚钱。’在走投无路的情况下，海因茨感到绝望并考虑砸开药店为他妻子偷药，挽救妻子的生命。”

讲完故事后要求被试者回答一系列的问题，如“海因茨究竟应不应该这样做？为什么？法官该不该判他的刑？为什么？”。科尔伯格真正关心的不是儿童所给出的答案是“是”还是“否”，他所关心的是儿童回答中的推理，是为答案提供的理由背后所隐含的内在认知结构。

根据横向研究中不同年龄儿童对这些两难问题的回答，科尔伯格把儿童道德的发展划分为三个水平六个阶段，详细的内容见表 7-5。

表 7-5 科尔伯格的道德发展阶段

判断的基础	发展阶段	阶段的特征
前习俗 道德标准存在于外部的、近似于物理事件中，存在于不好的行为中，或出于近似于生理要求而不是人或准则的要求	阶段 1	服从和惩罚定向：以自我为中心，为逃避惩罚而服从高一级的力量或权威。相信客观的责任，行动是否道德依据它对身体的后果来确定
	阶段 2	朴素的自我中心定向：正确的行为是可工具性地满足自己的需要（偶尔可满足他人的需要）的；意识到价值是相对于每一个人的需要和观点而言的：朴素的平等主义和交换互惠定向
习俗 道德标准存在于扮演好的或正确的角色中，在于遵从传统秩序和满足他人的期望	阶段 3	赞许、使人高兴和助人定向：与大多数人的刻板印象或自然角色行为一致，按意图进行判断
	阶段 4	权威性与维持社会秩序的道德定向：完成自己的责任、尊重权威、保持既定的社会秩序定向、尊重他人的既得期望
后习俗 道德来自于普遍适用的原则	阶段 5	契约-尊重法律定向：认识到为维护一致而制定的规则可能是武断的、非理性的；根据契约确定义务，避免侵犯他人的意志或权利，避免侵犯大多数人的意志和福利
	阶段 6	良心或原则定向：不但是对规定的社会规则而且对适于普遍逻辑和良心的选择原则；连同互相尊重和信任，良心是一个直接的媒介

科尔伯格提出的这一道德发展阶段理论，对后人的研究产生了广泛的影响，其重要性是不可忽视的。但同时他的理论也引起了很大的争议。例如，关于道德阶段的普遍性问题方面，科尔伯格认为，他得到的发展阶段代表了各种文化背景下普遍的道德等级状态，但是有研究者认为任何道德都与社会文化有关，不同时代具有不同的道德准则。再如，科尔伯格研究中所采用的被试都是男性，这种建立在男性被试研究结果基础上的理论，是否能够客观而全面地体现出不同性别个体的共同特征，也是有待商榷的问题。此外，在科尔伯格所提出的六个道德发展阶段中，阶段一至阶段四的存在和顺序得到了后续研究的证实，但却很少有切实的证据证明阶段五处于阶段六之前，也很少有研究发现有人能够达到阶段六。

信息栏 7-11 青少年法律意识的发展

张积家和王惠萍（1996）运用类似于科尔伯格的两难故事法，研究了青少年法律意识的发展。法律意识是人们对社会法律秩序的认识态度、评价和控制能力的总称。研究表明，小学五年级学生的法律意识还很不成熟，到了高二则比较成熟了，发展的转折期在初二。青少年法律意识的发展可以分为两个阶段：

（1）道德-情感定向阶段：小学儿童属于这一阶段。儿童只有少量的、不系统的、朦胧的法律知识，法制观念还很模糊，法律判断还显得很幼稚和肤浅。他们不能全面地考虑犯罪情境、犯罪动机、犯罪行为和犯罪后果等诸方面的因素及其相互关系，法律判断受道德观念的影响很大，受个人的情感和好恶影响也很大。他们往往以道德代替法律，以感情代替公正，认为不道德的就是违法的。例如，当受害者是坏人时，他们便判断杀人者无罪；认为私生子没有继承权。他们过分强调行为的动机，对行为的后果考虑不够。

（2）法律-理智定向阶段：高二以上的青年属于这一阶段。这一阶段的青年已经对法律知识有了较多的了解，能理解权利与义务等道德与法律方面的抽象概念，法律意识已经基本形成。他们能够全面地考察动机与行为、行为与后果的关系，思维较少受情绪和主观好恶的影响，能理智地看待法律方面的问题。这一阶段的青年能够较为明确地区分道德与法律，能够认识到某些行为虽然是不道德的，却并不违法。这一时期的青年能够明确地意识到，坏人亦有他的权利，法律面前人人平等。这种观念的形成，是个体法律意识成熟的标志。

资料来源：张积家，王惠萍. 1996. 青少年法律意识发展的研究. 心理科学，(4)：237～239

（二）青少年道德品质的发展特点

林崇德对我国青少年道德品质的发展特点做了如下总结。

（1）青少年属于伦理道德形成的时期。青少年个体的伦理道德行为是一种以自律为形式、遵守道德准则并运用原则、信念来调节行为的道德品质。这种品德具有六方面的特征：①青少年能独立、自觉地按照道德准则来调节自己的行为；②中学阶段是道德信念和理想形成并开始用道德信念和理想指导自己行动的时期，这一时期的道德信念和理想在青少年个体的道德动机中占有重要地位；③青少年品德心理中的自我意识日益明显化；④青少年道德行为习惯逐步巩固；⑤青少年的品德发展和世界观的形成是一致的；⑥青少年品德结构的组织形式日益完善化。青少年一旦进入了伦理道德阶段，他们的道德动机和道德心理特征在其组织形式或进程中，逐渐形成一个较为完善的动态结构。

（2）青少年的品德处于动荡性向成熟性过渡的阶段。总体上看，少年期的品德虽然具备了伦理道德的特征，但仍旧是不成熟、不稳定的，具有较大的动荡性。青年初期是品德逐步趋向成熟的阶段，这一时期的品德发展进入了以自律为形式、遵守道德准则、运用信念来调节行为的品德成熟阶段。

（3）初中二年级是中学阶段品德发展的关键期，初中升高中时开始向成熟转化。

（三）青少年的反社会行为

反社会行为是指违反道德规范和社会准则的行为，它既涵盖一般性偏差行为、轻微违法行为，也涵盖着严重违法行为和犯罪行为。

近些年，有关青少年反社会行为的报道层出不穷，其中青少年犯罪率的增加和犯罪的低龄化问题，越来越受到人们的关注。据我国媒体报道，有关统计数字显示：我国 1997 年登记在册的 52 万名吸毒者中，大约 85%在 35 岁以下，而 25 岁以下的吸毒人数占到 60%左右；而国外的一项调查显示，美国社会中童年期儿童的犯罪率很低，进入青少年期后剧增，13～14 岁犯罪率最高，青少年中期和后期仍维持很高的犯罪率，进入成年期后犯罪率逐渐降低。

青少年犯罪与青少年时期固有的生理和心理特点密切相关。一方面，青少年的生理突飞猛进地发育、社会责任逐渐增多、需解决的人生重要事件纷至沓来，另一方面，青少年的心理还处于从不成熟到成熟的过渡时期，这使得他们面临着许多身心矛盾和心理冲突，这些矛盾和冲突极有可能成为青少年犯罪的动因。此外，青少年的价值观还未完全定型，认知也不成熟，较易受到不良行为的消极影响，进而出现犯罪行为。

青少年的高犯罪率是否意味着现代青少年在发展过程中出现了比以往更加严重的问题呢？美国学者莫菲特（Moffitt）认为，青少年的反社会行为可以划分为限于青少年期型和持续终生型两类。前者一般在青少年期大量出现，并随着个体的成年而逐渐减少直至消失；后者在儿童期、青少年期都有所表现，但并不随年龄增大逐渐减少，更有可能在成年后演变为持续的、稳定的反社会行为模式。因此，当青少年出现反社会行为时，教育者应认真分析其行为背后的原因，分辨这种行为的性质，对于限于青少年期型的反社会行为，教育者可以从发展的角度，将其看作是青少年发展过程中的一种阶段性问题，以适当宽容的态度加以正确引导。

五、人际关系的发展

相对于童年期儿童，青少年人际交往的范围增大，交往的内容也更为复杂，在一定程度上表现出自我中心性的特点。

“自我中心”现象是由皮亚杰最先发现和提出的，它是皮亚杰描述幼儿认知领域中一种独特思维方式的术语；少年的自我中心性与原意不同，它是以人际关注和社会性关注为焦点，把自己作为人际关注和社会性关注的中心，认为自己的关注就是他人的关注。少年的这一自我中心性表现可以用“独特自我”与“假想观众”两个概念进行表征。独特自我是一种个人的虚构，是以个人的意愿作为独立推理体系的模式。少年期儿童倾向于将自我的情绪、情感体验扩大化、绝对化，从而将主观和现实统一于自我，而不理解他人为什么与自己的感受和观点不同。假想观众是在心理上“制造”想象中的观众。少年期儿童关注自己，同时以为别人也都在关注他，因而当他们自我欣赏时便以为别人也都在欣赏他，当自感不足时便以为别人也都对他无好感。

沃建中等以 11 743 名初一到高三的中学生为被试者，从异性关系、同性关系、父母关系、教师关系、陌生人关系五个方面对中学生的人际关系状况和发展特点进行了调查。结果表明：①中学生的人际交往水平从初一到初二明显下降，初三时有大幅度攀升，高中阶段保持在一个较高的水平上。女生的人际交往水平高于男生。②中学生与同伴交往水平较高，与异性同伴的关系要好于与同性同伴的关系；中学生与成人交往水平较低，与陌生成人的关系要好于与父母和教师的关系。③从初二到初三，女生与异性同伴的交往水平迅速提高，初三后保持稳定；从初二到高一，男生与异性同伴的交往水平迅速提高，高二后保持稳定；从初三到高一，中学生与同性伙伴的交往水平明显提升。④从初一到初二，中学生与父母和教师的交往水平显著下降，高中生与父母的关系有所改善，但与教师的关系一直处于较低的水平上。随着年龄的增长，男生与陌生人的交往水平逐渐提高，女生与陌生人的交往发展波动较大，初三和高三水平较高，初二和高一水平较低。

1. 亲子关系　伴随着生理、心理等方面发生的巨大变化，青少年的亲子关系表现出了与小学时期不同的发展特点。青少年与父母的关系，可以从亲子冲突和亲子亲和两个相对独立的维度来考察。

关于青少年与父母冲突的特点，方晓义等用问卷法对 829 名中学生与父亲和母亲在八个方面冲突的频率和强度、冲突的形式、冲突的应对策略进行了调查。结果发现：①青少年与父母的冲突处于较低水平，发生冲突最多和最激烈的三个方面依次为学业、日常生活安排和做家务，而发生冲突最少和最弱的是隐私；言语冲突和情绪冲突是青少年与父母冲突的主要形式；在与父母发生冲突时，青少年使用最多的策略是回避，使用最少的策略是第三方干预。②除家庭成员关系外，青少年与母亲发生冲突的频率和强度均显著高于与父亲发生冲突的频率和强度。③女生与母亲在做家务方面的冲突频率和强度显著高于男生，而男生与父亲在花钱方面的冲突频率显著多于女生；男生与父母的身体冲突显著多于女生，而女生与父母的情绪冲突显著多于男生；在应对策略的使用上，男生使用第三方干预策略的情况显著多于女生。④随着年级的升高，青少年与父母冲突的频率和强度呈倒 U 形曲线发展，初二年级处于顶峰；青少年使用协商、回避和干预策略的情况呈现显著下降的趋势。

王美萍等既考察了青少年的亲子冲突状况，也考察了青少年的亲子亲和状况。他们使用问卷法对 684 名初一、初三和高二的学生进行了调查。结果发现，从初一至初三，青少年与母亲的冲突次数和强度大致呈上升趋势，初三后又略呈下降趋势；相对于冲突，母子亲合变化较为缓慢，虽然总体呈下降趋势，但各年级之间并无显著差异；青少年与父亲的冲突及亲合发展均较稳定；女生与父母的关系比男生更亲密、更和谐；男生与父母双方保持着同等程度的亲密关系，而女生感觉与母亲更亲密、更和谐。

总体来说，青少年与父母的亲密程度状况是：从初一到初二不断下降，高中时又有所改善。初中时，青少年正处于"第二反抗期"，不愿再像以前那样"孩子气"式地一切听从父母的安排，希望自己的事情能够自己做主。与青少年高涨的自主意识相矛盾的是，父母们未能以同样快的速度满足青少年的这一要求，而是依旧沿袭着小学时期对待孩子的方式，这就导致亲子关系不断下降。随着年龄的增长，青少年的心理不断成熟，他们能够较为辩证、全面地对待父母的关爱方式，与此同时父母也逐渐开始以对待成人的方式对待不断长大的子女，因而亲子关系在高中时期得以改善。

2. 同伴关系　对于青少年而言，同伴关系有着极其重要的作用。一方面，青少年在与同伴的交往中，在同龄人的身上看到自己发展变化的影子，他们可以通过与同伴的沟通和交流，分享和解决身心发展过程中遇到的各种问题，从而帮助他们缓解青春期的焦虑，发展自我同一性；另一方面，青少年可以从同伴身上学到各种知识和经验，在同伴交往过程中提高自己的人际交往能力，从而发展自己的社会适应性。

相对于童年期而言，青少年在生活的各个领域中与同伴交往的时间均明显增加，而与长辈、老师的交往时间则随年龄的增长逐渐减少；交往的内容也不再是简单地一同玩耍，而是变得越来越复杂、丰富。这时青少年与同伴的交往有了较强的自主性，不再过多受到成人的监控，而是可以更加自由地选择交往对象与交往内容。另外，青少年与异性同伴的接触也逐渐增加，童年期"性别对立"的现象逐渐消失。

青少年期的友谊也发生了变化。青少年初期个体对友谊的理解还是比较肤浅的，他们注重表面现象，注重共同的活动而非彼此内心感情和观念的交流，对他们而言友谊的中心任务是"彼此要好、互相帮助"。到了中期，友谊便不再意味着活动的共性，而是强调双方相互影响的感情上的依赖，友谊的主题是彼此的理解和亲密的情感支持，青少年尤其注重朋友的忠诚、可信赖和尊重。更年长一些的青少年虽然仍强调信任和忠诚，但他们普遍认为朋友之间需要相互的理解和支持，对朋友的要求已经涉及彼此在深层次个性心理特征上的一致性，由此产生了真正的"互惠"意识——思想、情感甚至是人格的共享。

王英春等对初中生友谊认知的类型、友谊的发展特点进行了研究。主要结果有：①初中生的友谊认知包含关心与帮助、重情轻利、信任与尊重、兴趣相投四个维度；②初中生的友谊认知可以划分为重情感-重兴趣、重情感-轻兴趣、情感淡漠-轻兴趣三种类型；③初一学生在关心与帮助、信任与尊重上的得分显著高于初二学生，女生在关心与帮助、重情轻利、信任与尊重维度上的得分均显著高于男生。

3. 师生关系 小学低年级儿童对老师十分崇敬和服从，随着年级的增高，师生关系的地位在不断地下降。进入青少年期后，由于自我意识和独立性的增强，青少年对教师的看法也变得越来越客观和成熟，师生关系在人际关系中的地位进一步下降。

宋德如等的研究显示，师生关系的亲密性主要是在小学高年级和初中阶段，随年级升高而下降的趋势非常明显，基本上呈直线下降；在师生关系的主动性方面，中学女生随年级升高下降缓慢，男生随年级升高下降较快；在师生关系的合作性方面，女生呈缓慢下降趋势，男生呈波浪型发展变化，女生的合作性得分明显高于男生。

【要点小结】

（1）青少年期指的是 11、12 岁至 17、18 岁的儿童，青少年期是个体从童年期向成人期、从不成熟向成熟发展的过渡时期，可以进一步分为两个子阶段：少年期（11、12 岁至 14、15 岁）也被称作青春期，相当于初中阶段；青年初期（15、16 岁至 17、18 岁）相当于高中阶段。

（2）青少年的心理发展集中表现为过渡性、矛盾动荡性、社会性的特点。过渡性是青少年心理发展的根本特点，他们在生理方面发展迅猛，身高、体重接近成人标准，生殖器官成熟；在一般认知方面由具体运算思维过渡到形式运算思维，在社会认知方面达到社会观点采择水平；在社会化方面逐渐赋予他们成人应有的权利和义务。成人感与半成熟状态是造成青春期心理活动产生种种矛盾的根本原因。

（3）青少年生理的发展变化主要通过身体外形的变化、体内功能的增强、性的发育与成熟三个方面表现出来。

（4）青少年注意发展的主要表现为：注意稳定性的增强；注意广度接近成人水平，但受本身知识经验和知觉对象特点的影响比较大；注意分配和转移的能力在青少年期的发展并不明显。

（5）在整个人生全程中，青少年时期是综合记忆能力最为强盛、达到顶峰的时期。根据皮亚杰的认知发展阶段理论，青少年的思维水平处于形式运算阶段。

（6）青少年的情绪拥有容易冲动、暴发快、强度大等特点，这会对青少年的学习、身心健康带来不良影响，因此青少年需要学习一些具体的策略以增强其情绪调节能力。

（7）孤独、抑郁和焦虑是青少年较为常见的消极情绪。

（8）反抗心理是当个体自觉或不自觉地感受到某些方面享有的自由被剥夺时，自身激发的一种抗拒心理，其目的是表现个性，突出自我。反抗有两种表现：一种是激烈、外显的，一种是冷漠、内隐的。反抗心理的产生有三方面原因：自我意识的高涨、神经中枢系统的兴奋性过强、独立性的增强。

（9）青少年时期是自我意识高涨并迅猛发展的时期，青少年通过对自己的积极探索，形成自己的价值观和人生目标的选择，促使自我同一性的形成或确立。

（10）在艾里克森的心理发展八阶段理论中，青少年的发展课题就是自我同一性的形成和防止自我同一性的扩散。马西亚认为个体在解决自我同一性的危机中会出现四种状态：同一性形成、同一性早期完成（早闭）、同一性延缓、同一性扩散。

（11）少年的自我中心性表现可以用“独特自我”与“假想观众”两个概念进行表征。

【关键术语】

身体自我（physical self） 性意识（sexual consciousness）

自我暗示（auto-suggestion） 反抗心理（psychological resistance）
自我同一性（self-identity） 反社会行为（anti-social behavior）

【资源链接】

范翠英. 2013. 青少年心理发展与教育. 武汉：华中师范大学出版社

青少年情绪管理—心理时空博客 http：//blog.sina.com.cn/s/blog_49add9b80100taap.html

李百珍. 2013. 不良情绪的调节. 北京：科学普及出版社

方富熹，方格. 2005. 儿童发展心理学. 北京：人民教育出版社

【复习思考】

1. 青少年情绪发展的特点有哪些？
2. 青少年情绪困扰产生的原因有哪些？
3. 青少年需要掌握哪些必要的情绪调节策略？
4. 如何培养青少年良好的意志品质？
5. 简述青少年产生反抗心理的原因。
6. 简述青春期自我意识的发展特点。

【练习测验】

1.（单选）下列有关初中生思维发展特点的描述，错误的是（ ）。

A. 平衡性表现明显 B. 批判性显著增强 C. 自我中心再度出现 D. 表面性依然突出

2.（单选）个体出生后，身体发育的两个高峰期分别是（ ）。

A. 幼儿期和青少年期 B.婴儿期和幼儿期 C. 婴儿期和青少年期 D. 婴儿期和成年期

3.（单选）根据科尔伯格的理论，道德发展的最高阶段是（ ）。

A. 法律和秩序的取向 B. 社会契约的取向
C. 工具性的相对主义 D. 普遍的道德原则取向

4.（单选）将青少年从家庭中独立的过程称为“心理性断乳”的学者是（ ）。

A. 米德（M.Mead） B. 普莱尔（W.T.Preyer）
C. 霍尔（G.S.Hall） D. 何林渥斯（L.Hollingworth）

5.（单选）下列选项中，不属于初中生反抗心理原因的是（ ）。

A. 自我意识高涨 B. 独立意识增强
C. 勤奋感和自卑感冲突 D. 中枢神经系统的兴奋过强

6.（单选）自我同一性的确立是青少年期的主要发展任务，未经历危机和探索就做出选择的个体，其自我同一性的发展类型属于（ ）。

A. 同一性达成 B. 同一性延缓 C. 同一性停滞/早闭 D. 同一性混乱

7.（单选）在个体自我意识发展过程中，出现“假想的观众”和“独特的自我”等现象的时期是（ ）。

A. 幼儿期 B. 青少年期 C. 成年初期 D. 成年中期

8.（多选）根据科尔伯格的道德发展理论，习俗水平的发展阶段包括（ ）。

A. 好孩子定向 B. 惩罚与服从定向 C. 社会契约定向 D. 维持社会秩序定向

9.（综合）下面是一位 14 岁男生的日记摘抄，试分析日记内容反映的初中生的典型心理特点。

大人们常说“少年不识愁滋味”，其实他们并不了解我们。

不到 2 年，我长高了，吃得很多，有了自己的主见，而不再是“小小少年”。但是在父母眼里，我仍然

还是个孩子，逛公园、逛商场或者外出散步，妈妈还是像过去一样，拉着我的手，生怕我会走丢似的。要是被同学看见了，真是丢死人了。更让我苦恼的是，妈妈总是事无巨细地管着我，每天骑车上学，妈妈总是不断地唠叨：“马路上多加小心”；晚上做完作业，刚打开电视想看看体育新闻，妈妈又会问：“作业做完了吗？早点休息，明天一大早还得上学呢！”运动鞋想买阿迪达斯的，妈妈却非要买耐克的……

走进教室，我总觉得有几十双眼睛在盯着我，跟女同学打个招呼也会感到脸红心跳；一次考试取得好成绩会欣喜若狂，一次小考考砸了会垂头丧气；为了一个小问题，会与同学争得面红耳赤；当答不出老师的提问时，又会觉得羞愧难当……

在同学的眼中，我帅吗？在老师和同学的心目中，我是一个好学生吗？……尽管有这么多烦恼，父母却浑然不知，有时候想和他们交流，但又觉得难以启齿。真不知道该向谁倾诉。仔细观察班上的其他同学，虽然他们表面上显得若无其事，但似乎又都与我有同样的问题、困惑和迷茫……

第八章 特殊儿童的心理发展与教育

【本章主要内容】

儿童的成长过程既体现出一般的年龄发展特点和趋势，也会因先天遗传素质和后天环境因素的不同而展现出个别差异。只有承认和认识了共性与个性的同时存在，才能让我们更好地识别出儿童发展的正常与异常之处，或者说辨别出正常发展儿童与异常发展儿童，也因此，正常与异常的存在是建立在二者的相互比较基础上的。

第一节 概 述

正常与异常、普通与特殊是相比较而言的。以人类的智力发展来说，在智力正态分布曲线上，属于正常范围（即在平均数正负两个标准差范围内）的人群约占 95.46%，有 2.27%的人低于正常，2.27%的人高于正常，后两者分别代表了智力缺陷和智力超常的群体，这在儿童群体中就是人们常说的两类特殊儿童。对同一个儿童而言，其内在各种特质的发展水平与常模相比也可能存在差异。例如，一个年龄为 10 岁的儿童，其言语和智力发展均达到 14 岁儿童的平均水平，阅读能力、算术能力也高于 10 岁儿童的平均水平，从智力发展的角度来说其应被归为超常儿童，但他的体重、身高、运动协调能力却处在 10 岁儿童的正常水平。又如，有些自闭症儿童的记忆力非常好，而语言理解力、人际交往能力特别差；有些聋童虽然听不见声音，但手眼协调能力却非常好。因此，对儿童实施教育之前应具体分析其个体特点以制订适当的教学方案，对待特殊儿童更应如此，这是自古以来教育者应该考虑且一直在探索的问题。

一、对特殊儿童的理解

对于特殊儿童，传统上有广义和狭义两种理解，从广义上说包括三类：第一类是残疾儿童（disabled children），包括感官残疾（如聋、哑、盲等）、智力残疾、肢体残疾、病残和多重残疾等不同类型和不同程度的残疾儿童；第二类是问题儿童（problem children），包括学习问题（如阅读困难、计算困难）、行为问题（如打架、斗殴、吸毒、偷窃、反社会等）、情绪问题（如悲观厌世、过于冲动）等不同类型的问题儿童；第三类是超常儿童（gifted and talented children），包括有超常智力、能力和资质优异的天才儿童。另一种是狭义的特殊儿童，专指生理或心理发展有缺陷的残疾儿童，包括智力、视觉、听觉、肢体等方面发展障碍、身体病弱、多种残疾等儿童，故又称“缺陷儿童”或“残疾儿童”，而不包括问题儿童和超常儿童。

与传统的理解不同，当今对特殊儿童的理解是用“具有特殊需要的儿童”来概括传统所指的各类特殊儿童。站在教育的立场上，单纯身心特质的突显并非是构成特殊儿童的充分条件，特殊儿童主要是针对其学习需要的特殊性而言的。例如，某一儿童天生白发，自然与众不同，但他的学习与一般儿童没有什么两样，就不能称其为特殊儿童。可是有的儿童其外貌与普通儿童没有差异，但智力低下，无论如何也不能跟上普通班级的进度，需要特殊的指导，这种情况就属于特殊儿童。总而言之，特殊儿童是一个不确定的概念，它泛指各种各样心理发展和生活适应困难，尤其是教育上有特殊需求的儿童。

二、有关分类和标签化的问题

当一个儿童被划为某一类群时，他便受到了标记。目前对特殊儿童的分类问题争论不休，有些教育学者认为对特殊儿童进行分类是人为制造隔阂，会将他们排除在正常社会之外，违背了教育公平，不利于儿童的身心发展；而有些学者则认为分类工作是为了给有需要的儿童提供特殊的教育服务，使他们将来能够适应正常的社会生活。由于分类涉及教育、政策、伦理等多个方面，目前尚无定论。

标记可能有的好处是：①标记旨在诊断所需的特定处置为何；②标记可增进非障碍者采取保护性的行为反应，以保护障碍同伴；③标记便于研究人员沟通研究中的发现；④特殊教育所需经费，有赖于特殊学生的分类；⑤标记便于特定的团体推动特殊计划或制定法律及政策；⑥标记可彰显特殊儿童的需要，使大众易于看到这些人的需要。正如考夫曼（Kauffman，1999）所说，贴标签是为特殊儿童提供服务的首要步骤，标签可以使儿童的差异变得可以解释，并且成为以后对这些差异做出反应的基础，也使得儿童的异常行为容易被其他儿童和社会公众所接纳。在某种意义上，可以把给特殊儿童的标签看成是一种保护性措施。库尔茨（Kurtz）等通过比较标签与非标签学生的学习效果，发现标签具有一定的积极意义，可以缩短特殊儿童与社会之间的距离。格特雷柏（Gottleib）则认为，特殊儿童的可观察缺陷，不管学校是否给他们相应的标签，在普通学校都可能被正常的同伴排斥，贴标签和隔离是为了更好地教学。此外，一些学生和家长对贴标签也表达了积极乐观的态度。一位特殊学生描述到："对于情绪障碍者的称谓，我并没有感觉到什么消极的影响，与许多情绪障碍儿童在一起，让我感到更加舒适和自信。"另外，有一位儿童被诊断为"泛自闭症障碍"，他的家长写道："儿子去了一个叫布鲁克当兹的学校，那里没有语言交流，没有鉴别诊断，大多儿童存在严重的学习困难，他们几乎不理解他们生活的世界。在这个令人不可思议的学校学习，以及和他的奇异的伙伴相处后，他现在是一个充满快乐、幸福、自信、聪明的儿童。"在支持者看来，标记的积极作用不仅体现在特殊儿童身上，对儿童家长、研究者也产生积极影响。因此，不能一概否认标签的作用，恰当的界定有利于他们得到恰当的教育和服务，至少能保证他们得到正确处理和相关的诊断，这对个别化教育计划的实施是非常关键的。

标记可能造成的缺陷有：①标记常令人注意到儿童的缺陷；②标记使他人产生负面的态度反应，导致自我应验和预言；③标记造成他人对特殊儿童行为表现的偏见；④标记使人产生不当的自我概念；⑤标记结果使同伴拒绝他们；⑥一旦接受标记，学生心理将受到永久的创伤；⑦标记使他们从普通班中被隔离出来；⑧标记使他们成为少数的族种，受到另眼看待；⑨错误诊断时有发生，标记有其潜在的危险性。对特殊儿童本身而言，标记所描述或界定的异常表现经常被错误地用于解释儿童的不恰当行为。例如，自闭症儿童为什么在上课时焦躁不安并且捂上耳朵？因为他是一个自闭症儿童！这样的思维逻辑会忽视环境和经验对儿童的意义，而真实的原因可能是老师的声音和教室的安排有问题。又如，当一个孩子意识到别人对自己进行标记或评价时，会下意识地产生一种认同感，并进而以此塑造自己的行为。这种评价出现的次数越多，对人的心理和行为的塑造固化作用越强，甚至会持续终生。在 20 世纪 60 年代北美和欧洲特殊教育发展史上经历了反标签化运动。反标签化运动起源于罗森塔尔（Robert Rosenthal，1968）等进行的实验，实验发现标记实际上起到暗示的作用，人们称之为"罗森塔尔"效应，这引起了人们对特殊儿童被冠以“弱智、低能”等标签的反思。

关于标签的争论会一直持续，人们无法预计争论的终点会是怎样的景象，但各方的观点却可以为我们改善问题提供一些参考建议：诊断要谨慎和有根据；尽可能选用比较中性的名称；限制它的消极影响；认识分类和标签的有效作用，满足学生的特殊需要比分类和标签更为重要；防止标签的“自证预言”作用和教师因分类标签而产生偏见或作为放弃教育的借口。

第二节　超常儿童

2 岁前，小丽就能认出一连串的 5 种颜色。当她 6 岁时，她的爸爸无意听到她对一个小男孩说：“不，不，不，你不明白。你所看到的是闪回。”课堂上，老师训练学生学习拼音和汉字，其他同学还在掌握时，小丽却很快就感到无聊了。然而，在为超常儿童（也称资优儿童）提供的每周一次的课堂上她却很活跃，在那里她学得就像她敏捷的大脑所运转得那样快。

我国古代将那些才智出众、少年得志的儿童称为“神童”，认为这种超凡脱俗的才智一定是来自上天的赏赐。在 2000 多年前的古希腊，哲学家柏拉图（Plato，427-347 B.C.）称那些聪明异常的儿童为“金人”，意指他们非常“稀有、珍贵”。据权威的英文辞典（Webster College Dictionary）记载，国外文献中经常使用的“天才”一词始于 1644 年，在英国的人种学家法兰西斯·高尔顿《遗传的天才》一书出版后，该词被广泛流传。高尔顿认为，人的禀赋是遗传所得，绝非人力所为，故称“天才”，有天生之才之意。

一、超常儿童的定义

与其他概念的形成过程一样，超常儿童的界定随着时代的变化经历了不断的改变，人们对超常儿童的了解也越来越深入。在美国，超常的早期定义经常与斯坦福——比纳智力量表的成绩联系在一起，这个量表最初是由法国医生比纳制作的，直到第一次世界大战之后，才由斯坦福大学的教授莱文斯·推孟（Lewis.M.Terman）逐步完善，一个儿童的智商高于某一特定分数（如 IQ 值为 140）时则被称为超常儿童。

20 世纪 70 年代初，美国联邦教育部根据许多研究结果，规定天才儿童应包括下列几个方面：①一般智力；②特殊学习能力倾向；③创造性思维；④领导才能；⑤视觉与演奏艺术；⑥精神推动能力。只要有上述某一方面或几方面资质优异并有杰出表现的儿童都应称为超常儿童。

1978 年，任朱利认为超常儿童应由三方面的心理成分构成，即中等以上的能力（智力）、强烈的动机、高水平的创造力。他提出的三环智能概念主要强调了智能行为的表现。

20 世纪 80 年代初，泰伦鲍姆（A.T.Tannenbaum）提出了超常儿童的心理社会定义，认为天才是下列五个因素交互作用而产生的杰出成绩：①一般能力（即 g 因素，或测得的一般智力）；②特殊能力（包括特殊能力倾向和特殊才能）；③非智力因素（如自我力量、奉献等）；④环境因素（提供激励和支持的家庭、学校及社区环境）；⑤机遇因素（不可预知的机会等）。

中国的心理学家则认为，超常儿童的心理结构包括智力、才能和非智力个性特征等方面。从理论上讲，我国学者对超常儿童的理解已经从由单一的智力维度走向多元化的智能维度，特别是对非智力因素的考虑，这无疑是观念上的进步。但是，我国心理学界对非智力因素的研究还处于探索阶段，一些基础性理论如定义、结构等还没有形成统一的结论，非智力因素测验缺乏完善而坚实的心理学理论基础。在具体操作方面，目前的非智力因素量表主要测试的是一些静态的非智力因素，缺乏对其动态性的研究，缺乏对其整体水平的认识。

信息栏 8-1　超常儿童的类型

近半个世纪以来，许多心理学和特殊教育的专家对超常儿童进行了广泛的、长期的追踪研究。在这些研究结果中，超常儿童的概念有狭义和广义之分，但基本上都放弃了单一的智力型和学术型等狭义超常儿童的概念，而是利用儿童的潜能、成就与行为特征来定义超常儿童。根据这一定义可把超常儿童划分为下列六种。

（1）智力型：这类超常儿童的主要特点是智商高。无论是采用比纳量表、韦克斯勒量表、瑞文推理量表，还是其他有较高效度和信度的智力测量量表，都能得到超出常人的高智商。

（2）学术型：这是指那种学业成绩特别突出的超常儿童，他们的显著特点是一门或几门功课特别优秀，超过了同年龄或同年级儿童的学业水平。他们有的特别擅长数学运算，有的擅长阅读或语言。这类儿童往往在考试中名列前茅，在数学竞赛、物理竞赛、辩论赛这类学科性的竞赛中夺得过奖牌。一些研究认为，这类儿童虽不一定像智力型儿童那样有很高的智商，但他们的智力水平也普遍偏高。学术型儿童有较好的符号思维能力、理解力和逻辑推理能力，所以，凭借这种信息加工能力，多数能在学术研究上做出突出的贡献。

由于智力和成绩都要以测试的方式认定，故智力型和学术型的超常儿童最容易得到社会的认可。在很长一段时期内，他们构成了超常儿童的主体。只是最近二十年，人们才把下列四种类型的资质优异儿童也列入超常儿童的范畴。

（3）创造型：这类超常儿童的特点是创造性强，能不拘一格地进行发明创造。这类儿童的思维具有流畅、灵活、新颖等特征，善于从不同的角度来考虑问题和解决问题。创造型儿童对新情景的审视、预测能力较高，能开拓新的思维空间。托兰斯及他的助手对创造型儿童进行了长达 15 年的追踪研究，认为凡是曾被测定为具有较高创造性思维能力的儿童与青少年，十多年后在学习和工作方面多有突出的成就。他们的研究还发现，创造型儿童不一定有很高的智商和最高的学业成绩，但他们的思维方式带有明显的批判性，不受传统思想的束缚。男、女创造型儿童与传统思维方式的相关系数分别是 0.59 和 0.46，因此，有许多学者认为，高智商、高成就和具有不同寻常的创造性被认为是超常儿童的显著特征。

（4）领导型：这类超常儿童具有很强的组织能力、分析判断能力、讲演能力、决策能力、感召力和自我控制能力等领导者的素质和潜能。在 20 世纪 50 年代之前，这类儿童没有被列入超常儿童的范畴。后来，随着社会的变迁和研究的深入，人们才逐渐发现，这些有远大的志向、明确的团体活动目标、能运用自己的力量去影响和指导同伴的儿童也应被列入超常儿童的范畴。现代社会，无论是政治、经济领域还是科学技术领域，都需要这种具有领导素质的人才。

（5）艺术型：这种类型的超常儿童擅长美术、音乐、戏剧，有很高的艺术天资和素养。为了及早地评估和鉴别这类超常儿童，20 世纪 70 年代前后，设计出了一批艺术能力测试量表，如西肖尔音乐资质测试量表、阿里弗内斯音乐资质测试量表等。测量结果表明，这类超常儿童有超出常人的视觉观察能力、声音辨别能力、空间想象能力和表演能力。

（6）运动型：运动型超常儿童不仅有很高的运动记忆和形象思维能力，而且反应灵活，具有很好的动作协调和模仿能力。运动型的超常儿童擅长舞蹈、杂技表演、体育运动。托兰斯认为，这类儿童多具有创造性的运动转化能力，能把音乐、诗歌中蕴涵的意境用运动和体态的形式创造性地表现出来。良好的教育和训练，可以把他们造就成为艺术家、歌手、电影明星、杂技演员、运动员之类的杰出人才。

由此可见，不同类型的超常儿童，有不同的特殊天资和潜能，人的才能是多方面的，社会对人才的需要也是多方面的。科学地评估和鉴别超常儿童，根据他们的资质与特长，提供最佳的教育条件是十分重要的。

资料来源：方俊明. 2005. 特殊教育学. 北京：人民教育出版社，398～400

二、超常儿童的特征

推孟对超常儿童进行了全面的纵向研究。1922 年，他采用教师提名法和团体智力测验的方法来选取被试（共 1528 名，其中 671 个女生，857 个男生，平均 IQ 为 150，范围为 135～200，研究开始时平均年龄为 11 岁），进行了跨越 35 年的纵向研究。1956 年推孟去世以后，奥顿和罗伯特·希尔斯延续了这个研究，他们通过问卷的形式获得了职业成功、生理和心理健康、社会调节和其他与高智力相关的变量的资料。详细内容见表 8-1。

表 8-1　超常学生的特征：推孟的纵向研究

特征	研究结果
体能	身体健康方面好于平均水平
兴趣	对抽象的学科（文学、历史、数学）非常感兴趣；爱好广泛
受教育程度	大学入学率为常人的 8 倍；在上学期间有跳级现象
心理健康	在适应不良和犯罪方面稍低于平均水平；自杀率也低于平均数
婚姻-家庭	结婚率同平均数；离婚率低于平均水平；其子女的平均 IQ 为 133
职业选择	男性选择职业（医学、法律）是普通人群的 8 倍
性格	较少有夸口和欺骗行为；在情绪稳定性方面表现出众

根据国内外的研究，我们认为超常儿童应具备以下特征：

1. 智力的高度发展　超常儿童最显著的特征是具有超常的智力、才能，或者具有某方面的特殊才能，这是决定儿童是否超常的一个最基本的因素。

2. 具有良好的非智力因素　中国超常儿童研究协作组在对超常和常态儿童的比较研究中，发现超常儿童在主动性、坚持性、自信心、求知欲、理想抱负、独立性、好胜心和自我意识等方面的测验分数超过了同年龄的常态儿童的平均分数，有的还达到显著水平。

3. 取得较好的成绩　也就是在学校成绩优秀，或在某一方面（心算、音乐、绘画）成绩突出。

信息栏 8-2　优良的品德和个性是超常儿童成功的基础和保证

是否有优良的品德和个性，决定着孩子能否成为一个全面的人才，也决定着将来他是否能有所成就。超常儿童的家长，大多能在不同程度上针对孩子的特点，采取生动活泼、卓有成效的方式进行教育，普遍重视良好个性和品质的培养，重视孩子的全面发展。

著名的美国美林风险投资银行董事长史明哲，曾经是美林公司历史上最年轻的部门经理和副总裁，在 2002 年 3 月 1 日的中央电视台访谈实录节目“让世界了解你”中，一位中国观众问及这位成功创业人士对中国年轻人有什么忠告时，他幽默地表示，谢谢这位观众给了自己“炫耀”的机会。作为一名著名的投资经理人，史明哲认为，那些人生态度积极、有高度自信和献身精神的人往往更容易成功。因为成功需要艰苦努力，那些具有端正人生态度的人，不论是自我创业还是去大公司谋职都会取得成功。

事实证明，历史上的伟大人物也都如此。牛顿和莫扎特经常被人称道的就是他们的性格特征：执着、坚毅、长期集中精力于某一事物的能力和强烈的好奇心。包括达尔文和爱因斯坦在内的许多天才都否认他们生来就有着超乎常人的智力，但从来没有一位否认过他有着刻苦工作的精神和健康发展的好奇心。那么，如果一个孩子能做到精力集中，有自控能力和坚持不懈，他成功的希望就比单纯拥有较高智商的孩子更大。

例如，被誉为“钢琴神童”、“天才”的旅美少年钢琴家缪茵，1985 年底出生于中国湖南省长沙市，4 岁开始学琴，6 岁随母亲到美国，从 6 岁起，连续 7 年 7 次获得各类国际钢琴比赛冠军和首奖。她之所以能获得如此巨大的成功，除了优秀的导师外，就是她从小就磨练出来的超乎常人的忍耐与毅力。到美国后，缪茵每周的练琴时间达到 32 小时，不是一两个星期、一两个月，而是长年累月，不管星期天，还是节假日，从不放松。能将自己关在小小的琴房里苦练，拒绝外部世界的诱惑，对于一个孩子来说，除了兴趣的支撑外，也需要超乎常人的毅力和耐力，这一切来自于良好的家庭教育和她自身的努力。缪茵的母亲周传鸿不但在艺术上严格督促她，而且更为注重她在性格、品质等多方面的发展，并贯彻到日常生活的一点一滴的培养上。周传鸿说“从孩子很小的时候就应该开始和他们谈心，有的父母会忽视这一点。不要认为，孩子还小，听不懂，就什么都不去讲，不去启发，不去沟通。小孩懂不懂事、有没有志向，很大程度上来自于父母的教育，尤其是培植美好心灵的教育，父母才是孩子真正的第一老师。”

资料来源：施建农，徐凡. 2004. 超常儿童发展心理学. 合肥：安徽教育出版社，174～176

三、超常儿童的影响因素

超常儿童是天生的还是后天造就的？遗传在超常形成中的作用是什么？社会环境对超常儿童的影响有多大？这是人们一直关注的问题。

（一）遗传的影响

早在一百多年前，高尔顿就对英国杰出人物进行了研究，在其《对人类才能的调查报告》中阐明了“优生学”的概念。“优生学（euyenics）”这一术语来自希腊语 eugenes 和 ics，意为

"好的种群","优生"一词意味着应通过有目的的教养达到改善原有种群的目的。高尔顿还认为超常能力来自个人的家庭，即遗传因素。1869 年，在《遗传的天赋》一书里，他以生活在 1768～1868 年的杰出英国人（州议员、士兵、作家、诗人、画家和大臣等）为研究对象进行了调查，结果发现在 977 个研究对象中，他们的近亲也跟他们一样杰出，据此高尔顿得出结论，认为天才很大程度上来自遗传。但是，他忽视了财富、健康卫生、营养和家庭教育在英国上层社会成员获得成功过程中所起的作用。

双生子研究是确定遗传作用大小的最为有效的方法，同卵双生子来自同一个受精卵，具有相同的天性。双生子能力可以作为遗传影响的一个证据。同样的，如果遗传是一个重要因素，我们就可以预期同卵双生子之间的相关肯定要大于异卵双生子。研究者对 700 个同卵双生子和 500 个异卵双生子的研究发现，同卵双生子的能力相关系数为 0.87，异卵双生子的相关系数为 0.63。研究者总结出能力的 70%来自遗传，30%来自后天教育。

（二）环境的影响

尽管很多事例表明遗传十分重要，但环境的重要性也非同小可。巴登大公国的小王子卡斯巴·豪瑟自出生就聪明伶俐，获得大家喜爱，但在 3 岁时被争夺王位的阴谋家幽禁在密不见光的地窖里，不准同任何人接触。13 年过去了，当他被解救出来后，这个年近 17 岁的王子表情、举止、智力完全像一个二三岁的孩子。这说明超常的基因可以遗传，但要通过环境来培养和发展，在诸多环境中家庭教育起着非常重要的作用。

家庭教育对超常儿童的影响有两个方面：一方面，良好的家庭教育可以促进超常儿童加速成长和健康发展，使他们走上成才之路。布卢姆对 25 位世界级的游泳运动员、钢琴演奏家以及数学家的早期生活进行了回忆性的研究。通过与这些被试、他们的父母以及他们以前的老师进行访谈，他发现以下几个普遍特征相当重要：①具有为达到更高水平而进行大量工作（练习、时间、努力）的愿望；②在超常领域中具有与同伴竞争的能力及尽最大努力成为最好的决心；③在超常领域中具有快速掌握新技能的能力。布卢姆指出，这一群体的高动机是由父母和朋友的重视这一强大途径激发出来的，他们不怕麻烦去获得专门指导，家庭的热情与支持是这些被试取得优异成绩的一个关键因素。父母不是通过催促给孩子支持的，他们家里有很多书、杂志、报纸，他们经常带孩子去图书馆，他们自己阅读，有时读给孩子听。最重要的是，他们尊重孩子的观点。另一方面，不良的家庭教育会阻碍超常儿童的顺利成长和健康发展。我国广为流传的《伤仲永》，讲述了方仲永因为父亲的"不使学"，而使神童"泯然众人"，天资固然重要，但没有良好的家庭教育，再好的天赋也不可能得以发挥。

另一个重要的影响是学校和教师。如果孩子没有从家庭中获得支持，学校和老师可以通过赞赏鼓励的方法最大程度地激发学生的特殊能力。儿童进入学校系统地学习科学文化知识和行为道德规范，这是他们发展历程中的重大转折。学校对超常儿童因材施教，为超常儿童专门设置班级、教育方式，与他们的智力发展既相适应又不脱离集体，因此可以更快更好地促进他们的个性健康成长。当然，让超常儿童更好地从学校教育受益的前提是，教师具有识别和指导他们的能力。此外，这种班级（或学校）也会产生一些弊端，例如，由于人才集中，竞争激烈，学生心理压力很大或者学生有优越感，自命不凡，不容易和别人合作相处等。但是只要学校教育得当，就可以防止这些弊端的产生，从而使学生的个性在这样的环境里得到最良好的发展。在缺乏早期干预的条件下，超常儿童的才智和潜力在入学后才会被发现和挖掘，但同时也不乏一些早慧儿童由于受到学校的错误理解或不当教育而遭遇挫折，导致其发展受到不利影响甚至夭折。由此可以看出学校教育是超常儿童进一步发展的关键条件。

四、超常儿童的鉴别

小比是小学一年级学生，因疑似注意缺陷多动障碍而被家长带到儿科门诊。他的母亲表示，在家里，无论叫他做任何事，他都很难专注，就连吃饭时也因容易分散注意力而吃得少。他的老师跟家长反映说，小比容易分心，难以完成任务，似乎活在他自己的世界里；因作业完成度差而评分偏低；经常做与学习无关的事情；与周围的孩子交谈过多。父母知道老师对小比的评价后很沮丧，因为在他们心里，儿子是非常聪明的，如小比的词汇掌握很好、阅读能力强、对机械类物件和原理甚是了解。小比有很多朋友，多数是三年级学生，他经常与他们踢足球，表现还不错。在小比看来，学校的课堂教学很无聊，有时他对某个主题知晓的信息比授课老师还多，他认为自己需要点特别的作业，他希望每天回家在自己的小“实验室”里做自己的事情。在此次门诊过程中，小比表现得活泼大方，言语能力强，有很多可谈论的东西，并没有表现出过度的好动、分心、焦虑、注意缺陷等，智力测验显示他的 IQ 为 142，后经综合评估，小比属于超常儿童。在这个案例中，小比是幸运的，他被正确认定为超常儿童，而不是注意缺陷多动障碍或其他。但在很多时候，我们对超常儿童的识别并不总是及时的和正确的，目前，关于超常儿童的识别也并非是清晰明了的事情。

一般来说，我国超常儿童的鉴别有单个鉴别和集体鉴别两种形式。单个鉴别就是个别地对儿童进行考察鉴定。一般步骤为：①家长、老师的推荐或新闻媒介的报道；②家长或推荐人带儿童到有关部门（研究单位或学校）与研究者见面，由家长或推荐人描述有关儿童的具体情况（主要是一些突出的表现等）；③用有关测验（如智力测验或认知测验等）测定儿童的智力发展水平，并根据测验的结果和儿童的具体表现（或以往的记录）做出初步的判断；④继续有针对性地观察，尤其是对那些有明显发展不平衡现象的儿童更要对其弱项继续观察。最后确定是否真正超常，并确定是否对该儿童实行追踪研究。

集体鉴别是从大量的儿童被试中选出超常儿童的一种方法。这是为建立超常儿童实验班时常用的方法。一般步骤为：①报名，对儿童做一般性的了解，如年龄、发育史、家庭简况、家长对儿童的教育情况及儿童本人的主要表现（学习成绩优秀或达到一定的认知水平、较强的求知欲）等基本情况；②初试，用学科考试的方式了解儿童的有关主科的知识和能力，用有关智力量表了解儿童的一般能力（智力）；③复试，用“鉴别超常儿童认知能力测验”对通过初试的儿童进行复试，确定该儿童是否真正属于超常儿童。对于具有特殊才能（如音乐、绘画、发明等）的儿童要请有关专家评定其作品；④核查，对通过复试并达到标准的儿童，再向家长或原学校老师做问卷调查，了解该儿童的个性特征、思想品质，同时进行体格检查（或体育测试），了解其体格发育情况；⑤试读，对筛选合格的儿童进行试读观察，主要了解被评定为“超常”的儿童是否适应集体教育的环境。

常用的鉴别工具是我国编制的“鉴定超常儿童认知能力测验”，它包括“图形类比推理”、“语词类比推理（3～6 岁用实物图片）”、“数类比推理（3～6 岁用图形代表数）”、“创造性思维”等分测验。此外，常用的工具还有韦克斯勒智力量表、成就测量、托兰斯创造能力测量量表等。

信息栏 8-3　我国古代对超常儿童的选拔

不少书籍或文章，大凡涉及超常儿童研究或教育的，一谈及我国古代的情况，都会提到春秋时期的项橐和战国时期的甘罗。项橐和甘罗是目前能查到的自有文字记载以来我国古代最早的超常儿童（在古代叫神童）。对于超常儿童的选择可追溯到西汉时期。据《汉书·艺文志》记载："汉兴，萧何草律，亦著其法曰：太史试学童，能讽书九千字以上乃得为史。文以六体试之，课最者以为尚书、御史史书令史。吏民上书，字或不正辄举劾。"由此可见，西汉初期已有通过考试来选拔优秀学童的规定。那些在考试中表现最优秀的学童可以做官。而真正对超常儿童做系统性的选拔是从有了科举中的童子科开始的。"科举"就是分科考试、择优录取的意思。尽管有记载，在汉朝已有类似于后来的"科举"中的"童子科"，但真正意义上的科举制度始于隋而成于唐。到了唐代，科举制度已比较完善，"童子科"的考试也有了明确的规定。但当时只停留在发现超常儿童，然后封以官或给予其他形式的奖励。例如，据《新唐书·选举制》记载，"十岁以下能通一经及《孝经》、《论语》，每卷诵文十通者，予官；通七者，予出身"。查子秀在回顾我国超常教育的历史时把历代超常儿童的选拔情况做了概括（表 8-2）。

表 8-2　我国古代对神童的选拔和培养简况

朝代	选拔和培养	特点或意义
西汉（前 206～公元 25）	在选举取士制度中设童子科，"太史试学童，能讽书九千字以上者乃得为史；文以六体试之，课最者以为尚书"	中国历史上有记载以来最早形成的选拔和培养神童（超常儿童）的制度
东汉（25～178）	神童被推荐入太学，并由明儒博士培养，一般太学生年龄在 18 岁以上，神童在 18 岁以下，不受年龄限制，称神童子郎	
东汉灵帝光和元年至东汉末年（179～220）	建立洪都门学（艺术专科性大学），学生由州郡三公选派，多数为平民子弟中具有艺术才能者，开设辞赋、小说、尺牍、字画等课程，兴盛时学生达千余人	这是中国和世界上最早创建的文艺专科学校，它的建立为后来唐代设立各种专科学校开辟了道路
唐代（618～907）	在科举制度中设立童子科。规定："凡十岁以下，能通一经及《孝经》、《论语》，每卷诵文十通者，予官；通七者，予出身"，唐代重视推荐童子的质量，不断改进。后来又规定"荐送童子，并须实年十一、十二以下，仍须精熟一经，问皆全通，兼自能书写者"。发现超龄者，则令退回，并惩罚推荐者	唐代以诗立国，"作诗"便成了考察神童的一般手段。《孝经》是家庭早教的主要内容，培养和推荐神童成为社会风尚
宋代（960～1279）	童子科规定："能诵挑试一经或两小经，即可应试，补州县小学生；通五经以上，则由州官荐入朝廷，送中书省复试，中则面解。"	皇帝重视对神童的选拔，经常把推荐的童子召至宫中亲试
	采取三级考核选拔。宋孝宗淳熙八年，将童子科分为三等："凡全诵六经、孝经、语、孟及能文，如大经义三道，语孟义各一首或赋及诗各一首为上等"；"诵书外能诵一经为中等"；"能诵六经、语孟为下等"。按等级委任不同官职	北宋兴"对课"（即对联），因而"对课"成了社会上考核神童的常用手段，也是家庭早教的重要内容
	南宋时加试武功	

续表

朝代	选拔和培养	特点或意义
金代（1115～1234）	童子科规定："凡士庶子年十三以下，能诵二大三小经，又诵《论语》、诸子五千字以上，府试十五题通十三以上，会试每场十五题三场共通四十一题以上为中选"	
元代（1206～1368）	沿袭唐宋设童子科，接受各地举荐的天资颖悟儿童的考试	
明代（1368～1644）	明代教育发达，科举制中虽未设童子科，但凡各地举荐的神童，皇帝一般都要召至宫中殿试，然后给予各种优待和培养。如送国子监或翰林院读书受教育，或命内阁选择教师给予指导，或遣归就举，再通过进士考试，根据成绩封官录用	比唐宋更重视对神童的教育
清代（1616～1911）	沿袭唐宋设童子科，但在选拔和培养神童方面不如前几代兴盛	

资料来源：施建农，徐凡. 2004. 超常儿童发展心理学. 合肥：安徽教育出版社，25～28

五、超常儿童的培养模式

（一）普通型培养模式

普通型就是超常儿童与普通孩子共同在一个学校或一个班接受教育。教师为他们提供个别指导，他们可以接受特殊科目、特殊教师指导、咨询服务、独立研究等，也可参加社会的各种机构，如图书馆、博物馆、社会服务机构等，这种培养方式是靠学生自己去发展。超常儿童在普通班中学习更能凸显出超常儿童卓越的认知与学业能力，使他们的学业自我概念较高，鉴于学业自我概念与学业成绩之间的交互作用，学业自我概念的提高更易促进较高的成绩水平。超常儿童与普通孩子在一起易于相互交流，使心理得到健康发展。

反对超常儿童在普通班中就读的人认为：超常儿童在普通班所学的知识缺乏挑战性；普通班中和这些超常学生能力相当的同学很少，致使这些超常学生没有与能力相近的学生学习的机会；许多教师并没有受到关于如何教育超常儿童的专业训练，而且在普通班学习，教师会按照大多数同学的理解水平组织教学，教学内容通常对超常儿童来说过于简单，导致超常学生感觉没意思，上课注意力不集中。正像施建农所指出的：老师常常只能照顾到班上的大多数学生而无法顾及少数超常学生。而那些老师顾及不到的学生在课堂上因为"吃不饱"而"闲暇"，又因为"闲暇"而"生事"，因为"生事"而"受批评"，因为"受批评"而成为"差生"，因为是"差生"而被忽视。当他们离开学校，走上社会以后，会出现两种可能，一种是一旦条件成熟，成就事业，为社会做出很大贡献；另一种可能是，遇到不良影响，成为危害社会的害群之马。

作为普通班中超常儿童的家长，首先应该了解自己孩子的特点，其次家长应该基本了解超常儿童的特点，再次应该了解超常儿童在普通班中的状况。研究发现，具有高水平的（学历不一定高）、敏感的和了解自己孩子特点的家长更能促进孩子的健康成长。不了解超常儿童特点的家长会不理解自己孩子的行为方式，难以和孩子很好地沟通。超常儿童的家长应该及时与教师取得联系，了解超常儿童在班级中的状况，及时发现问题、解决问题。超常儿童家长在与教师沟通好的情况下，可以建议教师取消普通作业，给超常儿童布置更有难度的作业，或给他们提出更丰富的计划。

我国自 1978 年始有超常教育，对超常教育的研究主要集中于少年班和超常班，但我国每年能被识别进入超常班的超常儿童仅是我国超常儿童总体中极少的一部分。我国现有超常儿童约为 600 万，由于鉴别困难及超常教育体系不完善，其中绝大多数的超常儿童没有机会接受特殊教育而分散在普通班中。

（二）特殊型培养模式

特殊型，即为超常生专设的各种教育机构，主要有两种：特殊学校和特殊班。特殊学校有文科、理科、艺术学校等不同类型，规模较小，学校集中资源服务于大批超常学生；教师经过挑选与培训，教学效果较好；制订相应的教学计划、学习内容与进度，采用相应的教学方法。特殊班与特殊学校相比更具有灵活性，因为不需要另设一套管理机构和物质设备，因此较经济，也更易于实施；另外，超常学生可随时与普通班学生在一起，这也利于他们自身的心理发展。因此，专家较主张这种培养方式，这种培养方式在欧美也较为普遍。支持特殊型培养模式的人认为，超常儿童在超常班中就读有其独特的优点。

1. 强化学习动机，充实学校教育　普及教育的课程是按照大部分学生的学习程度制订的，智力超常的儿童如果按适合年龄安排入学，往往感到课程难度不足，容易对上课感到厌倦，因而学习动机降低，甚至养成学习不专心、不合作等坏习惯，或出现行为问题及身心相关的病症。例如，有的人会在课堂上不听老师讲课，也不参与课堂讨论；有的会“选择性地上课”，有的无法集中注意力听课，借着与同学产生的“互动”发泄被忽视的不满情绪或寻求乐趣，这些行为很可能是干扰性及失控的；另外，还有的因长期压抑，得不到教师、家长、朋辈的谅解而造成身心失调，出现类似周期性偏头痛、腹部痉挛、恶心等症状。而特殊型培养模式却能强化超常儿童的学习动机，防止上述不良后果。

2. 缩短超常儿童学生在校就读的时间　这样可以使超常儿童提早完成专业训练或取得更高学历，使其尽早成才，自然也会减少教育经费的负担。对国家来说，投入教育的资金也会相应减少。

3. 学习有专职教师指导　超常班中的教师应对超常儿童的特点有深刻的认识，了解超常儿童的心理发展规律，制订适应超常儿童特点的教学模式。同时，教师需具有丰富的实践经验，可以灵活地对超常儿童进行超常教育。

反对特殊型培养模式的人认为，超常儿童在超常班中就读存在着以下缺点：由于超常班中每一位同学均非常优秀，这会使他们压力过大，导致自我概念降低，从而引发学业成绩的下降，降低学习热情和成就动机。因为在普通班中，超常儿童的能力是异乎寻常的，而在超常班中，这仅是一种常见的能力。社会比较理论表明，由于这种转变，自我概念会降低。但并不是说所有的超常儿童都会降低自我概念。超常班本身就是一个给人荣誉感的标签，并且与其他超常儿童一起受教育会在很多方面产生心理助益。

（三）两种培养模式需共同关注的问题

超常教育实践，既有成功的经验，也有失败的教训。对超常儿童发展进行的追踪研究发现，有一小部分超常儿童发展不甚理想。究其原因，主要有两个方面：一是这些人童年时表现出超常，经媒体的渲染后，导致社会对他们的期望过高，使他们感到心理压力大，产生过度的焦虑，心理发展受阻，潜能得不到充分发挥，其发展难以达到人们预期的目标。二是超常教育更多地将注意力放在超常儿童智力的开发、能力的培养上，忽视了健全人格的培养、情商的提高，使得他们的心理未得到全面和谐的发展。神童魏某出生于一个普通家庭，13 岁时考上重点大学读本科，成为当时某省年龄最小的大学生；17 岁考上国内顶尖科研所的硕博连读研究生；但 3 年后，由于长期生活不能自理，被学校劝退回家。魏某的母亲认为孩子只有专心读书才有出息，于是将所有家务包下，包括给儿子洗衣、端饭、洗澡、洗脸，甚至读高三时还要母亲喂饭，读大学时还要母亲帮他洗头。母亲过度的溺爱和照顾使魏某养成严重的依赖心理，读研时，竟无法安排自己的学习和生活，连穿衣吃饭都要教授提醒，甚至赤脚走路。像这种因过度重视超常儿童的学习能力而忽略了孩子的心理成熟和人格健全的案例并不罕见。总体来说，为了早出人才，快出人才，出好人才，学校教育应着眼于促进超常儿童自由、充分、和谐的心理发展，采取各种有效措施，全面提高学生的心理素质。

第三节　智力落后儿童

尽管在幼儿园时小恩与她的伙伴能够保持同步，但到了一年级，她几乎在所有科目中都是学习最差的一个。她很努力，但是她需要比其他学生花费更长的时间理解新材料，并且她一般需要被特殊关注才能跟上班里的其他同学。然而她在某些领域却做得很出色：当老师要求画画或动手做一些东西时，她的表现超过了班里的其他同学。幼儿园时期进行的大量测验显示，小恩的智力远远低于正常水平，属于智力落后儿童。

智力落后的研究最早可以追溯到 17 世纪以前的欧洲，当时人们对智力落后和精神疾病未能给予科学的区分，智力上的障碍被当作精神上的障碍，智障人员往往与精神病患者关在一起接受着同样野蛮的看管和治疗。到 18 世纪末，皮内尔建立了对精神疾病与智力落后的区分理论，自此人们开始将智力落后的儿童作为一种特殊的对象加以研究，其中记录最早的是 200 多年前一个名叫伊塔德的法国医生。他对“野”孩子维克多进行了为期五年的系统训练，虽然最终未使这个孩子达到一般儿童的水平，但他通过系统、耐心的教育，终于使这个孩子的行为有了很大改变。1837 年，伊塔德的学生塞甘在法国巴黎创办了智力落后学校，成为世界上最早的智力落后教育专门机构之一。1876 年，“美国智力落后学会”成立，该学会在促进社会重视智力落后问题方面发挥了重要作用。从此，关于智力落后的研究逐步进入系统、独立、专门化的阶段。

一、智力落后儿童的定义

智力落后（mental retardation）又称精神发育迟滞、精神发育不全、低能儿、智力缺陷、智力低下等，关于智力落后的早期定义大都强调医学因素和身体的某些外部特征，直到 1941 年，道尔对智力落后进行了全面的界定。道尔认为智力落后包含以下 6 个方面：①社会适应能力差；②智能低下；③发育迟滞；④不成熟；⑤具有体质上的起因；⑥基本上是不可治愈的。但由于当时智力测验盛行且操作简洁，道尔的思想和做法并没有得到应有的重视。大约 20 年后，美国智力落后学会才正式提出从智商和适应性行为两方面来定义智力落后。

1959～1961 年，希伯受美国智力落后学会的委托，对《智力落后术语与分类手册》作了五次修订。后来，格罗斯门对其进行了第六次修订，并将智力落后定义为在发育期间表现出的一般智力功能显著低于平均水平，并同时存在着适应性行为的缺陷。在这个定义及有关的解释中，可以看出：①特别强调了智力落后定义的双重标准（表 8-3），只有智力功能和适应性行为两方面均有明显的缺陷才可鉴定为智力落后；②“发育时期”是指 0～18 岁；③“一般智力功能显著地低于平均水平”是指在标准智力测验上得分显著地低于平均分两个标准差（IQ≤70）；④“适应性行为”是指个体应对和顺应自然与社会环境的有效行为，包括独立生活能力和社会适应能力是否符合年龄和环境标准，如在边远的农村，一个轻度智力落后的人会被认为是一个正常人，而在当今复杂的科技社会，个体需要掌握非常重要的数学和语言技能，同样的儿童在这种环境中就会被认为是智力落后。之后的几次修订中，格罗斯门更加强调鉴别诊断的灵活性，例如，一个儿童的 IQ 分数稍高于临界分数（70 分），但如果有严重的适应行为缺陷，便可诊断为智力落后。他还强调儿童校外和校内的表现同样重要，如果一个儿童在学校里的功课很差，而在家适应能力很强，就不能把他看成智力落后。目前对于智力落后的界定越来越重视适应性行为的评估，但因测量工具的不完善，只好以灵活的判断来弥补其不足。

表 8-3 智力落后的双重标准

		智力机能	
		落后	不落后
适应性行为	有明显缺陷	智力落后	不是智力落后
	无明显缺陷	不是智力落后	不是智力落后

现在，美国《精神障碍诊断和统计手册》第 5 版（DSM-V）认为智力发育障碍是一种起始于发展阶段包括概念、社会和实践领域的智力和适应功能受损的障碍，诊断标准如下：

（1）智力功能缺陷，如推理、问题解决、计划、抽象思维、判断、学术学习和实践学习，通过临床评估和个性化的标准的智力测试来确诊。

（2）适应功能缺陷导致个体不能在个人独立和社会责任性上达到发育的和社会文化的标准。如果没有持续的帮助，适应缺陷会限制日常生活中不同环境下（如家庭、学校、工作和社区）的一个或多个活动功能，如交流、社会参与和独立生活。

（3）智力和适应缺陷起始于发育时期。

我国精神疾病分类（CCMD-3）提出的定义与上述定义相似，偏重于临床角度，即智力落后是一种综合征，其症状特征为智力低下和社会适应困难，可以同时伴有某种精神或躯体疾病，或由后者继发，在发育成熟前发病。

二、智力落后儿童的分类

1%～3%的学龄儿童被认为是智力落后，根据智商和社会适应行为的缺陷程度，一般将智力落后儿童分为轻度智力落后（在入学前并未识别，经过合适的训练，虽不能完成复杂的智力任务，但可以成功拥有一份工作）、中度智力落后（在生活早期即有表现，语言技能发展慢、运动受影响，常规教育无用，一般不能跨越二年级水平，需要中度程度的监督）、重度智力落后（生活与工作能力严重受损，基本没有或不具备语言能力，对运动的控制能力很差，需 24

小时看护）。

（一）轻度智力落后儿童

小娜 14 岁，智力测验显示她的智商为 60，具有恰当的日常社会交往技能，性格开朗乐观。虽然她能独立洗淋浴，但需要有人先替她试水温，否则她会烫伤自己；虽然她知道冷冻的水饺在食用之前要煮熟，但她独自使用厨房时总是出现很多危险；她有自己的朋友，但是对于友谊的概念认识却不够。很显然，小娜在自我照料、居家生活、社会交往等方面无法独立，属于轻度智力落后儿童。该类儿童的智力测验分数处于 50～69 之间，因其智力缺陷程度较轻，不易被识别。他们的躯体发育和神经系统无明显异常，语言发育迟缓，但仍有一定的表达能力，会用社会交往语言。他们往往在幼儿园后期或入学后，才被发现学习困难、领悟力低、分析综合能力欠缺、思维较简单，经过努力勉强可达到小学毕业水平。有一定的社交能力，个人生活能自理，能从事简单的劳动和技术性操作，学习能力和社会适应能力都较正常人差，接受学校教育困难，计算读写能力和应用抽象思维显著困难，但通过特殊教育可使他们的智力和社会适应能力得到提高。

（二）中度智力落后儿童

中度智力落后儿童的智商分数在 35～49 之间，他们的语言、运动功能发育和运动技巧能力明显落后于正常儿童，词汇贫乏，不能完整表达意思，理解能力差，学习能力低下，生活自理困难，经过耐心训练可以从事简单的非技术性工作。

中度智力落后儿童通过教育可以获得一定程度的社会责任、学会基本技能以及掌握有限的词汇。这类儿童能够学会自理能力（穿衣、脱衣、上厕所、吃饭），在家里或学校遇到一般危险能够自我保护，有一定的社会适应能力（分享、合作等），可以从事简单的非技术性工作。中度智力落后的儿童由于发展迟缓以及某些特殊的身体特征，一般在婴儿期或童年早期就可鉴别出来。

（三）重度智力落后儿童

重度智力落后儿童具有多重障碍，需要特殊的教育环境与方案来激发他们有限的潜力，智商分数处于 34 及以下。他们的语言功能明显障碍，不会讲话或仅能发出个别单音，不能理解别人的言语，运动功能发育受限，严重者不能坐立和走路，日常生活均需别人照顾，不知危险，无防御功能，不能接受学校教育，不能接受训练以及学会简单技能，生活不能自理，缺乏社会行为能力，常伴有脑部损害、脑瘫、癫痫、先天畸形和神经系统异常体征。

极度严重者完全没有语言能力，对周围环境和亲人不能认识，仅有原始情绪反应，如以哭闹和尖叫表示需求食物或不高兴，有时出现暴发性的攻击和破坏行为，缺乏生活自理能力，全部生活需人照料，大多数儿童患有先天畸形、神经系统异常体征和癫痫。

三、智力落后儿童的特征

智力落后的儿童在如下几个方面与正常儿童不同：认知过程、语言的掌握与使用、运动技能以及个性和社会特征。

（一）认知过程

当 3 岁大的杰克被问到为什么有时天会下雨时，他答道："这样花儿就可以长大了"。当他 11 岁的姐姐被问到时，她答道："是因为地球表面的蒸发作用"。而轮到他们的表哥，一个学习气象学的研究生时，他的回答又有所扩展，包括对积雨云、科里奥利效应和天气图的讨论。这些回答反映了不同程度的认知。但当儿童智力落后时，他们对事物的认知便不能随着年龄的增长而进步。那么，人对外界事物产生认知的过程究竟是怎样的？信息处理模式（图 8-1）认为从接受刺激到做出反馈的过程可以分为三个步骤：

1. 感知　对刺激物的感知。

2. 中枢处理过程　运用记忆、推理和评价等处理过程将刺激物归类。

3. 表达　从所有可能的结果中选出答案。

影响并控制这些步骤的决定因素是执行功能——决定人们将要注意什么（感知），人们采用什么问题处理方式（中枢处理过程）以及对行为做出的反应（表达）。最后，反馈是人们对刺激反应的结果，它成为新的刺激，重复上述过程。

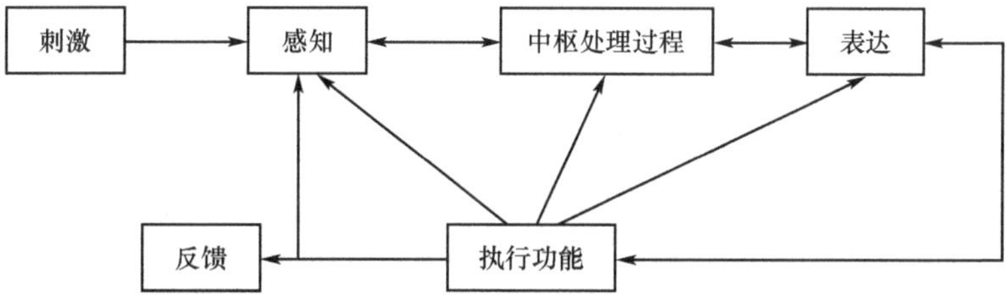

图 8-1　信息处理过程

研究者往往使用这种信息处理模式来分析智力落后儿童的认知过程。到底是哪一部分功能的发展不足导致了儿童认知功能的缺失呢？是感知过程，是不会表达，是缺乏反馈，是中枢处理过程的问题，还是执行功能没有发展出来，抑或是诸多环节都存在问题？研究发现，执行功能是影响智力落后儿童认知的一个主要因素。他们不能理解事物，不知道应注意什么，不知使用什么策略来处理，以及不能做出适当的反应。用老师的话说就是他们缺少"好的判断"。

许多孩子在中枢处理过程中也存在问题。归类（对信息进行组织）对智力落后儿童来讲是一个难题。从认识物体的速度来看，智力落后儿童比正常儿童慢得多。比如，李孝忠在一个实验中，向儿童呈现他们所熟悉的物体（苹果、桌子、猫）的图片，呈现时间为 22ms，结果正常儿童能认知 57%，而智力落后儿童不能认知图片上的任何物体。如果将呈现时间延长至 42ms，再重复上面的实验，结果正常儿童几乎能认知图片上的全部物体（95%），而智力落后儿童只能认识图片上一半的物体（55%）。智力落后儿童知觉物体的速度如此之慢，是与他们知觉范围狭窄分不开的。学龄儿童可以很快地将事物进行归类：椅子、桌子、沙发是家具；苹果、桃子、梨是水果，这对智力落后儿童来讲很困难，他们不能指出火车与汽车的区别。

此外，记忆力也是智力落后儿童的一个难题。刘在花等在研究中发现，智力落后者的初级记忆能力与非智力落后者相比，没有显著差异。然而，智力落后者的次级记忆能力却显著低于同龄学生。原因可能有两个：其一，智力落后者的次级记忆能力非常有限；其二，将信息从初级记忆传递到次级记忆的机制有缺陷。继而，围绕后者展开了大量研究。Ellis 的实验证明，复述确实是将信息从初级记忆传递到次级记忆的机制。许多研究只是试图通过实验证明，智力落后者不能有效使用策略。而另一些研究者却努力探寻能够提高智力落后者记忆成绩的干预措施，他们希望这些教育干预措施能够矫治复述缺陷。然而，这一研究思路容易产生两个问题。第一，迁移失败。即使能够将有效的策略教给智力落后者，并让其利用这些策略完成某一具体任务；但是当任务稍有变化后，智力落后者就不能将所学策略有效地迁移到新的任务情境中。第二，策略无效性并不是智力落后的唯一缺陷。孙里宁（2006）采取加工分离程序（PDP）对38名弱智儿童的外显记忆与内隐记忆进行了研究，通过与47名正常儿童进行比较，结果发现，正常儿童的外显记忆水平明显优于智力落后儿童，但在内隐记忆方面，两者无显著差异。这可能是由于大脑发育的缺陷使智力落后儿童的外显记忆水平明显低于正常儿童，智力发展的限制使记忆的发展也受到损害。颇有意义的是，这一结果提示教育者可以利用稳定的内隐记忆创设一定的内隐学习情境，更多地利用内隐记忆提高智力落后儿童的相关能力。

（二）语言的掌握与使用

解释性语言是智力落后儿童在语言方面最大的缺陷。轻度智力落后儿童在语言的结构和内容上有缺陷，而对中度智力落后的儿童来讲，语言的发展更为严峻。除了发展缓慢，神经与生理上的一些缺陷也影响语言的发展。例如，大脑受损伤对语言的发展就是毁灭性的打击。

国内的研究也得到了相似的结论，研究发现智力落后儿童语言能力的发展较一般儿童迟缓，且水平较低。他们对单句的理解仍停留在词序和事物的具体性上，难以掌握事物的本质特征，难以进行真正的抽象概括，也难以对单句进行深入复杂的理解。马红英等对中度弱智儿童的句法结构状况进行了考察，结果发现，中度弱智儿童的语言习得过程与正常儿童大致相同。他们对结构复杂和逻辑性强的单句句法结构还未完全掌握，在使用复句时有时会出现语序混乱，致使表达出现障碍。刘春玲等的研究发现，智力落后儿童的语音获得与智力受损情况有明显相关，智力受损越严重，语音的发展越滞后。智力落后儿童由于大脑发育方面的缺陷，听觉分化功力差，加上生活环境中的不利因素，如家庭的教育不良、单一的生活环境等，他们的口头语言表达能力发展会有如下特点：①语言的理解和表达明显晚于正常儿童；②语言的发展速度缓慢；③词汇贫乏，质量不高；④发音不准，吐字不清；⑤语法简单，表意不清等。

（三）运动技能

由于轻度智力落后儿童比正常儿童有稍多的视觉、听觉以及神经问题，因而在运动技能的熟练程度上，智力落后儿童要稍低于正常儿童。尽管如此，轻度智力落后儿童中还是有一些身体与运动技能超常的人。但这些对中度智力落后的儿童是不适用的，因为他们大多数的中枢神经系统存在严重障碍，缺乏良好的协调、步态以及良好的运动技能，更多地表现为呆板、步伐僵硬。杨慧武等通过两个打洞作业对国内智力落后儿童和正常儿童的感知动作技能进行了多种参数的比较，结果发现两类儿童在理解操作要点、操作速度及操作动作的协调性和正确性各个方面都有明显的差异。智力落后儿童的动作发展在平衡动作、速度与灵巧度方面很差，表现如下：①运动速度的发展缓慢，与正常儿童相比，由于神经系统受损，智力落后儿童会出现病态动作，如抬头晚，2～3 岁也不会用双手和双膝支撑爬；②智力落后儿童动作的协调能力与平衡能力较差，在生长发育上有一定的跳跃性；③生活中运动较少造成智力落后儿童体质较差，形成一种恶性循环。

（四）个性及社会特征

张福娟等曾利用《缺陷儿童人格诊断量表》对智力落后儿童与正常儿童的人格特征进行了比较研究，结果表明，在人格因子方面，适应性和分化性因子发展较差，自我发展性因子较好。同时也表明了智力与个性存在着密切的关系，智力损伤越严重，对个性发展的影响就越明显。李祚山的研究也表明，智力落后儿童在未成熟性、自卑感、社会性、自我中心等人格特质方面发展相对较好，较差的人格特质主要是坚韧性、固执性和生活习惯等方面的特质。在人格因子方面，分化性最差，其次是适应性。在人格类型方面，相当部分的智力落后儿童存在着人格问题。智力落后儿童的人格因子仅在适应性方面随年龄的增长而日渐成熟，其他因子无此明显现象。学校教育致力于智力落后儿童的人格及行为，有如下两个特殊原因：第一，非典型的行为会成为课堂的障碍；第二，成人的社会适应主要依赖于社会技能与行为方式。智力落后儿童常在个性和社会特征中存在特殊问题，部分特征（受限的注意范围、较低的耐挫折能力）会导致失败。马莎莎采用调查法对上海市幼儿园到九年级的306名不同程度的智力障碍儿童的社会适应能力进行了实证研究，采用观察法对2名智力障碍儿童在家庭、学校和社区的表现进行了观察，并采用访谈法对儿童家长和教师进行了访谈，结果发现，智力障碍儿童社会适应能力的发展水平偏低，而且呈现发展的不平衡。智力缺陷是否影响智力落后儿童的社会适应至今尚不能确定，但我们在前面讨论的语言发展受限对社会适应确有消极影响。

信息栏 8-4　白痴学者：缺陷的天才

白痴学者是精神医学专有名词。既然是“白痴”，又如何是“学者”？这个名词一语道出白痴学者的矛盾与冲突。说是白痴，他们确实愚鲁、智商低下；说是学者，他们又专长独具，禀赋过人。截然相悖的两极，竟奇妙地统一在同一个生命体内，这就是令医学界百思不解的白痴学者现象。

最著名的白痴学者是美国盐湖城的一位名叫金·皮克的自闭症患者。他在历史、文学、地理、体育、音乐等15个领域，都有着超凡的天赋。据报道，皮克有过目不忘的本领，他甚至能将一本电话号码簿上的名字和电话号码一字不差地记住。直到如今，皮克几乎能一字不漏地背诵9000本书的内容，不过，皮克在其他方面却显得相当“低能”，他不能料理自己的生活，像穿衣服这类简单的日常工作都不能做。皮克的故事给了好莱坞导演灵感，1988年奥斯卡获奖电影《雨人》就是以他为原型拍摄的。因此，白痴学者又被人们俗称为“雨人”。

据美联社2004年11月9日的报道，美国宇航局科学家于2004年11月初用研究太空飞行对人体影响的高科技设备，对金·皮克的脑部进行了一系列检查，其中包括正电子发射断层扫描、功能性磁共振成像、单光子发射断层扫描等成像技术，检查结果创建出一系列皮克大脑的精确三维图像。研究者们打算将新的三维图像与 1988 年美国犹他大学神经学专家丹·克里斯汀森博士曾为皮克拍摄过的核磁共振成像图像进行比较，以了解在这16年时间中，皮克的大脑到底发生了什么变化。据为他进行脑部扫描的理查德·波尔利博士介绍，皮克的大脑不仅具有独特的能力，而且所有证据显示，随着时间的流逝，他的大脑仿佛也变得越来越聪明。

美国宇航局科学家称，正电子发射断层扫描提供了一个窥测白痴学者大脑思维活动的窗口，是白痴学者研究中一种极有前途的新工具。利用这一技术，人们有可能精确地掌握患者奇妙的思维活动，因此有人称这种技术具有划时代的意义。

大多数白痴学者实际上并非真正的白痴，其智商一般在35～70之间，属轻度或中度弱智，真正的白痴智商低于20。而大多数白痴学者并非地道的学者，因为他们具有只限于某一孤立方面的突出才能。

早在1789年，科学文献中就出现过有关白痴学者的描述。有“美国精神医学之父”之称的拉许曾描述了一位具有闪电般快速推算日期本领的富勒先生，当问他活了70年17天又12个小时的人总共活了多少秒钟时，富勒花了一分半钟就得出正确的答案：2 210 500 800秒；他把其中17个闰年都考虑进去了。但除了推算日期之外，富勒对复杂的数学并没有什么了解。

在1887年伦敦医学会议上，以鉴定出唐氏综合征而知名的唐恩报道了他在伦敦主持俄尔斯伍德精神病院的30年间发现的10例白痴学者病例，并以医学家的眼光对自己的患者进行了更完整的描述。正是在他的建议下，医学界开始用“学者症候群”取代“白痴学者”这一名称。

到目前为止，我们已经知道白痴学者可以在推算日期、计算、音乐、绘画、雕塑、查阅字典、下象棋、背诵、色彩、赌博，甚至经商及其他许多专业知识上表现出非凡的才能。有关文献提示，白痴学者中至少拥有300种以上的天才。而一些弱智者在某些方面表现出的技能，实在令人刮目相看。

为什么这些白痴在某些方面会有“学者”的才智呢？对此，科学家们众说纷纭。人的大脑左右两半球各司其职。左半球主管语言、数字以及概念、分析等逻辑功能，而右半球则分管音乐、绘画、空间几何以及想象和综合等功能。不少研究报道认为，一部分典型的白痴学者技能与大脑右半球功能有关。

1980年，布林克发表了一项戏剧性的报告，为左脑半球的变化可能出现白痴学者的重要性提供了更多可信的证据。布林克是美国加州克拉夫顿丘学院的心理学家，他描述了一位正常的9岁男孩，在一颗子弹破坏了他的左脑半球，造成聋、哑及右半身麻痹的意外之后，神奇地出现了不寻常的“学者”技能。他能够修理多段变速的自行车，以及设计新玩意儿。用未受损的大脑半球来推测，即左半球受损后导致右大脑半球占优势。布林克的报告发布后，纳蒂阿等人在研究中也重复了布林克的发现，并认为艺术形象的形成和整体性、空间感、节奏感等方面，主要是右脑起作用的，是右脑功能导致了艺术创造性的产生。

近年来，出现了更多支持左脑半球假说的资料。1998年，加利福尼亚大学旧金山分校的米勒检视了5位患有额颞叶失智（FTD）的老年患者，这是一种早衰性的失智毛病。这些患者在出现失智及逐渐恶化的过程中，生发出艺术的才能来：他们能够制作精细的艺术品、绘出优美的画作。以单光子发射断层扫描检查，显示这些人的脑部伤害主要在左侧。

白痴学者现象被提出一百多年来，人类对此领域的研究不能说没有进展。许多学说与假设被提出，每一种似乎都有其道理，但却又无法穷尽一些谜底。直到今天，新闻媒介报道此类现象时仍以奇闻轶事的形式出现。而对于研究此类现象最多的医学界，它同样是一个一直试图解开却一直未能真正解开的谜。这个最后谜底的揭示，无疑可使人类更加贴切地认识自身，甚至有利于帮助人类从中获得某种进化的契机。

资料来源：奇云. 2005. 白痴学者：缺陷的天才. 科学之友，(2)：24～25

四、儿童智力落后的影响因素

（一）先天异常

1. 染色体异常　唐氏综合征又称先天愚型、21-三体综合征，是最常见的染色体疾病和弱智的病因，新生儿中发病率约为 1/700。唐氏综合征的发生起源于卵子或精子发生的减数分裂过程中染色体的不分离现象，通常是随机发生的，约 95%的不分离现象来源于母亲。21 号染色体上多出的一条染色体因剂量效应破坏了正常基因组遗传物质间的平衡，导致患儿智力低下，颅面部畸形及特殊面容，肌张力低下，多并发先天性心脏病，患者白血病的发病率为普通人群的 10～20 倍。生活难以自理，患者预后一般较差，50%左右于 5 岁前死亡。目前对唐氏综合征还缺乏有效的治疗方法。

20 世纪 70 年代以前，唐氏综合征必须要到婴儿的出生甚至更大才能鉴别出来。目前，羊水诊断（从孕妇体内抽取一定羊水）使提早鉴别成为可能，通过对液体中胎儿的细胞进行染色体组型分析可以判断是否有染色体异常。早期诊断允许父母决定是否终止妊娠，这个决定并不是简单的纯医学的生理问题，还关系到生命的权利等伦理方面的问题。

在过去，唐氏综合征患者被粗鲁地诊断为“傻瓜”，但是现在，在欧美，包括我国的台湾与香港，大部分的唐氏综合征患者都有自己的工作，相比轻度患者由于聪明会偷懒，中度唐氏综合征患者则因其不嫌闷、守纪律、更忠诚，完成工作的质量更高，尤其适合从事低技术含量、需要长期机械化重复的工种，颇受老板的青睐，就业率甚至比轻度患者更高。唐氏综合征患者能胜任的工种，除了上面提到的，还有办公室文员、糕点烘焙、洗车、清洁、商场理货、餐厅服务、厨师等。

其他导致智力障碍的染色体畸变有脆性 X 综合征（Fragile-X）、先天性睾丸发育不全综合征（Klinefelter’s Syndrome）、18-三体综合征（Edward’s Syndrome）、13-三体综合征（Patau’s Syndrome）、5 短臂缺失综合征（猫叫综合征）、4 短臂缺失综合征（Wolf's Syndrome）。

2. 先天性代谢异常　人体的各种正常的物质代谢过程是分阶段进行的，每一阶段都由特定的酶催化，受酶的功能所控制。当参与代谢的任何一个阶段的酶的活性有缺陷，代谢受阻，就会对全身多种器官和系统产生有害的影响，特别是对神经系统的影响比较严重，这类问题称先天性代谢异常。其中之一就是苯丙酮尿症，它属于氨基酸代谢障碍性疾病（在重度智力落后患者中，氨基酸代谢异常占 10%左右），由于先天性苯丙氨酸羟化酶缺乏，使体内苯丙氨酸不能转变成酪氨酸，苯丙氨酸在血液中积累到一定量后会影响大脑的发育。患儿出生后数周会出现呕吐、易激怒、湿疹、身体带有异常气味、头发枯黄、皮肤及虹膜色素变淡、肌张力增高、智力发育障碍等症状，并常常伴有癫痫发作。幸运的是，这类疾病可通过新生儿的血液检验出来。如果在儿童发育早期通过干预，限制苯丙氨酸饮食，患儿可能有正常的智力发展。

其他类先天性代谢异常如碳水化合物代谢障碍（如半乳糖血症、果糖血症等）、脂肪代谢障碍（如黑矇性痴呆症）、黏多糖代谢障碍（如 Hurler 代谢综合征）均能导致智力发育问题。

（二）后天环境

1. 出生前的致病因素　胎儿除了受先天遗传因素的影响外，还会受到母体环境因素的影响。

母亲孕期营养缺乏，会使胎儿脑细胞发育不良、体重偏轻，进而影响其智力发育。哈科与同事跟踪了 249 名低体重儿，直至他们人生中的最初 10 年。通过与出生时重量达到平均水平的婴儿进行对比，结果发现，这些儿童在 8 岁时体重更低、身高更矮、头围更小，各种各样的疾病与外科手术处理的发生率非常高。他们在大部分智力功能的测量上表现得非常差，包括智力水平、语言、阅读、数学、拼写以及运动能力。那些出生时重量较低、体重少于 750g 的个体中，几乎 25%处于智力迟钝状态，大约一半进入了特殊教育的班级，25%存在视力问题，25%遭受着相当程度的听力丧失。

人的大脑在受精后约 3 个周开始发育，中枢神经系统极易受感染。如果在这一时间母亲感染了风疹病毒、巨细胞病毒和梅毒螺旋体等，孩子极有可能会智力落后或伴随其他严重的脑部疾病。

此外，母亲在孕期吸烟、酗酒、滥用药物等均会影响胎儿智能的正常发育，乃至造成永久性的智力缺陷。

2. 出生时的致病因素 首先，如果母亲有疱疹病毒，当胎儿通过产道时会感染疱疹病毒并造成严重的眼损伤和脑损伤。其次，新生儿窒息（胎儿娩出后仅有心跳而无呼吸，并出现一系列呼吸衰竭的症状）也会造成脑损伤。再次，因分娩时胎位异常，胎儿过大，母亲骨盆小或产程过长，胎儿头部长时期受压，或使用产钳助娩，负压吸引等对新生儿头颅的机械压迫都容易使新生儿脑部直接受到损伤，影响脑的发育，造成智力落后。

3. 出生后的致病因素 不良的社会环境，尤其是家庭环境对轻度智力落后起着决定作用，如贫困、子女多、出生间隔短、居住拥挤、儿童教育环境差、教养方式不良、受教育机会缺乏等。据报道，南京某家庭由于父亲的偏执人格，将三个子女反锁在屋内多年，以免受外界侵害，结果孩子由于不能接收丰富的外界刺激，产生了严重的智力落后。

此外，环境中放射线的损害、铅和汞等重金属的污染等都与儿童的智力落后相关。二次世界大战末，在日本广岛和长崎爆炸了两颗原子弹，在这两次爆炸中幸存下来的妇女所生的孩子智力有缺陷的现象十分明显。一般生活在贫困地区的儿童铅中毒的可能性更高，贫困往往导致住在含有铅涂料碎屑的房屋里，中毒后又无经济能力为孩子提供持续的智力开发训练。

五、智力落后儿童的鉴别

鉴定智力落后是一个科学的评估过程，需要根据一定的要求和依据、由医师和心理学家来诊断，教师和家长可以为诊断提供有价值的信息。诊断的一般要求是，强调早期发现，明确是否为智力低下，并分析病因，判断神经系统损害和智力低下的程度，须排除其他精神问题如多动症、孤独症和精神分裂等，诊断评定还要为治疗、教育和特殊训练提供指导方针。

智力落后的诊断依据包括三方面：一是有详细的病史，要了解家族遗传史，是否为近亲婚配，母孕期的高危因素、分娩年龄、疾病史和缺陷等；二是要进行系统的临床检查，包括神经系统检查、精神检查、生物化学和实验室检查，如脑电图、CT 等；三是进行心理学诊断，包括发育评估、智力测验和社会能力评定。

在许多学校里，老师鉴别学生是否智力落后，主要是通过他们的学业成绩。当一个孩子在学业上失败时，就要考察他失败的原因。通常学生要被安排由学校的心理学工作者进行评估，来确定他失败的原因。评估主要包括美国智力落后学会确定的儿童智力落后的两个维度：智力发展和适应行为。

（一）智力评估

尽管有时并不十分准确，但个体的智力测验仍是确定智力落后的主要依据之一，如当一个孩子的分数显著低于 98%的同龄人时就会被认为是智力落后。任何智力测验工具都有测验的标准误，因此，不同的智力测验工具测得的结果可能不同，应当将测验中得到的 IQ 分数视为一个范围谨慎使用，特别是对于测验分数处于边缘状态的对象，更应当综合多方面的情况作出诊断结论。目前常用的智力量表或测验有斯坦福-比纳智力量表（Stanford-Binet Intelligence Scale，SB）、韦克斯勒儿童智力量表（Wechsler Intelligence Scale for Children，WISC）、韦克斯勒学前儿童智力量表（Wechsler Preschool and Primary Scale of Intelligence，WPPSI）、考夫曼儿童智力量表（Kaufman Assessment Battery for Children，K-ABC）、联合型瑞文测验（Combined Ravwn's Test，CRT）等。由于 3 岁以下幼儿的智力测验比较困难，因此可采用发展量表来评定婴幼儿的智力状况，常见的有 Gesell 发展量表、Denver 发育筛选测验、中国婴幼儿智能检查表和适应行为量表等。

（二）适应性行为评估

适应性行为指人们习得的用于适应日常生活的概念性、社会性以及实用性的技能。概念性技能指语言、读写、金钱概念和自我定向等技能；社会性技能包括人际、责任、自尊、遵循规则、避免受骗（性教育）等技能；实用性技能则是日常生活的操作活动、职业技能以及对环境的自我管理等技能。相对于智力评估，适应性行为的评估更困难些，因为行为随环境的不同而不同。如一个孩子能良好地适应评估标准，却不适应课堂学习。美国智力落后学会的儿童适应性行为标准与鉴定测评的是儿童对社会的适应性。大多数儿童在这些相同的尺度下表现良好，因为很少问及他们的学业及相关行为。但是一个总的评价量表应包括孩子们对学校环境的反应，毕竟他们很大一部分时间要在学校度过。适应性行为的评价要包括双重领域，即校内和校外都要涉及。目前常用的评估儿童适应性行为的量表有文兰社会成熟量表、儿童适应性行为评定量表、儿童适应性行为量表。

六、智力落后儿童的适应性教育

（一）学习环境

对于有特殊需要的学生的教学，一般有以下几种取向：第一种是将该类儿童安置到特殊的班级中，这样的班级通常由具有不同问题的学生组成，他们的问题包括智商问题、情绪问题、严重的阅读问题，以及诸如多发性硬化之类的身体缺陷等，这种班级通常是脱离常规教育进程的。第二种是回归主流，是一种尽量避免把特殊学生分离出来的特殊教育方法，特殊儿童可以最大限度地融入传统教育体系中，并具有十分宽泛的教育选择。第三种是全纳的教育模型，全纳是指让所有学生都融入常规教室中，即使是有严重缺陷的学生，也不例外。从哲学的角度来讲，有特殊需要的学生最终必须生活在正常的环境中，所以三种方法比较来看，单独教育的局限性最大，全纳的实践性有待考证，而回归主流相对优势更明显。在回归主流的教学中，一方面，智力落后儿童与其他正常同伴之间的交往有助于其融入常规教学和活动中，有助于其今后更好地适应社会；另一方面，回归主流也包含为其设置单独课程，可以让其最大限度地发展自己的潜能。然而，不论是哪种教学取向，世界各地的学校里都会有以下一种或多种班级的存在。

1. 普通班级　许多轻度智力落后和部分中度智力落后的儿童被安排与正常儿童共同上课。当然，将这些孩子安排在普通班级而无任何额外的帮助是不行的，在普通班级里要设有特殊服务，如辅导阅读、演讲以及交往治疗和心理咨询等。这种模式将轻度智力落后的儿童与学习困难、轻度的行为障碍以及交往困难的儿童合并起来，在这一假定下，这些孩子有很多教育问题，但这些问题可以在普通班级中解决。分类与标签已经不重要了，重要的是适合于每个儿童的教育方案。

2. 资源教室　对轻度智力落后儿童来讲，资源教室为他们提供了与特殊教育老师共同相处的机会，能够学到在普通班级中学不到的知识和技能。这些孩子每天离开教室约 1 小时来学习特殊课程。参加资源教室的学生人数要远远少于普通班级中的人数，这样老师可以有更多的机会与学生个别相处，也便于学生之间小团体的交流。在一些学校，资源教室方案也用于其他一些轻度障碍的儿童，允许教师为这些孩子单独设置方案。

3. 特殊班级　智力落后程度越大，越需要为这些孩子提供专门的环境。特殊班级就是主要为中度智力落后儿童提供的特殊教育场所。在特殊班级中，经过专门培训的教师为一小组的儿童（不超过 15 人）提供专门的课程。这些课程包括自我修饰、安全、学龄前阅读技巧等。

到了中学阶段，特殊治疗课堂或者基本技能课堂会吸收一些中度智力落后的儿童。而资源教室相对于中学来讲，更适用于小学。

（二）内容与技能

对轻度和中度智力落后儿童的教育方案主要集中于以下五个方面。

1. 学前课程　为智力落后儿童开设一门课程，可以使用任务分析的方法，将一个复杂的问题分解成若干个适应智力落后儿童能力的子任务。例如，培养孩子的阅读能力，包括听觉（听力辨别和听力混合）和视觉（匹配字母以及单词重认）的参与，帮助孩子掌握这些基本技能，就可以教他们阅读了。同样的方法，通过让孩子思考数目并且将数与物体匹配来教他们识数。为准备写作，先教他们简单的动作（让他们模仿并描绘每个字母的轮廓）。这一过程有两个好处，一是通过子任务，学习技能将会提高。二是给智力落后儿童提供很多成功的机会，使其获得自信。

社会技能是智力落后儿童学前课程的一个重要组成部分，这个指导过程也应该是非正式的。让儿童在日常生活中学会排队、分享、合作。餐桌是教孩子社会技能的一个很好的平台，在这里，孩子可以学会分享食物、帮助别人、按顺序等候以及其他的餐桌礼貌。尽管这里的"教育"是非正式的，但对儿童的社会性发展非常有效、非常重要。

2. 基本技能　传统的模式是大部分的孩子在普通班级中学习基本阅读和算术技能，在资源教室学习基本方法。老师选择一个主题，在主题里穿插阅读、算术、写作以及拼写等任务，题目具有激励性，因为它很实用并与儿童的经历直接相关。

对中度智力落后学生的教育主要集中于阅读的结构。让他们能够识别简单的关键词，如走、不要走、停止、男人、女人、进来、出去等，能够识别表示有毒物质的有交叉线的头骨。对中度智力落后的学生通常采用整词的教育方法，来帮助他们认识内容中的单词，例如，电视上的时间表和食品盒上的说明等，围绕社区生活学会寻找关键词。

中度智力落后的学生不能像正常学生那样学习算术，他们只能掌握定量的概念（多与少、大与小等)。起初可以教他们数 1～10 并指出小团体的人数,当他们再大一些,可以要求他们写出 1～10,掌握时间概念,尤其是一天中行为的先后。总而言之,数学就如同阅读的教法一样,要同日常生活结合起来。

3. 语言与交流 在小学,教师可以通过要求学生们描述一个简单的物体,如桌子(圆的、硬的、可以往上放东西、是褐色的)来帮助他们学习语言,甚至可以要求他们用语言来描绘感觉(高兴、生气以及悲伤)。

为中度智力落后的儿童安排的语言练习主要包括演讲以及对动词的理解和使用。它们包括交流技能——听故事、讨论图画、讲述最近的经历以及他们熟悉的活动,课堂中使用戏剧的方式来讲述故事、唱歌等。

4. 社会化 智力落后儿童从一个环境到另一个环境的适应很困难。因此,我们要教给他们直接有用的社会技能,提高轻度智力落后儿童批判性地思考和独立行动的能力。课程的安排主要围绕生理需要(感官刺激)、心理需要(自尊、熟练度)和社会表现(信任、灵活)。

社会学习课程不仅包括行为目标,还有观念目标,这些课程强调诱发性问题的使用。过程如下:

(1)标注:从正在学习的材料中引出问题。

(2)详述:根据事物的详细特征提出问题。

(3)推断:从已有的特征中得出结论。

(4)预知:根据推断,提供更多的信息,考虑会有什么反应。

(5)总结:从已有的信息中得出通用的规律。

5. 就业前教育和工作技能 当轻度智力落后儿童到了上中学的年龄,就要安排他们学习工作技能,这些技能可能与特殊职业或者一般的工作技能有关。

对于青春期前的智力落后儿童,通常对他们进行知识和技能的职业前教育,以使他们更好地适应将来的工作。例如:①提供路线图,让学生可以沿路线从一点到另一点;②提供需要两人甚至更多人参加的工作,让学生合作至工作结束;③提供一份报纸,让学生根据要求找出专门的信息。

近年来,对轻度智力落后儿童的职业教育有分歧。根据特殊教育方案,大多数的智力落后儿童在普通班级中学习普通课程,但有些中学的课程内容(英语、历史、科学)不再适合智力落后儿童,对他们更应该强调实用的职业技能,将来能够独立生活。

职业教育的内容主要包括以下几个方面:

第一,职业能力的调查。职业能力的调查主要包括:①身体检查:查明学生一般的健康情况,了解身体的基本能力及有无疾病伴随等。②心理检查:查明学生智力发展情况及社会适应情况。③教育成就调查:查明学生语文、数学及其他知识的学习掌握情况。④职业行为调查:通过各种测量与评估,确定其职业能力和接受生产训练的可能性。根据以上职业能力的调查内容,建立学生较全面的档案,并结合就业的需求情况对智力落后儿童进行一定的职业定向培训。

第二,职业训练。经验表明,智力落后儿童适合选择的职业范围大体包括:①服务业。如清洁工、商店店员、餐厅服务员、理发工、办公室打字员、传达员、货物运输工等。这些工种的教育内容除按各工种自身要求的内容外,更应注重职业道德或职业修养的内容,如遵守时间、讲信用、热情、礼貌待客等。②农业。如种植粮食、蔬菜、果树林木,饲养家禽、鱼类等。农村的智力落后儿童经过训练后,大多数能参加农业生产劳动,成为自食其力或半自食其力的劳动者。这些职业的教学内容以各种工具的使用、操作及有关知识为重点。③工业。如钳工、木工、缝纫工、纺织工等。这类工作较前两类工作专业性更强、不仅要求学生有好的工作态度和习惯，还要求有一定的专长。

第三，就业指导。就业指导包括：①职业意向调查。目的在于了解学生对职业的意愿及有关问题。②对职业性质的认识。这是学生正确认识职业活动的必要条件。教师通过指导使学生明白工作的价值和意义。③工作态度和习惯。这是职业成功与否的重要条件，通过指导使学生懂得应具备的工作态度和习惯。④求职就业。目的在于教给学生求职就业的基本知识。通过以上内容的指导，使学生获得有关就业的一些基本常识，以使他们能更好地适应职业生活。

智力落后儿童的职业教育是指使学生获得某种专门的工作而进行的教育，重点在于教给学生就业的知识与技能，以使学生将来能够就业。职业教育在小学高年级以上才作为教育的主要内容，其从劳动市场的需求出发，涉及范围较窄，但内容具体，主要注重学生工作能力的获得，为学生谋业打下基础。

智力落后儿童职业教育的开展具有极大的社会意义，它能使智力落后的儿童获得一技之长，使其发挥自己的能力，从而由消极依靠家庭、社会的照顾变成能够独立生活的人，这也是特殊教育的价值和意义。

【要点小结】

（1）儿童的发展存在个体间差异，在智力发展上存在不同于正常的超常和低常两个群体，被称为特殊儿童。

（2）推孟概括了超常儿童的特征，根据这些特征可以对超常儿童进行鉴别，超常儿童由于受到遗传、环境的共同影响，因此可以从这两个方面着手考虑对超常儿童进行培养。

（3）道尔认为智力落后包括：社会适应能力差；智力低下；发育迟滞；不成熟；具有体质上的起因；基本上是不可治愈的。

（4）智力落后儿童可以分为轻度、中度和重度三类，其影响因素包括先天异常与后天环境。

（5）智力落后儿童在认知过程、语言的掌握与使用、运动技能、个性和社会特征等几个方面与正常儿童不同，依据这些特征可以对智力落后儿童进行鉴别和有针对性的适应性教育。

【关键术语】

个体间差异（individual difference）

优生学（eugenics）

泛自闭症障碍（autistic spectrum disorder）

特殊儿童（special children）

超常儿童（talented children）

智力落后（mental retardation）

【资源链接】

华国栋. 2012. 特殊需要儿童的心理与教育. 北京：高等教育出版社

昝飞. 2014. 特殊儿童的问题行为干预—实例与解析. 北京：中国轻工业出版社

张文京，严小琴. 2015. 特殊儿童个别化教育：理论、计划、实施. 重庆：重庆大学出版社

【复习思考】

1. 超常儿童的特征有哪些？
2. 对超常儿童采用特殊培养模式有哪些优点？
3. 简述智力落后儿童的分类。
4. 简述智力落后儿童的特征。

第九章　儿童常见心理障碍的诊断与矫治

【本章主要内容】

从20世纪60年代开始，世界各国的人们开始用不同的名称和术语来描述有情绪和行为障碍的儿童，有的将他们称为社会性适应不良儿童、行为失调儿童，有的将他们称为严重的情绪困扰儿童，有的则将他们简称为问题儿童。这些儿童的共同特点和表现是，他们在没有明显智力障碍和精神失常的情况下与其所处的社会情景及社会评价相违背，在情绪和行为上显著地异于常态，且妨碍个体对正常社会生活的适应，甚至危害他人、危害集体、危害社会。因此，了解儿童常见心理障碍的表现与成因，进行正确诊断和早期预防与矫治对儿童的成长非常重要。

第一节　儿童注意缺陷多动障碍

活跃是儿童时代的一部分，它可以体现在自发的游戏活动中，也可以体现在有组织的体育活动中，还可以是与兄弟姐妹的摔跤打闹，这是发展身体活动能力的一个重要过程。但是，在大多数孩子表现出正常活跃的同时，有一小部分孩子会表现出失控行为，如破坏物品、学习成绩不良、社会关系差等。小新今年7岁，在他还是个婴儿的时候就一直“忙个不停”，他很难专心，但精力充沛，并且经常惹出麻烦，如动作过快打破东西。他参加了很多体育活动并认识了很多小朋友，但是其他小朋友都不爱跟他玩耍，因为他难以遵守哪怕简单的游戏规则。他喜欢打断他人说话，在任何场合都难以安静，上课时经常离座，总是被老师批评。尽管他看上去智力正常且品行端正，但无法完成学业……

早在1845年，Hoffman就把儿童活动过多作为一种病态症状加以描述。1902年，Still发现，患此症的儿童缺乏内化外在要求和原则的能力，故称其为“道德控制力缺乏”（deficit in moral control）。1932年，Kammer和Pallow用“活动过度综合征”（hyperkinesis）这一名称予以报道。1947年，Strauss和Lehtinen认为这类症状与脑损伤有关，故命名为“脑损伤综合征”。1949年，Gessell和Amatruda提出“轻微脑损伤”这一名称，在1962年的国际儿童神经病学专家研讨会上，又暂定名为“轻微脑功能失调”（minimal brain dysfunction，MBD）。1968年，美国精神病学会在《精神障碍诊断和统计手册》第2版（DSM—Ⅱ）中，将这一障碍命名为“儿童期多动反应”（hyperkinetic reaction of children）。

上述术语的共同点集中在多动行为上，却忽略了注意力的问题。直到1972年，才强调有必要把儿童的分心和冲动看作是伴随着多动行为的更具广泛性和长期性的问题。1980年的DSM—Ⅲ认为，此症的主要问题是注意障碍，因此诊断命名为“注意缺失障碍”（attention deficit disorder，ADD），对于同时有多动症状者，定名为“注意缺失障碍伴多动”（attention deficit disorder with hyperactivity，ADDH）。1987年发表的《精神障碍诊断和统计手册》（DSM—Ⅲ—R）修订本认为，注意力缺失是主要的，多动现象只是一个从属因素，并首次使用了“注意缺陷多动障碍”（ADHD）这一名称，现在广为研究者所接受和使用。

一、注意缺陷多动障碍的表现

注意缺陷多动障碍（attention-deficit hyperactivity disorder，ADHD），在我国又称多动症，是儿童注意力缺乏、唤起过度、活动过多、冲动性和延迟满足困难等一系列心理行为问题的总称，它是儿童期最常见、最复杂的心理与行为障碍之一。多动症的多发年龄一般在学龄早期（6～10 岁），但是幼儿期即可出现症状，主要表现为活动过多、注意力不集中、易激动、冲动、任性、情绪不稳定、攻击、动作不协调、学习失败、同伴关系差等。儿童多动症发病率的统计差异很大，大多数文化中，儿童群体的发病率是 5%（成年人是 2.5%）。近年来我国学龄儿童的患病人数约在 500 万以上，并且有逐年上升的趋势。据估计，在美国有 3%～5%的儿童患有多动症。有些（但不是所有的）问题会随着年龄的增长而逐渐减少，大约有 40%的多动症儿童在青少年后期仍然存在此类问题，10%的儿童在成年以后仍部分地表现出此类问题。

注意障碍和活动过度是多动症的主要特征。概括起来，多动症的主要表现包括以下六个方面。

（一）注意集中困难

近年来，对多动症儿童的研究发现，注意集中困难是这类儿童最突出的表现。这类儿童比一般的同龄儿童更缺乏专注及贯彻到底的能力，易受环境的影响而分心。到了小学，症状表现更为明显。坐在教室里总是东张西望，心不在焉，注意听讲的时间很短。无论是看漫画书或卡通片，都只能够安坐片刻，便要站起来走动。干什么事总是半途而废，即使做游戏也不例外。

（二）活动过度

这类儿童似乎有一种用不完的精力，会不断活动。有的儿童从婴儿期就有过度活动的特点，爱哭闹，难以入睡，喂食困难，常以跑代走，平时老是翻箱倒柜、拆卸玩具等。上学后，在需要安静的场合也表现为明显的活动过度。上课不断做小动作，敲桌子，摇椅子，削铅笔，撕纸条，拉同学的头发、衣服，屁股在座位上扭来扭去。严重的则擅自离开座位，在教室里走来走去。

（三）情绪不稳

多动症儿童情绪不稳定，冲动任性。高兴时手舞足蹈，难以自控，令人感到莫名其妙。不高兴时，就大喊大叫，甚至咬人、踢人或自虐。不愿遵从规则，往往冲动任性，遇事不考虑后果，经常是行动先于思维。如在课堂上大喊大叫，甚至离座奔跑，抢同学东西或袭击别人。他们也经常破坏东西，但出现这些行为并非故意捣乱，而是没有考虑行为后果，想到什么就做什么。做事缺乏条理性，经常频繁地变换活动内容，自控能力差，明知上课要安心听讲，可就是控制不了自己，甚至老师已经示意不要做小动作，也不能完全停止。想要什么就非马上得到不可，稍不合意，就会表现出捣乱行为。这种喜怒无常、冲动任性的坏脾气常使同学伙伴害怕他，讨厌他，而不与之交往，因此这类儿童一般不易合群。久而久之也可造成他们的反抗心理，常常发生伤人与自伤的行为，甚至导致一些灾难性的后果。

（四）学习困难

在多动症儿童中，多数人智力正常或接近正常，但由于他们的注意力集中困难，不能安心听讲、做作业，不能静心应付考试，使其视-听或视-动功能受到严重影响，导致阅读、拼写、计算、临摹绘图、左右辨别不清等学习困难，结果学习成绩低下，常常不及格或者成绩忽上忽下，波动很大。

（五）行为问题

多动症儿童由于好动冲动，常常是适应困难，表现出一系列的行为问题。如在课堂上插嘴，开玩笑，扮小丑，喜欢惹别人，常与同伴发生纠纷，打架斗殴等。为了逃避惩罚，这些儿童还常常表现出说谎、逃学、偷窃、离家出走等行为问题。这些不良行为的出现不是由于品行不良，而是他们实在不能控制自己。但是，如果不注意教育可能就会发展成为品行问题。

（六）动作协调困难

几乎半数的多动症儿童的动作协调有困难。在快速轮替运动和精细动作方面显得笨拙、不自主，并有习惯性的抽搐等表现。其中有的是平衡方面的问题，如不易学会骑自行车，体操动作不准确、不协调。有的是手眼协调差，如投球、使用剪刀时，手眼配合不好。

而在日常生活中，家长、教师经常将多动症儿童与普通的顽皮儿童相混淆。通过以上六条多动症儿童的主要表现，可以看出多动症与顽皮有以下三个方面的区别：①多动症儿童活动常无目的性，行为杂乱，有始无终；而顽皮儿童淘气的行为有一定的目的性，是有计划、有安排的；②多动症儿童的行为常不分场合，不顾后果，无法自制；而顽皮儿童的淘气行为受时间、地点等环境因素的限制而有所约束；③多动症儿童对有兴趣的和新奇的游戏娱乐活动，也不能产生持久的注意；而顽皮儿童对有兴趣的、新奇的游戏及活动，能持续注意并能坚持很长时间。

在以上的六个症状中，注意集中困难、活动过度、情绪不稳三种为多动症的核心症状，学习困难、行为问题、动作协调困难是一些继发性的行为障碍。

二、注意缺陷多动障碍的诊断

（一）评定标准

美国《精神障碍诊断和统计手册》第5版（DSM-V）的诊断标准如下：

1. 持续的妨碍功能或发展的注意缺陷和（或）多动冲动行为，具体如（1）和（或）（2），凡满足注意缺陷或多动冲动行为症状的六条及以上并至少持续6个月，可诊断为多动症。

（1）注意缺陷：六条（或以上）下述症状持续至少6个月

1）在学习或其他活动中常常不能对细节进行密切关注或犯粗心大意的错误（如忽略或漏掉细节，做事不正确）。

2）在进行任务或活动时常常很难维持注意力（如在听课、对话，或长篇阅读中难以专注）。

3）与之对话时，显得心不在焉，似听非听（如心思在别的地方，即使并没有明显的分心）。

4）常常不能听从指导且无法完成作业、日常家务（如开始任务后很快失去关注且很容易将之放在一边）。

5）常常难以组织任务和活动（如难以管理连续性任务；难以保持材料和物品有秩序；凌乱的、无组织的工作；很差的时间管理能力；难以在截止时间前完成任务）。

6）常常回避、不喜欢或不愿意参加那些需要持久精力的任务（如学习或家务）。

7）经常遗失任务或活动的必需品（如学习材料、铅笔、书、工具、钱包、钥匙、作业本、眼镜、手机）。

8）常常容易因外部刺激分心。

9）日常活动中很健忘（如做家务、外出做事）。

（2）多动冲动行为：六条（或以上）下述症状持续至少 6 个月

1）四肢经常动个不停或者在座位上扭动。

2）在教室或其他要求坐好的地方常常擅自离开座位。

3）常常在不合适的场合过多奔跑或攀高。

4）常常难以安静地进行游戏或参加各种休闲活动。

5）常常忙个不停，好像身上装着马达（如在餐馆、会议室很难安静或舒服地待着；往往被其他人视为不安宁或难以跟上步骤）。

6）经常过度地讲话。

7）经常在问题尚未问完时便急于给出答案（如完成别人的句子；在对话中迫不及待轮到自己）。

8）常常难以排队等候。

9）经常打断或插入他人谈话（如插入谈话、游戏或活动；在没有询问或被允许前就开始使用他人的东西）。

2. 有些注意缺陷或多动冲动症状在 12 岁之前出现。

3. 有些注意缺陷或多动冲动症状在两个或更多情境中出现（如在家、学校；与朋友或亲戚在其他活动中）。

4. 有明显证据显示症状妨碍或降低了社会、学业或职业功能。

5. 该症状并非与精神分裂症或其他心理障碍同时发生，且不能被其他心理障碍更好地解释。

（二）鉴别方法

1. 临床观察法　老师或家长通过直观观察，感觉到孩子具有多动症的行为表现后，首先不要急于做最后的判断，而应在专家的指导下，对孩子的行为进行精确的记录。老师记录孩子在班级中的活动和学习表现，父母记录孩子在家中的行为表现，一般持续半年。然后，由专家评定双方的结果并作比较。如果孩子在家中没有明显的多动行为和注意涣散，则可能是老师的教法和教学内容等方面存在问题。

2. 量表测验法　魏金凯等综合以有的研究，提出目前常用的心理学检查方法有：①行为评定量表，目前较常用的有 Conners 父母量表（PSQ）、教师评定量表（TRS）、Achenbach 儿童行为量表（CBCL）、教师报告表（TRF）等；②智力测验，常用的是中国修订的学龄儿童智力量表（WISC-CR）、韦氏学龄前儿童智力量表（WIPPS-CR）；③学习成就及语言功能测定，国外使用广泛的是成就测验（WRAT）；④注意测验，目前最常用的是持续性操作测验（CPT），即要求儿童紧盯着荧光屏上某些信号（字母、数字、图形），信号出现时便迅速按钮，通过计算按钮的准确率、错误率、漏检率、按钮的速度等结果，测查儿童的主动注意力及冲动性。

信息栏 9-1　Conners 父母量表

儿童姓名：　　　　性别：　　　　年龄：　　　　出生日期：

请在每个项目后面按不同程度勾选。

注意："程度"项的记分法——无，记 0 分；稍有，记 1 分；相当多，记 2 分；很多，记 3 分。

（1）某种小动作（如咬指甲、吸手指、拉头发、拉衣服上的布毛）。

（2）对大人粗鲁无礼。

（3）在交朋友或保持友谊上存在问题。

（4）易兴奋，易冲动。

（5）爱指手划脚。

（6）吸吮或咬嚼（如拇指、衣服、毯子）。

（7）容易或经常哭叫。

（8）脾气很大。

（9）白日梦。

（10）学习困难。

（11）扭动不止。

（12）惧怕（新环境、陌生人、陌生地方、上学等）。

（13）坐立不定，经常"忙碌"。

（14）破坏性。

（15）撒谎或捏造情节。

（16）怕羞。

（17）造成的麻烦比同龄孩子多。

（18）说话与同龄儿童不同（像婴儿说话、口吃、别人不易听懂）。

（19）抵赖错误或归罪他人。

（20）好争吵。

（21）噘嘴和生气。

（22）偷窃。

（23）不服或勉强服从。

（24）忧虑比别人多（忧虑孤独、疾病、死亡）。

（25）做事有始无终。

（26）感情易受伤害。

（27）欺凌别人。

（28）不能停止重复性活动。

（29）残忍。

（30）稚气或不成熟（自己会的事情要人帮忙、依缠别人、需要别人鼓励与支持）。

（31）容易分心或注意力不集中成为一个问题。

（32）头痛。

（33）情绪变化迅速剧烈。

（34）不喜欢或不遵从纪律或约束。

（35）经常打架。

（36）与兄弟姐妹不能很好相处。

（37）在努力中容易泄气。

（38）妨害其他儿童。

（39）基本上是一个不愉快的小孩。

（40）有饮食问题（食欲不佳，进食中常跑开）。

（41）胃痛。

（42）有睡眠问题（不能入睡、早醒、夜间起床）。

（43）其他疼痛。

（44）呕吐或恶心。

（45）感到在家庭圈子中被欺骗。

（46）自夸和吹牛。

（47）让自己受别人欺骗。

（48）有大便问题（腹泻、排便不规则、便秘）。

Conners 父母量表共有 48 个题目，这些题目归纳为五个因子和一个多动指数，即因子一：品行问题，因子二：学习问题，因子三：心身障碍，因子四：冲动-多动，因子五：焦虑。这些因子基本上包括了儿童常见的行为问题，其信度、效度已经过检验，能满足一般需要。在每个因子中，用 M（平均数）±2SD（标准差）来代表正常范围。

因子一：2，8，14，19，20，21，22，23，27，33，34，39

因子二：10，25，31，37

因子三：32，41，43，44，48

因子四：4，5，11，13

因子五：12，16，24，47

多动指数：4，7，11，13，14，25，31，33，37，38

资料来源：汪向东，王希林，马弘. 1999. 心理卫生评定量表手册. 中国心理卫生杂志社，52～53

三、注意缺陷多动障碍的成因

儿童多动症的发生既与神经递质缺乏、脑器质性损害等生理因素有关，也与不良的生活习惯、不科学的教育方式等环境要素有联系。

（一）生理遗传因素

国内外研究者对多动症儿童的血、尿及脑脊髓液中的多巴胺、去甲肾上腺素等进行了多方面的研究，试图发现某种神经递质的改变与多动症之间的病因关系。但是，这些研究结果常常是不稳定或不一致的，所以还不能下结论。另据统计，大约 85%的儿童多动症是由脑组织器质性损害（多为额叶或尾状核功能障碍）所致，包括母亲孕期患有高血压、肾炎、贫血、低热、感冒等疾病；分娩过程有早产、钳产、剖宫产、窒息、颅内出血等异常。出生后1～2年内，中枢神经系统有感染或外伤的儿童发生多动症的机会较多。DNA的甲基化与儿童多动症的严重程度有关。自20世纪40年代起，便有人认为儿童多动症是由于脑损伤所致，还提出了“脑损伤综合征”的名称。造成脑损伤的原因很多，产前、产中、产后的窒息或脑外伤等都有可能造成脑损伤。一般认为，如果脑损伤严重，则可能出现脑瘫、发育不良等后遗症，若脑损伤轻微则可能出现多动的症状。但临床上发现，不少多动症儿童并无脑损伤史，也无神经系统异常表现，因此有人称其为“轻微脑功能失调”，这也作为诱发儿童多动症的可能因素之一。

多动症具有一定程度的遗传性。一些专家对多动症儿童和正常儿童进行对照研究发现，大约有 40%多动症儿童的父母，其同胞及其他亲属在童年时也患有此病。同卵双生子的同病率明显高于异卵双生子，多动症同胞比半同胞（同父异母，同母异父）的患病率高。

儿童的生理特点也与多动症的发生有关联。与正常出生体重（大于等于2500g）的个体相比，出生体重小于1500g和个头特别小的儿童出现多动症的风险大大提高；肥胖儿童出现多动症的概率是正常体重儿童的5倍；多动症孩子年龄越小，其行为问题越多。

（二）生活环境因素

近年来，许多独生子女家长“望子成龙”心切，由于早期智力开发过度及教育方法不当，使外界环境的压力远远超过了孩子所能承受的程度，这也是当前造成儿童多动症的主要原因之一。从目前的状况不难看出，学生之间的竞争越来越激烈，孩子们的作业负担越来越重，父母经常把他们放在家里做作业或带他们去各种各样的辅导班。有资料表明，在多动症儿童的不良家庭教育方式中，“严格管教者”占61.7%，“放任不管者”占3.5%，“过分溺爱者”占7.05%。也有国外专家认为，暴力式管教会使患儿的症状发展，并增加口吃、挤眉等新症状，而对儿童漠不关心、放任自流和过于溺爱，也可能促使症状出现，或使症状加重。

铅中毒易引发儿童多动症。摄入含铅量过多的食品，即使未达到中毒的剂量也会诱发多动症。现代社会中随着工业的发展，空气污染加剧，人们吸铅中毒的机会增加，如吸入汽车废气，接触大量的油漆、塑料玩具及其他化学物品等。调查表明，儿童血铅含量增多会有多动的表现，许多儿童课堂上的不良行为都与此有关。因此，日常生活中要尽量防止孩子与铅污染源的接触。

皮亚杰的认知发展理论表明动作活动对婴儿心理发展的重要性，适度的活动有利于婴儿个性、认知、社会性的正常发展，但是如果儿童成长中受到过度的刺激（如噪音、频繁的争吵等）或良好的成长环境遭到剥夺，就有可能引发多动症。

此外，母亲孕期抽烟导致儿童患多动症的概率是不抽烟的2倍；母亲的受教育程度也会影响儿童多动症的发生。儿童缺乏健康的生活方式，如饮水较少、经常喝甜味饮料、缺少维生素摄入、不喜欢阅读、不进行身体锻炼、睡眠不规律等，均会增加多动症的患病概率和症状程度。

四、注意缺陷多动障碍的矫治

多动症儿童好动，注意涣散，不能像常态儿童一样深入思考某个问题，沉浸到一个完全属于自己的世界中去，因此很难形成深刻的观点，对一个论题往往不能发表自己的独特见解。他们经常会受到老师的批评和忽视以及同学的取笑，有可能对老师和同学的态度感到莫名其妙，

"为什么大家都笑话我？我只是想站起来走走而已，老师的那个粉笔盒对我太有吸引力了。"面对外界的消极评价，有的孩子可能会感到自卑，觉得自己无能，有的孩子也会因为自己能够给他人带来笑声而倍感快乐，他们是同伴们的"开心果"。不论如何，对儿童多动症一定要加强认识，及时诊断，认真辨别，才可以进行一系列的治疗与指导。

以往有人认为多动症是一种自限性的疾病，即随着年龄的增长，多动症状会逐渐减轻或者消失，并能适应社会和从事劳动。但是，经过专家们的长期观察发现，仅有部分多动症儿童可以自愈，而多数儿童的症状可能会延续到成年，他们延续的症状往往不是活动过度，而是冲动任性、情绪不稳以及其他一些问题行为。这些不良的性格特征会严重影响他们的心理健康、社会化进程、人格的完善。还有研究表明多动症的治与不治、早治与晚治，在疗效和预后状况上有显著的差异。因此，对于多动症的儿童一定要及时进行治疗，越早越好。要取得良好的效果，家长和教师必须密切配合。

目前对于多动症的治疗主要采用教育性指导、心理治疗、药物治疗、饮食治疗的综合性治疗方法。但是，药物治疗只起一时的作用，一旦停药，症状马上会重新出现，而且还会有副作用，它只能为教育提供条件。饮食疗法是日常生活中最易实施的治疗方法，只要家长熟悉多动症儿童的饮食禁忌，不要顺着孩子的意思想吃什么就吃什么，而是让儿童进行科学的饮食，治疗的效果也就达到了。教育性指导、心理治疗的疗效是深刻而长远的，贯穿于孩子的一生，对孩子的影响是巨大的，对于家长、教师来说，这也是最为复杂与繁重的治疗手段。

（一）教育性指导

多动症儿童的教育不同于正常儿童的教育，它属于特殊儿童教育。家长与教师要重视教育工作，要学习了解有关多动症的知识，要做好持之以恒长期教育与训练儿童的准备。不要歧视、打骂孩子，要耐心教育，抓紧辅导。具体来说，多动症儿童的教育要注意以下几点：

1. 要求必须切合实际　家长教师应了解多动症的特点，对于多动症儿童的要求不要像对待正常孩子那样严格，只要求他们的多动能控制在一个不太过分的范围内就可以了。一般的孩子能够规规矩矩地坐着写作业，多动的儿童可以在自己的位子周围活动，但是不要满教室到处乱动，拉扯其他同学，或者不拿别人的东西玩就可以了。

2. 增加活动　增加一些户外活动、身体活动，如打球、跑步、滑板及各种需要身体各部分协调活动的游戏。这样做一方面有利于多动症儿童过多精力的释放，另一方面可锻炼儿童的动作协调能力、促进其脑功能的全面发展、增强其自控能力。就像弗洛伊德所说的，特定的能量用在一方面就不会用在其他方面了，用于建设性的活动就没有机会消耗在破坏性活动上了。

3. 控制环境　在环境上，要尽量消除可令儿童多动的因素。如在座位的安排上，可让他坐第一排，以利于教师对其进行监督和指导。教师应多向这些学生提问，但问题不要太难，只要求提醒学生集中注意力即可。在家做作业时，尽量给他安排一个较为安静的地方，周围不要放置可引起其分心的玩具或其他物品。其次，教师也可以尝试开发一些有效的针对多动症儿童的教学方法，如 Capodieci 等使用的合作式学习程序被证明有助于提高多动症儿童的社交技能和被同伴接纳的程度，这种方法就是让多动症儿童在小组或班级学习活动中承担符合其特性的任务，促进其与他人的良性交流，而该方法的实施也有一定难度，它需要教师根据教学内容实时设计教学方案。

4. 培养有规律的生活习惯　家长和学校老师亲身示范以带动儿童形成健康的生活方式，

包括早上按时起床、多喝水、不吃垃圾食品、补充多种适量维生素、选择几种体育活动定时锻炼身体、培养阅读习惯、控制看电子产品的时间。

5. 培养自尊心和自信心 对这类儿童应耐心反复地进行教育和帮助，要积极发现儿童的特长和爱好，增强他们的自尊心和自信心，消除紧张心理，帮助其提高自控能力。在学习生活中尽量提供给儿童展现自我能力的机会，让他们品尝到成功的喜悦。

6. 培养社会化技能 多动症儿童大多表现为孤僻、任性、脾气暴躁、做事不顾后果、不善于与他人沟通，在游戏中稍不顺心就哭闹、发脾气、动手打人。这些行为会导致同伴孤立他，不与他交往，因而多动症儿童一般都在社会化过程中出现问题。教师家长应尽量为儿童提供与同伴相处的机会，教儿童如何与同伴友好相处。在平时多给儿童说话的机会，使其学会表达自己。另外，还要为儿童提供一些良好的榜样，供儿童模仿。

另外，在多动症的成因中，暴力性管教会加重儿童的症状，而对他们漠不关心，放任自流，或者过于溺爱，也会出现同样的后果。所以，对多动症儿童的教育除遵循上述几条指导外，要把握好一个度，既不过分严厉，也不过分溺爱，要相对民主、宽容。

（二）心理治疗

1. 行为疗法 行为疗法的原理有巴甫洛夫的经典性条件反射和斯金纳的操作性条件反射，在治疗多动症儿童方面，操作性条件反射中的强化技术使用较为成熟，最有代表性的是代币疗法，它以代币作为强化物，当儿童出现良好行为时就给予代币，而表现不良时就扣减代币，以此来强化儿童的良好行为，减少不良行为。代币是一种象征性的强化物，教学上常用的有小红旗、小红花、五角星等，当儿童的代币积累到一定的数量后就可以交换自己想要的物品或奖励。在学校里，教师采用代币法矫正儿童多动症时可以这样实施：仔细观察学生每节课的表现，如果他喜欢说话，那么记录他每节课堂上讲话的次数（如每节课十次），然后对其进行教育，使之有改正的决心，再与之签约。如约定每节课说话次数不超过五次，可记小红花一朵，超过五次则画一个黑圈，每画一个黑圈，就扣除小红花一朵，一周结算一次。如果累计小红花十朵就可换取他喜欢的物品。达到要求后，可提高标准，如每节课上讲话不超过三次记小红花一朵，记满十朵小红花，又可获奖品。最后要求每节课都不能随便讲话，直至彻底改掉这个毛病为止。奖品不一定是物品，还可以是游乐项目或某种权利，比如得到十朵小红花可以去公园玩一次，这可与家长配合，看他喜欢哪一种活动，再采取恰当的奖惩措施。

生物反馈治疗是在行为疗法的基础上发展起来的一种新型心理治疗技术方法，它借助于脑电生物反馈治疗仪将大脑皮层各区的脑电活动节律反馈出来，并对特定的脑电活动进行训练，通过训练选择性强化某一频段的脑电波以达到预期的治疗目的。目前已成为一种发展迅速且有效的儿童多动症治疗方法。随着神经电生理研究的进展，越来越多的证据表明多动症儿童存在脑电图异常，与同龄儿童相比，θ 波增多，α 波和 β 波减少。生物反馈技术是通过脑电生物反馈仪将儿童体内的生理信号进行描记，并转换为“声”、“光”信号，儿童通过识别“信号”来协调身体机能。脑电生物反馈训练能够强化感觉运动节律（SMR 波）和抑制 4～7Hz 的慢波（θ 波），调整人的脑电活动，提高大脑唤醒状态，从而改善注意力、多动、冲动；提高作业完成的技巧和组织技巧；使学业和行为改善（成绩提高、自信心增强）。国外有研究者对 287 名（6～17 岁）多动症儿童进行了生物反馈治疗，持续时间为 9 个月到 3 年不等，结果显示，该疗法减少了儿童的多动性和冲动性，提高了注意力，情感和行为问题减少。

2. 认知疗法 认知疗法强调通过改善患儿对自己不良行为或情绪的错误认知，来达到纠正情绪障碍的目的。许多情绪与行为，常常植根于对事件错误的思维。所以，通过改变思维模式，尤其通过使他们认识到自己认知中存在的非理性的、自我否定的部分，并获得和强化思维中理性的、自我肯定的部分，来帮助他们解决情绪与行为障碍。有研究发现对多动症儿童进行的认知功能干预，主要是针对游戏和日常活动中的表现进行调整，能有效改善他们的症状。

根据苏联心理学家维果斯基的言语内化说，可以采用自我指导训练的方法，即发展儿童的自我对话，加强语言对自身行为的指导与控制作用。如让儿童边说指导语边做作业："我现在要做作业了，必须集中注意力认真细心地做。第一题是……"，开始时由家长或老师进行示范，然后让儿童自己做。这样有助于儿童集中注意力较快完成作业，亦可逐渐由出声的自言自语过渡到内心独白。在儿童尚未形成自我控制的行为之前，必须有成人在旁指导和督促。

（三）其他治疗方法

1. 药物治疗 多动症的治疗药物主要是利他林，一般仅对 80%的患者有效，其剂量和用药时间是关键。研究表明，大部分儿童在服药期间是易于管理的，药物的短期作用非常明显，但它易产生心跳过速、反胃、恶心、失眠等症状，所以一般而言仅在多动症症状十分明显并严重影响到儿童的正常生活时才在医生的指导下用药。

2. 饮食疗法 摄入含铅过多、含食品添加剂的加工食品可能也是诱发多动症的原因，因此要限制这些食物的摄入。多动症儿童的饮食要注意：少吃含酪氨酸（如挂面、糕点等）、甲基水杨酸（如西红柿、苹果、橘子等）的食物；少吃辛辣的调味品（如胡椒）和含酒石黄色素（如贝类、虾等）的食品；少食含铅食物（如皮蛋、贝类等）；多吃含锌、铁、维生素丰富的食物（如蛋类、肝脏、瘦肉、新鲜的蔬菜水果等）。

3. 放松训练 由于多动症儿童的身体各部分总是长期处于紧张状态，如果能让他们的肌肉放松一下，多动症状就会有所好转。放松训练可采用以下的方法，让孩子自然地坐在舒适的椅子上，根据音乐或语言的指导，要求儿童从精神到肢体都处于自然放松状态。在实施放松训练时，每小时放松 15 分钟，达到放松要求就给予奖励，其余 45 分钟可安排儿童感兴趣的游戏，但一到放松时间就必须结束游戏。

此外，现在社会空气污染严重，人们吸铅中毒的机会增多，如吸入汽车废气、接触大量的油漆和塑料制品等，这些也是诱发多动症以及加重症状的一个可能原因。因此，要多带多动症儿童到有新鲜空气的地方，不要让他们过多地接触汽车尾气。避免多动症儿童接触刚刚上过油漆的物品，可以用一些木头、竹子的玩具来代替塑料玩具。一言以蔽之，多与自然接触都可以起到缓解症状的作用。

第二节 儿童焦虑障碍

焦虑是一种未来导向的反应，一般发生在个体遇到新情境或面对生活变动时，因此，存在主义心理学家曾把焦虑看作人生存的一部分——存在性焦虑。每个儿童在成长的过程中，都会不同程度地体验到焦虑、恐惧、担忧等情绪。适度的焦虑或恐惧是有益的，如小雷同学进入高中后，由于担心自己的成绩会不会下降、老师对自己会不会满意、同学们会不会喜欢自己，每天刻苦学习、积极参加体育活动、尽力配合老师安排，这一切都有利于他更好地适应高中生活。

但进入高三后，小雷变得更加忧虑，考试前开始睡不着觉，有时躺在床上，脑子里一遍遍想他的学习是否足够努力，很多个晚上，他很难入睡，有时半夜醒来又持续几个小时睡不着，后来他担心的事情越来越多，如父亲的工作、妹妹的学习、朋友的困难等，这种过度的焦虑使得小雷的表现越来越不尽人意，其正常的焦虑逐渐演变成了严重的焦虑障碍。

一、儿童焦虑障碍的表现

焦虑障碍的表现多种多样，有的儿童与母亲分开或离开家时就会感觉焦虑；有的会对所有的事感到担心；有的在特定的场合感到焦虑，如公开讲话、参加聚会等。焦虑症状主要涉及三个相关系统：生理系统、认知系统和行为系统，任何一种症状都可能在不同的焦虑障碍儿童身上显现出来。下面详细地介绍每一个反应系统的运作。

（一）生理系统

当觉察或预感存在危险时，大脑会向交感神经系统发出信号，激活交感神经系统，产生许多促使躯体活动的化学和生理反应。

1. 体内化学反应　肾上腺分泌肾上腺素和去甲肾上腺素。

2. 心血管反应　加快心跳的强度和速度、血流速度，提高血液输送给各个组织器官的氧气含量，为身体运动做准备。

3. 呼吸反应　加大呼吸的速度和深度，为组织提供氧气并排除废物。这可能会引起气喘、透不过气或窒息和胸痛。供应头部的血液可能会减少，导致一些感觉不舒服但对身体无伤害的症状，如眩晕、视力模糊、意识模糊、面部发热变红。

4. 汗腺的反应　出汗增加，降低身体温度，保持皮肤光滑。

5. 其他躯体反应　瞳孔扩大，引起视力模糊或眼前出现斑点。唾液分泌下降，导致口干。消化系统活动放缓，出现恶心和胃部沉重感。肌肉紧张，为反应做准备，个人感觉肌肉紧张、疼痛和颤抖。

许多焦虑障碍儿童出现胃痛、头痛等躯体问题，青少年的躯体症状要比年龄小的儿童明显，还有的会出现睡眠障碍，其中一些会出现夜惊，因极度焦虑而突然惊醒，类似白天的惊恐发作。

（二）认知系统

由于做出反应的主要目的是对潜在的危险发出信号，这种反应产生后个体马上调动认知系统开始寻找潜在的危险。焦虑障碍的儿童不能将精力集中于日常活动，因为他们的注意都用在对危险的无休止寻找中了。当儿童不能找到外在的危险时，他们会将这种搜寻转向自己：“要是没有任何外在的东西让我感觉焦虑，那我一定有问题。”或者他们会扭曲事实：“虽然我还没找到这些可怕的东西，但这些东西肯定存在。”有的儿童会同时出现上述两种情况。认知系统的激活会引起不安、紧张、困难重重和惊恐。

儿童的焦虑障碍会表现出认知障碍的特征：①在智力和学业成绩方面，焦虑障碍的儿童通常智力水平正常，有少量资料显示出焦虑与IQ具有牢固的联系。但是，过度的焦虑存在记忆、注意、言语等特殊的认知功能缺陷，较高的焦虑水平会干扰学习成绩。有研究发现，学生一年级时的焦虑水平可以预测其五年级时的焦虑水平，而且学生一年级时的焦虑水平对其五年级的学习成绩有明显的影响。②在注意偏好方面，焦虑障碍儿童有选择地注意对他们有潜在威胁的信息，这种倾向被称为“焦虑性警觉”或“过度警觉”。焦虑性警觉可以让儿童通过早期探测的方法，以最小的焦虑和努力为代价，回避有潜在威胁的事件。虽然这种方法在短期内使儿童获益，但由于它干预了儿童的认知处理过程和应对反应，儿童无法认识到许多有潜在威胁的事情根本不像所预期的那么危险，从而使儿童维持甚至提高了焦虑水平，最终造成不良的长期后果。③在认知错误与偏好方面，当面对一个明显的威胁时，非焦虑儿童和焦虑儿童都会使用一些标准来确定危险信息，忽略安全信息。但在面对较不显著的威胁时，高焦虑水平的儿童仍继续使用这种机制，这说明他们对危险的知觉激活了危险－确认推理策略。需要注意的是，虽然认知错误和歪曲与儿童的焦虑有关，但目前还没有确定认知错误和歪曲在引发焦虑中所起的作用。

由于焦虑的儿童在社交情境中总是预期有危险出现，所以，在与其他儿童的交往中自然会遇到困难。事实上，他们的社交能力较低，社交焦虑较高，父母和教师常常认为他们是焦虑的而且社会适应不良。与其他儿童相比，这些儿童更倾向于认为自己是害羞的、社交退缩的，更觉得自卑、孤独，难以开始和维持友谊。他们在同伴交往中出现的一些困难，可能与理解情绪方面存在的特殊缺陷有关，特别是与隐藏和改变情绪方面存在的缺陷有关。当焦虑障碍并发抑郁时，焦虑障碍可能使儿童在同伴中不受欢迎。

（三）行为系统

伴随攻击或逃避反应出现的是强烈的攻击或逃离的冲动，但社会的约束使这两种冲动都不能得到满足。例如，在期末考试前，你可能有攻击教师或根本不去参加考试的念头，但庆幸的是，为了你的教师和这门课程的成绩，你会抑制这些冲动。但是这些冲动会转变成跺脚、烦躁不安，或者通过医生的病假单申请缓考，甚至装病来逃离或回避考试。但回避只是对焦虑进行短暂的缓解，而焦虑依然存在。回避行为被强化，因为回避行为使不愉快的事件消失，同时明显减弱焦虑。结果每次面对引发焦虑的场景，儿童都会设法更快地逃离，使焦虑消失得更快，并且更加频繁地逃避焦虑情景。当焦虑障碍儿童的回避越来越频繁时，他们便难以进行日常活动。

二、常见焦虑障碍的诊断

（一）分离性焦虑障碍

分离性焦虑障碍是指儿童与父母或照料者分离或离开家时出现的与年龄不符的过度的焦虑或恐惧。孩子可能担心受到伤害或者担心照料者受到伤害，还可能担心他们会被绑架、发生车祸等，也可能拒绝上学或不想离开父母身边等。患有分离性焦虑障碍的儿童经常会做以分离为主题的噩梦，并伴有头痛或胃痛等躯体症状。有3%～5%的儿童遭受分离性焦虑障碍，但许多儿童可以在很短的时间内恢复，女孩比男孩更有可能报告对分离的恐惧。分离性焦虑障碍通常从轻度发展为重度。儿童开始时可能通过一些理由，如诉说晚上睡眠不好或做噩梦，要求晚上和父母睡，进而会越来越关注父母日常的活动和行踪。分离性焦虑障碍可能是慢性起病，也可能是急性起病。通常出现在儿童面对较大压力的情况下，如搬家、转学、家人生病或死亡。大多数分离性焦虑预后较好，能够适应学校生活，适应社会。

美国《精神障碍诊断和统计手册》第5版（DSM-V）对分离性焦虑障碍的诊断标准如下：

（1）在与所依恋的人分离时，出现不适当的和过度的焦虑，在下面的描述中，具有三种或以上的症状即可诊断为分离性焦虑障碍。

1）当预期或经历离家以及与重要依恋对象的分离时，反复出现过度的悲痛。

2）持续而过度地担忧重要的依恋对象可能消失或受到伤害，如疾病、受伤、灾难或死亡。

3）持续而过度地担忧因突发事件而与主要的依恋对象分离（如迷路、被绑架、发生意外、生病）。

4）因为害怕分离而持续地不情愿或拒绝外出、离家、去学校、去工作或别的地方。

5）持续且过度地害怕或不情愿独自一人、主要的依恋对象不在家以及其他情形。

6）对不在主要的依恋对象旁睡觉或在家以外的地方睡觉，感到持续而过度地担忧。

7）不断做有关分离主题的噩梦。

8）在与主要依恋对象分离或即将分离时，反复抱怨身体症状（如头痛、胃痛、恶心、呕吐）。

（2）儿童的恐惧、焦虑或回避持续至少4个星期。

（3）该症状导致临床显著的痛苦或社会、学业等其他领域的功能损害。

（4）该症状不能用其他精神障碍更好地解释。

（二）广泛性焦虑障碍

广泛性焦虑障碍儿童的关键特征表现为多数日子里的过分担心，持续时间至少为6个月，他们可能担心未来的事情、以前的过错、家庭关系、经济状况、身体状况等。这种担心既与实际状况不相符，也不可控，并且伴有身体症状，如肌肉紧张、坐立不安、易疲劳、注意力难以集中、睡眠困扰、易激惹等。儿童的患病率约为总人口的3.6%，发病年龄为10～14岁，总体上无性别差异。常见感受为紧张、忧虑、自我评价消极、需要安慰，身体症状为坐立不安、睡眠困难、注意力难以集中等，儿童年龄越大，身体症状越多。广泛性焦虑障碍的儿童几乎每天都会对很多事件和活动产生过度的、不可控制的焦虑，即使在没有任何诱因的情况下，他们也会担忧。这种担忧可能是间断的，也可能是连续的，他们经常不能缓解焦虑，严重时常常伴随神经系统的激发状态，导致流汗、气促、心跳加快并常引起肌肉紧张、头痛或恶心等躯体症状。这些身体的信号又会加重失控的感觉而增强焦虑，进而又强化身体的反应，导致恶性循环。广泛性焦虑障碍的儿童患有其他焦虑障碍和抑郁的可能性较高。对于年龄较小的儿童来说，同时患广泛性焦虑障碍、分离性焦虑障碍和注意缺陷多动障碍是很常见的。

美国《精神障碍诊断和统计手册》第5版（DSM-V）对广泛性焦虑障碍的诊断标准如下：

（1）对许多事件或活动（如工作或在学校的表现）过度地焦虑和担忧（预期焦虑），持续时间不少于6个月。

（2）个体感到难以控制的担忧。

（3）焦虑和担忧伴有以下至少三种或以上症状（注意：对于儿童只需要出现一种症状），至少有某些症状的持续时间不少于6个月。

1）坐立不安，或感觉紧张或兴奋。

2）容易疲劳。

3）难以集中注意或头脑一片空白。

4）易怒。

5）肌肉紧张。

6）睡眠障碍（难以入睡或睡不醒，或睡眠不安）。

（4）这种焦虑、担心或躯体症状引起临床上明显的痛苦，或导致社交、职业或其他重要功能方面的损害。

（5）这种障碍不能归因于某种物质（如滥用毒品、药物）的生理效应或其他身体状况（如甲状腺功能亢进）。

（6）这种障碍不能用其他精神障碍更好地解释。

（三）考试焦虑

考试焦虑指因考试压力过大而引发的一系列异常生理心理现象，包括考前焦虑、临场焦虑和考试后焦虑，主要表现为考试前后出现的过分担心、紧张、不安、恐惧等情绪障碍，还可伴有失眠、消化功能减退、全身不适、自主神经系统功能失调等症状。考前焦虑发生在重大考试前半个月至 1 个月，表现为精力不集中，心烦意乱，有些学生会与家长闹情绪，还有的会出现头痛、腹泻、发热等症状。考前焦虑发展到一定程度易演变为学校恐惧症，导致学生厌学，中途放弃努力，甚至辍学。临场焦虑发生在考试过程中，表现为过度紧张、大脑空白、推理能力和思考能力下降。有的考生同时伴有自主神经系统的状况出现，如眼花、手抖、口干、口吐、尿急、头昏、思维堵塞、心率过快直至休克。考试后的焦虑主要是对考试结果的担忧。

考试焦虑非常普遍，有多达 50%的儿童和青少年出现这种问题。与其他孩子相比，有考试焦虑的儿童认为自己的认知、社会能力较低，不自信，并有更多的广泛性担忧和与考试无关的其他恐惧。从这个角度出发，虽然考试焦虑只是一种特定情境下的不适状态，但如果长期下去，其他的社会功能也会相应地受到损伤。

信息栏 9-2　考试焦虑自我检测表

指导语：请你仔细阅读每一道题目，看看它是否反映出你在应试时的经验。如果是，请圈出题号，不是则不用标记，一定要如实做答，不需花太长时间思考。

（1）我希望不用参加考试便能取得成功。

（2）在某一考试中取得的好分数，似乎不能增加我在其他考试中的自信心。

（3）人们（家里人、朋友等）都期望我在考试中取得成功。

（4）考试期间，有时我会产生许多对答题毫无帮助的莫名其妙的想法。

（5）重大考试前后，我不想吃东西。

（6）对喜欢向学生搞突然袭击考试的教师，我总感到害怕。

（7）在我看来，考试过程似乎不应搞得太正规，因为那样容易使人紧张。

（8）一般来说，考试成绩好的人将来必定在社会上取得更好的地位。

（9）重大考试之前或考试期间，我常常会想到其他人比自己强得多。

（10）如果我考糟了，即使自己不会老是记住它，也会担心别人对自己的评价。

（11）对考试结果的担忧，在考试前妨碍我准备，在考试中干扰我答题。

（12）面临一场必须参加的重大考试，我会紧张得睡不好觉。

（13）考试时，如果监考老师来回走动，注视着我，我将无法答卷。

（14）如果考试被废除，我想我的功课会学得更好。

（15）当了解到考试结果的好坏将在一定程度上影响我的前途时，我会心烦意乱。

（16）我知道，如果自己能集中精神，考试时我便能超过大多数人。

（17）如果我考得不好，人们将对我的能力产生怀疑。

（18）我似乎从来没有对考试进行过充分的准备。

（19）考试前，我身体不能放松。

（20）面对重大考试，我的大脑好像凝固了一样。

（21）考场中的噪音（如日光灯的响声、空调的声音、其他应试者发出的声音等）使我烦恼。

（22）考试前，我有一种空虚、不安的感觉。

（23）考试使我对能否达到自己的目标产生了怀疑。

（24）考试实际上并不能反映出一个人对知识掌握得究竟如何。

（25）如果考试得了低分数，我不愿把自己的确切分数告诉任何人。

（26）考试前，我常常感到还需再充实一些知识。

（27）重大考试之前，我的胃会不舒服。

（28）有时，在参加一次重大考试的时候，一想起某些消极的东西，我似乎就要垮了。

（29）在即将得知考试结果前，我会感到十分焦虑或不安。

（30）但愿我能找到一个不需要考试便能被录用的工作。

（31）假如在这次考试中我考得不好，我想这意味着自己并不像所想象的那样聪明。

（32）如果我的考试分数低，我的父亲和母亲将会感到非常失望。

（33）对考试的焦虑简直使我不想认真准备了，这种想法又使我更加焦虑。

（34）应试时我常常发现，自己的手指在哆嗦或双腿颤抖。

（35）考试过后，我常常感觉本来自己应考得更好些。

（36）考试时，我情绪紧张，阻碍了注意力的集中。

（37）在某些考试题上我想得越多脑子就越乱。

（38）如果我考糟了，且不说别人会对我有看法，就是我自己也会失去信心。

（39）应试时，我身体某些部位的肌肉很紧张。

（40）考试之前，我感到缺乏信心，精神紧张。

（41）如果我的考试分数低，我的朋友会对我感到失望。

（42）在考试前，我所存在的问题之一是不能确定自己是否做好了准备。

（43）当我必须参加一次确实很重要的考试时，我常常感到全身恐慌。

（44）我希望主考官能够察觉，参加考试的某些人比另一些人更为紧张，我希望主考官在评价考试结果的时候，能对此加以考虑。

（45）我宁愿写篇论文，也不愿参加考试。

（46）公布我的考分之前，我很想知道别人考得怎样。

（47）如果我得了低分数，我认识的某些人将会感到快活，这使我心烦意乱。

（48）我想，如果我能单独进行考试，或者没有时限压力的话，那么，我的成绩便会好得多。

（49）考试成绩直接关系到我的前途和命运。

（50）考试期间，有时候我非常紧张，以至于忘记了本来知道的东西。

上述 50 题是随机安排的，它们包括了考试焦虑的各种来源与原因。可将个体测查的结果按表 9-1 分类比较，从而归纳出自己考试焦虑方面的主要问题，以便有针对性地进行调整。还可利用此表建立一些常模，来进行相互比较或自身比较。

表 9-1 考试焦虑自我检查表的内容归类与所属题目序号

类别	测查内容	题号
焦虑来源	担心他人对自己的评价	3，10，17，25，32，41，46，47
	担心个人自我意象的损害	2，9，16，24，31，38，40
	担心未来前途	1，8，15，23，30，49
	担心应试准备不足	6，11，18，26，33，42
焦虑表现	身体反应	5，12，19，27，34，39，43
	思维阻抑	4，13，20，21，28，35，36，37，48，50
其他	一般性的考试焦虑	7，14，22，29，44，45

资料来源：郑晓边. 1998. 儿童异常发展与教育. 济南：山东教育出版社，195～197

三、儿童焦虑障碍的成因

（一）遗传因素

目前只有少量的研究支持某些遗传特征与特定类型的焦虑障碍有直接的联系，总体上讲，儿童和青少年焦虑的双生子研究和寄养子研究表明：①遗传对童年期的焦虑障碍有影响，在大多数的儿童焦虑案例中，大约 1/3 的变异可用遗传因素解释；②遗传对焦虑的影响随年龄的增长而增大；③遗传对焦虑的影响，女孩比男孩明显；④相同的环境影响或经验，如母亲患有精神障碍、教养不良或贫穷等，对儿童期和青春期的焦虑障碍有重要影响。

情绪障碍在双生子中有较高的同病率，同卵双生子尤其明显，并且有家族性高发病率，大约 20%焦虑障碍患儿的一级亲属中有焦虑症状。对后者另一可能的解释是父母焦虑情绪对儿童情绪长期投射的结果。有些患儿自幼具有易患素质，表现为不安、易烦躁、难照看、易受惊吓等，并逐渐发展为相关的人格类型。青春期后可能表现出多愁善感、焦虑不安、严肃、古板、保守、悲观、孤僻和安静等特征。另外，年龄、性别和躯体状况与情绪障碍的发生也有关。年龄大的儿童的发生率较年龄小的要高，大年龄组中女孩较男孩的发生率要高。

（二）神经生物因素

与焦虑联系最为密切的大脑部位是大脑边缘系统，它协调脑干和大脑皮质的工作。比较原始的脑干系统检查并觉察潜在的危险信号，然后通过大脑边缘系统将信号传送到高级皮层中心。这一系统被称为行为抑制系统（behavioral inhibition system，BIS），研究者认为焦虑障碍儿童的行为抑制系统过分活跃。

（三）家庭影响

对于教养方式或家庭因素与焦虑障碍关系的研究比较少。通常认为，焦虑儿童的父母往往过分干涉、干扰或限制子女的独立。观察9～12岁焦虑障碍儿童与父母的相处发现，这些父母给予子女的自由比其他父母少，焦虑障碍儿童认为他们的父母不太容易让人接受。其他研究发现，先前被认定为行为抑制型儿童的父母，在和子女相处时更喜欢批评孩子，而且父母情感上的过分关注与儿童分离性焦虑障碍患病率上升有关。虽然目前还不知道这种教养方式引起心理疾病的模式，但这些研究结果总体上支持过度控制性的教养方式与儿童焦虑障碍有关的观点。

与其他父母相比，焦虑障碍儿童的父母不但过分控制子女，而且对子女的预期也是不同的。例如，当想到自己的孩子要在摄像机镜头前演讲时，焦虑障碍儿童的父母会预期孩子一定会紧张不安，并对孩子的应对能力有低的预期。这可能因为教养态度是通过父母与子女的交互作用调整而成的。在这一交互过程中，父母与儿童根据对方的反馈来调整自己的预期和行为。

父母的焦虑障碍在经济条件处于中高层的家庭中不一定导致子女焦虑障碍患病风险的上升，但在经济条件处于低层的家庭中，则增加了子女焦虑障碍患病的风险。这一研究发现与认为某些儿童具有遗传的焦虑易感素质的观点是一致的，如在经济条件处于低层的家庭中充满生活压力，这种易感素质会在特定的生活环境的作用下成为现实。

非安全型的早期依恋是日后出现焦虑障碍的一个高危因素。患有焦虑障碍的母亲本身属于非安全型依恋，而在她们的孩子中，有80%也是非安全型依恋。矛盾依恋型的个体在儿童期和青春期被诊断为焦虑障碍的比率较高。非安全型依恋虽然是焦虑障碍的一个高危因素，但不是一个特异性的因素，因为许多非安全型依恋的婴儿日后可能出现其他精神障碍，如破坏性行为障碍，也可能不出现任何精神障碍。

四、儿童焦虑障碍的矫治

对儿童焦虑障碍的治疗，采用矫正信念和行为改变的认知疗法居多，虽然各种治疗的具体过程各不相同，但是让儿童接触引起焦虑的物体和情境是所有治疗共同的基本线路，下面将介绍几种治疗儿童焦虑障碍的方法。

（一）心理治疗

1. 认知-行为疗法　费力普·肯德尔与其同事共同建立了治疗儿童广泛性焦虑障碍、分离性焦虑障碍的认知-行为疗法，这种方法是疗效评估最详细的治疗方案之一，它强调学习过程、偶然事件和示范的影响以及信息处理过程的关键作用。治疗旨在减少负性思维，提高解决问题的主动性，并向儿童提供一种功能性的应对观点。在治疗中，使用技巧培训和暴露技术，对抗引起焦虑情绪的不正常思维和维持焦虑水平的回避行为，其中包括示范、角色扮演、暴露技术、放松训练和附带强化等治疗技术。治疗师通过社会强化鼓励和奖励儿童，并教育儿童在成功应对恐惧情境后奖励自己。这种干预使儿童在思维的同时，感受到一种包含感情的行为经验。

2. 元认知疗法　在治疗广泛性焦虑障碍方面，元认知模型（meta-cognitive model，MCM）和疗法获得了大量经验的支持。该疗法建立在转换诊断原理上，即情感障碍起源于认知注意症候群（cognitive attentional syndrome，CAS），CAS 被视为注意、重复消极想法（如担忧/沉思）、应对策略的内部主导，它导致了焦虑（如危险监控和想法抑制）。对于广泛性焦虑障碍患者，CAS 与积极和消极的关于担忧的元认知信念有关。针对广泛性焦虑障碍的元认知模型认为，是元认知信念导致了障碍，而不是令人不安的想法。此模型得到部分研究的支持。针对广泛性焦虑障碍的元认知疗法的核心元素包括检测关于担忧的积极和消极的元认知信念，并从言语和行为上挑战他们，如练习延缓担忧或尝试不去控制他们。另外，帮助患者减少 CAS 以对经常引发担忧的消极想法做反应。当这种疗法应用于儿童时，第一步是从发展性角度了解其是否合适，只有在儿童达到所要求的认知水平和技能时，该模型和治疗才可能有效。一些涉及心理发展的文献显示，儿童从学龄早期开始便掌握了元认知模型所需的认知技能。此外，儿童赞同关于担忧的消极和积极信念，即担忧很难控制，它对于安乐有消极影响，但是它也有利于帮助他们思考问题或保持安全。

3. 目标行为疗法（targeted behavioral therapy，TBT）　Clementi 等检验了新近发展起来的干预方法——目标行为疗法治疗儿童广泛性焦虑障碍的效果，考虑到广泛性焦虑症的特点，该疗法包括睡眠改进策略、针对降低对不确定性包容的系统脱敏和在焦虑中的充分暴露。

（二）家庭治疗

儿童焦虑障碍经常发生在家庭关系不正常的和父母患焦虑障碍的家庭，无论使用何种治疗方法，这两个因素都可能影响治疗的效果。在一些病例中，治疗虽然是以儿童为对象，但治疗效果可延伸到其他家庭成员。例如，儿童开始认为自己比以前更有能力，更愿意面对各种情境，父母对于儿童能力的看法也会随之改变。于是，父母开始以不同的方式对待子女，并有了更好的自我感觉和身体功能。

在家庭背景中治疗焦虑障碍儿童，比只针对儿童个人的治疗有更明显而持久的效果。一项研究发现，70%接受完整的个人或家庭治疗的焦虑障碍儿童，在治疗结束后不再患有任何焦虑障碍。治疗中附加了家庭成员有关交往、情绪管理、沟通和解决问题等方面的辅导，明显提高了儿童的短期治疗效果和长期康复水平。

（三）药物治疗

有多种药物可用于治疗儿童期和青春期的焦虑障碍，药物治疗常常与认知-行为治疗结合使用。常用的药物包括三环类抗抑郁药、苯二氮䓬类和选择性 5-羟色胺再摄取抑制剂。虽然有关药物对儿童焦虑障碍疗效的对比研究很少，但临床试验和研究已经获得了有关药物使用的数据。一项对 9～18 岁患有多种焦虑障碍的儿童青少年的研究发现，百忧解（氟西汀）对分离性焦虑障碍的疗效极佳，但对广泛性焦虑障碍疗效一般。

第三节　儿童恐惧障碍

8 岁的小霞害怕昆虫，甚至害怕昆虫爬过的地方，所以对于厨房、院子、学校操场，她都充满了畏惧。她还过分担心事情做不好、出现意外、被人取笑等，生理上也表现出如头痛、胃痛、流汗和心跳加速的症状。小霞的表现指向了儿童的另一类特殊障碍——儿童恐惧障碍，它指儿童显著而持久地、对日常生活中的事物或情境产生过分的、毫无理由的恐惧情绪，并出现回避或退缩行为，其程度严重影响了儿童的日常生活和社会功能。

一、儿童恐惧障碍的表现

“恐惧障碍”是一种以过度、持续、不适宜的反应为表现的情绪障碍。恐惧障碍曾有多种名称，如恐火症、恐人症、恐蛇症、恐毛发症、恐高症、尖锐物恐惧障碍和学校恐惧障碍等。研究者认为，当个体表现出以下的内容时，便可以考虑为恐惧障碍：①对情景有过分的需求；②无法合理解释；③超越意志控制；④导致回避这种可怕的情景。正常儿童在发展过程中，可能对某些事物表现出一时性的恐惧反应，这种反应短暂，一般随年龄增长而消失。恐惧障碍是一种病理性的恐惧，患儿的恐惧情绪十分明显，整天沉溺于恐惧情绪之中无法自拔，干扰正常的学习、生活。如“恐鼠儿”表现出“谈鼠色变”，出现惊恐和回避反应，伴有心跳快、呼吸快、出冷汗、面色苍白和尿频等症状，恐惧障碍有时伴有焦虑反应和强迫症状。学龄前儿童的恐惧障碍发生率约为 5%，13～17 岁个体的发生率约为 16%。

二、儿童恐惧障碍的诊断

儿童恐惧障碍涉及了两个概念：一是害怕，二是恐惧。害怕是指对客观存在的或想象中的具体事物或情境产生的一种主观不愉快的感觉，通常伴有特殊的表情和生理变化，如心跳加快、呼吸急促、血压升高及肌肉紧张，但面部表情和生理变化随着刺激源的消失而消除。恐惧是极端的害怕，不但程度严重，而且刺激源消失后仍持续存在，特别是其恐惧的对象对同环境和文化背景的其他人并不引起同样的反应。所以，临床上首先分清害怕与恐惧障碍是非常重要的。

美国《精神障碍诊断和统计手册》第 5 版（DSM-V）对特定恐惧障碍的诊断标准如下：

（1）对某个特定的物体或情形（如飞行、高空、动物、打针、见血）表现出显著的恐惧或焦虑（儿童可能通过哭泣、发脾气、身体僵硬或特别黏人表达恐惧或焦虑）。

（2）恐惧物体或情形总是能立即引起儿童的恐惧或焦虑。

（3）恐惧物体或情形让儿童积极回避或承受着强烈的恐惧或焦虑。

（4）由特定物体或情形引起的恐惧或焦虑超出现实危险性。

（5）恐惧、焦虑或回避持续 6 个月及以上。

（6）恐惧、焦虑或回避造成临床上显著的苦恼或社会、学习及其他领域功能的损害。

（7）该障碍不能由其他精神障碍更好地解释。

对儿童恐惧障碍的评定可从三方面入手：①自我报告等级评量（儿童恐惧调查表）；②标准化量表（儿童焦虑症访谈表、儿童与青少年精神病评量）；③生理检查（身体和行为上的特殊症状，如心跳、手心出汗等）。

三、儿童恐惧障碍的成因

（一）精神分析理论

古典精神分析理论认为，儿童恐惧障碍是对潜意识冲突的防御，这些冲突来自于儿童早期的教养。某些内驱力、记忆和情感如此令人痛苦以致必须对它们进行压抑和将其转移到某些外部物体上，或将它们与现实的焦虑源建立起象征性的联系，如此一来，恐惧障碍就可以保护儿童免受潜意识愿望和内驱力的影响。弗洛伊德最著名的恐惧障碍案例是有关 5 岁小汉斯的，他对马非常恐惧。弗洛伊德认为，在潜意识里，小汉斯认为他和父亲正在为母亲的爱而竞争，并对父亲的报复产生恐惧（俄狄浦斯情结）。小汉斯的恐惧被压抑，然后转移到马上，这里的马是小汉斯对父亲具有阉割情结的象征。与毫无原因的焦虑相比，指向特定物体的恐惧，对小汉斯来说，造成的压力相对较小。

（二）行为与学习理论

行为与学习理论认为，恐惧是通过经典条件反射学习而获得的。在小阿尔伯特的案例中，华生和雷纳造成小阿尔伯特出现类似老鼠恐惧障碍的症状，并认为恐惧是通过联想学习而获得的。行为主义学者用操作性条件反射解释恐惧形成后持续存在的原因。其基本原理是，如果行为受到强化或奖励，那么行为就会保持下去。每当儿童对某个物体或情境感到恐惧时，对物体或情境的回避可以马上缓解焦虑，这样就形成一个自动的奖励。如此，通过负强化，对恐惧性刺激的回避就成了习得性反应，这种习得性反应（回避）维持着儿童的恐惧，即使在没有恐惧性刺激时也如此。在恐惧的习得和维持过程中，经典条件反射和操作性条件反射的结合被称为双因素理论。如父母对恐惧行为有选择性的注意或奖赏能教会儿童恐惧；让孩子在家中，提供可口的食品和游戏活动也会强化孩子不去上学的行为。儿童还可通过观察与模仿，学到恐惧反应。行为学派也认为“分离焦虑”是学校恐惧障碍的中心问题，母亲的威吓会强化患儿不去学校的回避行为；还有注意、条件恐惧方面的影响，学校教师的惩罚、父母的庇护、母亲的焦虑、患儿在校的不良体验、同伴的侵犯行为等均可作为强化因素，使孩子拒绝上学。

（三）生物学理论

按照依恋理论的观点，儿童恐惧是有生物学根源的，是建立在与生存有关的感情依恋基础之上的。婴儿只有亲近照顾自己的人，其生理需要和情感需求才能得到满足。像哭泣、恐惧陌生人和苦恼等依恋行为，代表着婴儿维持与照顾者亲密关系的努力。儿童对于分离的忍耐力会随着年龄的增长而增强。但是，过早与母亲分离的儿童、受到严厉管教的儿童或需要总不能被满足的儿童，对分离和团聚表现出非典型的反应。早期非安全型的依恋一旦被儿童内化，将决定儿童如何看待世界和他人。对环境不信任、认为从环境中得不到帮助、敌视环境或认为环境中充满威胁的儿童，以后更容易出现回避行为。

四、儿童恐惧障碍的矫治

儿童的恐惧障碍需要及早治疗。在治疗方法上，采用较多的是行为疗法，如暴露疗法、系统脱敏法等。

（一）暴露疗法

行为治疗对于恐惧障碍的主要治疗技术是暴露疗法，即让儿童面对令他们感到恐惧的情境或物体，并提供除逃离和回避以外的其他应对方法。这种治疗对大约 75%的儿童有效。

治疗是个渐进的过程，称为分级暴露。接受治疗的儿童和治疗师一起，按照恐惧程度的高低从低到高列出一系列的恐惧情境。治疗师让儿童用 1～10 分对每一种情境可能引起恐惧的程度进行评分，这个量表被称为主观痛苦量表（subjective units of distress Scale，SUDS）或恐惧量表。然后从恐惧程度最低的情境开始，逐步进入恐惧等级较高的情境，让儿童置身于每一种恐惧情境中。

在暴露疗法中，可以通过多种形式呈现令儿童恐惧的情境或物体，这些方法包括呈现现实的情境或物体、角色扮演、通过想象或观察他人在面对这些情境或物体时的表现（模仿）。还有一些实例表明通过计算机虚拟的情境或物体，也可以成功实施暴露疗法。

（二）系统脱敏法

系统脱敏法主要是诱导儿童缓慢地暴露在导致神经症焦虑、恐惧的情境中，并通过心理的放松状态来对抗这种情绪，从而达到消除焦虑或恐惧的目的。其原理是：如果一个刺激所引起的焦虑或恐怖状态在儿童所能忍受的范围之内，经过多次反复的呈现，他便不再会对该刺激感到焦虑和恐怖，治疗目标也就达到了。采用系统脱敏法治疗儿童的恐惧障碍包括三个步骤：①身心放松训练（情绪、肌肉、想象方法）；②对恐惧事物依照程度高低列出一个顺序表；③身心放松状态下逐渐呈现引发恐惧的事物，或逐步接近这一恐惧的事物。

（三）冲击疗法

冲击疗法即反复、长时间地实施暴露，正如俗语所说的“战胜恐惧最好的方法是面对它”。整个治疗过程儿童一直处于引发恐惧的情境中，并不停地对自己的恐惧水平进行评分，直至恐惧消失，治疗结束。冲击疗法通常与反应防止结合使用，反应防止能防止儿童出现逃离或回避行为。与其他疗法相比，冲击疗法可能会引起患者焦虑，尤其在治疗的早期。要谨慎地使用这种疗法，特别是对于那些年龄较小、无法理解治疗基本原理的儿童。

第四节　儿童强迫障碍

小罗是个非常认真的孩子，他不喜欢犯错误且做事非常仔细认真，每天晚上睡觉前他都会仔细检查当天的作业是否做完、核对第二天上课要用的资料，这大概要花掉他一刻钟的时间。小斯是个很谨慎且爱担心的人，当他离家时，他会担心自己因忘记锁门而使家中被盗。他常常返回家中检查房屋是否已锁，尽管他已经检查过了，他仍然怀疑自己没有做好并且每天花费数小时的时间屡次检查。他的检查行为很详尽，包括对每把锁、屋门、窗户和防盗报警系统的检查。

儿童在心理发展的过程中，可能会出现类似强迫的症状或仪式样动作，如走路数格子、反复折叠自己的手绢、睡觉前一定把鞋子放在某个地方等。这种带有一定规则或者被儿童赋予特殊含义的动作，往往呈阶段性，持续一段时间后会自然消失，不会给儿童带来强烈的情绪反应，不会影响儿童的生活，就像小罗检查作业一样。而强迫障碍的出现则往往伴有焦虑、烦躁等情绪反应，严重时会影响到儿童的睡眠、社会交往、学习效率、饮食等多个方面。小斯的表现往往让人担忧他是否到了强迫障碍的程度。

一、儿童强迫障碍的表现

强迫障碍是一种有意识的自我强迫和反强迫同时存在，造成患者试图去竭力抵抗和排斥这些强迫症状，但又无法摆脱这些冲突而产生焦虑和痛苦的现象。对于强迫障碍的描述最早出现在中世纪后期，当时其主要与宗教或道德问题相关联。19 世纪后期和 20 世纪早期，一些内科医生对强迫相关现象产生了浓厚的兴趣，如 1877 年，Carl Westphal 使用了名字“Zwangsvorstellung”（强迫症）；1897 年 Julius Donath 根据有相同词根的希腊文发明了 anancasmus；1906 年皮埃尔将强迫症症状与精神衰弱的状况联系起来；同年，“强迫精神病”被收录在伦敦皇家学院内科的“疾病命名”中，克雷佩林也在他的手册里提到了强迫症。现在对于强迫障碍症状的描述与过去研究者的描述非常一致，包括强迫的自我矛盾本质、大部分患者表现出的强迫和冲动、洞察力的保留、伴随的焦虑、共病抑郁、长期而波动的过程、患者隐藏他们症状的趋势以及不向医生求助。

强迫障碍从儿童早期开始出现，儿童和成人在症状上有一定的差异，儿童更多出现侵入性/灾难性意念、性/宗教意念，表现出更多忏悔/询问、清洗强迫行为。在儿童强迫障碍的发病率方面，有几项研究还是比较具有代表性的：①英国调查了 10 000 名 5～15 岁的儿童，其强迫障碍发病率为 0.2%；②美国对 4500 名 9、11、13 岁的儿童进行调查，结果显示了同样的概率；③一项荷兰全国的调查结果发现，强迫障碍在 2916 名 13～18 岁青少年中的发病率为 1%，在对 12 岁以下的儿童采用父母报告方式进行调查时，极易低估强迫障碍的症状。

强迫障碍包括强迫观念和强迫行为，患强迫障碍的儿童和青少年，体验到反复的、耗时的和干扰正常生活的强迫观念和强迫行为。

强迫观念是指持续的、插入性的思维、意念、冲动和意象。多数儿童描述的强迫观念与担忧很相似，但强迫观念的含义比指向家庭作业等日常问题的过分担忧更复杂。强迫观念是过度的、非理性的，指向一些不可能的或不现实的事件，或被严重夸大的生活事件。强迫障碍的儿童可能会抱怨无休止地“听到”反复出现的旋律或歌曲，或害怕患上像癌症这样的严重疾病，或害怕遭遇破门而入的人身袭击。儿童期和青春期最常见的强迫观念集中于污染物，害怕伤害自己或他人，专注对称，以及与性、躯体和宗教相关的偏见。由于强迫观念带来大量的焦虑和痛苦，所以患强迫障碍的儿童总是想方设法用其他行为抵消强迫观念，这些行为被称作强迫行为。

强迫行为是重复的、有目的、有意图的行为（如洗手）或心理活动（如不断默读某些词句），这些行为或活动对应于强迫观念。例如，如果对细菌有强迫观念，一个患强迫障碍的儿童就会通过强迫清洁、强迫检查是否被污染或其他强迫性仪式来降低焦虑。多重强迫行为很常见，最常见的强迫行为包括过分地洗手和洗澡（约在 85%的病例中出现）、重复、触摸、计数、储藏、整理和排序。

强迫观念是指患者在意识中具有一种持久而难以摆脱的思想、表象和冲动，如反复计算、穷思竭虑等；强迫行为是指按照某种规则或刻板程序重复行为的现象。这两种障碍可以单独出现，也可以同时出现在一个人身上。强迫障碍患者随着病程迁延，会转化出现一些有规律的仪式性行为，患者在精神上的痛苦会减轻，但是其社会功能已经受到损坏。

二、儿童强迫障碍的诊断

美国《精神障碍诊断和统计手册》第 5 版（DSM-V）对强迫障碍的定义有了轻微变动，如将强迫障碍从焦虑障碍大类群中分离出来，现归在强迫及相关障碍的类别里；囤积障碍不再属于强迫障碍的亚型，而是被划分在分离障碍中等。DSM-V 对强迫障碍的诊断标准如下：

（1）出现强迫观念、强迫行为，或两者均有。

1）强迫观念：①想法、冲动、图像反复持续地出现，有时表现为侵入的或不必要的，对大部分个体造成显著的焦虑或苦恼；②个体试图忽略或压制这类想法、冲动、图像，或通过其他想法和行动使它们保持中立。

2）强迫行为：①个体因被动对某个强迫观念进行反应或严格执行一些规则而重复行为（如洗手、排序、检查）或心理活动（如祈祷、数数、默念）；②强迫行为或心理活动的出现是为了阻止或降低焦虑或苦恼，或阻止一些恐惧的事件或情况的发生；但是，这些行为或心理活动并不能有效达到预期目的。

（2）强迫观念或强迫行为非常费时（如每天超过 1 小时），或者导致临床上的显著苦恼或社会、学业及其他领域的功能损害。

（3）强迫观念-行为症状并不能归因于某种物质（如毒品滥用、药物使用）或其他医疗状况的生理反应。

（4）该症状不能由其他精神障碍解释。

对强迫障碍的评估主要依赖临床访谈和自我报告问卷（或父母报告），目前常用的临床访谈工具有耶鲁-布朗强迫量表。

三、儿童强迫障碍的成因

强迫障碍是一种病因比较复杂的障碍，许多研究者分别从遗传因素、生理机制和心理机制等多种途径讨论这一障碍的成因。

（一）遗传因素

家庭研究显示，强迫障碍具有家族遗传性，特别是在一代亲属中，若父母一方有强迫障碍，那么子代发生的概率为 12%～30%。双生子研究显示，在强迫障碍的发病因素中，基因因素占到大约 40%的可能性。基因学研究显示，常染色体 9 号和 15 号与强迫障碍的患病风险有关，这反映出强迫障碍有可能是多基因型障碍，涉及血清素、多巴胺、氨基酸，但这需要大样本研究的证实。

同卵双生子患强迫障碍的同病率为 87%，而异卵双生子的强迫障碍同病率只有 47%，该结论能够支持强迫障碍具有部分的遗传性。与此相反，也有研究发现，并没有证据能够证明同卵双生子的强迫障碍同病率高于异卵双生子。家庭研究也得到了不尽一致的结论，部分研究结果显示，强迫障碍患者的亲属患强迫症的比例高于普通人群。

（二）生理机制

生理学理论已经发现了两个与强迫障碍有关且彼此紧密联系的大脑系统。第一个系统是将大脑前庭区和视丘区连接在一起的回路。人的性冲动、暴力冲动和其他原始冲动一般都在前庭区产生，而上述冲动引起的更加认知化或者行为化的反应一般在视丘区产生。第二个回路也将大脑前庭区和视丘区连接在一起，不同的是两者通过纹状体连接在一起。一般认为纹状体区可以控制这些系统活动的强度。纹状体区会将前庭区中强度过高的活动滤出，这样视丘区就不会对原始冲动做出过度的反应。强迫障碍患者可能是在调节前庭-视丘回路的过度反应时出现了问题，从而导致患者对外界环境刺激反应过度，从而无法阻止其认知和行为反应。第一个系统似乎以兴奋性神经递质谷氨酸为介质，而第二个系统则以一系列神经递质为介质，包括 5-羟色胺，多巴胺和 γ-氨基酸等。

（三）心理机制

1. 精神分析的观点 个体的强迫行为背后，除了受脑生理机制的支配以外，还隐藏着深刻的个人性格特征，在潜意识中发生作用。

弗洛伊德认为,强迫障碍是个体对本我冲动的恐惧和自我防御机制为减轻恐惧带来的焦虑而做出的反应所导致的。这两种力量之间的“斗争”并不是在无意识中进行的。恰恰相反，这种斗争包含着明显的外在思想和行为。强迫观念中的本我冲动十分明显，而强迫行为则是自我防御的结果。强迫障碍包含两个突出的自我防御机制：抵消作用和反向作用。抵消作用指以克服可怕后果为目的的外显行为，如不断地洗手以防止感染等；反向作用指采取与不被接受的冲动完全相反的行为，如有洁癖的个体可能有强烈的“不适宜的”性冲动，但这种性冲动被个体的洁癖所压抑。

弗洛伊德认为强迫障碍与个体肛门期发展的问题有关。他认为，处于肛门期的孩子通过排便获得满足感。但是如果父母不允许或者抑制孩子的这种乐趣，亲子之间一方要求对方顺从，另一方要求自主而不受约束。这种不平等的对立引起了儿童内心冲突和焦虑不安，从而使性心理发育停留在这一阶段，成为日后心理行为退化的基础。一旦遇到外部压力，个体便会重现肛门期的冲突和人格特征。

2. 观察学习的观点 根据学习理论，观察是导致焦虑的条件性刺激。由于远处的焦虑-诱发刺激连接（无条件反射），经过观察和思维的激发，而获得了实际的焦虑。这样，个体就已经习得了一个新的驱力。虽然强迫可以基于不同的途径习得，但是，一旦获得之后，个体便发现借助于强迫观念的一些活动可以帮助减少焦虑。每当发生焦虑的时候，采用强迫形式，个体的焦虑便得到了缓解，这种结果强化了个人的强迫。并且，因为这种有用的方法成功地驱除了个体的获得性内驱力，因而逐渐地稳定下来，成为习得性行为的一部分。

3. 认知的观点 有两种截然不同的认知理论试图对强迫障碍的症状做出解释。认知缺陷理论认为，强迫观念行为是个体一般性认知控制缺失、记忆力和决定能力不足的结果。但是塞尔科夫斯基和柯克对这一观点进行了批评，他们认为这些理论不能解释强迫障碍的很多特点，具体说来主要有以下几个方面。

（1）强迫障碍患者似乎没有一般性记忆或决策困难，他们的问题具有情境性。如患者虽然会多次检查房门是否已经关好，但是关橱柜并不存在困难。

（2）强迫障碍患者可能会害怕某种特定的感染物或者感染源，但是他们对脏或干净的判断并不存在一般性的困难。

（3）对于和强迫观念无关的事物，人体没有表现出记忆困难，重复地检查是因为个体关注自己的记忆，并不表明他们的记忆能力存在问题。

塞尔科夫斯基的观点是对强迫障碍的行为主义模型的发展。他认为强迫观念是强迫性地闯入意识的认知，个体认为如果自己不采取预防措施，那么他们可能需要负一定的责任。个体的这种观念引发恐惧或者痛苦，因此个体试图压抑这些观念以降低恐惧或者痛苦，或者直接付诸行动来减少其对负面结果的责任。后者可以包括强迫行为、逃避与强迫观念有关的情境、寻求确认以减少责任或者与他人分担。

（四）系统家庭假设

这种假设认为，症状表达了系统的破坏，而这个系统存在于人际关系（即家庭关系）中。成员之间的互动结成了一定的系统。在这里，个体的行为是由于他人的行动影响所致，反过来，它又会以一种循环的方式去影响他人。这是一种互为因果的关系，没有明确的头和尾，主要依据“彼此吸引”的原则来进行互动。治疗者重点关注的是这种相互关系的变换情况，并以此作为治疗的开端。例如，一个孩子反复洗手的习惯可能表达了一定的关系模式。一位追求完美而苛刻的母亲，因为不能有很多时间和丈夫相处，把太多的时间放在孩子身上，对孩子的行为限制太多。因此，这种情况下，孩子洗手可能表达他对母亲的不满以及希望引起别人的注意。而他的母亲这样管教孩子，也是出于某种关系的考虑，借用这种方法让她的丈夫更加关注家庭，但是她的丈夫可能会因此更加逃避这种烦恼的境遇，从而进一步加剧她的孤独感。因此，孩子作为这个变化进程中的家庭系统成员之一，其行为又进一步推动了家庭系统的发展变化。

四、儿童强迫障碍的矫治

（一）心理动力学治疗

弗洛伊德常常用复杂情结来分析精神的困扰。强迫障碍中的复杂情结是屈从于某种不快、恐惧和不安的情绪。一方面是对价值和情感的拒绝否定，另一方面又觉得结果威胁到自己的尊严，故压抑到潜意识中去，但仍以一种强大的力量保持着，它具有潜在的冲动性。两方面相互纠缠就形成了强迫的观念和行为。

心理动力学的治疗强调通过顿悟、改变情绪经验以及强化自我的方法去分析和解释各种心理现象之间的矛盾冲突，以此达到治疗的目的。在治疗中大量运用阐释、移情分析、自由联想及自我重建技术。在针对儿童青少年的治疗中，经常结合对父母的咨询。

（二）行为治疗

行为主义疗法认为强迫障碍是不安在作怪，不安积蓄到一定程度会产生恐惧，而恐惧发展到一定程度会转换成一种慢性的、长期的内心冲突，其治疗分为两个基本流派。第一种观点认为具有强迫障碍的人借助各种行为和仪式动作来缓解焦虑，称为“驱力降低模型”，依照这个模型，治疗主要集中于通过激发可以减少焦虑的情景来消除不适当行为与仪式动作。第二种观点是基于操作学习模型而建立，强调对强迫行为的后果进行调节，因此在这个模型中大量运用惩罚和示范型学习。

采用驱力降低模型进行治疗的主要方法是各种降低焦虑的技术，最常用的是系统脱敏。例如，一个整天担心会下雷雨的儿童，其表现为反复地核对天气。因此，在建立焦虑事件等级时，可以包括：看国内天气变化趋势的资料，观看云的具体变化，听雷声，看闪电，下暴雨等，便可逐步消除患者的强迫行为了。

榜样学习技术也经常被运用于强迫障碍治疗中，主要有参与示范与被动示范。实施参与示范也需要建立刺激等级，从低级到高级，治疗者逐步示范暴露在相应的情景中。然后再由患者逐步面对这个情景，直到能完全独立面对为止。

暴露与反应阻断疗法（exposure and response prevention，ERP）既可以单独用于治疗儿童强迫障碍，也可以作为认知行为疗法的一部分应用于治疗。该疗法实施过程中，将患者长时间置于能引起强迫恐惧的环境或刺激下，同时要求患者抑制住想要表现的强迫行为，也就是反应阻止，该过程可以帮助患者明白焦虑最终会随着时间而降低，强迫观念并不真的危险或者具有灾难性后果。这种疗法一般会持续至少 8 周（每周 2 次），有些环节需要治疗师的监督来完成，而有些环节是让患者自己私下练习的。由于治疗过程中患者会被暴露在恐惧的环境里，有些患者因不能忍受伴随的沮丧或者不太乐意完全抑制仪式行为而放弃此种疗法。尽管这种疗法在应用时有难度，但是它在研究和实践领域都获得了重视。

（三）认知治疗

认知疗法将强迫行为视为个体为阻止任何有害的结果或减少不必要的侵入所做的努力，其对儿童强迫障碍的认识为：想法的过度重要、对控制人的想法的重要性的过多担心、过高估计危险性、不能容忍不确定性，因此，在治疗过程中会采用多种认知技术调整上述错误认知。

此外，还有一种认知行为疗法，它是一种参与性治疗，治疗师和患者联合起来形成一个合作团队以处理症状。一般父母也会在治疗中扮演可靠和活跃的角色，如学会成为孩子的教练以培养他们在治疗中的整体感、监督孩子家庭作业的完成、示范技术的使用等。

（四）家庭人际关系治疗

这种思想注重研究行为问题的整体意义，强调在治疗孩子的同时，为父母提供咨询。把儿童自身与周围的环境看作是对于问题具有同样重要意义的因素，其他人对于儿童青少年强迫行为的表现具有强化作用。有些学者认为，应把家庭看作一个患者单元来对待，家庭关系中的问题本身就可能造成一种互为强化的格局。

以下是家庭人际关系治疗的一些具体方法：

（1）训练父母成为儿童心理分析的咨询员或行为治疗的助手，协助实施训练计划。

（2）配合精神分析治疗或行为治疗，对儿童进行“自我”强化咨询辅导。

（3）影响并改善家庭关系。

（4）家庭交往技能训练。

（5）讨论并解决家庭关系中的冲突。

（五）药物治疗

目前，对于儿童强迫障碍的治疗首选认知与行为疗法，如果此方法不够有效，就选用药物治疗，或者说与药物同时使用。在药物方面，治疗强迫障碍最权威的就是选择性血清素再吸收抑制剂，如舍曲林、氯丙咪嗪、氟西汀、帕罗西汀、氟伏沙明。

第五节　儿童抑郁障碍

人们总是觉得儿童是积极的、快乐的，虽然他们知道儿童在失望、不被认同或经历生活中其他消极事件时会伤心、受挫和愤怒，但父母总是认为睡眠不足或感觉不佳等短期因素导致儿童的消极情绪，并且觉得这些情绪很快就会消失。于是，很长时间以来，人们认为儿童不会抑郁，即使会，出现的时间也很短。但实际的情况并非如此。小倩升入高中后因环境不适应而逐渐沉默少语，上课注意力不集中，做作业感到困难，学习成绩明显下降。最近一周整天哭泣，说没有学习能力了，想在家自学，看书看不进去。同学来辅导她，说同学是看不起自己，好学生沦落到要别人帮的地步，不如死去，认为自己智商高而情商低，没有生存能力，是废物，拖累了妈妈，并设想过购买安眠药以求“安乐死”。在这里，小倩的不良情绪已明显超出了正常的程度。

一、儿童抑郁障碍的表现

儿童抑郁障碍又称抑郁症，是起病于儿童或青少年期的以情绪低落为主要表现的一类精神障碍。正常儿童遇到某些应激事件时，也会表现出情绪抑郁、心境不佳，但很快就能适应。而某些儿童抑郁表现可以持续很久，这种长期存在或过于严重的抑郁情绪可以发展为儿童抑郁症。

儿童抑郁症的发病率为 0.05%～0.1%，女孩较多。情绪抑郁是最主要的症状，常常伴有自罪自责，具体表现为：易激惹、敏感、哭闹、违拗、好发脾气、不安、厌倦、孤独，认为自己笨拙、愚蠢、丑陋、没有价值，对周围不感兴趣、退缩、无愉快感；有的自暴自弃，认为受到迫害，想独自离家；有的表现淡漠，内心体验抑郁；有的甚至出现自残、自杀行为，常常因自杀才引起父母重视。同时还可有行为问题，如多动、攻击行为、害怕上学、逃学、学习成绩不好、违法犯罪，且伴有多种躯体症状，如睡眠障碍、食欲差、疲乏无力、胸闷气促、心悸、头痛、胃痛、遗尿等。

学龄前期儿童由于语言和认知能力尚未完全发展，对情绪体验的语言描述缺乏，往往表现为对游戏没有兴趣，食欲下降、睡眠减少、哭泣、退缩、活动减少。学龄期可表现为在活动或游戏中兴趣和愉快感缺失、注意力不能集中、思维能力下降、自我评价低、记忆力减退、自责自罪、易激惹。一部分患儿表现为头痛、腹痛、躯体不适等隐匿性抑郁症状。青春期抑郁症状明显增多，表现为心情低落、思维迟滞、理解和记忆力下降，脾气恶劣，容易激惹。另一类较明显的症状是行为异常，如攻击行为、破坏行为、多动、逃学、说谎、自伤自杀等。

超过 1/4 的青少年会连续 2 个星期或更长时间感到如此悲伤或绝望以致停止了正常活动，其中女性多于男性。虽然有些在遗传上倾向于罹患抑郁症，但显著变化的环境和社会因素也是重要的影响因素。经历过所爱之人去世的青少年、在酗酒或抑郁父母的抚养下长大的青少年为高危人群。近 30 年，青少年自杀的比率翻了 3 倍。自杀是青少年群体死亡的第三位原因，位于事故和他杀之后。女孩虽然尝试自杀多一点，但男孩的自杀成功率更高。

儿童抑郁障碍有以下几种表现类型。①急性抑郁。这类儿童在发病前常有明显的精神诱发因素，如意外事故灾害、重大疾病等。这类儿童在病前精神正常，仅在精神诱发因素出现后才突然出现明显的抑郁症状。②慢性抑郁。这类儿童过去有多次与父母分离的经历或其他精神创伤史，但并没有一次突然的重大诱发因素。这类儿童病前适应环境的能力不佳，抑郁是逐渐发生的，表现有明显的抑郁情感及与抑郁相伴的其他特征。③隐匿性抑郁。这类儿童的抑郁情绪十分隐匿，多表现为其他方面的问题，如好动、攻击性行为、青少年违法等行为障碍，只有在详细的检查中才能发现其抑郁情绪的存在。有的儿童还可能出现周期性的抑郁情绪。

二、儿童抑郁障碍的诊断

儿童抑郁症的诊断常常沿用成人抑郁症的诊断标准。美国《精神障碍诊断和统计手册》第5版（DSM-V）对重性抑郁障碍的诊断标准如下：

（1）在连续2周的时间里，患者表现出下列九个症状中的五个及以上，这些症状必须是患者以前没有的或者极轻的；并且至少包括抑郁心境1）和兴趣或快乐缺失2）中的一个症状。

1）每天的大部分时间里都心情抑郁，症状可以由患者自我报告获得（如感到悲伤、心里空虚、无望），也可以是通过旁人的观察获得（如暗暗流泪）（注：儿童可能表现为易激怒）。

2）在每天大部分时间里，对所有或者大多数活动的兴趣或快乐明显减少（通过患者的自我报告或者通过旁人的观察发现）。

3）体重显著减少或增加（1个月内体重变化超过5%），食欲显著降低或增加（注：儿童表现为缺乏正常的体重增加）。

4）每天失眠或者睡眠过多。

5）每天精神运动亢进或迟滞（不仅是自我主观感觉到的坐立不安或者不想动，也可以由旁人观察得到）。

6）每天感到疲劳，缺乏精力。

7）每天感到自己没有价值或想法过多或不恰当的内疚（有可能是妄想）。

8）每天注意力或思考能力下降，或做决定时犹豫不决（自我报告或者是旁人的观察）。

9）常常想到死（不仅仅是惧怕死亡），常常有自杀的念头但没有具体的计划，或者是有自杀的企图或有自杀的具体计划。

（2）症状造成临床上的显著苦恼或社会、学业/工作或其他领域的功能损害。

（3）该症状并不能归因于某些物质使用或医学状况的生理反应。

（4）重性抑郁的发生不能由其他精神障碍更好地解释。

（5）无躁狂或轻度躁狂。

Weingerg 提出了如下四条儿童抑郁症的诊断标准，值得借鉴。①情绪恶劣，自我评价过低；②下述8项症状有2项以上：攻击行为，睡眠障碍，与他人接触少，不愿上学，成绩下降，躯体不适，主诉精力不足，食欲和体重改变；③这些症状说明患儿平时的行为改变；④症状至少持续1周以上。

年龄稍大的儿童可以应用自评方法筛查。美国国立精神卫生研究所编制了一份简短的抑郁自评量表，用于流行病学筛查（表9-2），要求被试根据自己过去一周内的实际情况和感受填写，圈出适当的频度。"几乎没有"指时间不超过1天，得0分；"少有"为1～2天，得1分；"常有"为3～4天，得2分；"总有"为5～7天，得3分。总分达16分，表示有轻度抑郁症状，20分以上表示有严重的抑郁症状。此表对于年龄小的儿童不适宜，结果判断的临界值尚需建立地区的标准。

表9-2 抑郁自评量表（CES-D）

项目	几乎没有	少有	常有	总有
（1）我因一些小事而烦恼	0	1	2	3

续表

项目	几乎没有	少有	常有	总有
（2）胃口不好，不太想吃	0	1	2	3
（3）苦闷难以消除	0	1	2	3
（4）总觉得自己不及别人	0	1	2	3
（5）做事无法集中注意力	0	1	2	3
（6）自觉情绪低沉	0	1	2	3
（7）做任何事都觉得费力	0	1	2	3
（8）觉得前途没有希望	0	1	2	3
（9）我的生活是失败的	0	1	2	3
（10）感到害怕	0	1	2	3
（11）睡眠不好	0	1	2	3
（12）我高兴不起来	0	1	2	3
（13）说话比往常少了	0	1	2	3
（14）感到孤独	0	1	2	3
（15）人们对我不太友好	0	1	2	3
（16）觉得生活不幸福	0	1	2	3
（17）1 周来我曾哭泣过	0	1	2	3
（18）我感到忧愁	0	1	2	3
（19）我觉得人们不喜欢我	0	1	2	3
（20）我无法继续日常工作	0	1	2	3

三、儿童抑郁障碍的成因

导致儿童抑郁障碍的原因有很多，大致可以分为以下几类。

（一）遗传因素

遗传因素与抑郁障碍有着密切联系，有研究表明，约 50%抑郁症儿童的父母中，至少 1 人曾患过抑郁症，特别是慢性抑郁症儿童常有明显的家族史。隐匿性抑郁症儿童的家族中，常有明显的病态心理者，但不是真正的抑郁症患者。而急性抑郁症儿童的家庭中往往无明显的抑郁症患者，而且家庭气氛也比较和睦。1978 年泰森对双生子的研究发现，抑郁症的同卵双生同病率为 70%，而异卵双生同病率只有 19%。

此外，额叶、边缘系统和下丘脑-垂体-肾上腺轴的结构异常与抑郁障碍有关。

（二）个性素质

急性抑郁症儿童多为倔强、执拗、被动、攻击性人格；慢性抑郁症儿童多数表现为无能、被动、喜欢纠缠、依赖、孤独，有抑郁发作史；隐匿性抑郁症儿童具有强迫性、癔症性人格。

（三）环境因素

一般而言，急性抑郁症儿童能找到明显的诱发因素，如父母死亡、离异、与亲人分离、不幸遭遇等，而慢性抑郁症儿童很少能找到明显的诱发因素，但在过去的长期生活中可以找到精神创伤经历或家庭环境的异常情况。

四、儿童抑郁障碍的矫治

抑郁症的短期预后较好，达到90%的患者在1～2年内可缓解。若不加干预，抑郁症会严重影响儿童的正常发展进程，注意力和动机缺乏会导致患病青少年的学业受到影响、社会功能损害、低自尊和高自杀风险。

由于抑郁症复发和并发其他精神障碍的比例较高，因而对儿童抑郁症的治疗常使用综合的治疗方案，以求维持较好的治疗效果，防止复发。下面重点介绍两种针对抑郁症儿童的治疗方法。

（一）认知-行为治疗

在非药物治疗中，认知-行为治疗是儿童青少年抑郁症的首选治疗方法，是由认知治疗和行为治疗两种方法发展而来的，其有效率为60%～70%，效果要好于人际关系治疗、支持性心理治疗、心理动力学治疗和家庭治疗。10～14岁轻度和中度抑郁的儿童，心理社会功能损害较轻，心理干预效果较好。多数认知-行为治疗疗效研究都是针对9岁以上儿童，年幼儿童受限于语言和认知技能，认知-行为治疗可能难以发挥作用。

认知-行为治疗中的认知疗法指导抑郁症儿童识别、质疑和改变负性的思维过程，如错误的归因、消极的自我监控、过高的行为标准以及不能建立自我强化。引导抑郁症儿童识别和消除负性思维，如“这是我的错”或“问题出在我这里”，用“她真的喜欢我”或“我是一个有趣的人”等积极思维代替负性思维。再如，鼓励一个被朋友拒绝的儿童这样考虑问题：“她只是情绪不好”而不是“她讨厌我”。治疗过程中向儿童呈现一些特定的情境和非理性负性思维的例子，教导儿童用更加积极的理性解释去代替非理性思维。

认知-行为治疗中的行为治疗强调增加快乐的活动和事件，向儿童提供获得更多强化所需要的技巧。如社交技巧训练等干预方法使儿童学会果断、沟通、接受和反馈的方法，解决社交问题，掌握冲突解决的技巧，以达到提高积极社会交往的目的。

（二）药物治疗

尽管心理治疗是儿童青少年初发抑郁急性期治疗的首选，但是如果治疗后4～6周内病情没有改善，就应当考虑药物治疗。药物治疗应该制订一个综合的治疗计划，对于那些症状严重影响心理治疗效果的儿童和青少年、那些不能经受心理治疗、有精神症状及慢性或复发的抑郁症，药物治疗应是首选。

1. 选择性5-羟色胺再摄取抑制剂　因为选择性5-羟色胺再摄取抑制剂（SSRI）对治疗成人抑郁症的疗效较好，所以也将之作为儿童抑郁症的一线药物。目前，氟西汀、舍曲林、帕罗西汀和西酞普兰是儿童和青少年抑郁症治疗中使用最多的选择性5-羟色胺再摄取抑制剂类药物。氟西汀是唯一被美国食品药品监督管理局推荐用于治疗8岁以上儿童抑郁症的药物。舍曲林用于治疗 6 岁以上儿童强迫症，治疗儿童抑郁症的证据并不充分。西酞普兰的耐受性较好，药物副反应轻微，但用于治疗儿童青少年抑郁症没有确切的效果，还需要更多研究来证实。帕罗西汀和氟伏沙明疗效不确切。

2. 双重再摄取抑制剂——文拉法新　没有文献支持文拉法新对儿童抑郁症的治疗效果，一个安慰剂对照试验研究了 33 个 8～17 岁重性抑郁门诊患者，8～12 岁儿童使用剂量为每天 37.5mg，12 岁以上青少年每天 75mg，6 周以后抑郁症状明显好转，但是文拉法新组和安慰剂组并没有显著差异。明显的副作用包括恶心、轻躁狂和食欲增加。与帕罗西汀相同，使用文拉法新治疗初期可增加自杀风险，在缺少明确证据支持疗效的情况下，文拉法新可用于对氟西汀和舍曲林无效的患者。

3. 三环类抗抑郁剂　儿童对三环类抗抑郁剂不如成人敏感，可能因为评价量表对抑郁儿童不如成人那么评估精确；另一个可能性是三环类抗抑郁剂的药理作用对儿童青少年和成人是不同的，儿童缺少足够储存药物的脂肪量，活动量也较成人多，这可能导致快速代谢、快速吸收和减少蛋白质存留，这些因素可能引起药物的半衰期缩短和在血液中从中毒量到无效的快速波动。

儿童和青少年抑郁是一种严重的精神健康问题，发病率高，对患者和家庭的生活影响大，应及早诊断和干预以重建社会功能和防止自杀风险。治疗应根据患者需求制订个体化的综合治疗计划，心理治疗和药物治疗都是有效的治疗措施，使用药物时应严密监测。

信息栏 9-3　关注青少年的自杀现象

近年来，青少年自杀的比率在整体人群中呈现一种不断上升的趋势，日益成为一种心理社会问题，且受到越来越多的社会关注。

在许多西方国家，自杀已成为人类十大致死原因之一。对于青少年人群而言，自杀在致死原因中的排位明显位居前列。就 15～19 岁年龄组来说，自杀被列为第三位致死原因，而在 15～24 岁年龄组中，自杀上升到第二位死因。在我国，15～25 岁青少年的自杀率也相对高于其他各年龄组，足见自杀对青少年危害的严重性。

青春期是青少年生长发育的关键时期。在这一时期，青少年体内内分泌激素的变化不仅明显地反映在他们的躯体上，造成他们身体的突增、性别的分化，同时也明显地刺激到他们的情感生活。青少年个体自我意识逐渐发展，独立意向明显增强，但自我能力发展尚不完善，这使得他们经常感到自己被置于一种独立意向和自我能力不足的矛盾状态之中，情绪波动较大，易采取一些极端的手段来解决问题。例如，他们常会感受到来自于学业、家庭等的外界压力，体验到一种伤痛感而对生活失去希望。

我们曾对一些青少年大学生的自杀态度进行研究，超过 50%的学生承认采用自杀这种极端手段来摆脱某些困境（如患病、伤残）的合理性。我们做的另一项针对中学生自杀行为的研究发现，在近 400 名被试中，16.5%的人自述曾认真考虑过自杀，11.6%的人曾计划过自杀，3.1%的人曾亲身尝试过自杀，而有 1.8%的人则因自杀导致了其他严重的后果。

一般来说，导致青少年自杀的常见原因大致可归结为三类。

第一类，由于成就感的极度丧失所造成。取得成就是人在自我价值实现上的一个主要需求。对于求知学习的青少年来说，学习好、考试成绩好，自然是个人成功的一个重要体现。近年来不少青少年的自杀案例，多是由于学习困难、学业失败，如升学考试落榜等原因。也有的人原来学业优秀，进入新的群体却发现更有强者，自我评价明显降低，随之产生抑郁、退缩等情绪，最终以自杀作为解决问题的方式。

第二类，由于无法建立一种亲密的人际关系，或是丧失了原来已有的一种良好的人际关系而导致的自杀。经常看到的情况常是有些青少年因父母一方或双方死亡，或父母分居、离婚，或个人在异性交往上的失败，或家庭中存在持久的不和睦气氛，亲子关系紧张等，失去了生活的希望。

第三类，由于某些情景所伴发的冲动行为。如有些青少年由于在学校或家庭里受到老师或父母的斥责、同伴的羞辱等，个体的自尊心、自责感受到强烈刺激，从而导致他们产生极端的冲动行为。

如何预防青少年自杀呢?我们认为应包括两个方面：

第一，社会性防范。家长、教师和社区从事有关青少年工作的专业人员，应熟悉了解青少年心理卫生的知识，以便及时发现有自杀危险的青少年，并给予必要的帮助。社会有关部门还应建立一些应急的救助机构，如热线电话、心理咨询中心等，以便及时为那些产生轻生念头的青少年进行必要的心理治疗和行为指导，缓解他们的自杀冲动，同时还要尽可能帮助解决青少年自杀者所面临的困难，消除可能导致他们自杀的社会环境障碍。

第二，青少年的个体防范。许多青少年自杀是由于他们缺乏解决问题的能力，不会多方面地考虑和认识问题，心理素质、个性品质存在缺陷，对压力挫折的承受能力低。因此，青少年要自觉培养健全的人格，提高分析问题、解决问题的能力，积极、乐观、勇敢地面对生活。

资料来源：余小鸣.1999.青少年抑郁与自杀.父母必读，(2)：51

【要点小结】

（1）儿童常见的心理障碍有注意缺陷多动障碍、焦虑障碍、恐惧障碍、强迫障碍、抑郁障碍等。

（2）注意缺失多动障碍，又称多动症，是儿童注意力缺乏、唤起过度、活动过多、冲动性和延迟满足困难等一系列心理行为的总称。多动症的核心症状包括注意集中困难、活动过度、情绪不稳，继发性的行为障碍包括学习困难、行为问题、动作协调困难。多动症的评定标准为注意缺陷与多动冲动行为，鉴别方法有临床观察法与量表测验法。

（3）多动症的矫治：①教育性指导，如要求切合实际、增加活动、控制环境、培养有规律的生活习惯、培养自尊心和自信心、培养社会化技能等；②心理治疗，如行为治疗与认知治疗；③其他治疗方式，如药物治疗、饮食治疗、放松训练。

（4）焦虑症状主要涉及三个相关系统：生理系统、认知系统、行为系统。常见的焦虑障碍有：分离性焦虑障碍、广泛性焦虑障碍、考试焦虑。

（5）导致儿童焦虑的原因有遗传因素、神经生物因素和家庭影响。儿童焦虑障碍的治疗方法包括心理治疗、家庭治疗、药物治疗。

（6）儿童恐惧障碍是指儿童显著而持久的、对日常生活中的事物或情境产生过分的、毫无理由的恐惧情绪，并出现回避或退缩行为。其程度严重影响了儿童的日常生活和社会功能。

（7）恐惧障碍涉及两个概念：一是害怕，二是恐惧。儿童恐惧障碍的成因可以从精神分析理论、行为与学习理论、生物学理论分析。儿童恐惧障碍的治疗包括暴露疗法、系统脱敏法、冲击疗法。

（8）强迫障碍是一种有意识的自我强迫和反强迫同时存在，造成患者试图去竭力抵抗和排斥这些强迫症状，但又无法摆脱这些冲突而产生焦虑和痛苦的现象。强迫行为是按照某种规则或刻板程序重复行为的现象。

（9）强迫观念是指患者在意识中具有一种持久而难以摆脱的思想、表象和冲动。强迫障碍的成因：遗传因素、生理机制、心理机制、系统家庭假设。

（10）强迫障碍的治疗包括心理动力学治疗、行为治疗、认知治疗、家庭人际关系治疗、药物治疗。

（11）抑郁症是以情绪抑郁为主要表现的情绪障碍。儿童抑郁症的类型：急性抑郁、慢性抑郁、隐匿性抑郁。儿童抑郁症的成因有遗传因素、个人素质、环境因素。

（12）儿童抑郁症的诊断：①情绪恶劣，自我评价过低。②下述 8 项症状有 2 项以上：攻击行为，睡眠障碍，与他人接触少，不愿上学，成绩下降，躯体不适，主诉精力不足，食欲和体重改变。③这些症状说明患儿平时的行为改变。④症状至少持续 1 周以上。儿童抑郁症的矫治措施：认知-行为治疗、药物治疗。

【关键术语】

注意缺陷多动障碍（attention deficit hyperactivity disorder，ADHD）

认知疗法（cognitive therapy）

分离性焦虑（separation anxiety disorder of childhood）

考试焦虑（examination anxiety）

元认知模型（meta-cognitive model）

目标行为疗法（targeted behavioral therapy）

强迫障碍（obsessive-compulsive disorder）

【资源链接】

莫那斯特拉. 2009. 家有顽童——孩子有了多动症怎么办. 雷秀雅，译. 重庆：重庆大学出版社

儿童心理诊断与矫治 http：//3y.uu456.com/bp_3o3cg31ip82xc786bdmy_2.html

张文京，严小琴. 2015. 特殊儿童个别化教育：理论、计划、实施. 重庆：重庆大学出版社

昝飞，张琴. 2014. 特殊儿童的问题行为干预——实例与解析. 北京：中国轻工业出版社

【复习思考】

1. 注意缺陷多动障碍儿童有哪些主要表现?
2. 儿童焦虑障碍的表现有哪些?
3. 儿童焦虑障碍的治疗方法有哪些?
4. 儿童恐惧障碍的诊断标准有哪些?
5. 简述儿童强迫障碍的表现与矫治方法。
6. 简述儿童抑郁障碍的表现、类型与矫治方法。

练习测验答案

第一章

1～6. DBCBDD

7～8. AD　ABCD

9 聚合交叉设计：在纵向研究图式中分段进行横断研究，选择不同年龄的群体为研究对象，在一定时期内重复观察这些对象，这样既克服了纵向研究的缺点，又保持了横断研究的长处。在沙伊的研究中，第一次测试时被试年龄范围 20～70 岁，为横断研究，每 7 年进行一次测试，此为纵向研究。

第二章

1～5. BDCDB

6～10. BDCDB

11～15. AACAD

16～17. BA

18～20. BCD　ABCD　ACD

21.（1）弗洛伊德认为，人格的发展就是性（心理性欲）的发展。根据力必多投放的部位，可以将儿童心理发展划分为五个阶段：口唇期、肛门期、性器期、潜伏期、生殖期。

（2）艾里克森接受了弗洛伊德理论的基本框架，但更强调自我的作用，认为人格是生物、心理和社会三方面因素组成的统一体，个体人格发展要经过一系列的阶段，每个阶段都有其特定的目标、任务和冲突。各个阶段互相依存，后一阶段发展任务的完成依赖于早期冲突的解决。人的心理发展分为八个阶段：阶段 1（0～2 岁）信任对怀疑、阶段 2（2～4 岁）自主对羞愧、阶段 3（4～7 岁）主动对内疚、阶段 4（7～12 岁）勤奋对自卑、阶段 5（12～18 岁）同一性对角色混乱、阶段 6（成年初期）亲密对孤独、阶段 7（成年中期）繁殖对停滞、阶段 8（成年晚期）完美对绝望。个体顺利完成各阶段的发展任务，就会形成健康的人格品质。

（3）区别与联系

1）区别：弗洛伊德强调本能的作用，将人格发展局限于母亲-儿童-父亲这个狭隘的三角关系中，特别强调潜意识和早期经验在人格形成中的作用；而艾里克森则更强调自我的作用，将个体发展置于更广阔的社会背景上，重视社会文化对人格发展的影响，认为人格发展是一个渐成的过程；关于人格发展阶段，弗洛伊德的阶段只到生殖期为止，艾里克森将人格发展阶段扩展到了成年晚期。

2）联系：艾里克森的发展理论是对弗洛伊德的发展理论的继承、扩展与修正。

22.（1）认知发展理论

1）发展的实质与原因。心理起源于主体的动作。主体通过动作对客体的适应才是心理发展的真正原因与本质，适应的本质在于取得机体与环境的平衡，通过同化与顺应两种形式完成。

2）发展的因素和结构。影响认知发展的因素有：成熟、物理环境、社会环境和平衡；发展的结构包括：图式、同化、顺应和平衡。

3）认知发展阶段论。皮亚杰认为，心理发展过程具有连续性、阶段性和顺序性。每个阶段具有其独特的结构。儿童思维发展依次经历感知运算阶段、前运算阶段、具体运算阶段和形式运算阶段。

（2）对教学工作的启示：在当代教育教学中，教育目标应着重于提高学生的知识理解能力；教学内容应适用于学生的认知发展水平，不断打破学生已有的平衡，建立新的平衡；教学要重视学生的个体差异性，因材施教；应强调活动的重要性，充分发挥学生的主体性；要重视学生自我调节能力的培养；教师应树立新的教育观念。

第三章

1～5. BABAB

6. ABC

第四章

1～7. CACDD　CA

8～9. ABD　ABD

10.（1）习得（或经验）论（后天论）：该理论认为，言语是习得的。强调家庭和社会环境对言语发展的重要作用。强化说认为，语言的习得是通过操作性条件反射实现的，强化是学习语言的必要条件，强化程序是渐进的（斯金纳为代表）。言语发展表现为儿童习得的口头反应的增加。模仿说认为，儿童是通过观察、模仿而学习语言的（班杜拉为代表）。

（2）先天论：该理论认为，语言能力是人类与生俱来的。先天语言能力说（乔姆斯基）认为，语言是普遍语法能力（知识）的表现，语言获得过程就是由普通语法向个别语法转换的过程，这个转换过程是通过语言获得装置（LAD）实现的。儿童获得的是一套支配语言行为的特定的规则系统，因而能产生和理解无限多的新句子，表现出很大的创造性。自然成熟说认为，生物遗传是人类获得语言的决定性因素。语言获得是大脑功能成熟的产物，最容易获得语言的时期是从出生到青春期。

（3）相互作用论：该理论认为，言语发展是生理成熟、认知发展与不断变化的语言环境之间复杂的相互作用的结果（皮亚杰为代表）。认知相互作用论认为，语言是儿童许多符号功能的一种，认知结构是言语发展的基础，言语结构随着认知结构的发展而发展，个体的认知结构和认知能力源于主体和客体的相互作用。社会相互作用论强调儿童与同伴或成人交往的作用。

11.（1）实验程序名称为陌生情境法。

（2）依恋是儿童与主要养育者（通常是母亲）之间建立的特殊情感情结。根据婴儿在情境中指向抚养者的行为模式，母婴依恋可以划分为三种类型：安全型、回避型和矛盾型/反抗型。根据信息，平平是安全型依恋；乐乐是反抗型依恋。

（3）养育者的抚养方式（交往方式）和儿童自身的气质类型之间相互作用，共同影响儿童的依恋类型和依恋安全性。安全型依恋婴儿（平平）的母亲对孩子的信号、情绪表达都非常敏感，鼓励孩子进行探索，而且喜欢与孩子有亲密的接触。反抗型依恋婴儿（乐乐）的母亲常常误解孩子的信号，她的照顾行为是不一致的，对孩子的反应更多地依赖于自己当时的心境，而不是孩子的行为。因此，对于孩子的信号和情绪表达常常表里不一。

（4）首先，影响儿童的亲子关系；其次，影响儿童与其他人的关系（同伴、师生关系等）或社会技能；第三，影响儿童自身的心理健康（情绪、自尊等）；最后，有研究发现，不同依恋类型儿童的认知能力、语言能力也有差别。

第五章

1～10. BBDDCBBDCD

11. 同伴关系是儿童社会化的动因之一。

（1）文化传递和行为发展功能。儿童在扬弃成人文化和创造自己新文化的同时，会形成他们自己的群体文化，并逐代传递。

（2）认知发展功能。维果茨基指出认知发展在很大程度上是人际交流的结果。皮亚杰指出，同伴关系对儿童的社会认知发展具有重要意义。

（3）情绪发展功能。同伴关系是满足儿童社交需要、获得社会支持、安全感、亲密感和归属感的重要源泉。良好的同伴关系能给儿童以情绪支持和安慰，帮助他们应对生活中出现的种种紧张和压力。

（4）人格发展功能。在与同伴的交往碰撞中，个体学会了肯定自我、反省自我、发展健康的自我概念，习得新角色、新技能、新行为，逐渐形成健全的人格。

第六章

1～5. DBDDA

6.（1）不同父母教养方式的特点与影响

1）权威型教养方式：父母会对孩子提出许多合理的要求，并且会谨慎地说明要求孩子遵守的理由，保证孩子能够遵从指导；更多地接纳孩子的观点并作出反应，会征求孩子对家庭事务的意见，以合理、民主的方式来控制孩子。这种教养方式下的儿童独立性强，善于自我控制和解决问题，自尊感和自信心较强，喜欢与人交往，对人友好。

2）专制型教养方式：通常成人会提出很多规则，期望孩子能够严格遵守。他们很少向孩子解释遵从这些规则的必要性，常常依靠惩罚和强制性策略迫使儿童顺从。专断型的父母不能敏感觉察到孩子自身的要求与意愿，总是希望孩子能够将他们所说的话当作圣旨，并尊重他们的权威。对儿童违反规则的行为表示愤怒，甚至采用严厉的惩罚措施。这种教养方式下的儿童常常表现出焦虑、退缩和不快乐，在交往中遇到挫折时，易产生敌对反应，与权威型相比，他们的自我调节能力和适应性相对较差。

3）纵容型教养方式：父母会相对较少地提出要求，允许孩子自由表达自己的感受和冲动，很少对孩子的行为做出强硬的控制。例如，任由儿童自己安排饮食起居，纵容儿童贪玩、看电视；不要求他们做家务事，也不要求他们学习良好的行为举止；对儿童违反规则的行为采取忽视或接受的态度，很少发怒或者训斥儿童。这种教养方式下的儿童大多很不成熟，他们随意发挥自己，往往具有较强的冲动性和攻击性，而且缺乏责任感，合作性差，很少为别人考虑，自信心不足。

（2）亲子相互作用模型是一种用于解释儿童发展的理论模型，其核心成分就是儿童与其环境经验之间的动态相互作用。该模型认为，发展是儿童与其环境经验之间持续的、动态的双向作用的结果。也就是说，一方面，儿童发展受到外界环境的影响，另一方面，外界环境并非独立于儿童而存在，而是受到儿童自身特点的影响。亲子相互作用模型强调相互作用过程的动态性，即儿童与周围环境间的相互作用是随着时间推移不断发生的。

两者的差异：鲍姆瑞德的观点支持父母效应模型，认为家庭影响作用遵循父母影响儿童发展的单向路径,而相互作用模型强调父母教养方式与儿童之间存在双向互动、相互依赖的关系。

第七章

1～7. ACDDCCB

8. AD

9. 青少年情绪发展的一般特点是内向体验更深刻，情感生活越来越重要，世界观开始形成，交友范围缩小，重视人际情感。本题日记内容主要反映出初中生在青春期前后的自我意识和情绪情感两个方面的心理变化特点。

（1）自我意识的发展：伴随成人感的出现，青少年更加渴望加入成人世界，希望他人将其当作成人看待，并力争享有与成人同等的权利；青春期自我意识高涨的一个表现是青少年的内心世界越发丰富，在日常生活中将很多心智用于内省；自我评价更加抽象、更加具有整合性和组织性、结构更加分化。

（2）情绪情感的特征

1）矛盾性：由于青少年心理能力的发展和生活经验的丰富，其情绪的表现形式也不再单一，但又不能够像成人的情绪那样稳定，因而表现出了半成熟、半幼稚的两面性。青少年的这些情绪表现特点完全是由于青少年身体和心理的发展所导致的，其典型的特点是强烈、狂暴与温和、细腻共存，情绪的可变性与固执性共存，内向性与表现性共存。

2）常见情绪困扰

烦恼突然增多：不知如何在公众面前表现；与父母关系出现裂痕。

焦虑：引起青少年焦虑的原因主要有适应困难和考试。

压抑：争强好胜的冲动和自尊易受打击的性格使青少年常常处于压抑的心境。

孤独：心理学家称青春期为“心理断乳期”，个体要在心理上脱离父母的保护和对父母的依恋，成长为独立的社会成员；但是青少年在短时间内还不能独立处理很多问题，又不愿向人求助，于是产生了一种孤独心境。

参 考 文 献

艾里克.J. 马施，大卫.A. 沃尔夫.2004. 孟宪璋，等译. 儿童异常心理学[M]. 广州：暨南大学出版社

安秋玲，陈国鹏.2003. 不同年龄儿童对权威认知水平的研究[J]. 心理发展与教育，(3)：17～22

白学军.1990. 国外对儿童自我言语研究的新进展[J]. 心理发展与教育，22(1)：37～41

白云静，郑希耘，葛小佳，等.2005. 行为遗传学：从宏观到微观的生命研究[J]. 心理科学进展，13(3)：305～313

保罗·贝内特.2005. 陈传锋，等译. 异常与临床心理学[M]. 北京：人民邮电出版社

毕鸿燕，彭聃龄，于海霞.2004. 儿童的直接推理能力及策略的发展[J]. 心理学报，(5)：558～562

蔡典谟.1999. 协助孩子出类拔萃[M]. 北京：中国轻工业出版社

曹立人，翁柏泉.1999. 初中生焦虑状况的动态特征研究[J]. 心理科学，(4)：367～368

曾有娣.1999. 加速式超常儿童教育研究综述[J]. 中国特殊教育，(4)：1～6

查子秀.1989. 儿童心理研究方法[M]. 北京：团结出版社

查子秀.1995. 我国超常儿童的研究和教育的发展[J]. 特殊儿童与师资研究，(4)：2～8

查子秀.2003. 国外超常教育课程模式[J]. 中国人才，(6)：61～64

柴铁劬，刘乡.1998. 对儿童多动症的再认识[J]. 中国校医，12(4)：313～314

车文博.1998. 西方心理学史[M]. 杭州：浙江教育出版社

车文博.2004. 弗洛伊德——精神分析导论[M]. 长春：长春出版社

车文博.2004. 弗洛伊德——自我与本我[M]. 长春：长春出版社

陈帼眉.1989. 学前心理学[M]. 北京：人民教育出版社

陈红，冯文锋，黄希庭.2006. 青少年理想身体自我量表编制[J]. 心理科学，(5)：1190～1193

陈红，黄希庭.2005. 青少年身体自我的发展特点和性别差异研究[J]. 心理科学，(2)：432～435

陈会昌，李苗，王莉.2002. 延迟满足情境中2岁儿童对行为的自我控制能力和延迟策略的使用[J]. 心理发展与教育，18(1)：1～4

陈会昌，梁兰芝.2000. 亲子依恋研究的进展[J]. 心理学动态，8(1)：29～34

陈会昌.2001. 青少年心理专题[J]. 北京：人民教育出版社，108

陈惠芳，程华山.1989. 4～14岁儿童注意广度发展的实验研究[J]. 心理科学，(1)：45～47

陈利鲜.2001. 早期安全依恋对儿童心理发展的影响[J]. 柳州师专学报，16(2)：116

陈龙安.1999. 创造性思维与教学[M]. 北京：中国轻工业出版社

陈云.1994. 儿童早期教育与训练[M]. 杭州：浙江教育出版社

陈志君.1994. 对一个全面发展超常儿童的研究[J]. 西面师范大学学报（哲学社会科学版)，(4)：27～57

陈志君.1997. 超常儿童家庭教育中几个值得注意的问题[J]. 西南师范大学学报（哲学社会科学版)，(4)：57～60

陈志君.1998. 四名超常儿童的追踪研究[J]. 西南师范大学学报（自然科学版)，23(4)：481～485

程乐华，曾细花.2000. 青少年学生自我意识发展的研究[J]. 心理发展与教育，(1)：12～18

程利国.1999. 皮亚杰心理学思想方法论研究[M]. 福州：福建教育出版社

丁凤琴.2002. 学前儿童自我控制行为的研究[J]. 宁夏大学学报（人文社会科学版)，21(4)：99～102

丁祖荫，哈咏梅.1985. 幼儿形状辨认能力的发展[J]. 南京师大学报（社会科学版)，(3)：15～19

丁祖荫.1980. 儿童概念掌握的实验研究[M]. 发展心理、教育心理论文选. 北京：人民教育出版社，39～55

丁祖荫.1984. 儿童心理学[M]. 济南：山东教育出版社

董莉，沃建中.2005. 3～6年级小学生人际交往发展特点的研究[J]. 中国临床心理学杂志，(1)：45～47

董奇，陶沙.2000. 爬行经验与母婴依恋行为特点关系的研究[J]. 北京师范大学学报，(2)：75

董奇，陶沙.2004. 动作与心理发展[M]. 北京：北京师范大学出版社

董奇.1993. 儿童创造力发展心理[M]. 杭州：浙江教育出版社

董奇.2004. 心理与教育研究方法（修订版）[M]. 北京：北京师范大学出版社

范翠英.1998. 儿童心理咨询[M]. 合肥：安徽人民出版社

范存仁，周志芳.1983. 从出生到六岁儿童智能发展规律的探讨[J]. 心理学报，15(4)：429～444

方富熹，方格.2005. 儿童发展心理学[M]. 北京：人民教育出版社

方富熹.1986. 介绍皮亚杰的临床法[J]. 心理学动态，(3)：21～56

方富熹. 1994. 友谊关系社会认知发展的跨文化比较研究[J]. 心理学报，26（1）：44～50
方格，田学红，毕鸿燕. 2001. 幼儿对数的认知及其策略[J]. 心理学报，33（1）：30～36
方格. 1984. 儿童对时间顺序认知发展的实验研究[J]. 心理学报，16（2）：165～173
方格. 1984. 儿童对时间顺序认知发展的实验研究[J]. 心理学报，16（3）：250～258
方俊明. 2005. 特殊教育学[M]. 北京：人民教育出版社
方晓义，张锦涛，刘钊. 2003. 青少年期亲子冲突的特点[J]. 心理发展与教育，（3）：46～52
冯申禁，宋钧，佟乐泉. 1980. 儿童运用归纳法概括句组内词语能力的实验研究[J]. 心理学报，（2）：226～234
傅根跃，陈昌凯，胡优君. 2002. 小学儿童集体主义意识研究[J]. 心理科学，（5）：612～613
高觉敷，叶浩生. 1996. 西方教育心理学发展史[M]. 福州：福建教育出版社，27
高亚兵，骆伯巍. 2007. 论青少年学生的体像烦恼[J]. 浙江教育学院学报，（6）：28～32
高月梅. 1993. 幼儿心理学[M]. 杭州：浙江教育出版社
谷传华，黄春燕，周宗奎. 2008. 小学儿童社会创造性与社会技能的关系及其教育启示[J]. 教育研究与实验，（2）：56～59
谷传华，王美萍. 2000. 儿童依恋理论述评[J]. 山东师范大学学报，（1）：67
郭晗，金瑶梅. 2004. 弱智儿成就天才儿童的可能性[J]. 哈尔滨学院学报，25（2）：72～76
郭亨杰. 2000. 童年期发展心理学[M]. 南京：南京大学出版社
郭贞美，吴康敏，杨速飞. 2003. 幼儿气质的相关因素研究[J]. 中国儿童保健杂志，11（2）：91～93
韩进之，杨丽珠. 1986. 我国学前期儿童自我意识发展初探[J]. 心理发展与教育，（3）：2-13
何华国. 2004. 特殊儿童心理与教育[M]. 台北：五南图书出版股份有限公司
何鲜桂. 2008. 儿童青少年体成分影响因素的双生子研究. 中国学校卫生，（4）：295～296
贺宗鼎，袁项国. 1997. 当代我国超常儿童心理研究与教育述评[J]. 四川师范大学学报（社会科学版），24（1）：17～24
洪德厚. 1984. 3～14 岁儿童记忆发展的某些特点[J]. 心理科学通讯，28（2）：18～20
侯岩，叶平枝. 1992. 学前儿童空间认知能力发展的实验研究[J]. 心理发展与教育，8（2）：1～8
胡平，孟昭兰. 2000. 依恋研究的新进展[J]. 心理学动态，8（2）：26～32
华红琴. 1990. 5～7 岁儿童语用技能调查[J]. 心理科学通讯，（2）：53～55
黄春萍. 1994. 儿童多动症的临床表现及治疗中的注意事项[J]. 江苏理工大学学报，15（3）：109～110
黄春香，李雪荣. 1997. 儿童依恋[J]. 国外医学、精神病学全册，24（1）：8
黄敏儿，郭德俊. 2001. 情绪调节方式及其发展趋势[J]. 应用心理学，7（2）：17～22
黄仁发. 1990. 中小学生写作特征初探[J]. 心理科学，（1）：28～33
黄仁发. 学龄儿童朗读技能发展的研究报告[J]. 心理科学，1986，（6）：18～22
黄希庭，陈红，符明秋，等. 2002. 青少年学生身体自我特点的初步研究[J]. 心理科学，（3）：260～264
黄志成. 2004. 全纳教育——关注所有学生的学习和参与[M]. 上海：上海教育出版社
贾文华. 2005. 青少年的情绪困扰与调适[J]. 江西教育科研，（7）：38～40
贾严宁，张福娟. 2003. 智力落后儿童适应行为三个因子发展特点的研究[J]. 中国特殊教育，（1）：56～59
蹇璐亦，李玫瑾. 2007. 限于青少年期型反社会行为的发展特点研究[J]. 青少年犯罪问题，（5）：11～14
教育部师范教育司. 1999. 智力落后儿童心理学[M]. 北京：人民教育出版社
杰洛德·布兰岱尔. 2005. 林瑞堂，译. 儿童故事治疗[M]. 成都：四川大学出版社
解如华. 1999. 多动症研究的新进展[J]. 中国特殊教育，22（2）：11～13
劳伦. B. 阿洛伊，约翰. H. 雷斯金德，玛格丽特. J. 玛诺斯. 2005. 汤震宇，邱鹤飞，杨茜，译. 变态心理学. 9 版[M]. 上海：上海社会科学院出版社
雷雳. 2009. 发展心理学[M]. 北京：中国人民大学出版社
雷永生，王至元. 1987. 皮亚杰发生认识论述评[M]. 北京：人民出版社
雷燕，李燕红. 2005. 儿童多动症的表现特征及教育干预措施[J]. 重庆职业技术学院学报，14（4）：119～120
李百珍. 1991. 幼儿意志品质的实验研究[M]. 天津师大学报，（3）：29～32
李伯黍，岑国桢，叶慧珍，等. 1985. 小学儿童集体观念发展研究. 心理科学，（1）：11～15
李洪曾，王耀明，陈大彦，等. 1987. 中小学学生注意稳定性的研究[M]. 心理科学通讯，（6）：13～17
李洪曾. 1983. 5～6 岁幼儿有意注意稳定性的实验研究[J]. 心理学报，15（2）：178～184
李惠桐，李世棣. 1980. 三岁前儿童集体动作发展的调查[M]. 载：发展心理、教育心理论文选. 北京：人民教育出版社
李莉. 2003. 有关天才儿童的定义的研究综述[J]. 中国特殊教育，（3）：81～88

李其维. 1989. 皮亚杰发生认识论原理[M]. 北京：人民教育出版社
李文馥，刘范. 1983. 5～13 岁儿童空间认知发展的研究[J]. 心理学报，21（1）：87～91
李文馥. 1994. 各种分类标准在儿童分类中的竞争[J]. 心理学报，26（4）：362～369
李文馥. 1995. 幼儿颜色爱好特点研究[M]. 心理发展与教育，（1）：9～14
李孝忠. 1995. 智力落后儿童的心理特点及形成原因[J]. 中小学教师培训，（6）：46～48
李学铭. 1988. 学龄儿童默读能力发展研究[J]. 心理发展与教育，（1）：8～13
李雪荣. 1987. 儿童行为与情绪障碍[M]. 上海：上海科学技术出版社
李莹，胡斌. 2004. 多元智能理论在智力落后儿童教育中的运用[J]. 中国特殊教育，（12）：12～15
李颖，施建农. 2005. 大鱼小池塘效应——对超常儿童教育安置的思考[J]. 心理科学进展，13（5）：623～628
李幼穗. 1998. 儿童发展心理学[M]. 天津：天津科技翻译出版社
李祚山. 1997. 试论智力落后儿童的家庭教育[J]. 重庆师范学报哲社版，（1）：78～108
李祚山. 1998. 智力落后儿童人格发展特征的研究[J]. 重庆师范学院学报（自然科学版），15（6）：4～80
梁宝勇. 2004. 发展心理病理学[M]. 合肥：安徽教育出版社
林崇德，杨治良，黄希庭. 2004. 心理学大词典[M]. 上海：上海教育出版社
林崇德，张文新. 1996. 认知发展与社会认知发展[J]. 心理发展与教育，12（1）：50～55
林崇德. 1980. 学龄前儿童数概念与运算能力的发展[J]. 北京师范大学学报，11（2）：111～116
林崇德. 1981. 小学儿童数概念与运算能力发展的研究[J]. 心理学报，（3）：289～298
林崇德. 1981. 遗传与环境在儿童智力发展上的作用——双生子的心理学研究（续）[J]. 北京师范大学学报，（1）：64～72
林崇德. 1982. 遗传与环境在儿童性格发展上的作用——双生子的心理学研究[J]. 北京师范大学学报，（1）：8
林崇德. 1995. 发展心理学[M]. 北京：人民教育出版社
林崇德. 1999. 学习与发展——中小学生心理能力发展与培养[M]. 北京：北京师范大学出版社
林崇德. 2002. 发展心理学[M]. 杭州：浙江教育出版社
林崇德. 2009. 发展心理学[M]. 2 版. 北京：人民教育出版社
林镜秋，杨广兴，李桂荣，等. 1994. 关于中学生注意品质的实验报告[J]. 天津市教科院学报，（5）：21～22
刘春玲. 2000. 弱智儿童语音发展的研究[J]. 中国特殊教育，（2）：31～35
刘丹. 2006. 中学生抑郁状况及其影响因素的研究[D]. 山东大学硕士毕业论文，10
刘范. 1989. 发展心理学（上册）[M]. 北京：团结出版社
刘范. 1989. 发展心理学（下册）[M]. 北京：团结出版社
刘洪沛. 2003. 适应行为研究的新理论——社会性能力理论[J]. 中国特殊教育，（1）：60～64
刘建清. 1995. 9～12 岁儿童类比推理能力的发展. 心理科学，（1）：56～58
刘金花. 2006. 儿童发展心理学[M]. 上海：华东师范大学出版社
刘景全，姜涛. 1993. 关于小学生某些注意品质的实验研究[J]. 天津师范大学学报（自然科学版），（4）：32～35
刘静和，王憲钿，范存仁，等. 1963. 四至九岁儿童类概念的发展的实验——Ⅰ. 分类与分类命名的实验研究[J]. 心理学报，（4）：287～295
刘全礼. 2003. 特殊教育导论[M]. 北京：教育科学出版社
刘少英，葛列众，朱瑶. 2004. 4～6 岁幼儿颜色偏好实验研究[J]. 心理科学，27（3）：669～670
刘守旗. 1997. 当代青少年心理与行为透视[M]. 合肥：安徽人民出版社
刘文，杨丽珠. 2004. 3～9 岁儿童气质类型研究[J]. 心理与行为研究，23（4）：603～609
刘玉华，朱源. 1994. 超常儿童心理发展与教育[M]. 合肥：安徽教育出版社
刘在花，许燕，李士明. 2003. 智力落后研究综述[J]. 当代教育科学，（19）：36～38
刘兆吉. 1978. 3～6 岁儿童口头语言发展水平初步调查之一. 第二届心理学年会资料
刘志军. 2000. 90 年代西方依恋理论研究的概述[J]. 上海师范大学学报（社会科学版），29（8）：24～30
鲁龙光，陈图农，陈建国. 2000. 体象障碍自评量表的初步制定[J]. 中国心理卫生杂志，（5）：299～302
罗伯特·费尔德曼. 2007. 苏彦捷，译. 发展心理学[M]. 北京：世界图书出版公司，80
骆伯巍，高亚兵，叶丽红，等. 2005. 青少年学生体像烦恼现状研究[J]. 心理发展与教育，（4）：89～93
马红英. 2001. 中度弱智儿童句法结构初步调查[J]. 中国特殊教育，（2）：33～37
马克思. 1972. 关于费尔巴哈的提纲. 马克思恩格斯选集第 1 卷[M]. 北京：人民出版社
美国费城儿童指导中心. 2000. 马春华，等译. 儿童与青少年情感健康[M]. 北京：中国轻工业出版社

孟莉，徐建平. 2005. 发展心理学[M]. 北京：中国医药科技出版社
孟现志. 2004. 关于我国超常教育的若干问题反思[J]. 中国特殊教育，（7）：71～74
孟昭兰. 1997. 婴儿心理学[M]. 北京：北京大学出版社
潘波涛，程念祖. 1997. 超常儿童鉴别的研究[J]. 中国特殊教育，（1）：5～11
潘菽. 1964. 教育心理学[M]. 北京：人民教育出版社
庞丽娟. 1992. 幼儿被忽视社会地位的矫正研究[J]. 心理发展与教育，8（2）：1～8
庞丽娟. 1993. 幼儿不同社交类型的心理特征的比较研究[J]. 心理学报，26（3）：306～313
庞丽娟. 1994. 同伴提名法与幼儿同伴交往研究[J]. 心理发展与教育，10（1）：18～21
皮亚杰，英海尔德. 1980. 儿童心理学[M]. 吴福元，译. 上海：商务印书馆
朴永馨. 1995. 特殊教育学[M]. 福州：福建教育出版社
乔晓红，俞建，谢晓恬. 2008. 青春期发育提前女童行为问题的病例对照研究[J]. 中国心理卫生杂志，（4）：249～252
丘碧群. 2001. 儿童多动症的诊断及矫治[J]. 新疆教育学院学报，17（1）：119～121
冉乃彦. 1994. 3～9 岁儿童的自我意识与社会性的发展[J]. 心理发展与教育，10（4）：112～115
任顺元，陈晏. 1997. 青少年常见心理障碍及调节[M]. 北京：教育科学出版社
桑标. 2008. 应用发展心理学—当代发展心理学丛书[M]. 杭州：浙江教育出版社
邵瑞珍. 1980. 儿童类比推理的特点[M]. 中国心理学会第二届年会发展心理、教育心理论文选. 北京：人民教育出版社，26～38
沈德立. 1999. 发展与教育心理学[M]. 上海：华东师范大学出版社
施建农，徐凡. 1997. 超常儿童研究的现状与动态[J]. 中国特殊教育，（1）：1～4
施建农，徐凡. 1998. 我国超常儿童研究的进展及其问题[J]. 心理学报，30（3）：298～305
施建农，徐凡. 1999. 发现天才儿童[M]. 北京：中国世界语出版社
施建农，徐凡. 2004. 超常儿童发展心理学[M]. 合肥：安徽教育出版社
史慧中. 1990. 3～6 岁儿童言语发展与教育[M]. 中国儿童青少年心理发展与教育. 北京：中国卓越出版公司
宋德如，刘万伦. 2007. 中小学生师生关系发展特征研究[J]. 心理科学，（4）：873～877
苏彦捷. 2012. 发展心理学[M]. 北京：高等教育出版社
孙里宁，周颖. 2006. 智障儿童和正常儿童外显记忆与内隐记忆的比较研究[J]. 心理科学，29（2）：473～475
汤盛钦. 1998. 特殊教育概论[M]. 上海：上海教育出版社
唐洪，方富熹. 1996. 关于幼儿对损人行为的道德判断及有关情绪预期的初步研究[J]. 心理学报，28（4）：359～366
田学红，方格，方富喜. 2001. 4～6 岁儿童对有关方位介词的认知发展研究[J]. 心理科学，24（1）：104～115
王桂琴，方格. 2001. 儿童心理理论的研究进展[J]. 心理学动态，9（2）：129～135
王惠萍. 2002. 关于中学生对教育者的态度和评价的调查研究[J]. 山东教育科研，（3）：36～38
王惠萍. 2007. 简论师范院校儿童发展心理学的教学改革[J]. 课程·教材·教法，（7）：80～82
王惠萍. 2008. 儿童心理理论的研究进展及其发展前景[J]. 鲁东大学学报，（5）：82～84
王惠萍. 2008. 小学生遭受体罚现象的调查与思考[J]. 中国健康心理学杂志，（3）：345～346
王惠萍. 2010. 儿童发展心理学[M]. 北京：科学出版社
王丽，高尔生. 2009. 中国青少年性生理及性心理研究状况[J]. 中国计划生育学杂志，（1）：54～56
王莉，陈会昌. 1998. 2 岁儿童在压力情境中的情绪调节策略[J]. 心理学报，（3）：289～297
王美萍，张文新. 2007. 青少年期亲子冲突与亲子亲合的发展特征. 心理科学，30（5）：1196～1198
王泉泉，胡清芬. 2009. 旋转任务中 3～5 岁儿童空间物体位置编码的研究[J]. 心理发展与教育，（1）：1～6
王书荃. 1994. 弱智儿童社会性发展的研究[J]. 特殊儿童与师资研究，（2）：20～25
王树青，陈会昌，石猛. 2008. 青少年自我同一性状态的发展及其与父母教养权威性、同一性风格的关系[J]. 心理发展与教育，（2）：65～72
王心崇，徐艳杰，刘晓红. 2004. 综合康复治疗对智力落后儿童智能发育的影响[J]. 中国临床康复，（18）：256
王英春，邹泓，叶苑. 2006. 初中生友谊认知的类型特点[J]. 心理科学，（4）：980～982
王英春，邹泓，张秋凌. 2006. 初中生友谊的发展特点[J]. 心理发展与教育，（2）：52～56
王耘，王晓华. 2002. 小学生的师生关系特点与学生因素的关系研究[J]. 心理发展与教育，（3）：18～23
王振宇. 1987. 儿童心理学[M]. 南京：江苏教育出版社
王振宇. 1989. 儿童心理发展理论[M]. 上海：华东师范大学出版社
王重鸣. 1990. 心理学研究方法[M]. 北京：人民教育出版社

韦小满. 1995. 由适应性行为看美国智力落后概念的演变[J]. 比较教育研究，（6）：46～48
韦小满. 1995. 智力落后儿童的适应行为研究概述[J]. 心理发展与教育，（1）：60～64
魏铢，黄秀英，宋静瑶，等. 1964. 小学生比较能力发展特点的研究[J]. 心理学报，（3）：274～280
魏金凯，栗克清. 2002. 现代儿童心理行为疾病[M]. 北京：人民军医出版社
温忠鳞，张雷，侯杰泰. 2004. 中介效应检验程序及其应用[J]. 心理学报，36（5）：614～620
沃建中，林崇德，马红中，等. 2001. 中学生人际关系发展特点的研究. 心理发展与教育，（3）：9～15
吴瑞萍，徐唯. 1999. 217 例幼儿依恋行为调查分析. 中国心理卫生杂志，13（3）：143
吴天敏，许政援. 1979. 初生到三岁儿童言语发展记录的初步分析[J]. 心理学报，11（2）：23～27
吴天敏，许政援. 1980. 出生到 3 岁儿童言语发展记录的初步分析[M]. 载：发展心理、教育心理论文选. 北京：人民教育出版社
吴增强. 2000. 儿童青少年心理矫治问答[M]. 上海：上海人民出版社
玺璺. 2004. 儿童心理障碍个案与诊治[M]. 广州：广州出版社
谢军. 1994. 3～9 岁儿童自我控制能力的发展[J]. 心理发展与教育，24（4）：30～32
谢颂雯. 2003. 对学龄前智力落后儿童游戏的思考[J]. 中国特殊教育，（2）：30～34
徐大真，张日昇，木村裕. 2008. 性别刻板印象之内隐与外显性别效应的中日跨文化研究[J]. 心理科学，31（5）：1225～1228
许政援，郭小朝. 1992. 11～14 个月儿童的语言获得——成人的言语教授和儿童的模仿学习[J]. 心理学报，24（2）：148～157
许政援. 1987. 儿童发展心理学[M]. 长春：吉林教育出版社
严美华. 2002. 现代青年发展心理学[M]. 北京：台海出版社，103～104
杨慧武. 1996. 弱智儿童感知动作技能特点的实验研究[J]. 应用心理学，2（1）：36～43
杨丽珠，董光恒. 2005. 3～5 岁幼儿自我控制能力结构[J]. 心理发展与教育，21（4）：7～12
杨丽珠，胡金生. 2003. 不同线索下 3～9 岁儿童的情绪认知、助人意向和助人行为[J]. 心理科学，26（6）：988～991
杨丽珠，刘文，胡金生. 2006. 毕生发展心理学[M]. 北京：高等教育出版社
杨丽珠，宋辉. 2003. 幼儿自我控制能力发展的研究[J]. 心理与行为研究，1（1）：51～56
杨文先. 1996. 儿童精神卫生学[M]. 北京：中国科学技术大学出版社
杨玉英，朱法良. 1997. "学习与全面发展"应用研究——3. 3. 3 科研体系的形成[M]. 北京：教育科学出版社
杨治良，叶奕乾，祝蓓里，等. 1981. 再认能力最佳年龄的研究——试用信号检测论分析[J]. 心理学报，（1）：42～50
姚本先，杨强. 1994. 超常儿童的心理特点与学校教育的若干对策[J]. 江西教育科研，（4）：39～42
叶浩生. 2003. 西方心理学研究新进展[M]. 北京：人民教育出版社
叶浩生. 2004. 西方心理学理论与流派[M]. 广州：广东高等教育出版社
阴国恩，曾隶. 1990. 关于中小学生无意注意发展的研究. 心理科学，（5）：36～39
幼儿数概念研究协作小组. 1979. 国内九个地区 3～7 岁儿童数概念和运算能力发展的初步研究综合报告[J]. 心理学报，11（1）：108～117
于海琴. 2002. 亲子依恋对儿童社会性发展影响的研究进展[J]. 华中科技大学学报，（1）：80～81
余强基. 2001. 当代青少年学生心理障碍与教育[M]. 北京：北京师范大学出版社
俞国良，辛自强，罗晓路. 2000. 学习不良儿童孤独感、同伴接受性的特点及其与家庭功能的关系[J]. 心理学报，32（1）：59～64
俞国良，辛自强. 2004. 社会性发展心理学[M]. 合肥：安徽教育出版社
翟秀华. 1999. 欧美对超常儿童教育的研究[J]. 大连教育学院学报，15（1）：27～29
张福娟，马红英，杜晓新. 2000. 特殊教育史[M]. 上海：华东师范大学出版社
张福娟. 1996. 智力落后儿童人格特性的研究[J]. 心理科学，19（1）：19～22
张福娟. 2002. 智力落后儿童适应行为发展特点的研究[J]. 心理科学，25（2）：170～172
张进辅. 2002. 现代青年心理学[M]. 重庆：重庆出版社
张澜. 1992. 新生儿气质与早期依恋[J]. 心理发展与教育，（3）：35
张莉. 2006. 儿童发展心理学[M]. 武汉：华中师范大学出版社
张炼. 2004. 国外超常儿童的认知发展研究综述[J]. 中国特殊教育，（7）：75～79
张茂聪. 1996. 全国特殊教育特级教师课堂教学艺术集萃[M]. 济南：山东教育出版社
张茜. 2003. 青少年同伴关系的特点与功能分析[J]. 当代教育科学，（1）：37～39
张庆林，Sternberg R J. 2002. 创造性研究手册[M]. 成都：四川教育出版社
张日昇. 2000. 同一性与青年期同一性地位的研究——同一性地位的构成及其自我测定[J]. 心理科学，（4）：430～510
张卫，王穗军，张霞. 1995. 我国儿童对权威特征的认知研究[J]. 心理发展与教育，（3）：24～27

张文新. 1999. 儿童社会性发展[M]. 北京：北京师范大学出版社
张文新. 2002. 青少年发展心理学[M]. 济南：山东人民出版社
张向葵，刘秀丽. 2002. 发展心理学[M]. 长春：东北师范大学出版社
张增慧. 1982. 学前儿童颜色命名及颜色再认的实验研究[J]. 心理科学通讯，11（2）：23～25
郑海燕，张敏强. 2008. 初中生教师期望知觉评定量表的编制. 心理发展与教育，（3）：113～118
郑晓边. 1998. 儿童异常发展与教育[M]. 济南：山东教育出版社
周晖，张豹. 2008. 幼儿早期阅读水平的发展——横断和追踪研究[J]. 心理发展与教育，（4）：13～18
周家骥. 1999. 超常儿童研究中存在的若干问题探讨[J]. 上海师范大学学报（教育版·中小学教育管理），28（5）：11
周世杰. 1997. 依恋及其与心理病理的关系[J]. 中国临床心理学杂志，5（3）：192～193
周欣. 2004. 儿童数概念的早期发展[M]. 上海：华东师范大学出版社
周宗奎，李萌，赵冬梅. 2006. 童年中期儿童社会能力与学业成就的交叉滞后研究[J]. 心理科学，29（5）：1071～1075
周宗奎，林崇德. 1998. 小学儿童社交问题解决策略的发展研究[J]. 心理学报，30（3）：274～280
周宗奎，赵冬梅，陈晶，等. 2003. 童年中期儿童社交地位、社交自我知觉与孤独感的关系研究[J]. 心理发展与教育，19（4）：70～74
周宗奎. 2000. 现代儿童发展心理学[M]. 合肥：安徽人民出版社
朱曼殊，武进之，缪小春. 1979. 幼儿口头言语发展的调查研究—I. 幼儿简单陈述句句法结构发展的初步分析. 心理学报，（3）：281～286
朱月龙. 2005. 心理健康全书[M]. 北京：海潮出版社
朱智贤，林崇德，董奇，等. 1991. 发展心理学研究方法[M]. 北京：北京师范大学出版社
朱智贤，林崇德. 2002. 儿童心理学史[M]. 北京：北京师范大学出版社
朱智贤，林崇德. 2002. 思维发展心理学[M]. 北京：北京师范大学出版社
朱智贤，钱曼君，吴凤岗，等. 1982. 小学生字词概念综合性分类能力的实验研究[J]. 心理学报，（3）：302～310
朱智贤. 1988. 儿童心理学史[M]. 北京：北京师范大学出版社
朱智贤. 1989. 心理学大辞典[M]. 北京：北京师范大学出版社
朱智贤. 1993. 儿童心理学[M]. 北京：人民教育出版社
祝蓓里. 1986. 青年期心理学[M]. 上海：上海人民出版社
邹泓. 1993. 儿童的孤独感与同伴关系[J]. 心理发展与教育，9（2）：16～18
A. 卡尔. 2005. 张建新，等译. 儿童和青少年临床心理学[M]. 上海：华东师范大学出版社
Ainsworth MDS，Blehar MC. 1978. Patterns of attachment：a psychological study of the strange situation[M]. Lawrence Erlbaum Associates.
Arnold J. Sameroff，Ronald Seifer. 1983. Familial risk and child competence[J]. Child Development，54（5）：1254～1268
Barnett D，Ganiban J，Cicchetti D. 1999. Maltreatment，negative expressivity，and the development of type D attachments from 12 to 24 months of age[J]. Monograghs of the Society for Research in Child Development，64（3）：97～118
Bird，et al. 1991. The whole language catalog[M]. Santa Rosa，CA：American School Publishers.
Bouchard T J. 1981. Longitudinal studies of personality and intelligence: a behavior genetic and evolutionary psychology perspective[M]. International Handbook of Personality and Intelligence.
Bouldin P. 2006. An investigation of the fantasy predisposition and fantasy style of children with imaginary companions[J]. The Journal of Genetic Psychology，167：17～29
Bowlby J. 1951. Maternal Care and Mental Health. Geneva：World Health Organization
Bretherton I，Munholland K A. 1999. Internal working models in attachment relationships：a construct revisited//Cassidy J，Shaver，P R. Handbook of Attachment[M]. New York：Guilford Press，89～115
Bullock M，Lutkenhaus P. 1990. Who am I?Self-understanding in toddlers[J]. Merril-Palmer Quarterly，36（2）：217～238
Buss AH，Plomin R. 1984. Temperament：early developing personality traits[M]. L. Erlbaum Associates.
Capodieci A，Rivetti T，Cornoldi C. 2016. A cooperative learning classroom intervention for increasing peer's acceptance of children with ADHD. J Atten Disord，
Carlson S M，Taylor M. 2005. Imaginary companions and impersonated characters：sex differences in children's fantasy play[J]. Merrill-Palmer Quarterly，51：93～118
Case R. 1992. The mind's staircase：exploring the conceptual underpinnings of children's thought and knowledge[J]. Hillsdale，NJ：ErlbaumCaspi A，Sliva P A. 1995. Temperamental qualities at age three predict personality traits in young adulthood：longitudinal evidence from a birth cohort[J]. Child Development，66（2）：486

Charles F，Hayers. 1981. Angular dependence of the Acousto-Optical effect[J]. Molecular Crystals & Liquid Crystals，75（14）：69～86
Cicchetti D，Barnett D. 1991. Attachment organization in maltreated preschoolers[J]. Development & Psychopathology，3（4）：397～411
Clementi M A，Alfano C A. 2014. Targeted Behavioral Therapy for childhood generalized anxiety disorder：a time-series analysis of changes in anxiety and sleep. J Anxiety Disord，28（2）：215～222
Clements D H. 1984. Training effects on the development and generalization of Piagetian logical operations and knowledge of number[J]. Journal of Educational Psychology，76（5）：766～777
Cournoyer M，Trudel M. 1991. Behavioral correlates of self-control at 33 months. Infant Behavior and Development，（14）：497～503
Crittenden PM，Dilalla DL. 1988. Compulsive compliance：the development of an inhibitory coping strategy in infancy[J]. Journal of Abnormal Child Psychology，16（5）：585～599
Cummings E M. 2003. Toward assessing attachment on an emotional security continuum：comment on Fraley and Spieker[J]. Developmental Psychology，39：405～408
David R，Shaffer. 邹泓，等译. 2005. 发展心理学——儿童与青少年[M]. 北京：中国轻工业出版社
Drozdal JG，Flavell JH. 1975. A developmental study of logical search behavior[J]. Child Development，46（2）：389～393
Eckerman C O，Oehler J M. 1992. Very-low-birthweight new-borns and parents as early social partners[M]. The psychological development of low birthweight children. Norwood，NJ：Ablex
Eleanor E，Maccoby. 1980. Social development：psychological growth and the parent-child relationship[M]. Harcourt Brace Jovanovich.
Ellis D M，Hudson J L. 2010. The metacognitive model of generalized anxiety disorder in children and adolescents. Clin Child Fam Psychol Rev，13（2）：151～163
Emmerich HJ，Ackerman BP. 1976. The effect of pictorial detail and elaboration on children's retention[J]. Journal of Experimental Child Psychology，21（2）：241
Eric J Mash，David A，Wolfe. 2004. 孟宪璋，等译. 儿童异常心理学[M]. 广州：暨南大学出版社
Fagen JW，Rovee-Collier CK. 1983. Memory retrieval：a time-locked process in infancy[J]. Science，222（4630）：1349～1351
Field TM，et al. 1982. Discrimination and imitation of facial expressions by term and preterm neonates[J]. Infant Behavior & Development，6（4）：485～489
Flavell J H，Beach D R，Chinsky J M. 1966. Spontaneous verbal rehearsal in a memory task as a function of age[J]. Child Developemnt，37：283～299
Fraley R C. 2002. Attachment stability from infancy to adulthood：meta analysis and dynamic modeling of developmental mechanisms[J]. Personality and Social Psychology Review，6：123～151
Geary D C，Bow-ThomasC C，Liu F，et al. 1996. Development of arith metical competencies in Chinese and American children：influence of age，language，and schooling[J]. Child Development，67：2022～2044
Gelman S A，Coley J. 1990. The importance of knowing that dodo is a bird：categories and inferences in 2 year-old children[J]. Development Psychology，26（5）：796～804
Gelman S A. 1988. The development of induction within natural kind and artifact categories[J]. Cognitive Psychology，20：65～95
Gleason T R. 2004. Imaginary companions and peer acceptance[J]. Internatinal Journal of Behavioral Development，28：204～209
Goddard H H M. 1912. The kallikak family[M]. New York：Macmilan Publishing
Griffin S A. 2004. Building number sense with Number Worlds：a mathematics program for young children[J]. Early Childhood Research Quarterly，19：173～180
Haith MM. 1990. Progress in the understanding of sensory and perceptual processes in early infancy[J]. Merrill-Palmer Quarterly，36（1）：1-26
Harris M，Butterworth G. 2002. Developmental Psychology：A Student's Handbook[M]. London：Psychology Press
Harup WW. 1989. Social relationships and their developmental significance[J]. American Psychologist，44（2）：120～126
Heidi Gerard Kaduson，et al. 2002. 刘稚颖，译. 儿童短程游戏心理治疗[M]. 北京：中国轻工业出版社
Hitsh-Pasek K. 1987. The metalinguistics of fingerspelling：An alternate way to increase reading vocabulary in congenitally deaf readers[J]. Reading Research Quarterly，22：455-474
J. B. 华生. 1953. 陈德荣，译. 华生氏行为主义[M]. 上海：商务印书馆
James S E，Lorberbaum JP. 2007. Brain basis of early parent-infant interactions psychology，physiology and in vivo functional neuroimaging studies[J]. Journal of Child Psychology and Psychiatry，48（3～4）：262～287
James-Roberts IS D，et al. 1984. Difficult temperament：toward an integration of parental clinical and research perspectives[J]. Infant

Behavior & Development，7（1）：316

Jeffry A，Simpson，Collins WA. 2007. Attachment and experience and expression of emotions in romantic relationships：a developmental perspective[J]. Journal of Personality and Social Psychology，192（2）：355～367

K. Horowitz L M. 1991. Attachment styles among young adults：a test of a four-category model[J]. Journal of Personality and Social Psychology，61：226～244

Kagan J，Reznick JS，Snidman N. 1987. The physiology and psychology of behavioral inhibition in children[J]. Child Development，58(6)：1459～1473

Kauffman JM. 1999. How we prevent the prevention of emotional and behavioral disorders[J]. Exceptional Children，65（4）：448～468

Kolb，et al. 1964. Schizophrenia [M]. Boston：Little，Brown.

Kuhn D，Nash SC，Brucken L. 1978. Sex role concepts of two-and three-year-olds[J]. Child Development，49（2）：445

Kurt Koffka. 1935. Principles of gestalt psychology[M]. London：Lund Humphries.

Laura E，Berk. 2002. 吴颖，等译. 儿童发展[M]. 南京：江苏教育出版社

Lewin A B，Park J M，Jones A M，et al. 2014. Family-based exposure and response prevention therapy for preschool-aged children with obsessive-compulsive disorder：a pilot randomized controlled trial. Behav Res Ther，（56）：30～38

Lorenz，Konrad. 1937. On the formation of the concept of instinct[J]. Natural Sciences，25（19）：289～300

Lugo J O. 1996. 陈德民，等译. 人生发展心理学[M]. 上海：学林出版社

Mandler J M，McDonough L. 1998. Studies in inductive inference in infancy[J]. Cognitive Psychology，37：60～96

Margaret Mead. 2001. Coming of age in Samoa[M]. Harper Perennial Modern Classics.

Mast VK，et al. 1980. Immediate and long-term memory for reinforcement context：the development of learned expectancies in early infancy[J]. Child Development，51（3）：700

McCall RB，Parke RD，Kavanaugh. 1977. Imitation of live and televised models by children one to three years of age[J]. Monographs of the Society for Research in Child Development，42（5）：1

Meltzoff AN. Moore MK. 1977. Imitation of facial and manual gestures by human neonates[J]. Science，198（4312）：74

Michael Lewis. 1989. Behavioral features of early reactivity：antecedents and consequences[J]. New Direction for Child & Adolescent Development，(45)：33～46

Moog H. 1976. The musical experience of the pre-school child[M]. London：Schott.

Mueller E，Brenner J. 1977. The origins of social skills and interaction among playgroup toddlers[J]. Child Development，48（3）：854～861

Newborg J，Stock JR. 1984. The battelle developmental inventory[J]. Physical Therapy，79（8）：776

Nunner-Winkler G，Sodian B. 1988. Children's understanding of moral emotions[J]. Child Development，59（5）：1323

O'Reilly A W. 1995. Using representations：comprehension and production of actions with imagined objects[J]. Child Development，66：999～1010

Papousek H. 1959. A method of studying conditioned food reflexes in young children up to the age of six months[J]. Pavlov Journal of Higher Nervous Activity，9：136～140

Peter W. et al. 1993. Infants' preference for the predominant stress patterns of English words[J]. Child development，64（3）：675～687

Pike C D，Forrester M A. 1997. The influence of number sense on children's ability to estimate measures[J]. Educational Psychology，17（4）：483～500

Premack D，Woodruff G. 1978. Does the chimpanzee have a theory of mind?[J]. Behavioral & Brain Sciences，1（4）：515～526

Reys R E，Yang D C. 1998. Relationship between computational performance and number sense among sixth and eighth grade students in Taiwan[J]. Journal for Research in Mathematics Education，29（2）：225～237

Reys R，Reys B，McIntosh A，et al. 1999. Assessing number sense of student in Australia，Sweden，and the United States[J]. School Science and Mathematics，99（2）：61～70

Rosenthal R，Jacobson L. 1968. Pygmalion in the classroom：teacher expectation and pupils' intellectual developmet[M]. New York：Holt，Rinehart & Winston.

Ruff HA，Rothbart MK. 1996. Attention in early development：themes and variations[M]. Oxford University Press.

Ruff H A，Capozzoli M C. 2003. Developmental of attention and distractibility in the first 4 years of life[J]. Developmental Psychology，39：877～890

Runco M A，Charles R E. 1997. Developmental trends in creative potential and creative performance//Runco M A. The creativity research handbook（vol. 1）[M]. New Jersey：Hampton Press

Saluja G，Iachan R，Scheidt P C，et al. 2004. Prevalence of and risk factorsfor depressive symptoms among young adolescents. Arch Pediatr Adolesc Med，158（8）：760～765

Schaffer HR，Emerson PE. 1964. The development of social attachments in infancy[J]. Monographs of the Society for Research in Child Development，29（3）：1～77

Shaffer D R. 2002. Developmental psychology. 6th ed. [M]. Belmont：Wadsworth Group

Shantz CU，Hobart CJ. 1989. Social conflict and development：peers and siblings[J]. Peer Relationships in Child Development，John Wiley & Sons，71～94

Shin Y. 2007. Peer relationships，social behaviours，academic performance and loneliness in Korean primary school children[J]. School Psychology International，28（2）：220～236

Shoda Y，Mischel W，Peake P K. 1990. Predcting adolescent cognitive and self-regulatory competencies from preschool delay of gratification：identifying diagnostic conditions. Developmental Psychology，26（6）：978～986

Singer J L. 1961. Imagination and waiting ability in young children[J]. Journal of Personality，29：396～413

Slaby RG，Frey KS. 1975. Development of gender constancy and selective attention to same-sex models[J]. Child Development，46（4）：849～856

Sroufe L A. 2003. Attachment categories as reflections of multiple dimension：comment on Fraley and Speiker[J]. Developmental Psychology，39：413～416

Strickberger M W. 1968. Genetics[M]. New York: Macmillan Publishing.

Sullivan MW，Rovee-Collier CK，DM Tynes. 1979. A conditioning analysis of infant long-term memory[J]. Child Development，50（1）：152

Svendsen M. 1934. Children's imaginary companions[J]. Archives of Neurology and Psychiatry，29：85～999

Taylor M，Carlson SM. 2004. The characteristics and correlates of fantasy in school-age children：imaginary Companions，Impersonation，and Social Understanding[J]. Developmental Psychology，40：1173～1187

Taylor M，Cartwright B S，Carlson S M. 1993. A developmental investigation of children's imaginary companions[J]. Developmental Psychology，29：276～285

Taylor M. 1999. Imaginary Companions and the Children Who Create Them[M]. NewYork：Oxford University Press

Termine NT，Izard CE. 1988. Infants' responses to their mothers' expressions of joy and sadness[J]. Developmental Psychology，24（2）：223～229

Thomas A，Chess S. 1977. Temperament and development. APA.

Timothy E. Wilens. 2000. 汤宜朗，等译. 直言相告：儿童精神健康与调节[M]. 北京：中国轻工业出版社

Vandell DL，Mueller EC. 1980. Peer play and friendships during the first two years[M]. New York

Wehren A，De Lisi R. 1983. The development of gender understanding：judgments and explanations[J]. Child Development，（54）：1568～1578

Wellman H M，Gelman S A. 1992. Cognitive development：foundational theories of core domain[J]. Annual Review of Psychology，（43）：337～375

Wellman H M，Gelman S A. 1998. Knowledge acquisition in foundational domains[J]. Handbook of Child Psychology，（2）：523～574

Wellman HM，Johnson CN. 1979. Understanding of mental processes：a developmental study of "remember" and "forget" [J]. Child Development，50（1）：79～88

Welsh M，Parke RD，Widaman K，et al. 2001. Linkages between children's social and academic competence：a long altitudinal analysis[J]. Journal of School Psychology，39（6）：463～481

Wimmer H，Perner J. 1983. Beliefs about beliefs：representation and constraining function of wrong beliefs in young children's understanding of deception[J]. Cognition，13（1）：103～128

Yonas A，Bechtold AG. 1977. Development of sensitivity to information for impending collsion[J]. Perception & Psychophysics，21（2）：97～104